Eduard Montgomery Meira Costa

Eletromagnetismo

Teoria, Exercícios Resolvidos e Experimentos Práticos

Eletromagnetismo – Teoria, Exercícios Resolvidos e Experimentos Práticos

Editor: Paulo André P. Marques
Supervisão Editorial: Camila Cabete Machado
Copidesque: Kelly Cristina da Silva
Capa: Cristina Satchko
Diagramação: André Oliva
Assistente Editorial: Patricia da Silva Fernandes

FICHA CATALOGRÁFICA

Costa, Eduard Montgomery Meira
Eletromagnetismo – Teoria, Exercícios Resolvidos e Experimentos Práticos
Rio de Janeiro: Editora Ciência Moderna Ltda., 2009

1. Eletromagnetismo.
I — Título

ISBN: 978-85-7393-790-9 CDD 537

Editora Ciência Moderna Ltda.
R. Alice Figueiredo, 46 – Riachuelo
Rio de Janeiro, RJ – Brasil CEP: 20.950-150
Tel: (21) 2201-6662 / Fax: (21) 2201-6896
LCM@LCM.COM.BR
WWW.LCM.COM.BR

01/09

Aos meus filhos e minha esposa.
Ao Deus Criador.
Aos meus protetores espirituais.

DEDICATÓRIA

Dedico a toda minha família, especialmente aos meus filhos e minha esposa.

Ao amigo Professor Fernando Simões de Sant'Anna.

A todos os amigos e ex-alunos que souberam buscar entender os princípios do eletromagnetismo, e que um dia serão (ou que já são) engenheiros eletricistas.

Aos que sabem respeitar e detêm as virtudes da simplicidade, humildade e sinceridade, e aliado a essas virtudes, buscam no conhecimento a chave para a liberdade.

PREFÁCIO

Eletromagnetismo é uma das principais teorias necessárias ao entendimento da matéria e suas propriedades. Além do mais, é uma das principais bases para físicos e engenheiros eletricistas, de que estes últimos muito necessitam para entender os fenômenos que regem todas as teorias voltadas à área, como circuitos, transmissão e recepção de sinais e potência, correntes, resistências, capacitâncias, indutâncias, entre tantas outras.

Baseado no conhecimento das quatro equações de Maxwell, o eletromagnetismo aparenta ser complicado, devido à necessidade do prévio conhecimento da física, do cálculo diferencial e integral e da álgebra vetorial. Todos os conceitos do eletromagnetismo são amplamente utilizados em toda a área tecnológica, desde os componentes eletrônicos, como os resistores, capacitores, indutores, diodos, LEDs, transistores, etc., até suas grandes aplicações, como dínamos, geradores de corrente alternada, LASERs, MASERs, televisores, rádios, computadores, medidores, radares, entre tantos outros. Assim, é de grande necessidade o amplo conhecimento desta teoria para aplicar a novas pesquisas e tecnologias. Para tanto, este livro está baseado em teorias diretas, além de vários exemplos resolvidos e discutidos detalhadamente, no porquê da utilização específica de cada equação e de cada teoria, além de mostrar quando se devem utilizar aproximações para as aplicações reais. Para completar o arcabouço teórico, vários experimentos práticos para montagem, verificação e comprovação da teoria estudada são apresentados. Com a realização destes experimentos, o estudante terá como comprovar a teoria, e adaptar-se a aplicá-la ao cotidiano da engenharia, encontrando soluções práticas para problemas reais, bem como adquirir maturidade para desenvolver idéias inovadoras com os fenômenos eletromagnéticos.

Este livro é ricamente ilustrado, trabalhando desde a base da Lei de Coulomb e as cargas elétricas, passando pelos fundamentos das quatro equações de Maxwell (o que inclui campo elétrico e campo magnético, e todas as suas características e aplicações), até apresentar os campos variantes no tempo e as ondas eletromagnéticas conhecidas como ondas planas uniformes.

Devido à sua estrutura de exemplos resolvidos passo a passo e aplicações experimentais, a teoria é apresentada de forma suficiente e direta. Para o estudante que deseja entender mais detalhes a respeito da formulação que baseia cada equação da teoria e mais experimentos a respeito desta, deve buscar as bibliografias contidas na Seção de Referências.

Eduard Montgomery Meira Costa,
D.Sc. Eng. Elétrica.

"A inveja determina inferioridade, pois quem me inveja,
apenas me mostra claramente que sou superior."
Eduard M. M. Costa

"A história tem demonstrado que os mais notáveis vencedores normalmente
encontraram obstáculos dolorosos antes de triunfarem. Venceram porque
se negaram a serem desencorajados por suas derrotas."
B. C. Forbes

SUMÁRIO

Capítulo 1

Cargas Elétricas, Lei de Coulomb e Campo Elétrico

Neste capítulo são apresentados os conceitos de carga elétrica, Lei de Coulomb e campo elétrico de várias distribuições de cargas, além de exemplos de experimentos que podem ser desenvolvidos para conceber na prática os princípios relativos às suas aplicações reais.

1.1 Cargas Elétricas

O conceito de carga elétrica é uma propriedade física fundamental que determina algumas das interações eletromagnéticas da matéria. Pode-se conceber a carga elétrica como uma quantidade de energia (ou capacidade de realizar trabalho) concentrada em um ponto do espaço (volume infinitesimal).

As cargas elétricas são concebidas em dois tipos, que são as cargas elétricas positivas e as cargas elétricas negativas. Todas as cargas elétricas são baseadas na carga fundamental (ou carga elementar) que é o elétron. O elétron tem como carga o valor de

$$e = -1{,}6 \times 10^{-19}\ C,$$

em que a unidade *C* é o *Coulomb*, que provém do nome do pesquisador Charles Coulomb, quem primeiro estudou os fenômenos destas e suas interações físicas, como campo elétrico e forças entre cargas. Todas as cargas elétricas são múltiplos desta carga elementar. O sinal negativo é definido por sua carga ser contrária à carga do próton.

O elétron tem massa

$$m_e = 9{,}11 \times 10^{-31}\ kg.$$

Quando várias cargas elétricas elementares atravessam uma seção reta de um fio em um determinado tempo, define-se uma corrente elétrica *I*, que tem unidade de *Ampère* [*A*] que é igual à *Coulomb/segundo* [*C/s*]. Concebe-se a corrente elétrica por meio dos elétrons em movimento, desde que estes são os elementos que podem se mover de uma forma mais fácil nos átomos (elementos nas camadas eletrônicas), através da aplicação de alguma forma de energia, como os campos elétricos, as forças de atrito, temperatura, etc. Assim, necessariamente, são os elétrons em movimento que geram raios e correntes elétricas, pois é impossível se fazer uma corrente de cargas positivas (pois seria a desestruturação de núcleos atômicos).

As cargas elétricas exibem interações físicas com a matéria através dos campos gerados por elas quando estáticas (campos elétricos) e em movimento contínuo (campos magnéticos), sendo estudadas como partículas, ou na forma de campos eletromagnéticos variantes quando em variação de suas quantidades, sendo estudadas como ondas. Daí, uma das formalizações que permitem entender a dualidade onda-partícula.

Quando várias cargas se encontram distribuídas em uma região, determinam-se densidades de cargas relativas a estas distribuições. Estas densidades podem ser descritas como:

- Densidade linear de carga: ρ_L $[C/m]$;
- Densidade superficial de carga: ρ_S $[C/m^2]$;
- Densidade volumétrica de carga: ρ $[C/m^3]$,

em que o valor total da carga é a soma de toda a carga distribuída, respectivamente:

$$Q = \int \rho_L dL;$$

$$Q = \int_S \rho_S dS;$$

$$Q = \int_{vol} \rho dv.$$

Se as cargas são distribuídas uniformemente na região (ρ_L, ρ_S ou ρ constantes), tem-se $Q = \rho_L L$, $Q = \rho_S S$ e $Q = \rho v$, respectivamente. Caso contrário, deve-se resolver as integrais.

Exemplo 1.1: Considerando as distribuições de cargas dadas a seguir, em coordenadas cartesianas, calcular os valores das cargas totais na região definida:

a) $\rho_L = 3 \times 10^{-9} C/m$ no eixo z, na região $-3 \leq z \leq 8{,}3\ cm$;

b) $\rho_L = -3{,}45 \times 10^{-6} y^2 x\, C/m$ paralelo ao eixo y, na região $-4{,}35 \leq y \leq 25{,}42\ mm$, passando pelo ponto $x = 3\ cm$;

c) $\rho_S = 4{,}2 \times 10^{-7} C/m^2$ na região $5{,}35 \leq x \leq 7{,}42\ m$ e $-4{,}2 \leq z \leq -1{,}35\ cm$, sendo esta região um plano passando pelo ponto $y = 51\ mm$;

d) $\rho_S = \dfrac{6{,}78\times10^{-11}(y^2+x)z}{(z^2-1)} C/m^2$ na região $2{,}52 \leq y \leq 2{,}84$ *m* e $-1{,}2 \leq z \leq -0{,}23$ *cm*, sendo esta região um plano passando pelo ponto $x = 6{,}5$ *cm*;

e) $\rho = 2{,}3\times10^{-5} C/m^3$ na região $-2{,}3 \leq x \leq 6{,}32$ *m*, $4{,}43 \leq y \leq 15{,}33$ *mm* e $-1{,}32 \leq z \leq 18{,}2$ *cm*;

f) $\rho = -1{,}43\times10^{-8}\left(\dfrac{z^2\cos(x)}{y^3} + \dfrac{x^2y}{x-1}\right) C/m^3$ de um cubo centrado na origem de lados $l = 25{,}4$ *cm*.

A solução deste problema se dá pelas equações citadas anteriormente, depois de sua identificação. Assim, tem-se:

a) A distribuição de cargas é uniforme (ρ é constante). Logo, encontra-se que a carga total que está distribuída na linha é:

$Q = \rho_L L = 3 \times 10^{-9} \times (8{,}3 \times 10^{-2} - (-3 \times 10^{-2})) = 33{,}9 \times 10^{-11}$ *C*,

desde que o comprimento da linha onde a carga está distribuída é o valor maior subtraído do valor menor e o mesmo está dado em centímetros (a unidade *C* é do sistema *MKS*, logo, tem de ter os valores de comprimento dados em metros);

b) No caso deste problema, a carga se encontra paralela ao eixo *y*, e varia com a posição *x* e com o próprio *y*. Neste caso, *x* é uma posição fixa, cujo valor é $x = 3 \times 10^{-2}$ *m*, e como a carga não varia com *z*, o valor onde a linha se encontra ($z = 0$) não interfere no cálculo da carga. Entretanto, em relação a *y*, o valor da carga varia ponto a ponto, necessitando integrar ρ_L. Assim, tem-se:

$$Q = -3{,}45\times10^{-6}\times3\times10^{-2}\int_{-4{,}35\times10^{-3}}^{25{,}42\times10^{-3}} y^2 dy = -10{,}35\times10^{-8}\left.\frac{y^3}{3}\right|_{-4{,}35\times10^{-3}}^{25{,}42\times10^{-3}}$$

$$= -3{,}45\times10^{-8}((25{,}42\times10^{-3})^3 - (-4{,}35\times10^{-3})^3) = -5{,}6953\times10^{-13}\,C,$$

pois os valores de *y* estão dados em milímetros.

c) Identificando o problema, verifica-se que a carga está distribuída em uma superfície no plano *xz*, sendo o valor de *z* dado em *cm*, o que equivale a 10^{-2} metros. Como a carga está distribuída uniformemente (constante em toda a região), tem-se o valor total da carga dada como:

$Q = \rho_S S = 4{,}2 \times 10^{-7} \times (7{,}42 - 5{,}35) \times (-1{,}35 \times 10^{-2} - (-4{,}2 \times 10^{-2})) = 2{,}478 \times 10^{-8}$ *C*

Observe que o valor da área do retângulo é a multiplicação do comprimento total de um lado (diferença entre o valor final de x e seu valor inicial) com o comprimento total do outro lado (diferença entre o valor final de z e seu valor inicial);

d) Aqui é necessário integrar na superfície yz com os limites definidos e transformados para metros (caso específico da variável z que está em centímetros). Como a função depende de x e a superfície a ser integrada é yz, então o valor de x é constante e pode ser substituído com o valor dado: $x = 6{,}5 \times 10^{-2}\ m$. Assim, tem-se:

$$Q = \int_S \rho_S dS = 6{,}78\times10^{-11}\int_{-1{,}2\times10^{-2}}^{-0{,}23\times10^{-2}}\int_{2{,}52}^{2{,}84}\frac{(y^2 + 6{,}5\times10^{-2})z}{(z^2-1)}dydz$$

$$= 6{,}78\times10^{-11}\left(\frac{y^3}{3} + 6{,}5\times10^{-2}y\right|_{2{,}52}^{2{,}84}\int_{-1{,}2\times10^{-2}}^{-0{,}23\times10^{-2}}\frac{z}{(z^2-1)}dz$$

$$= 1{,}616\times10^{-10}\int_{-1{,}2\times10^{-2}}^{-0{,}23\times10^{-2}}\frac{z}{(z^2-1)}dz$$

Esta integral em z pode ser solucionada utilizando o artifício de somar 1 – 1 no numerador para dividir a equação na forma:

$$\frac{z+1-1}{z^2-1} = \frac{z-1}{(z-1)(z+1)} + \frac{1}{z^2-1} = \frac{1}{(z+1)} + \frac{1}{z^2-1}.$$

Entretanto, a última parte da equação pode ser dividida novamente em termos de frações parciais como:

$$\frac{1}{z^2-1} = \frac{A}{z+1} + \frac{B}{z-1},$$

donde se encontram, solucionando esta equação, os valores $A = -1/2$ e $B = 1/2$, ficando a integral fácil de resolver, pois:

$$\frac{z}{z^2-1} = \frac{z+1-1}{z^2-1} = \frac{1}{(z+1)} + \frac{1}{z^2-1} = \frac{1}{(z+1)} - \frac{1}{2(z+1)} + \frac{1}{2(z-1)} = \frac{1}{2(z+1)} + \frac{1}{2(z-1)}.$$

Daí, tem-se

$$Q = 1{,}616\times10^{-10}\int_{-1{,}2\times10^{-2}}^{-0{,}23\times10^{-2}}\left(\frac{1}{2(z+1)}+\frac{1}{2(z-1)}\right)dz$$

$$= \frac{1{,}616\times10^{-10}}{2}\left(\ln|z+1|+\ln|z-1|\right)\Big|_{-1{,}2\times10^{-2}}^{-0{,}23\times10^{-2}}$$

$$= 8{,}08\times10^{-11}\left((-2{,}30265\times10^{-3}+2{,}29736\times10^{-3})-(-0{,}012073+0{,}0119286)\right)$$

$$= 1{,}12424\times10^{-14}C$$

e) Para encontrar a carga aqui, vê-se que a distribuição é volumétrica e uniforme em toda a região definida, que é um paralelepípedo de lados l_x = 6,32 – (–2,3) = 8,62 m, l_y =15,33 x 10^{-3} – 4,43 x 10^{-3} = 10,9 x 10^{-3} m e l_z =18,2 x 10^{-2} – (–1,32 x 10^{-2}) = 19,52 x 10^{-2} m. Calculando o valor da carga, tem-se diretamente:

$Q = \rho v$ = 2,3 x 10^{-5} x 8,62 x 10,9 x 10^{-3} x 19,52 x 10^{-2} = 4,21834 x 10^{-7} C.

f) Neste problema, vê-se que a carga está distribuída em um volume, e essa distribuição depende de todas as coordenadas. Além do mais, como a mesma está centralizada na origem e são dados os comprimentos totais dos lados, deve-se integrar no volume considerando a metade de cada comprimento iniciando no valor negativo do eixo até o mesmo valor positivo, convertido para metros. Ou seja, deve-se considerar a região como sendo: –12,52 x $10^{-2} \leq x \leq$ 12,52 x 10^{-2}, –12,52 x $10^{-2} \leq y \leq$ 12,52 x 10^{-2}, –12,52 x $10^{-2} \leq z \leq$ 12,52 x 10^{-2}. Dessa forma, tem-se:

$$Q = \int_{vol}\rho dv = -1{,}43\times10^{-8}\int_{-12{,}52\times10^{-2}}^{12{,}52\times10^{-2}}\int_{-12{,}52\times10^{-2}}^{12{,}52\times10^{-2}}\int_{-12{,}52\times10^{-2}}^{12{,}52\times10^{-2}}\left(\frac{z^2\cos(x)}{y^3}+\frac{x^2y}{x-1}\right)dxdydz\,.$$

Observando esta integral, o valor das duas parcelas da distribuição volumétrica da carga depende unicamente de uma potência ímpar de y, o que zerará esta parte quando integrar, pois a distribuição na parte negativa (valor inicial do eixo y) é igual à da parte positiva (valor final do eixo y). Ou seja, fazendo:

$$Q = -1{,}43\times10^{-8}\int_{-12{,}52\times10^{-2}}^{12{,}52\times10^{-2}}\int_{-12{,}52\times10^{-2}}^{12{,}52\times10^{-2}}\int_{-12{,}52\times10^{-2}}^{12{,}52\times10^{-2}}\left(\frac{z^2\cos(x)}{y^3}+\frac{x^2y}{x-1}\right)dydxdz\,,$$

quando se resolve a integral de y, tem-se:

$$\int_{-12,52\times10^{-2}}^{12,52\times10^{-2}}\left(\frac{z^2\cos(x)}{y^3}+\frac{x^2y}{x-1}\right)dy = z^2\cos(x)\left(-\frac{1}{2y^2}\Bigg|_{-12,52\times10^{-2}}^{12,52\times10^{-2}}+\frac{x^2}{x-1}\left(\frac{y^2}{2}\right)\Bigg|_{-12,52\times10^{-2}}^{12,52\times10^{-2}}\right)=0,$$

o que reduz o trabalho de integração, pois se encontra facilmente:

$$Q=-1{,}43\times10^{-8}\int_{-12,52\times10^{-2}}^{12,52\times10^{-2}}\int_{-12,52\times10^{-2}}^{12,52\times10^{-2}}\left(0\times z^2\cos(x)+0\times\frac{x^2}{x-1}\right)dxdz=0C.$$

Em outros termos, a carga total contida no volume na parte negativa do eixo y é igual em módulo e contrária em sinal à carga contida no volume na parte positiva deste eixo, o que faz o conjunto destas duas partes ter carga líquida igual a zero. O mesmo resultado é encontrado resolvendo primeiro em qualquer outra coordenada, entretanto ter-se-á mais trabalho na integração.

Exemplo 1.2: Considerando as distribuições de cargas dadas a seguir, em coordenadas cilíndricas, calcular os valores das cargas totais na região definida:

a) $\rho_L = -2{,}3\times10^{-6}\,C/m$ distribuída em um anel de raio $r = 5\ cm$;
b) $\rho_L = 4{,}32\times10^{-7}\,r^2 z\,C/m$ distribuída num arco $35° \le \phi \le 125°$, fixa em $z = 5\ cm$ e com $r = 2\ dm$;
c) $\rho_S = 3{,}4\times10^{-7}\,C/m^2$ na superfície $r = 74{,}3\ cm$, $45{,}2° \le \phi \le 105{,}35°$ e $-10{,}5 \le z \le 15{,}2\ cm$;
d) $\rho_S = \dfrac{5{,}43\times10^{-5}r^2\cos\phi}{z^2}\,C/m^2$ na superfície $1{,}35 \le r \le 4{,}33\ m$, $33{,}2° \le \phi \le 63{,}35°$ e $z = 1{,}3\ cm$;
e) $\rho = 5{,}2\times10^{-4}\,C/m^3$ na região $3{,}2 \le r \le 5{,}3\ m$, $23{,}12° \le \phi \le 231{,}34°$ e $-4{,}37 \le z \le 8{,}12\ cm$;
f) $\rho = -2{,}36\times10^{-9}\left(\dfrac{r\text{sen}\phi}{z}-\dfrac{z^2\phi}{r-1}\right)C/m^3$ de um cilindro centrado na origem de raio $r = 88\ cm$ e altura $h = 12{,}6\ cm$.

A solução deste problema exige a utilização dos mesmos conceitos de cálculo de cargas e a utilização das coordenadas cilíndricas. Assim, tem-se:

a) Como se tem apenas uma carga distribuída uniformemente em uma linha (que é um raio de 5 centímetros, ou 0,05 metros), então se encontra:

$$Q = \rho_L L = -2{,}3\times 10^{-6}\times 2\pi r = -2{,}3\times 10^{-6}\times 2\pi\times 0{,}05 = 7{,}2257\,C,$$

desde que o comprimento de uma linha de raio r é $L = 2\pi r$.

b) Desde que a carga está distribuída em um arco (valores de ϕ não fecham a circunferência), e a carga depende da localização z e r, então, convertendo estes valores em metros e radianos, tem-se:

$r = 0{,}2\ m$;

$z = 0{,}05\ m$;

$0{,}6109\ rad \leq \phi \leq 2{,}1817\ rad$,

e, conseqüentemente,

$$Q = \int \rho_L dL = \int_{0{,}6109}^{2{,}1817} (4{,}32x10^{-7} r^2 z) r d\varnothing = 4{,}32x10^{-7} x(0{,}2)^3 x0{,}05x(\varnothing|_{0{,}6109}^{2{,}1817}$$
$$= 1{,}728x10^{-8} x(2{,}1817 - 0{,}6109) = 2{,}7143x10^{-10} C$$

Observe que a transformação do ângulo ϕ em radianos é obrigatória neste caso, desde que a ρ_L não depende de uma função circular (trigonométrica). Ou seja, o valor da integral em $d\phi$ é exatamente ϕ, e não pode ter valores dados em graus. Caso fosse uma função circular, poderiam ser utilizados os valores dos limites em graus.

c) Observando a densidade superficial de carga, vê-se que ela é constante, o que determina sua uniformidade ao longo de toda a superfície definida, que é uma parte da lateral de um cilindro. Assim, tem-se diretamente:

$$Q = \rho_S S = 3{,}4\times 10^{-7}\times r\phi z = 3{,}4\times 10^{-7}\times 0{,}743\times(1{,}8387 - 0{,}7889)\times(0{,}152 - (-0{,}105)) = 6{,}8156\,C$$

desde que a superfície é o arco ($r\phi$) multiplicado pela altura z. Além do mais, os valores dos limites são convertidos conforme explicação do item anterior.

d) Aqui, vê-se que a função da densidade superficial de carga depende das três coordenadas. Entretanto, o valor de z é fixo em 0,013 m, o que pode ser substituído diretamente na função. Por outro lado, esta função apresenta a variável ϕ dentro de uma função circular, o que permite a utilização dos limites da integral em graus, sem a necessidade de transformá-los em radianos. Neste caso, a superfície a integrar é novamente uma parte da base de um cilindro (um pedaço de um círculo). Logo, tem-se:

$$Q = \int_S \rho_S dS = \frac{5{,}43\times 10^{-5}}{0{,}013^2}\int_{1{,}35}^{4{,}33}\int_{33{,}2^o}^{63{,}35^o} r^2\cos\phi\times r d\phi dr = 0{,}3213\times\left(\text{sen}\phi|_{33{,}2^o}^{63{,}35^o}\right)\times\left(\left.\frac{r^4}{4}\right|_{1{,}35}^{4{,}33}\right) = 9{,}6829C$$

e) Neste problema, a densidade volumétrica de carga é constante, necessitando apenas multiplicá-la pelo volume. Como o volume é uma cunha (uma parte do cilindro cortado em dois ângulos definidos), tem-se o mesmo dado por: $v = r^2\phi z/2$, que é o volume calculado na integral de volume de um cilindro. Logo, encontra-se:

$$Q = \rho v = \frac{5{,}2\times 10^{-4}}{2}\left(5{,}3^2 - 3{,}2^2\right)(4{,}0376 - 0{,}4035)(0{,}0812 - (-0{,}0437)) = 2{,}1066\times 10^{-3}C,$$

considerando os valores com as unidades convertidas.

f) Neste caso, a densidade não é constante, dependendo de todas as coordenadas. Como é um cilindro completo, o ângulo varia de 0 a 2π. Convertendo as unidades das demais coordenadas e calculando o valor da carga, tem-se:

$$Q = \int_{vol}\rho dv = -2{,}36\times 10^{-9}\int_0^{0{,}88}\int_0^{2\pi}\int_{-0{,}63}^{0{,}63}\left(\frac{r\text{sen}\phi}{z} - \frac{z^2\phi}{r-1}\right)rdzd\phi dr$$

$$= -2{,}36\times 10^{-9}\times\left(\ln|z| - \frac{z^3}{3}\right|_{-0{,}63}^{0{,}63}\times\left(-\cos\phi - \frac{\phi^2}{2}\right|_0^{2\pi}\times\left(\frac{r^3}{3} - (r - \ln|r-1|)\right|_0^{0{,}88}$$

$$= -2{,}36\times 10^{-9}\times(-0{,}1667)\times(-19{,}7392)\times(0{,}2272 - 3{,}0003) = 2{,}1535\times 10^{-8}\,C.$$

Deve-se observar que, como o cilindro está centrado na origem, o raio inicia em 0 e termina em 0,88 *m* e a altura inicia no valor negativo de *z* (metade da altura: 0,63 *m*) indo até o valor positivo de *z* (a outra metade da altura: 0,63 *m*).

Exemplo 1.3: Considerando as distribuições de cargas dadas a seguir, em coordenadas esféricas, calcular os valores das cargas totais nas regiões definidas:

a) $\rho_L = 4{,}2\times 10^{-4}C/m$ sobre uma casca esférica de raio $r = 25$ *cm* com $\phi = 30°$ e $25° \leq \theta \leq 157{,}3°$;

b) $\rho_L = 2{,}31\times 10^{-8}r^2(\text{sen}\theta + \cos\phi)C/m$ sobre uma casca esférica de raio $r = 33$ *mm* com $\phi = 22°$ e $18° \leq \theta \leq 121{,}7°$;

c) $\rho_S = -3{,}35\times 10^{-6}\,C/m^2$ na calota esférica de raio $r = 12$ *cm*, definida por $0° \leq \theta \leq 37{,}2°$;

d) $\rho_S = 3{,}8\times 10^{-7}r^2\text{sen}\theta\; C/m^2$ na região $5{,}31 \leq r \leq 7{,}49$ *cm* e $22° \leq \theta \leq 78{,}7°$, com $\phi = 233°$;

e) $\rho = -7{,}13\times 10^{-4}C/m^3$ numa esfera centrada na origem, com raio $r = 23{,}5$ *cm*;

f) $\rho = 0{,}378 \times 10^{-6}\left(r^2\cos\theta - \frac{\operatorname{sen}\theta(r-1)}{r^2}\right) C/m^3$ de um cone esférico definido por $r = 56\ cm$ e $0^\circ \leq \theta \leq 43{,}4^\circ$.

Para o caso deste problema, utilizam-se as coordenadas esféricas, seguindo o mesmo procedimento adotado nos exemplos anteriores. Assim, tem-se:

a) Desde que se tem uma linha com raio fixo e ângulo ϕ fixo, vê-se que a linha está traçando um arco vertical (variação do ângulo θ). Dessa forma, tem-se que a carga total na linha é dada por:

$$Q = \rho_L L = 4{,}2\times10^{-4} \times r\theta = 4{,}2\times10^{-4} \times 0{,}25 \times (2{,}7454 - 0{,}4363) = 2{,}4246\times10^{-4}\ C.$$

desde que o comprimento do arco vertical na casca esférica é $r\theta$, com o valor de θ sendo o arco total em radianos (diferença entre o ângulo maior e o menor) e as unidades do raio convertidas para metros. Veja que neste caso, o ângulo ϕ não é considerado, pois como a densidade volumétrica de carga não depende do mesmo (é uniforme), seu valor é indiferente no cálculo.

b) Considerando este problema, a linha depende de sua posição nos dois ângulos e do valor do raio. Dessa forma, é necessária a integração da mesma sobre o ângulo θ que é o ângulo que varia, enquanto o raio é fixo e o ângulo ϕ também. Logo:

$$Q = \int \rho_L dL = 2{,}31\times10^{-8}\int_{0{,}31416}^{2{,}12407} r^2(\operatorname{sen}\theta + \cos\phi) r d\theta$$

$$= 2{,}31\times10^{-8} r^3\Big|_{r=0{,}033}\left(-\cos\theta + \theta\left(\cos\phi\right|_{\phi=22^\circ}\right)\Big|_{0{,}31416}^{2{,}12407}$$

$$= 2{,}31\times10^{-8}\times0{,}033^3\times\left(-\cos121{,}7^\circ + \cos18^\circ + (2{,}12407 - 0{,}31416)\cos22^\circ\right)$$

$$= 2{,}6188\times10^{-12}\ C.$$

Observe que, neste caso, o valor de ϕ não necessitou de conversão em radianos. Entretanto, no caso do ângulo θ, dentro da função circular podem ser utilizados os valores dos limites em graus, mas quando sua integração deu o valor do próprio ângulo multiplicando a função $\cos\phi$, necessariamente o valor utilizado foi em radianos.

c) O cálculo desta carga é simples, necessitando definir apenas o valor da área de uma superfície de uma calota esférica, que neste caso pode ser obtida pela integral de superfície:

$$S = \int_0^\theta \int_0^{2\pi} r^2 \operatorname{sen}\theta d\phi d\theta = 2\pi r^2(-\cos\theta + 1).$$

pois o valor do ângulo ϕ vai de zero a 2π. Como a densidade superficial de cargas é uniforme, então, tem-se:

$$Q = \rho_S S = -3{,}35 \times 10^{-6} \times 2\pi \times 0{,}12^2(-\cos 37{,}2^\circ + 1) = 6{,}1672C.$$

d) No caso da carga deste problema, a densidade superficial varia com o raio e com o ângulo θ, o que necessita de sua integração na superfície específica. Aqui, a superfície é um corte vertical na esfera, pois varia o raio e o ângulo θ. Assim, tem-se:

$$Q = \int_S \rho_S dS = 3{,}8 \times 10^{-7} \int_{0,38397}^{1,37357} \int_{0,0531}^{0,0749} r^2 \operatorname{sen}\theta \times r \operatorname{sen}\theta dr d\theta$$

$$= 3{,}8 \times 10^{-7} \left(\frac{r^4}{4} \Bigg|_{0,0531}^{0,0749} \right) \int_{0,38397}^{1,37357} \operatorname{sen}^2\theta d\theta = 2{,}2346 \times 10^{-12} \int_{0,38397}^{1,37357} \operatorname{sen}^2\theta d\theta.$$

Para solucionar esta integral do $\operatorname{sen}^2\theta$, utiliza-se a identidade trigonométrica do arco duplo, para simplificar os cálculos. Ou seja,

$$\operatorname{sen}^2\theta = \frac{1 - \cos 2\theta}{2}.$$

Daí, encontra-se:

$$Q = 2{,}2346 \times 10^{-12} \int_{0,38397}^{1,37357} \operatorname{sen}^2\theta d\theta = 2{,}2346 \times 10^{-12} \int_{0,38397}^{1,37357} \frac{1 - \cos 2\theta}{2} d\theta$$

$$= 2{,}2346 \times 10^{-12} \times \frac{1}{2} \left(\theta - \frac{\operatorname{sen} 2\theta}{2} \Bigg|_{0,38397}^{1,37357} \right)$$

$$= 1{,}117296 \times 10^{-12} \times \left(1{,}37357 - 0{,}38397 - \left(\frac{\operatorname{sen} 44^\circ - \operatorname{sen} 157{,}4^\circ}{2} \right) \right)$$

$$= 9{,}32293 \times 10^{-13} C.$$

Observe que, neste caso, o ângulo ϕ não tem utilização no valor, desde que a função da densidade não depende do mesmo. Por outro lado, veja que, novamente, quando o ângulo no resultado da integral não está dentro de uma função trigonométrica, o valor utilizado é em radianos. Por outro lado, quando está em uma função trigonométrica, o valor em graus pode ser utilizado. Também, veja o número de casas decimais utilizadas quando se usa radiano, pois uma pequena variação pode alterar muito o valor em graus.

e) Este problema é solucionado diretamente, pois o valor da densidade de cargas é uniforme e o volume é uma esfera, cujo volume é:

$$v = \frac{4}{3}\pi r^3.$$

Logo, o valor total da carga nesta esfera é:

$$Q = \rho v = -7{,}13 \times 10^{-4} \times \frac{4}{3}\pi(0{,}235)^3 = -3{,}876 \times 10^{-5} C.$$

f) Observando a densidade volumétrica de cargas deste problema, como ela está distribuída em um cone, o valor do ângulo ϕ vai de zero a 2π. Por outro lado, a função varia com o raio e com o ângulo θ, necessitando integrar no volume. Assim, tem-se:

$$Q = \int_{vol} \rho dv = 0{,}378 \times 10^{-6} \int_0^{0{,}75747} \int_0^{2\pi} \int_0^{0{,}56} \left(r^2 \cos\theta - \frac{\text{sen}\theta(r-1)}{r^2} \right) r^2 \text{sen}\theta \, dr d\phi d\theta$$

$$= 0{,}378 \times 10^{-6} \times \int_0^{0{,}75747} \int_0^{2\pi} \left(\frac{r^3}{3}\Bigg|_0^{0{,}56} \cos\theta \text{sen}\theta - \text{sen}^2\theta \left(\frac{r^2}{2} - r \right)\Bigg|_0^{0{,}56} \right) d\phi d\theta$$

$$= 0{,}378 \times 10^{-6} \times 2\pi \times \int_0^{0{,}75747} \left(0{,}058539 \cos\theta \text{sen}\theta + 0{,}4032 \text{sen}^2\theta \right) d\theta$$

$$= 0{,}378 \times 10^{-6} \times 2\pi \times \left(\left(0{,}058539 \times \frac{\text{sen}^2\theta}{2} \Bigg|_0^{0{,}75747} + 0{,}4032 \times \frac{1}{2} \times \left(\theta - \frac{\text{sen}2\theta}{2} \right) \Bigg|_0^{0{,}75747} \right) \right.$$

$$= 1{,}5647 \times 10^{-7} C.$$

As interações físicas das cargas elétricas estáticas são estudadas a seguir, por meio da Lei de Coulomb e do campo de forças gerado por elas.

1.2 Lei de Coulomb

A Lei de Coulomb determina a força existente entre cargas elétricas, a qual pode ser de atração (quando as cargas envolvidas são de mesmo sinal) ou de repulsão (quando as cargas apresentam sinais contrários). Como toda força, seu valor é um vetor dirigido de uma carga para outra, podendo ser a componente resultante da interação entre várias forças geradas por várias cargas sobre uma outra.

Em módulo, a Lei de Coulomb determina que a força entre duas cargas Q_1 e Q_2 é diretamente proporcional ao produto das cargas e inversamente proporcional ao quadrado da distância entre elas, ou seja:

$$F = \frac{Q_1 Q_2}{4\pi\varepsilon_0 R^2} \ [N]$$

em que R é a distância entre as cargas e

$$\varepsilon_0 = 8{,}854 \times 10^{-12}\ F/m \cong \frac{1}{36\pi} \times 10^{-9}\ F/m$$

é a permissividade do espaço livre, cuja unidade é o Farad/metro (*F/m*).

Em termos vetoriais, a força que uma carga Q_1 exerce sobre outra carga Q_2 é:

$$\overrightarrow{F_{12}} = \frac{Q_1 Q_2}{4\pi\varepsilon_0 R_{12}^2} \overrightarrow{a_{R_{12}}}$$

em que a direção da força é dada pelo vetor unitário (ou versor)

$$\overrightarrow{a_{R_{12}}} = \frac{\overrightarrow{R_{12}}}{R_{12}} = \frac{(x_2 - x_1)\overrightarrow{a_x} + (y_2 - y_1)\overrightarrow{a_y} + (z_2 - z_1)\overrightarrow{a_z}}{\sqrt{(x_2 - x_1)^2 + (y_2 - y_1)^2 + (z_2 - z_1)^2}}$$

com os versores $\overrightarrow{a_x}$, $\overrightarrow{a_y}$ e $\overrightarrow{a_z}$ sendo os versores que dão as direções dos eixos coordenados *x, y* e *z*, respectivamente. O exemplo desta força, para o caso de duas cargas de mesmo sinal, pode ser visto na Figura 1.1.

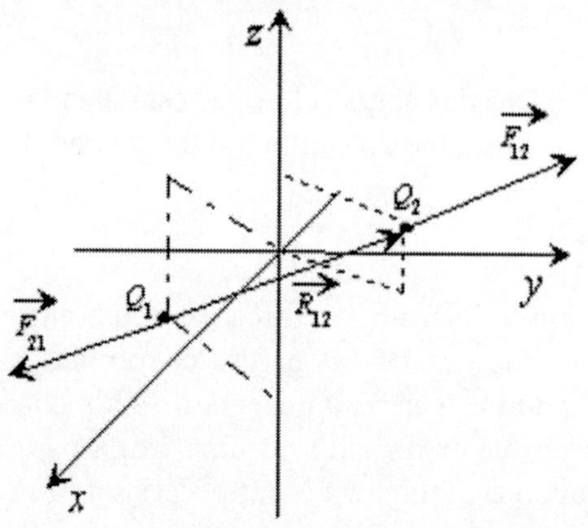

Figura 1.1: Forças de Coulomb entre duas cargas elétricas.

Quando se está avaliando a força resultante que várias cargas Q_1, Q_2, ..., Q_n, realizam sobre uma carga Q, tem-se o somatório vetorial das forças:

$$\overrightarrow{F_R} = \sum_{i=1}^{n} \overrightarrow{F_i} = \frac{Q}{4\pi\varepsilon_0} \sum_{i=1}^{n} \frac{Q_i}{R_{iQ}^2} \overrightarrow{a_{R_{iQ}}}.$$

Uma força de Coulomb resultante de três cargas sobre uma carga Q pode ser vista na Figura 1.2.

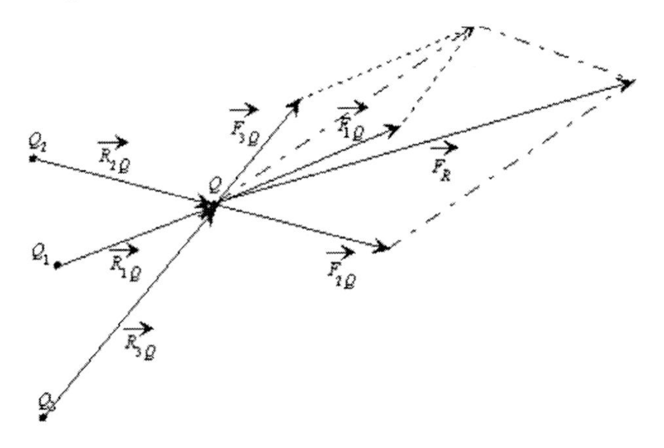

Figura 1.2: Força resultante devido a três cargas sobre uma carga Q.

Exemplo 1.4: Sendo dadas duas cargas $Q_1 = 10\ \mu C$ e $Q_2 = 5{,}6\ nC$, respectivamente nos pontos (3, – 2, 5) e (– 4, 1, 6) dados em metros, calcule a força que Q_1 exerce em Q_2 e dê a direção desta força.

Naturalmente, como se deseja saber a força, utilizando a equação da Lei de Coulomb, tem-se:

$$\vec{F}_{12} = \frac{Q_1 Q_2}{4\pi\varepsilon_0 R_{12}^2} \vec{a}_{R_{12}}.$$

Como os pontos estão dados em metros, a distância entre elas é:

$$\overrightarrow{R_{12}} = \overrightarrow{R_2} - \overrightarrow{R_1} = (-4-3)\overrightarrow{a_x} + (1-(-2))\overrightarrow{a_y} + (6-5)\overrightarrow{a_z} = -7\overrightarrow{a_x} + 3\overrightarrow{a_y} + \overrightarrow{a_z}.$$

O módulo deste vetor distância ao quadrado é:

$$R_{12}^2 = \left|\overrightarrow{R_{12}}\right|^2 = \left(\sqrt{(-7)^2 + (3)^2 + (1)^2}\right)^2 = 59,$$

de onde se calcula o vetor de direção:

$$\overrightarrow{a_{R_{12}}} = \frac{\overrightarrow{R_{12}}}{R_{12}} = \frac{-7\overrightarrow{a_x} + 3\overrightarrow{a_y} + \overrightarrow{a_z}}{\sqrt{59}} = -0{,}9113\overrightarrow{a_x} + 0{,}3906\overrightarrow{a_y} + 0{,}1302\overrightarrow{a_z}$$

que é a própria direção da força solicitada. Colocando os valores calculados na equação da força, tem-se:

$$\overrightarrow{F_{12}} = \frac{10 \times 10^{-6} \times 5{,}6 \times 10^{-9}}{4\pi\varepsilon_0 59}(-0{,}9113\overrightarrow{a_x} + 0{,}3906\overrightarrow{a_y} + 0{,}1302\overrightarrow{a_z})$$

$$= 8{,}5307 \times 10^{-6}(-0{,}9113\overrightarrow{a_x} + 0{,}3906\overrightarrow{a_y} + 0{,}1302\overrightarrow{a_z})$$

$$= (-7{,}7741\overrightarrow{a_x} + 3{,}3321\overrightarrow{a_y} + 1{,}1107\overrightarrow{a_z}) \times 10^{-6}\ N.$$

Calculando o valor do módulo da força, encontra-se:

$$F_{12} = \sqrt{(-7{,}7741)^2 + 3{,}3321^2 + 1{,}1107^2} \times 10^{-6} = 8{,}53072 \times 10^{-6}\ N,$$

e fazendo

$$\overrightarrow{a_{F_{12}}} = \frac{\overrightarrow{F_{12}}}{F_{12}} = -0{,}9113\overrightarrow{a_x} + 0{,}3906\overrightarrow{a_y} + 0{,}1302\overrightarrow{a_z}$$

que é a direção do vetor força, vê-se que é exatamente o mesmo vetor de direção do raio encontrado, $\overrightarrow{a_{R_{12}}}$. Naturalmente, o vetor de direção da distância entre as cargas tem o mesmo valor do vetor de direção da força (são unitários e estão na mesma direção). A localização das cargas, o vetor força e seu versor associado são vistos na Figura 1.3.

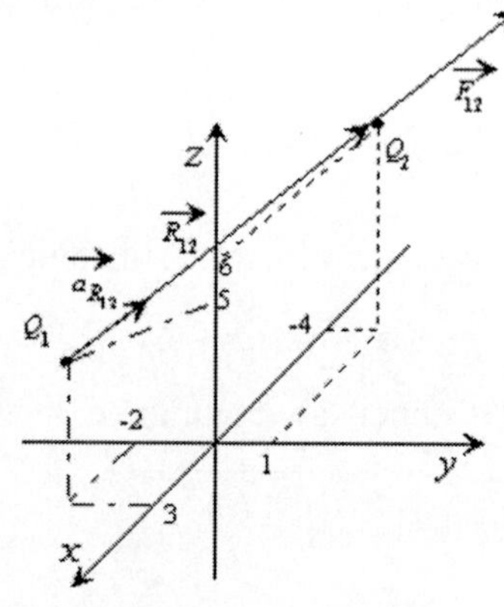

Figura 1.3: Cargas no sistema de coordenadas cartesianas, vetor força e vetor de direção.

Exemplo 1.5: Considere que uma carga $q = 1\ nC$, localizada no ponto (3, –2, 5) e com massa $m = 1\ \mu g$ (sendo a aceleração da gravidade $g = 9{,}81\ m/s^2$) está sofrendo uma força de três cargas: $Q_1 = 12\ nC$, localizada no ponto (15, –8, 12); $Q_2 = -15\ nC$, localizada no ponto (–7, –3, 9); e $Q_3 = 5\ \mu C$, localizada no ponto (5, 3, –17). Calcule esta força, a direção e a magnitude da aceleração resultante e a posição em que a carga se encontrará após 2 segundos, considerando: a) que o peso não interfere no movimento; b) que o peso interfere no movimento (a aceleração da gravidade é na direção z negativa). Em ambos os casos, considere que a força elétrica inicial gere uma aceleração que seja constante ao longo do caminho percorrido pela carga.

Desde que a carga q está sofrendo a ação de três cargas, é necessário calcular a força sobre ela devida a cada uma das cargas e somar vetorialmente as mesmas para se ter a resultante. Dessa forma, utilizando os passos do Exemplo 1.4 para cada carga agindo sobre a carga q, tem-se:

$$
\begin{aligned}
\overrightarrow{F_{1q}} &= \frac{Q_1 q}{4\pi\varepsilon_0 R_{1q}^2}\overrightarrow{a_{R_{1q}}} \\
&= \frac{10^{-9}\times 12\times 10^{-9}}{4\pi\varepsilon_0 229}(0{,}0524\overrightarrow{a_x} - 0{,}0262\overrightarrow{a_y} + 0{,}0306\overrightarrow{a_z}) \\
&= 4{,}7097\times 10^{-10}(0{,}0524\overrightarrow{a_x} - 0{,}0262\overrightarrow{a_y} + 0{,}0306\overrightarrow{a_z}) \\
&= (2{,}468\overrightarrow{a_x} - 1{,}234\overrightarrow{a_y} + 1{,}4412\overrightarrow{a_z})\times 10^{-11}\ N
\end{aligned}
$$

$$
\begin{aligned}
\overrightarrow{F_{2q}} &= \frac{Q_2 q}{4\pi\varepsilon_0 R_{2q}^2}\overrightarrow{a_{R_{2q}}} \\
&= \frac{10^{-9}\times 15\times 10^{-9}}{4\pi\varepsilon_0 117}(-0{,}0855\overrightarrow{a_x} - 0{,}00855\overrightarrow{a_y} + 0{,}0342\overrightarrow{a_z}) \\
&= 1{,}1523\times 10^{-9}(-0{,}0855\overrightarrow{a_x} - 0{,}00855\overrightarrow{a_y} + 0{,}0342\overrightarrow{a_z}) \\
&= (-9{,}852\overrightarrow{a_x} - 0{,}9852\overrightarrow{a_y} + 3{,}941\overrightarrow{a_z})\times 10^{-11}\ N
\end{aligned}
$$

$$\vec{F_{3q}} = \frac{Q_3 q}{4\pi\varepsilon_0 R_{3q}^2}\vec{a_{R_{3q}}}$$

$$= \frac{10^{-9} \times 5 \times 10^{-6}}{4\pi\varepsilon_0 513}(3{,}899 \times 10^{-3}\vec{a_x} + 9{,}747 \times 10^{-3}\vec{a_y} + 0{,}0429\vec{a_z})$$

$$= 8{,}76 \times 10^{-8}(3{,}899 \times 10^{-3}\vec{a_x} + 9{,}747 \times 10^{-3}\vec{a_y} + 0{,}0429\vec{a_z})$$

$$= (0{,}3416\vec{a_x} + 0{,}8538\vec{a_y} + 3{,}758\vec{a_z}) \times 10^{-9}\ N$$

e a força resultante é:

$$\vec{F} = \vec{F_{1q}} + \vec{F_{2q}} + \vec{F_{3q}} = (2{,}6776\vec{a_x} + 8{,}3161\vec{a_y} + 0{,}3812\vec{a_z}) \times 10^{-10}\ N.$$

A aceleração que a carga adquire é:

$$\vec{a} = \frac{\vec{F}}{m} = \frac{(2{,}6776\vec{a_x} + 8{,}3161\vec{a_y} + 0{,}3812\vec{a_z}) \times 10^{-10}}{10^{-9}} = 0{,}26776\vec{a_x} + 0{,}83161\vec{a_y} + 0{,}03812\vec{a_z}\ m/s^2.$$

Observe que a massa deve ser dada em quilogramas. Com a aceleração calculada, sua direção é:

$$\vec{a_a} = \frac{\vec{a}}{a} = \frac{0{,}26776\vec{a_x} + 0{,}83161\vec{a_y} + 0{,}03812\vec{a_z}}{0{,}8745} = 0{,}30619\vec{a_x} + 0{,}95097\vec{a_y} + 0{,}04359\vec{a_z}$$

e sua magnitude é dada pelo seu módulo (o denominador da direção da aceleração):

$$a = 0{,}8745\ m/s^2$$

Com estas informações, pode-se calcular a localização da carga. Assim, tem-se:

a) Como se deseja calcular a localização da carga após 2 segundos sob a ação desta força sem a interferência do peso da carga, utiliza-se a equação do movimento uniformemente variado (neste caso, vetorial):

$$\vec{S} = \vec{S_0} + \vec{U_0}t + \frac{\vec{a}t^2}{2}$$

$$\vec{S} = (3\vec{a_x} - 2\vec{a_y} + 5\vec{a_x}) + \frac{2^2}{2}(0{,}26776\vec{a_x} + 0{,}83161\vec{a_y} + 0{,}03812\vec{a_z})$$

$$\vec{S} = 3{,}5354\vec{a_x} - 0{,}33678\vec{a_y} + 5{,}07624\vec{a_z}\ m.$$

Observe que inicialmente a carga está parada. Logo, considerando que seu peso não interfere, sua posição final será o ponto (3,5354; -0,33678; 5,07624).

b) Quando se considera o peso, tem-se a aceleração da gravidade em forma vetorial dada por:

$$\vec{g} = -9{,}81\vec{a_z}\ m/s^2.$$

Dessa forma, a influência da força peso sobre a posição da carga só será percebida na direção z. Logo, a aceleração na direção z será a soma vetorial da força elétrica (resultante das forças exercidas pelas cargas sobre q na direção z) com a força peso. Isto é,

$$\vec{a_{Rz}} = 0{,}03812\vec{a_z} - 9{,}81\vec{a_z} = -9{,}77188\vec{a_z}\ m/s^2.$$

Então, considerando esta aceleração em z, tem-se que a posição da carga após os 2 segundos passados será:

$$\vec{S} = \vec{S_0} + \vec{U_0}t + \frac{\vec{a}t^2}{2}$$

$$\vec{S} = (3\vec{a_x} - 2\vec{a_y} + 5\vec{a_x}) + \frac{2^2}{2}(0{,}26776\vec{a_x} + 0{,}83161\vec{a_y} - 9{,}77188\vec{a_z})$$

$$\vec{S} = 3{,}5354\vec{a_x} - 0{,}33678\vec{a_y} - 14{,}54376\vec{a_z}\ m.$$

Sendo assim, após dois segundos, considerando o peso da carga, ela se encontrará no ponto (3,5354; – 0,33678; –14,54376).

Exemplo 1.6: Considere que há uma placa metálica carregada, com uma distribuição superficial de cargas $\rho_S = 2{,}3\ mC/m^2$, na região do espaço definida por $z = 4$, $2 \leq x \leq 2{,}1$ e $1{,}4 \leq y \leq 1{,}6$, todos os valores dados em centímetros. A massa desta placa metálica é $m = 1{,}2\ \mu g$ e a aceleração da gravidade no local é $g = 9{,}81\ m/s^2$, considerada na direção $-z$. No ponto (2,05; 1,5; –5), existe um cubo de um material semicondutor dopado positivamente, com uma distribuição volumétrica de cargas dada por $\rho = 4 \times 10^6 xy^2z/3\ C/m^3$, cujas arestas têm o valor $l = 1\ mm$, estando este centrado no ponto definido, o qual é dado em centímetros. Qual a força que o cubo semicondutor carregado gera sobre a placa metálica? Considerando o movimento da placa metálica, em que ponto esta deverá se encontrar depois de 10 milissegundos?

A solução deste problema é complicada, desde que pela Lei de Coulomb a força em cada ponto da placa recebe a influência de cada carga em cada ponto do cubo. Ou seja, cada elemento da carga na placa apresenta uma contribuição da força de cada elemento das cargas do cubo semicondutor. Logo, o valor da distância se torna:

$$\vec{R} = (x_2 - x_1)\overrightarrow{a_x} + (y_2 - y_1)\overrightarrow{a_y} + (4 - z_1)\overrightarrow{a_z},$$

em que os valores de índice 2 são referentes aos pontos da placa metálica, e os valores de índice 1 são relativos aos pontos no cubo. Dessa forma, é necessário integrar todo o volume (em x_1, y_1 e z_1) para ver o efeito sobre cada ponto da placa, o que quer dizer: fazer uma integral de volume dentro de uma integral de superfície (integral quíntupla!), na forma:

$$\vec{F} = \int\int 2{,}3 \times 10^{-3} \left[\int\int\int \frac{4 \times 10^6 xy^2 z((x_2 - x_1)\overrightarrow{a_x} + (y_2 - y_1)\overrightarrow{a_y} + (4 - z_1)\overrightarrow{a_z})}{3(4\pi\varepsilon_0)((x_2 - x_1)^2 + (y_2 - y_1)^2 + (4 - z_1)^2)^{3/2}} dz_1 dy_1 dx_1 \right] dy_2 dx_2,$$

com os limites definidos por:

$$1{,}4 \times 10^{-2} \leq y_2 \leq 1{,}6 \times 10^{-2}$$
$$2 \times 10^{-2} \leq x_2 \leq 2{,}1 \times 10^{-2}$$
$$-5{,}05 \times 10^{-2} \leq z_1 \leq -4{,}95 \times 10^{-2}$$
$$1{,}45 \times 10^{-2} \leq y_1 \leq 1{,}55 \times 10^{-2}$$
$$2 \times 10^{-2} \leq x_1 \leq 2{,}1 \times 10^{-2}.$$

Observe que o valor da potência de R é 3/2, pois se refere ao valor ao quadrado da equação da Lei de Coulomb somado com o valor 1/2 do módulo que fica no denominador do vetor de direção $\overrightarrow{a_R}$. Como esta equação não é simples de resolver, uma forma de se aproximar o valor desta força sem haver muito erro é calcular o valor das devidas cargas separadamente, e considerá-las como cargas pontuais no ponto central dos limites dados, como visto a seguir:

$$\begin{aligned} Q_2 &= \rho_S S \\ &= 2{,}3\times10^{-3}\times(1{,}6\times10^{-2}-1{,}4\times10^{-2})\times(2{,}1\times10^{-2}-2\times10^{-2}) \\ &= 4{,}6\times10^{-9}\,C \end{aligned}$$

$$\begin{aligned} Q_1 &= \frac{4\times10^6}{3}\int_{2\times10^{-2}}^{2{,}1\times10^{-2}}\int_{1{,}55\times10^{-2}}^{1{,}45\times10^{-2}}\int_{-5{,}05\times10^{-2}}^{-4{,}95\times10^{-2}} xy^2 z\,dz\,dy\,dx \\ &= \frac{4\times10^6}{3}\times\left(\left.\frac{x^2}{2}\right|_{2\times10^{-2}}^{2{,}1\times10^{-2}}\right)\left(\left.\frac{y^3}{3}\right|_{1{,}55\times10^{-2}}^{1{,}45\times10^{-2}}\right)\left(\left.\frac{z^2}{2}\right|_{-5{,}05\times10^{-2}}^{-4{,}95\times10^{-2}}\right) \\ &= 3{,}076\times10^{-10}\,C \end{aligned}$$

e, conseqüentemente,

$$\begin{aligned} \vec{F} &= \frac{Q_2Q_1}{4\pi\varepsilon_0 R^2}\vec{a_R} \\ &= \frac{4{,}6\times10^{-9}\times3{,}076\times10^{-10}}{4\pi\varepsilon_0\left((2{,}05\times10^{-2}-2{,}05\times10^{-2})^2+(1{,}5\times10^{-2}-1{,}5\times10^{-2})^2+(4\times10^{-2}-(-5\times10^{-2}))^2\right)}\vec{a_z} \\ &= 1{,}57\times10^{-6}\vec{a_z}\,N \end{aligned}$$

pois o valor de R no ponto médio em x e y é zero, o que dá o vetor de direção como sendo o vetor $\vec{a_z}$. Com o valor da força calculada, pode-se calcular a posição em que a placa encontrar-se-á (neste caso, aproximado, desde que a cada momento que a carga se afasta o valor da força diminui), através da equação do movimento uniformemente variado:

$$\begin{aligned} S &= S_0 + U_0 t + \frac{at^2}{2} \\ &= 4\times10^{-2} + \frac{(-9{,}81+\frac{1{,}57\times10^{-6}}{1{,}2\times10^{-9}})\times0{,}01^2}{2} \\ &= 4{,}65\times10^{-2}\,m. \end{aligned}$$

Com este resultado, no qual é o valor de z apenas que muda neste cálculo aproximado, a placa carregada se encontrará na mesma posição em relação aos eixos x e y, porém 6,5 *mm* mais alta que a posição inicial.

Exemplo 1.7: Considere que haja duas esferas metálicas de massa m, carregadas com carga Q cada uma, e ligadas por um fio de comprimento total $2l$ no eixo z, conforme apresentado na Figura 1.4.a. Desde que há uma força peso e uma força elétrica agindo nas cargas, então:

a) Qual a equação que descreve o valor da carga Q em função dos dados (ângulo, comprimento do fio, massa, etc.)?

b) Se estas esferas estiverem em pontos definidos no espaço, como (x, y, z) e $(-x, -y, z)$, conforme a Figura 1.4.b, encontre a equação que determina a carga.

c) Se as esferas têm massa m_1 e m_2, com $m_1 > m_2$, e, devido ao efeito da aceleração da gravidade, encontram-se nos pontos (x_1, y_1, z_1) e (x_2, y_2, z_2), conforme a Figura 1.4.c, qual a equação que determina a carga?

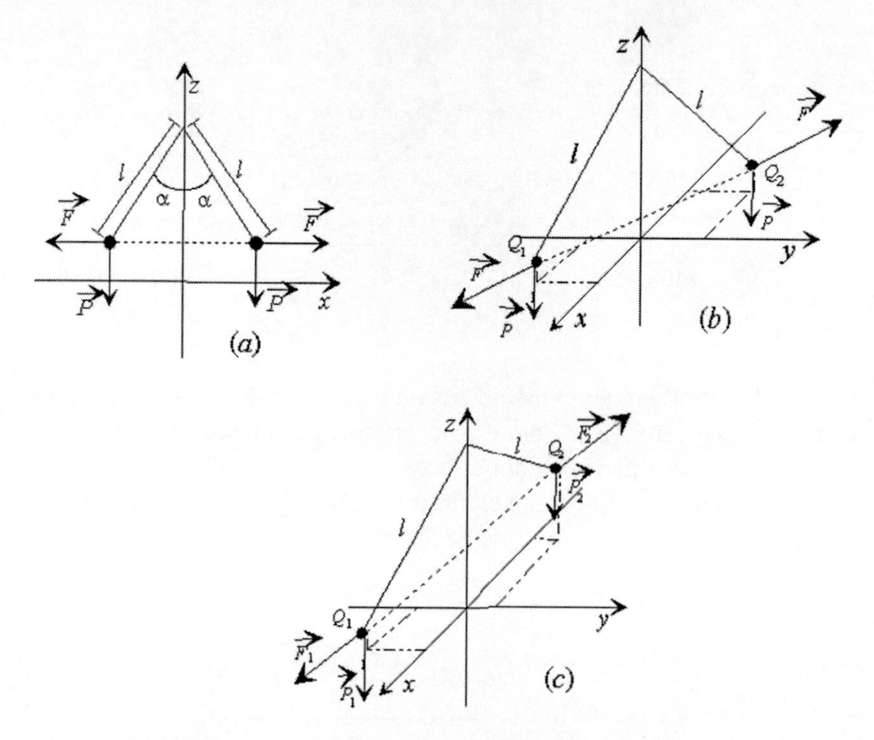

Figura 1.4: Esferas de massa m carregadas com carga Q e ligadas por um fio de comprimento l.

a) Considerando que as massas e as cargas são iguais, tem-se:

$$P = T\cos\alpha$$

$$F = T\text{sen}\alpha$$

o que dá:

$$\frac{P}{F} = \frac{T\cos\alpha}{T\text{sen}\alpha} = \tan\alpha$$

e, como $P = mg$ e $F = \frac{QQ}{4\pi\varepsilon_0 R^2} = \frac{Q^2}{4\pi\varepsilon_0 R^2}$, então:

$$\frac{mg}{\frac{Q^2}{4\pi\varepsilon_0 R^2}} = \tan\alpha$$

$$Q^2 = \frac{mg4\pi\varepsilon_0 R^2}{\tan\alpha} = \frac{mg4\pi\varepsilon_0 4l^2\text{sen}^2\alpha}{\tan\alpha} = 16\pi\varepsilon_0 mgl^2\text{sen}\alpha\cos\alpha$$

desde que $R = 2l\text{sen}\alpha$ e, conseqüentemente, $R^2 = 4l^2\text{sen}^2\alpha$. Assim, encontra-se:

$$Q = \sqrt{16\pi\varepsilon_0 mgl^2\text{sen}\alpha\cos\alpha} = 4l\sqrt{\pi\varepsilon_0 mg\text{sen}\alpha\cos\alpha}\ C.$$

b) Neste caso, as cargas encontram-se no espaço, o que implica calcular o valor da distância, a qual é:

$$R^2 = 4x^2 + 4y^2,$$

e, conseqüentemente,

$$Q = \sqrt{\frac{4\pi\varepsilon_0 mg(4x^2 + 4y^2)}{\tan\alpha}}\ C.$$

c) Quando se consideram as massas diferentes, é necessário detalhar mais a análise do problema. Assim, tem-se que o módulo da tração resultante em um lado do fio é igual ao módulo da tração resultante no outro lado do fio, sendo que a tração é dada pela soma vetorial do peso com a força elétrica de repulsão:

$$\vec{T} = \vec{F} + \vec{P}.$$

Logo, como seus módulos são iguais, tem-se:

$$\left|\vec{T_1}\right| = \left|\vec{T_2}\right|$$

$$\left|\vec{F_1} + \vec{P_1}\right| = \left|\vec{F_2} + \vec{P_2}\right|$$

e como a distância entre as esferas carregadas é:

$$\vec{R} = (x_1 - x_2)\vec{a_x} + (y_1 - y_2)\vec{a_y} + (z_1 - z_2)\vec{a_z}$$

encontra-se:

$$\left|\frac{Q^2\left[(x_1 - x_2)\vec{a_x} + (y_1 - y_2)\vec{a_y} + (z_1 - z_2)\vec{a_z}\right]}{4\pi\varepsilon_0\left[(x_1 - x_2)^2 + (y_1 - y_2)^2 + (z_1 - z_2)^2\right]^{3/2}} - m_1 g\vec{a_z}\right| = \left|\frac{Q^2\left[(x_2 - x_1)\vec{a_x} + (y_2 - y_1)\vec{a_y} + (z_2 - z_1)\vec{a_z}\right]}{4\pi\varepsilon_0\left[(x_2 - x_1)^2 + (y_2 - y_1)^2 + (z_2 - z_1)^2\right]^{3/2}} - m_2 g\vec{a_z}\right|$$

Daí, resolvendo este sistema, encontra-se:

$$Q = \frac{1}{4\pi\varepsilon_0\left[(x_1 - x_2)^2 + (y_1 - y_2)^2 + (z_1 - z_2)^2\right]^{3/2}}\sqrt{\frac{(m_1 - m_2)g}{2(z_1 - z_2)}}\ C.$$

Em se tratando de forças elétricas, pode-se ver que onde há uma carga, em qualquer ponto do espaço ao seu redor onde for colocada uma outra carga, haverá uma força de repulsão (se as cargas forem iguais em sinal) ou de atração (se elas forem de sinais contrários). Isso sugere a existência de um campo de forças gerado pela carga, o que é denominado campo elétrico, que é tratado a seguir.

1.3 Campo Elétrico

Conforme citado no final da seção anterior, existe um campo de forças ao redor de uma carga, o qual é denominado campo elétrico. Este campo elétrico é um campo vetorial, e tem sempre a direção perpendicular à carga.

Tomando uma carga q (denominada carga de teste) em que se pode variar a sua posição, e uma carga fixa Q de que se deseja calcular o valor do campo na posição da carga q, tem-se a definição do campo elétrico dada por:

$$\vec{E} = \frac{\vec{F}}{q},$$

o que determina a eliminação da carga de teste para calcular o campo da carga Q no ponto em que a carga q se encontra. Como se pode ver, a unidade do campo elétrico é [*N/C*] (Newton/Coulomb), ou mais conhecida como [*V/m*] (Volt/metro).

Assim, o campo de uma carga pontual é definido como sendo:

$$\vec{E} = \frac{Q}{4\pi\varepsilon_0 r^2}\vec{a_r},$$

considerando que a carga está na origem do sistema de coordenadas, em que se referencia a direção do campo na direção do raio (em coordenadas esféricas, desde que, para qualquer ponto em que se deseja calcular o valor deste campo em relação à origem é o próprio valor de um raio esférico). Por outro lado, se a carga que gera o campo não está na origem do sistema de coordenadas, tem-se:

$$\vec{E} = \frac{Q}{4\pi\varepsilon_0 R^2}\vec{a_R}$$

em que o $\vec{R}$ indica a distância entre o ponto a ser medido e o campo, e a posição em que se encontra a carga que o gera:

$$\vec{R} = (x_2 - x_1)\vec{a_x} + (y_2 - y_1)\vec{a_y} + (z_2 - z_1)\vec{a_z}$$

com R sendo seu módulo. Este campo pode ser visto na Figura 1.5.

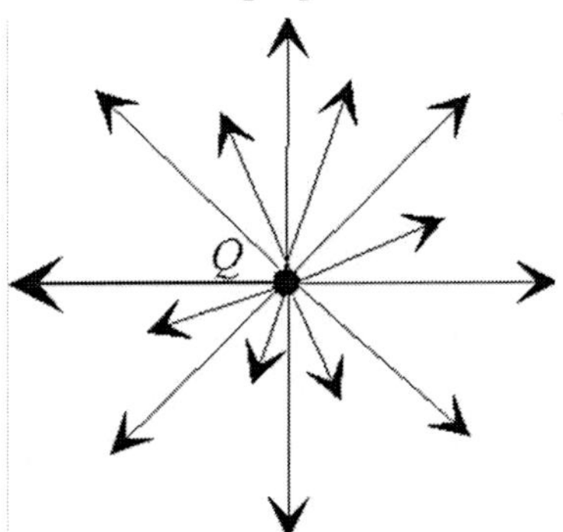

Figura 1.5: Campo elétrico de uma carga pontual ou esférica.

Por outro lado, considerando que haja uma carga distribuída em uma linha ρ_L (por exemplo, no eixo z), pode-se ver esta carga como uma infinita quantidade de cargas pontuais dQ sobrepostas, o que dá, pela Lei de Coulomb, para cada uma das cargas sobrepostas, um elemento diferencial de força:

$$d\vec{F} = \frac{q\,dQ}{4\pi\varepsilon_0 R^2}\vec{a_R}$$

que, juntando todas as contribuições para calcular a força total encontra-se:

$$\vec{F} = \int_{-\infty}^{\infty} d\vec{F} = \int_{-\infty}^{\infty} \frac{q\rho_L dz}{4\pi\varepsilon_0 R^2}\vec{a_R}$$

desde que a carga $dQ = \rho_L\, dz$. Dessa forma, como

$$\vec{R} = (x_2 - x_1)\vec{a_x} + (y_2 - y_1)\vec{a_y} + (z_2 - z_1)\vec{a_z} = r\vec{a_r} + z\vec{a_z},$$

devido ao fato de que que a linha de carga se encontra no eixo z (o que indica que os valores de x_1 e y_1 são zero), o que faz com que, para a distância R fixa, o giro de 2π no plano xy desenhe um círculo de raio cilíndrico r. Além do mais, o valor de z_1 pode ser considerado zero (plano xy) devido à simetria da carga (inicia no $-\infty$ e finaliza no $+\infty$). Dessa forma, retirando a carga de teste, tem-se:

$$\vec{E} = \frac{\vec{F}}{q} = \int_{-\infty}^{\infty} \frac{\rho_L \vec{a_R}}{4\pi\varepsilon_0 R^2} dz = \frac{\rho_L}{4\pi\varepsilon_0}\int_{-\infty}^{\infty} \frac{r\vec{a_r} + z\vec{a_z}}{\left(r^2 + z^2\right)^{3/2}} dz$$

$$= \frac{\rho_L}{4\pi\varepsilon_0}\left[\frac{z}{r\sqrt{r^2 + z^2}}\vec{a_r} - \frac{1}{\sqrt{r^2 + z^2}}\vec{a_z}\right]_{-\infty}^{\infty}$$

$$= \frac{\rho_L}{4\pi\varepsilon_0 r}\left(2\vec{a_r}\right)$$

$$= \frac{\rho_L}{2\pi\varepsilon_0 r}\vec{a_r}$$

o que mostra que o campo de uma linha de carga decai apenas com $1/2r$, ao invés de $1/4r^2$ da carga pontual, sendo completamente radial cilíndrica e perpendicular à linha. Este pode ser visto na Figura 1.6.

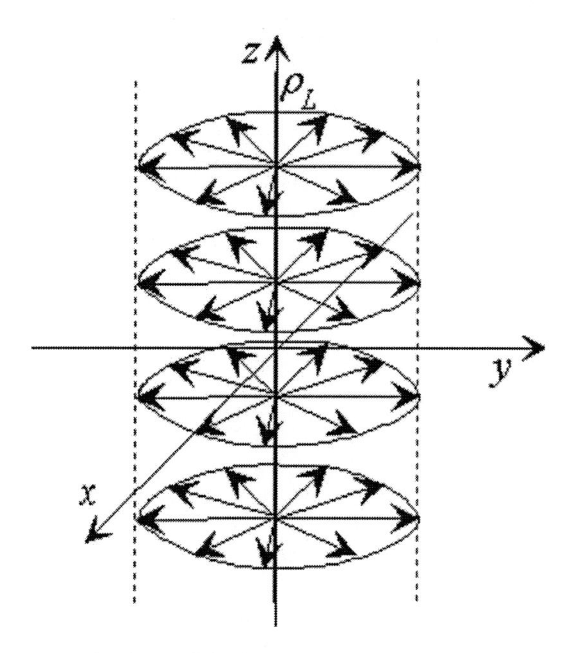

Figura 1.6: Campo elétrico de uma linha de carga ou de uma carga distribuída em um cilindro: radial cilíndrico.

Considerando que a linha de carga seja finita, o campo só será visto desta forma numa distância em que haja simetria (ponto central). Caso contrário, o resultado terá direções em *r* e *z*, quando se mudam os limites de integração.

Utilizando este resultado e juntando uma quantidade infinita de linhas de cargas paralelas, encontra-se o resultado para uma superfície com cargas distribuídas ρ_S. Assim, tem-se que, considerando uma superfície de cargas no plano *xz*, uma porção desta superfície que forma uma linha (um elemento ρ_S com largura *dx*) tem o valor $\rho_L = \rho_S dx$. E conseqüentemente, pelo resultado do campo elétrico para uma linha de cargas:

$$\vec{E} = \int d\vec{E} = \int_{-\infty}^{\infty} \frac{\rho_L \vec{a_R}}{2\pi\varepsilon_0 R} dx = \frac{\rho_S}{2\pi\varepsilon_0} \int_{-\infty}^{\infty} \frac{x\vec{a_x} + y\vec{a_y}}{x^2 + y^2} dx$$

$$= \frac{\rho_S}{2\pi\varepsilon_0} \left[\frac{1}{2} \ln\left(x^2 + y^2\right) \vec{a_x} + \arctan\left(\frac{y}{x}\right) \vec{a_y} \right|_{-\infty}^{\infty}$$

$$= \frac{\rho_S}{2\pi\varepsilon_0} \left(\pi \vec{a_y}\right)$$

$$= \frac{\rho_S}{2\varepsilon_0} \vec{a_y}$$

o que pode ser estendido de uma forma geral, como:

$$\vec{E} = \frac{\rho_S}{2\varepsilon_0}\vec{a_n}$$

com $\vec{a_n}$ sendo o vetor de direção normal (perpendicular). Neste resultado, vê-se que, o campo de uma superfície infinita com carga distribuída é completamente normal e uniforme, o qual é apresentado na Figura 1.7.

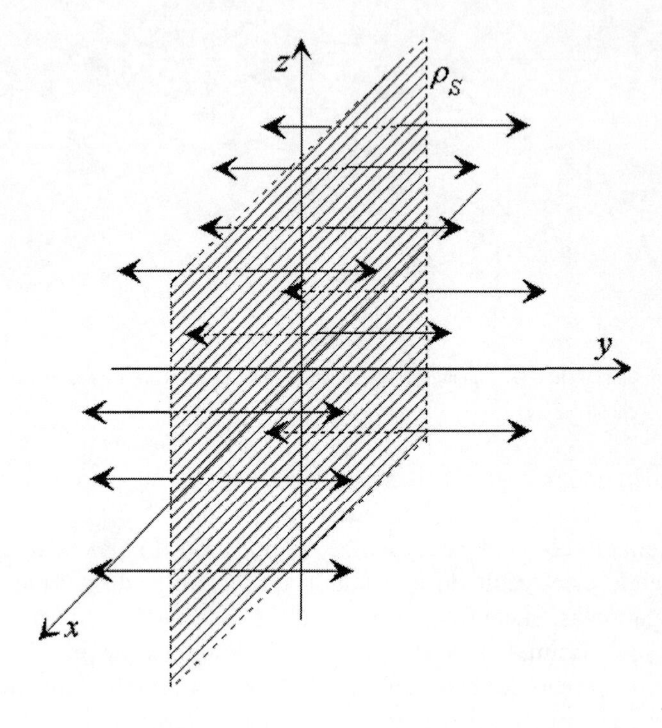

Figura 1.7: Campo elétrico de uma superfície de carga.

Por fim, utilizando o mesmo procedimento, encontra-se o campo elétrico de um volume de cargas distribuído em uma região finita. Isto é, dada uma distribuição volumétrica de cargas ρ em uma região limitada, encontra-se:

$$\vec{E} = \int_{vol} \frac{\rho dv}{4\pi\varepsilon_0 R^2}\vec{a_R},$$

desde que para cada elemento diferencial ρdv, em um ponto R distante dele, é criado um pequeno campo elétrico, e a soma de todas as contribuições de campo dos elementos do volume da carga geram o campo total.

Naturalmente, estes resultados são utilizados na Engenharia por aproximações. Exemplo disso são os casos que as superfícies são finitas, mas podem ser vistas como infinitas, de acordo com a proximidade da mesma. Por exemplo, as placas de um capacitor, embora sejam finitas, mas a distância entre elas é muito pequena, o que dá na relação S/d um valor muito alto, como uma superfície de 1 cm^2 (10^{-4} m^2) vista em uma distância de (ponto de observação do campo) $d = 10^{-6}$ m, tem uma relação $S/d = 100$, ou seja, é o mesmo que ver uma placa de 100 m^2 a uma distância de 1 m. Observe que esta relação de observação é freqüentemente utilizada para aproximações de resultados para situações que envolvem o infinito, na Engenharia. Exemplos típicos são:

1) Uma carga qualquer em um pequeno volume de centímetros cúbicos, vista a uma distância considerável (como metros ou quilômetros), tem uma relação v/d pequena, e pode ser vista como uma carga pontual, em que se utilizam aproximações com os resultados de uma carga pontual (esférica). Logo, calculando a carga por meio da integral de volume $Q = \int_{vol} \rho dv$, calcula-se o campo elétrico para a distância dada com a equação do campo elétrico para uma carga pontual;
2) Em um volume de carga (como uma nuvem carregada) em um ponto próximo, pode ser utilizada a equação da superfície de cargas, como em um capacitor, multiplicando-se (ou integrando-se) a densidade de carga pela altura para converter ρ em ρ_S;
3) Em uma linha de cargas de comprimento finito vista de muito próximo, a relação d/d' garante o resultado de uma linha de cargas infinita;
4) Em uma fita de largura l e comprimento c, vista de um ponto muito próximo, as relações l/d e c/d garantem que o resultado de uma superfície infinita podem ser utilizados (caso do capacitor eletrolítico). Entretanto, se houver um afastamento do ponto de observação, tal que a relação l/d se torne pequena, mas a relação c/d se mantenha grande, então se utiliza o resultado de uma linha de cargas. Por fim, se o ponto de observação for distante o suficiente, tal que ambas as relações l/d e c/d se tornem pequenas, então o resultado é dado através da equação de uma carga pontual. Em cada caso, deve-se respeitar a conversão de unidades: com a utilização do resultado de uma linha de cargas, deve-se transformar ρ_S em ρ_L multiplicando pela largura l ou integrando (se ρ_S for variável); com a utilização do resultado de uma carga pontual, multiplica-se ρ_S pela área S,

ou integra-se, caso esta seja variável (para converter ρ_S em Q).

Exemplo 1.8: Considerando que haja uma carga pontual $Q_1 = 10\ \mu C$ no ponto (5, – 3, 2), uma carga pontual $Q_2 = -80\ nC$ no ponto (– 4, 2, – 2), uma linha de carga $\rho_L = 150\ nC/m$ paralela ao eixo x passando pelo ponto (0, -8, 3) e uma superfície de cargas $\rho_S = -35\ nC/m^2$ paralela ao plano xz cortando o eixo y no ponto $y = -25$, calcular o campo de cada uma das cargas especificadas separadamente e o campo elétrico total devido aos efeitos de todas ao mesmo tempo nos pontos A (10, 8, – 7) e B (– 5, – 40, 10). Calcule o valor do ângulo formado entre os dois campos resultantes.

Para solucionar este problema, deve-se fazer apenas o cálculo da contribuição do campo elétrico de cada uma das cargas envolvidas nos pontos dados e somá-las vetorialmente para encontrar o valor do campo resultante. Assim, para o ponto A, tem-se:

$$\overrightarrow{R_{Q_1A}} = (10-5)\overrightarrow{a_x} + (8-(-3))\overrightarrow{a_y} + (-7-2)\overrightarrow{a_z} = 5\overrightarrow{a_x} + 11\overrightarrow{a_y} - 9\overrightarrow{a_z}$$

$$\overrightarrow{R_{Q_2A}} = 14\overrightarrow{a_x} + 6\overrightarrow{a_y} - 5\overrightarrow{a_z}$$

$$\overrightarrow{R_{\rho_LA}} = (8-(-8))\overrightarrow{a_y} + (-7-3)\overrightarrow{a_z} = 16\overrightarrow{a_y} - 10\overrightarrow{a_z}$$

em que o valor da distância da linha de cargas ao ponto A tem apenas componentes em y e z, desde que a linha de cargas não gera campo na direção em que ela se estende (só gera campo perpendicular). No caso de ρ_S, não é necessário calcular distância, desde que uma superfície de cargas só gera campo perpendicular a si e é independente da distância (é constante). Entretanto, para o caso da superfície de cargas, em relação ao ponto A, tem sua direção dada por $\overrightarrow{a_y}$, desde que o ponto A está na frente da superfície (posição em relação ao eixo y). Dessa forma, encontram-se os campos de cada uma das cargas, dados por:

$$\overrightarrow{E_{Q_1A}} = \frac{Q_1}{4\pi\varepsilon_0 R_{Q_1A}^2}\overrightarrow{a_{R_{Q_1A}}} = \frac{10\times10^{-6}}{4\pi\varepsilon_0(25+121+81)^{3/2}}(5\overrightarrow{a_x} + 11\overrightarrow{a_y} - 9\overrightarrow{a_z}) = 131{,}396\overrightarrow{a_x} + 289{,}071\overrightarrow{a_y} - 236{,}513\overrightarrow{a_z}$$

$$\overrightarrow{E_{Q_2A}} = \frac{Q_2}{4\pi\varepsilon_0 R_{Q_2A}^2}\overrightarrow{a_{R_{Q_2A}}} = \frac{-80\times10^{-9}}{4\pi\varepsilon_0(196+36+25)^{3/2}}(14\overrightarrow{a_x} + 6\overrightarrow{a_y} - 5\overrightarrow{a_z}) = -2{,}458\overrightarrow{a_x} - 1{,}053\overrightarrow{a_y} + 0{,}878\overrightarrow{a_z}$$

$$\overrightarrow{E_{\rho_LA}} = \frac{\rho_L}{2\pi\varepsilon_0 R_{\rho_LA}}\overrightarrow{a_{R_{\rho_LA}}} = \frac{150\times10^{-9}}{2\pi\varepsilon_0(256+100)}(16\overrightarrow{a_y} - 10\overrightarrow{a_z}) = 121{,}183\overrightarrow{a_y} - 75{,}739\overrightarrow{a_z}$$

$$\overrightarrow{E_{\rho_SA}} = \frac{\rho_S}{2\varepsilon_0}\overrightarrow{a_{R_{\rho_SA}}} = \frac{-35\times10^{-9}}{2\varepsilon_0}\overrightarrow{a_y} = -1567{,}307\overrightarrow{a_y}$$

Observe que a direção do campo da superfície de cargas é $-\vec{a_y}$, devido à carga ser negativa, o que determina que o campo está indo em direção à superfície. Calculando o campo resultante no ponto A, tem-se:

$$\vec{E_A} = 128{,}938\vec{a_x} - 1567{,}307\vec{a_y} - 182{,}436\vec{a_z}\ V/m$$

cuja magnitude é:

$$\left|\vec{E_A}\right| = 1583{,}149 V/m.$$

Utilizando o mesmo procedimento para o cálculo do campo elétrico no ponto B, tem-se:

$$\vec{R_{Q_1B}} = (-5-5)\vec{a_x} + (-40-(-3))\vec{a_y} + (10-2)\vec{a_z} = -10\vec{a_x} - 37\vec{a_y} + 8\vec{a_z}$$

$$\vec{R_{Q_2B}} = -\vec{a_x} - 42\vec{a_y} + 12\vec{a_z}$$

$$\vec{R_{\rho_L B}} = -32\vec{a_y} + 7\vec{a_z}$$

Para o caso da direção do campo no ponto B devido à superfície de cargas, tem-se $-\vec{a_y}$, desde que a posição relativa do ponto no eixo y é anterior à superfície. Dessa forma, utilizando o procedimento para o cálculo do campo no ponto A, tem-se, para o ponto B:

$$\vec{E_{Q_1B}} = \frac{Q_1}{4\pi\varepsilon_0 R_{Q_1B}^2}\vec{a_{R_{Q_1B}}} = \frac{10\times10^{-6}}{4\pi\varepsilon_0(100+1369+64)^{3/2}}(-10\vec{a_x} - 37\vec{a_y} + 8\vec{a_z}) = -14{,}974\vec{a_x} - 55{,}404\vec{a_y} + 11{,}979\vec{a_z}$$

$$\vec{E_{Q_2B}} = \frac{Q_2}{4\pi\varepsilon_0 R_{Q_2B}^2}\vec{a_{R_{Q_2B}}} = \frac{-80\times10^{-9}}{4\pi\varepsilon_0(1+1764+144)^{3/2}}(-\vec{a_x} - 42\vec{a_y} + 12\vec{a_z}) = 8{,}621\times10^{-3}\vec{a_x} + 0{,}362\vec{a_y} - 0{,}104\vec{a_z}$$

$$\vec{E_{\rho_L B}} = \frac{\rho_L}{2\pi\varepsilon_0 R_{\rho_L B}}\vec{a_{R_{\rho_L B}}} = \frac{150\times10^{-9}}{2\pi\varepsilon_0(1024+49)}(-32\vec{a_y} + 7\vec{a_z}) = -80{,}412\vec{a_y} + 17{,}590\vec{a_z}$$

$$\vec{E_{\rho_S B}} = \frac{\rho_S}{2\varepsilon_0}\vec{a_{R_{\rho_S B}}} = \frac{-35\times10^{-9}}{2\varepsilon_0}(-\vec{a_y}) = 1976{,}465\vec{a_y}$$

que dá como campo resultante no ponto B:

$$\vec{E_B} = -14{,}965\vec{a_x} + 1841{,}054\vec{a_y} + 29{,}465\vec{a_z}\ V/m$$

cuja magnitude é:

$$\left|\vec{E_B}\right| = 1841{,}351 V/m.$$

Para calcular o ângulo formado entre os dois campos resultantes, utiliza-se o produto escalar:

$$\overrightarrow{E_A} \cdot \overrightarrow{E_B} = E_{Ax}E_{Bx} + E_{Ay}E_{By} + E_{Az}E_{Bz} = \left|\overrightarrow{E_A}\right|\left|\overrightarrow{E_B}\right| \cos\theta_{AB}$$

ou

$$\theta_{AB} = \arccos\left(\frac{\overrightarrow{E_A} \cdot \overrightarrow{E_B}}{\left|\overrightarrow{E_A}\right|\left|\overrightarrow{E_B}\right|}\right) = \arccos\left(\frac{E_{Ax}E_{Bx} + E_{Ay}E_{By} + E_{Az}E_{Bz}}{\left|\overrightarrow{E_A}\right|\left|\overrightarrow{E_B}\right|}\right)$$

$$= \arccos\left(\frac{128{,}938 \times (-14{,}965) + (-1567{,}307) \times 1841{,}054 + (-182{,}436) \times 29{,}465}{1583{,}149 \times 1841{,}351}\right)$$

$$= \arccos(-0{,}99234) = 172{,}904°$$

cujo valor de ângulo é pertinente pela teoria, desde que os pontos são quase que simétricos em relação às cargas.

Exemplo 1.9: Considere um tubo de raios catódicos (tela de imagem do osciloscópio) com distância do cátodo à tela de 18 *cm*. Sabendo que os elétrons devem sair do cátodo e se chocarem na tela, de forma que seu choque libere 2,37 μJ para produzir um ponto luminoso, calcule a carga total na tela, se esta perfaz um retângulo de 8 x 10 cm^2, conforme visto na Figura 1.8.

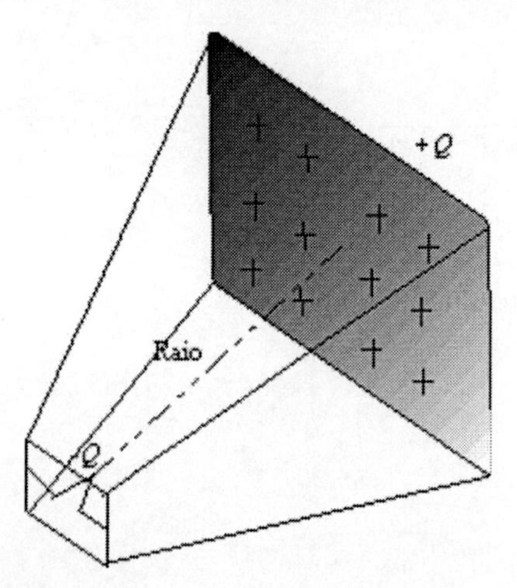

Figura 1.8: Tubo de raios catódicos para atração de cargas elementares.

A solução deste problema se referencia diretamente a um movimento uniformemente variado, desde que os elétrons que saem do catodo iniciam com velocidade nula, acelerando uniformemente em direção à tela que está carregada com a carga contrária. Entretanto, considerando que o tamanho da tela onde os elétrons devem se chocar é muito maior que o tamanho de um elétron, pode-se aproximar o valor do campo elétrico por um campo gerado por uma superfície plana infinita carregada. Assim, tem-se em módulo:

$$E = \frac{\rho_S}{2\varepsilon_0}.$$

Como a força que atrai o elétron é $F = eE$, sendo e a carga do elétron, então:

$$F = \frac{e\rho_S}{2\varepsilon_0}.$$

E, considerando que esta força é que gera a aceleração do elétron para se chocar contra a tela, tem-se:

$$ma = \frac{\rho_S}{2\varepsilon_0}.$$

Desde que o movimento é uniformemente variado, a aceleração pode ser obtida de:

$$U^2 = U_0^2 + 2ax$$

$$a = \frac{U^2}{2x}$$

pois a velocidade inicial é nula. De acordo com a energia no choque, sendo esta considerada puramente a energia cinética:

$$E_c = \frac{mU^2}{2},$$

encontra-se o valor da velocidade que pode ser substituída na equação da aceleração, resultando em:

$$a = \frac{E_c}{mx}.$$

Daí, pode-se calcular a carga distribuída na superfície na igualdade das forças:

$$m\frac{E_c}{mx} = \frac{E_c}{x} = \frac{\rho_S}{2\varepsilon_0}$$

$$\rho_S = \frac{2\varepsilon_0 E_c}{x}.$$

Mas, como

$$\rho_S = \frac{Q}{S},$$

então,

$$Q = \frac{2S\varepsilon_0 E_c}{x},$$

que, substituindo os valores dados no problema, resulta:

$$Q = \frac{2 \times 0{,}08 \times 0{,}1 \times 8{,}854 \times 10^{-12} \times 2{,}37 \times 10^{-6}}{0{,}18} = 1{,}865 \times 10^{-18} C \cdot$$

Embora este resultado seja lógico, quando se calcula o valor da velocidade atingida pelo elétron, cuja massa é $m = 9{,}11 \times 10^{-31}$ kg, vê-se que ela ultrapassa em muito a velocidade da luz. Isto é previsível, pois está sendo considerado que o elétron não necessita de energia adicional para ser retirado do catodo, antes de ser acelerado contra a tela carregada. Também deve-se considerar que este exemplo fictício determina uma energia muito alta a ser liberada por um único elétron, o que na prática, o ponto de luz é formado por uma densidade de cargas que atinge a tela, e não por apenas um elétron, entre outras questões físicas, de forma que o problema é bem mais complexo, envolvendo física quântica, etc., o que não vem ao caso. Este problema solucionado utilizando formalismos clássicos apresenta esta situação absurda, mas que serve para mostrar os caminhos a serem seguidos para buscar uma solução em problemas mais simples.

Exemplo 1.10: Uma carga $+Q$ com massa m é lançada com uma velocidade U em uma região limitada por duas placas carregadas com $+\rho_S$ e $-\rho_S$, como se vê na Figura 1.9. Se a distância entre as placas é l e a carga é lançada com uma distância d da placa de $+\rho_S$:

a) Encontre a fórmula que determina o espaço percorrido pela carga (na direção de lançamento), até o momento em que ela se choca com a placa de $-\rho_S$ em função dos dados.

b) Se $l = 12\ cm$, $m = 3\ g$, $d = 0{,}4\ cm$, $U = 2 \times 10^3 m/s$, $\rho_S = 3{,}2 \times 10^{-6} C/m^2$, tendo cada placa uma área de 50 m^2, determine o espaço percorrido pela carga $Q = 10\ nC$, considerando $g = 9{,}81\ m/s^2$.

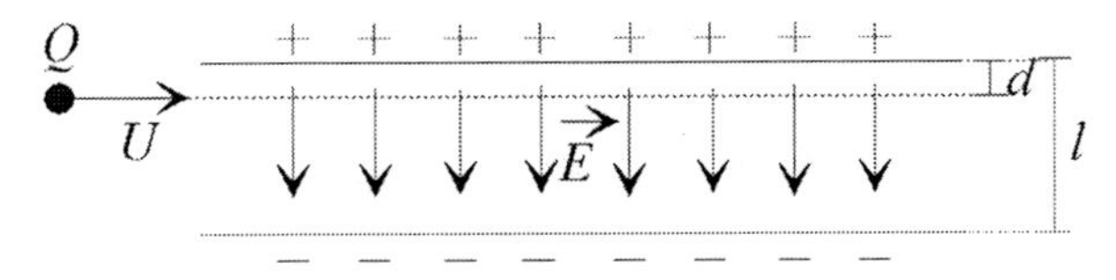

Figura 1.9: Carga lançada contra um campo elétrico.

a) Neste problema, a carga é lançada em movimento uniforme entre as placas (considere o eixo x), e, devido ao efeito da força peso e da força elétrica entre as placas, há uma aceleração, o que gera um movimento uniformemente variado ao longo do eixo y. Dessa forma, tem-se que a força que gera a aceleração sobre a carga é:

$$F_y = QE + mg = ma_y$$

e como o campo elétrico entre as placas é:

$$E = \frac{\rho_S}{\varepsilon_0}$$

devido ao fato de que as duas placas têm cargas contrárias e de mesmo valor em magnitude, então:

$$\frac{Q\rho_S}{\varepsilon_0} + mg = ma_y\,.$$

Daí,

$$a_y = \frac{Q\rho_S}{m\varepsilon_0} + g\,.$$

Utilizando a equação do movimento uniformemente variado:

$$y = y_0 + U_{0y}t + \frac{a_y t^2}{2}$$

ou

$$l = d + \frac{a_y t^2}{2}$$

desde que a velocidade inicial em y é nula ($U_{0y} = 0$), a posição final a ser alcançada é $y = l$ e a posição inicial é $y_0 = d$. Assim, pode-se calcular a aceleração no momento em que a carga toca a placa inferior:

$$a_y = \frac{2(l-d)}{t^2},$$

que, igualando à aceleração encontrada pela equação da força, encontra-se:

$$\frac{Q\rho_S}{m\varepsilon_0} + g = \frac{2(l-d)}{t^2}$$

de onde se calcula o tempo, que é dado por:

$$t = \sqrt{\frac{2(l-d)}{\frac{Q\rho_S}{m\varepsilon_0} + g}} = \sqrt{\frac{2(l-d)m\varepsilon_0}{Q\rho_S + m\varepsilon_0 g}}.$$

Logo, tendo o valor do tempo para a carga tocar a placa inferior, utiliza-se a equação do movimento uniforme:

$$x = x_0 + U_{0x}t$$

para encontrar o espaço percorrido na direção x do lançamento, que é dada por:

$$x = U_{0x}\sqrt{\frac{2(l-d)m\varepsilon_0}{Q\rho_S + m\varepsilon_0 g}}.$$

b) Considerando a equação encontrada do espaço percorrido pela carga quando lançada entre as placas carregadas, pode-se calcular o total percorrido, com os valores dados:

$$x = 2\times10^{-3}\sqrt{\frac{2\times(0{,}12-0{,}004)\times3\times10^{-3}\times8{,}854\times10^{-12}}{10\times10^{-9}\times3{,}2\times10^{-6}+3\times10^{-3}\times8{,}854\times10^{-12}\times9{,}81}} = 2{,}9026\times10^{-4}\,m.$$

Exemplo 1.11: Considere duas cargas presas a um fio isolante sobre o eixo z: Q_1 em $z = 0$ e $Q_2 = 23\ nC$ em $z = 15\ m$, sendo Q_2 móvel. Considere que Q_2 está distribuída em uma massa de $m = 180\ mg$, conforme Figura 1.10.

a) Qual o valor da carga Q_1 para manter a carga Q_2 parada?
b) Qual o valor da carga Q_1 para a carga Q_2 descer para $z = 7,5\ m$?
c) Qual o valor da carga Q_1 para a carga Q_2 se elevar para $z = 32\ m$?

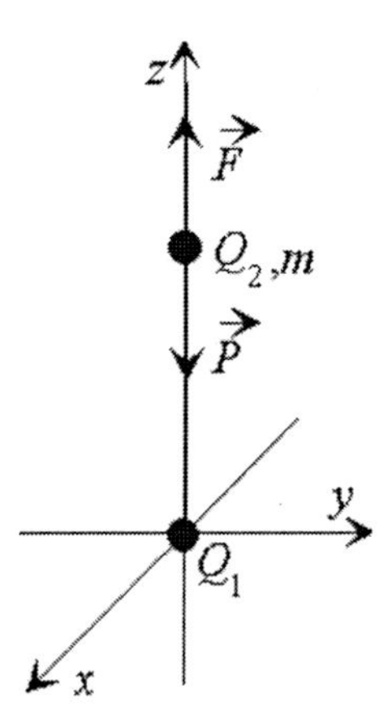

Figura 1.10: Cargas em um fio para equilíbrio de forças.

A solução deste problema inicia com o equilíbrio de forças. A carga que está fixa em $z = 0$ (Q_1) gera um campo elétrico no ponto em que se encontra a outra carga móvel (Q_2), e que tem um peso mg. Dessa forma, tem-se:

$$F_E = P$$

$$\frac{Q_1 Q_2}{4\pi\varepsilon_0 r^2} = mg$$

Logo, encontra-se que:

$$Q_1 = \frac{4\pi\varepsilon_0 r^2 mg}{Q_2}$$

Daí, substituindo os valores dados, considerando $g = 9,81\ m/s^2$ e convertendo a massa de miligrama para quilograma (10^{-6}), encontra-se:

$$Q_1 = 8,5421 \times 10^{-6} r^2$$

que, para os valores correspondentes de z, que são as distâncias r, desde que as duas cargas estão no eixo z, tem-se:

a) $Q_1 = 8,5421 \times 10^{-6} \times 15^2 = 1,922 \times 10^{-3}\ C$;
b) $Q_1 = 8,5421 \times 10^{-6} \times 7,5^2 = 4,805 \times 10^{-4}\ C$;
c) $Q_1 = 8,5421 \times 10^{-6} \times 32^2 = 8,7471 \times 10^{-3}\ C$.

Exemplo 1.12: Determine quatro superfícies de densidade de cargas uniformes que produzam o campo $\vec{E} = -25\vec{a_x} + 35\vec{a_y} - 40\vec{a_z}$ em qualquer ponto do espaço.

A forma mais simples de encontrar as superfícies para gerar este campo em qualquer ponto do espaço é definir superfícies infinitas carregadas paralelas aos planos do sistema cartesiano, pois elas geram campos perpendiculares e uniformes ao longo de todo o infinito. Dessa forma, uma das alternativas é considerar em primeiro lugar uma superfície com ρ_{S1} paralela ao plano yz que gerará apenas o campo E_x. Ou seja,

$$E_x = \frac{\rho_{S1}}{2\varepsilon_0} = -25\,,$$

que, resolvendo, resulta:

$$\rho_{S1} = -50\varepsilon_0\,.$$

Como está sendo considerado o sentido do campo (seu sinal), o valor não está em módulo, e, conseqüentemente, a posição desta superfície deve ser considerada em $x = -\infty$, pois o campo de uma carga negativa aponta para ela. Caso fosse considerado em $x = +\infty$, o campo estaria em direção à superfície, e seria positivo, o que não condiz com o campo E_x dado. Neste caso, necessitaria que a carga fosse positiva, para que o campo gerado por ela fosse se afastando da superfície, e assim, estaria em qualquer lugar do espaço, no sentido x negativo.

Calculando para o plano xz, encontra-se a superfície que gera o campo E_y:

$$E_y = \frac{\rho_{S2}}{2\varepsilon_0} = 35$$

$$\rho_{S2} = 70\varepsilon_0.$$

Esta superfície deve estar localizada em $y = -\infty$, pois sendo positiva, gerará campo se afastando dela, e em qualquer lugar do espaço, o campo E_y será sempre positivo e com o valor dado. Da mesma forma que a superfície de E_x, se for colocada em $y = +\infty$, deverá ser uma carga negativa, para que o campo seja apontando para ela, mantendo o valor correto do campo dado.

Por fim, para o campo E_z, encontram-se duas superfícies, ρ_{S3} e ρ_{S4}, as quais devem estar localizadas de tal forma que produzam o campo em z dado.

Assim,

$$E_z = \frac{\rho_{S3} + \rho_{S4}}{2\varepsilon_0} = -40$$

$$\rho_{S3} + \rho_{S4} = -80\varepsilon_0.$$

Neste caso, encontra-se uma equação com duas incógnitas, que, para qualquer valor dado a uma delas, encontra-se o valor para a outra. Entretanto, fazendo $\rho_{S3} = 10\varepsilon_0$, encontra-se $\rho_{S4} = -90\varepsilon_0$, o que implica dizer que ambas as superfícies carregadas devem se encontrar em $z = -\infty$, desde que ρ_{S3} gera um campo se afastando dela (campo positivo em z) e ρ_{S4} gera um campo se aproximando dela (campo negativo em z), de tal forma que sua soma dá o resultante E_z dado. Como as duas superfícies encontram-se na mesma posição, está havendo sobreposição, equivalente a uma única superfície. Logo, para solucionar este problema, é necessário separar as duas superfícies, colocando uma em $z = -\infty$ e outra em $z = +\infty$, de forma que seus campos se subtraiam e gerem o campo E_z dado, fazendo:

$$E_z = \frac{\rho_{S3} - \rho_{S4}}{2\varepsilon_0} = -40$$

$$\rho_{S3} - \rho_{S4} = -80\varepsilon_0.$$

Com esta equação, dando o valor $\rho_{S3} = 10\varepsilon_0$, encontra-se $\rho_{S4} = -70\varepsilon_0$, situadas, respectivamente, em $z = +\infty$ e $z = -\infty$. Ou seja, estão separadas (são duas superfícies distintas) em que ρ_{S3} gera um campo E_z negativo pequeno (se afastando dela) desde que ela se encontra em $z = +\infty$ e ρ_{S4} gera um campo E_z negativo maior (se aproximando dela) desde que ela se encontra em $z = -\infty$. Esta solução é apresentada na Figura 1.11.

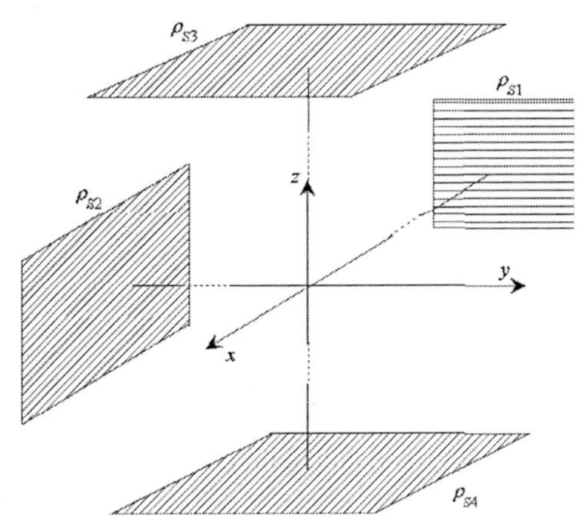

Figura 1.11: Superfícies de cargas para geração de um campo uniforme no espaço.

Naturalmente, a solução deste problema é variada, pois pode-se definir qualquer um dos eixos para ter as duas superfícies, ao invés do eixo z, conforme foi realizado. Assim, escolhendo o eixo x, a solução para as duas superfícies gerará o campo E_x, enquanto as demais superfícies gerarão os demais campos E_y e E_z, separadamente e assim por diante.

Exemplo 1.13: Para a densidade volumétrica de cargas $\rho = 2/r\ mC/m^3$, distribuída em uma esfera centrada na origem, com raio $r = 3\ cm$, calcule o valor aproximado do campo elétrico no ponto P (600, 300, –550), sendo este ponto dado em metros.

Neste problema, como a carga está em uma esfera centrada na origem e suas dimensões são diminutas em relação ao ponto em que se deseja calcular o campo elétrico $\vec{E}$, então, utiliza-se a aproximação para o campo de uma carga pontual. Ou seja, calcula-se primeiramente a carga total contida no volume esférico:

$$Q = \int_{vol} \rho dv = \int_0^{\pi} \int_0^{2\pi} \int_0^{0,03} \frac{2}{r} r^2 \text{sen}\theta dr d\phi d\theta = 0{,}01181 C,$$

depois, calcula-se a distância do ponto, desconsiderando-se o raio da esfera, que é muito pequeno em relação à localização a se medir o campo:

$$r = \sqrt{600^2 + 300^2 + (-550)^2} = 867{,}4676 m$$

e, com estes dois valores calculados, calcula-se o campo em coordenadas esféricas:

$$\vec{E} = \frac{Q}{4\pi\varepsilon_0 r^2} \vec{a_r} = \frac{0{,}01181}{4\pi\varepsilon_0 (867{,}4676)^2} \vec{a_r} = 135{,}05 \vec{a_r} V/m.$$

Exemplo 1.14: Se duas cargas Q_1 e Q_2, no espaço livre, encontram-se em (2, 0, 0) e (–3, 2, 0), qual a inter-relação entre Q_1 e Q_2 para $E_x = 0$ em P (1, – 2, – 5)?

Para se calcular a inter-relação entre duas cargas para que uma componente do campo elétrico seja nula em um determinado ponto, deve-se calcular o valor da componente especificada de cada um dos campos gerados pelas duas cargas que, somados, terão o valor nulo. Ou seja:

$$E_{xQ_1} + E_{xQ_2} = 0.$$

E como a componente na direção x é diretamente retirada do vetor campo elétrico, tem-se:

$$\frac{Q_1}{4\pi\varepsilon_0 r_1^2}\frac{x_1}{r_1}+\frac{Q_2}{4\pi\varepsilon_0 r_2^2}\frac{x_2}{r_2}=0$$

em que o valor $\frac{x_i}{r_i}, i = 1,2$ determina o valor referente à componente na direção x (termo referente à componente x do vetor unitário ou versor do campo: $x_P - x_Q$, com x_P sendo a componente x no ponto P e x_Q a componente x no ponto em que a carga Q se encontra). Daí, calculando as distâncias das cargas ao ponto:

$$r_1 = \sqrt{(-1)^2 + (-2)^2 + (-5)^2} = 5{,}47723$$

$$r_2 = \sqrt{(4)^2 + (-4)^2 + (-5)^2} = 7{,}54983$$

e substituindo os valores dados na equação, encontra-se:

$$\frac{Q_1}{4\pi\varepsilon_0(5{,}47723)^2}\frac{(-1)}{5{,}47723}+\frac{Q_2}{4\pi\varepsilon_0(7{,}54983)^2}\frac{4}{7{,}54983}=0$$

ou

$$\frac{Q_1}{Q_2}=\frac{1733023564}{701147114{,}4}=2{,}471698$$

de onde se vê que as cargas devem ter o mesmo sinal e ter a relação $Q_1 = 2{,}471698Q_2$ para garantir que a componente E_x seja nula no ponto definido. Naturalmente, observa-se que se as cargas estivessem com sinais contrários, não seria possível anular a componente x do campo no ponto dado, pois suas posições em relação ao ponto são opostas e, se tivessem sinais invertidos, os vetores se somariam, não anulando esta componente do campo.

1.4 Experimentos Práticos

Para dar início à apresentação de alguns experimentos práticos com a eletrostática, é apresentada a construção de um gerador de Van De Graaff, além de outros tipos mais simples de geradores eletrostáticos.

1.4.1 O Gerador de Van De Graaff

Um gerador de Van De Graaff é um gerador auto-excitado que trabalha por meio do efeito triboelétrico, que é o fenômeno que ocorre quando dois materiais diferentes estão unidos e são separados.

Basicamente, um gerador deste tipo, que gera em torno de 25.000 *V* a 100.000 *V*, é construído com os seguintes materiais: uma cúpula esférica de descarga, onde se acumulam as cargas; uma coluna de apoio para se colocar a cúpula; e os eixos dos roletes por onde corre a correia transportadora das cargas; que esta coluna deve ser isolante, podendo ser utilizado um tubo de PVC ou barras de acrílico; dois roletes presos na parte superior e inferior da coluna, em que, no caso de carregar a cúpula com cargas negativas, pode-se utilizar o rolete inferior de Nylon forrado com feltro e o rolete superior de um tubo de alumínio; dois pentes metálicos: um apontando para o rolete inferior para trazer os elétrons da terra e um apontando para o rolete superior, dentro da cúpula, para transferir as cargas na correia para a cúpula; uma correia transportadora para levar as cargas elétricas da terra para a cúpula, a qual deve ser, de preferência, uma borracha clara (como borracha de fisioterapia) e uma base para segurar todo o equipamento e alojar o motor ou manivela que girará o rolete inferior, dando movimento à correia transportadora. Este conjunto montado é apresentado na Figura 1.12, em que se observa que o conjunto do rolete superior com sua escova deve, necessariamente, estar dentro da cúpula, para ter um máximo de desempenho na transferência das cargas.

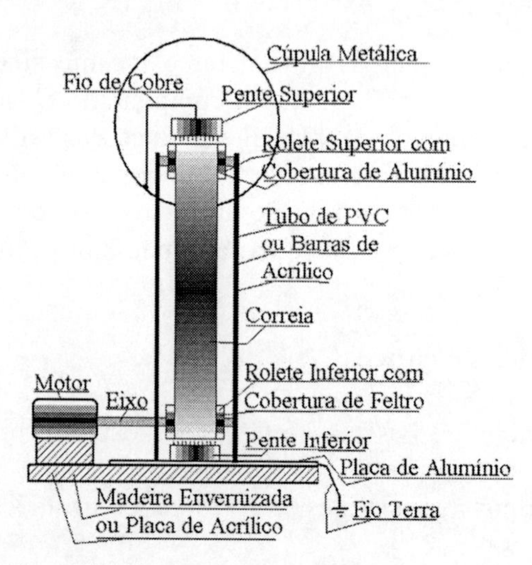

Figura 1.12: Montagem do gerador de Van De Graaff.

Este dispositivo com vários elementos combinados é também conhecido por eletróforo de funcionamento contínuo, em que é utilizado o fenômeno da indução eletrostática para transferir cargas elétricas da escova de metal para a superfície da correia móvel, tendo seu funcionamento explicado como:

- O cilindro inferior é eletrizado pelo atrito com a superfície interna da correia que, conseqüentemente, atrai cargas elétricas opostas às cargas da escova;
- O campo elétrico que se estabelece entre o cilindro e as pontas da escova fica intenso, fazendo com que o ar imerso nesse campo sofra uma ionização e forme um plasma condutor, conhecido como efeito Corona. Dessa forma, o ar torna-se condutor e as cargas elétricas da escova pulam para o cilindro;
- As cargas elétricas móveis aderem na superfície externa da correia e, quando o cilindro gira, essas cargas são levadas para cima, pela correia, repetindo-se o movimento continuamente;
- No rolete superior, ocorre o mesmo efeito, só que eletrizando a escova superior. E como esta escova está ligada à parte interna da cúpula, que é de metal, as cargas tendem a migrar para a parte externa da cúpula, devido às forças de Coulomb (desde que a cúpula é de metal, há condução de dentro para fora dela, levando as cargas que são iguais internamente por se repelirem e tenderem a irem para a maior distância possível entre si).

Para gerar o movimento do cilindro inferior, e o conseqüente translado das cargas pela correia para a cúpula, pode-se utilizar um motor de máquina de costura, que apresenta controle de rotação bem como velocidade e torque. Também se pode utilizar um conjunto de engrenagens ou polias com uma manivela, para geração de cargas manualmente, conforme Figura 1.13.

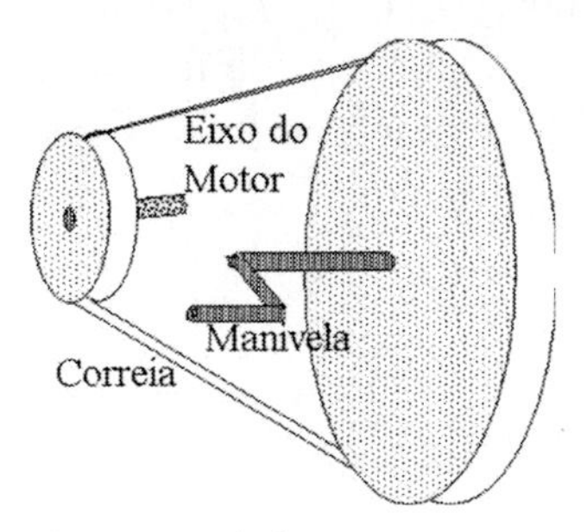

Figura 1.13: Sistema de polias com manivela para gerar a rotação do eixo inferior.

Para um melhor funcionamento dos geradores de Van De Graaff de pequeno porte, como este ensinado aqui, as pontas das escovas devem tocar a correia, para facilitar o translado das cargas.

1.4.2 Outros Geradores Eletrostáticos mais Simples

Vários outros geradores eletrostáticos podem ser encontrados, como a máquina de Voss, a máquina de Winshurt, entre outras. Entretanto, a mais utilizada atualmente no processo de geração de altas cargas elétricas é a apresentada na seção anterior: o gerador de Van De Graaff. Mas, em termos de geração de cargas menores para testes eletrostáticos, podem-se utilizar circuitos de alta tensão prontos de televisores, o que deve ser feito só por pessoal técnico que conheça bem, devido ao perigo de lidar com esta carga, que é bastante alta.

De certa forma, sem ter de abrir televisores para gerar cargas de alta tensão, pode-se utilizar o princípio da indução via tela do televisor ou de um monitor de computador. Esta estrutura permite conseguir gerar uma carga com uma tensão de mais de 5.000 *V* facilmente. O princípio de geração de cargas, neste caso, baseia-se em colocar um quadrado de papel laminado (papel alumínio) com as pontas arredondadas preso com fita adesiva à tela do televisor ou monitor, de forma que o mesmo não a cubra completamente. Ou seja, deixar um espaço entre o papel alumínio e a borda da tela, em torno de 2 *cm*. Com isso, pode-se acoplar um fio ao centro deste papel alumínio e ligá-lo a uma cúpula pela parte interna (como a do Van De Graaff) ou capacitor externo feito com um vidro revestido internamente e externamente com o mesmo tipo de papel alumínio, para acumular as cargas. Assim, toda vez que se desejar acumular cargas ou utilizá-las para algum experimento, liga-se o equipamento (televisor ou monitor de computador), que através de seu carregamento interno e da indução elétrica sobre o papel alumínio colado em sua frente gerará uma carga que se acumulará na ponta (poder das pontas) do fio, guiando-se para a cúpula, capacitor ou experimento. O desenho da forma de gerar cargas através deste procedimento é apresentado na Figura 1.14, e duas estruturas de capacitores estão apresentadas na Figura 1.15.

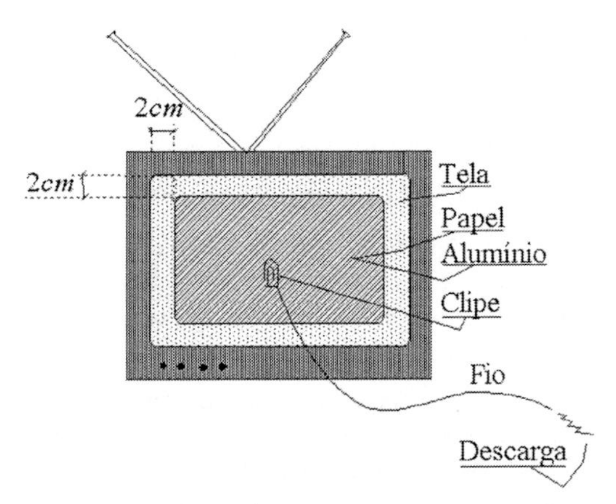

Figura 1.14: Utilização da tela de um televisor ou monitor de computador para geração de cargas (alta tensão).

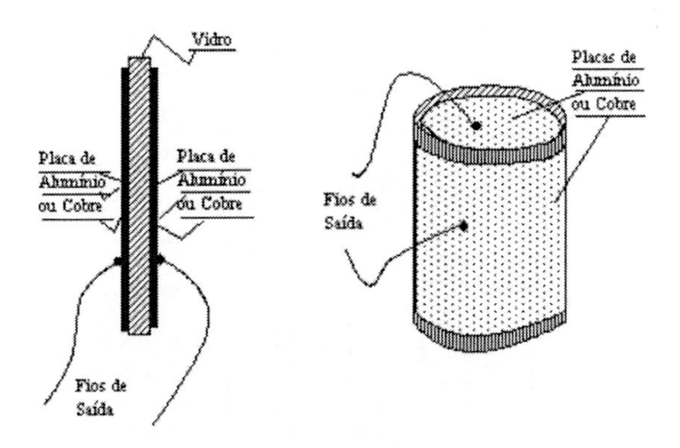

Figura 1.15: Capacitores construídos artesanalmente.

1.4.3 Experimentos com Cargas Elétricas e Campos Elétricos

Experimento 1.1: Detecção de cargas elétricas – O Eletroscópio de Folhas

A detecção de cargas elétricas pode ser realizada por um equipamento simples, denominado eletroscópio de folhas. Este equipamento, basicamente, é feito de duas folhas de papel alumínio juntas pela base, e próximas ao longo de suas dimensões. As pontas das folhas unidas são presas a uma pequena esfera metálica e colocada na tampa de um frasco, de forma que a esfera fique fora (na parte de cima) da tampa, e as folhas fiquem dentro do frasco (que deve ser transparente para poder ser visto o efeito da aproximação do eletroscópio a uma carga). Este equipamento é visto na Figura 1.16.

Neste equipamento, quando a esfera metálica é aproximada de uma carga externa, as forças de Coulomb atraem as cargas opostas para a ponta da esfera, tornando a outra extremidade (as folhas internas ao frasco) carregada com uma carga de mesmo sinal que a carga externa e distribuída uniformemente. Dessa forma, como as cargas são iguais nas duas folhas, as forças de Coulomb tendem a repeli-las. Ou seja, se há uma carga externa, o equipamento detecta sua existência. Ao montar este equipamento, para quaisquer cargas geradas (por exemplo, uma caneta de corpo plástico atritada sobre um tecido de veludo, ou a tela de um monitor de computador ou televisão, etc.), a aproximação do eletroscópio detectará sua presença com o afastamento das folhas de alumínio, o que é facilmente percebido visualmente.

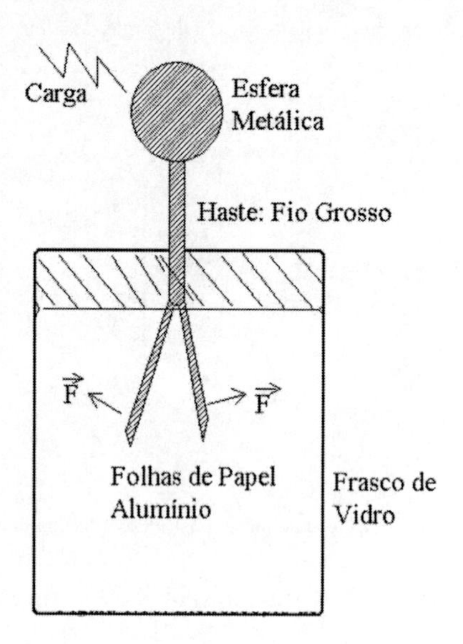

Experimento 1.2: Detecção de cargas elétricas – Método Eletrônico

As cargas elétricas podem ser detectadas por meio de um simples circuito eletrônico baseado em amplificador operacional. Este circuito é apresentado na Figura 1.17, em que a aproximação da antena (um fio desencapado com uma esfera metálica na ponta) recebe o mesmo efeito da esfera do eletroscópio de folhas (indução elétrica), tornando a outra extremidade carregada com a carga inversa. Como o amplificador operacional tem uma impedância de entrada muito alta, um capacitor ligado a entrada não inversora e ao terra guarda esta carga induzida. Na entrada inversora, os dois resistores dão o ganho do amplificador, que está numa configuração não inversora:

$$A = \frac{V_0}{V_i} = 1 + \frac{R_1}{R_2},$$

com V_i sendo o potencial de entrada na antena (diferença de potencial gerada nos terminais do capacitor) e V_0 sendo o potencial de saída no operacional. Naturalmente, se a carga for muito baixa e o ganho também, não se perceberá variação. Caso a carga seja alta demais, poderá haver danos ao circuito eletrônico. Para ver a existência de carga com este circuito, coloca-se um transistor na saída do amplificador operacional, com um LED, conforme o circuito da Figura 1.17, e ao aproximar a antena de uma carga que seja suficiente para gerar o funcionamento do circuito, o LED acenderá, indicando haver uma carga próxima da antena.

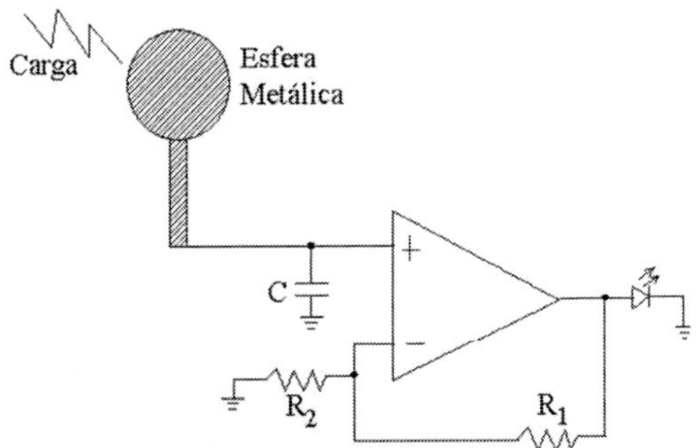

Figura 1.17: Simples eletroscópio eletrônico.

Experimento 1.3: Medição de cargas elétricas – Método Físico Experimental

Para se medir cargas elétricas, um dos principais métodos físicos experimentais utilizados é o formalismo, descrito no Exemplo 1.7. Assim, pode-se estruturar um sistema com uma base de madeira, uma haste vertical de acrílico para evitar fuga de cargas para o terra, que deverá conter um furo para passar um fio de cobre de comprimento *l*. Nos terminais do fio de cobre, devem ser colocadas duas esferas de baixo peso (podendo ser uma pequena bola de isopor coberta com papel alumínio), e com um dos geradores de cargas descritos nas Seções, 1.4.1 e 1.4.2, podem-se transferir as cargas dos mesmos para as esferas (apenas um toque em uma delas, pois estão ligadas entre si com um fio condutor) e utilizar réguas de precisão (paquímetros) para medir as distâncias e calcular suas cargas pelas equações encontradas no Exemplo 1.7.

Experimento 1.4: Medição de cargas elétricas – Método Eletrônico

A medição de cargas elétricas pode ser realizada por um circuito eletrônico simplificado, utilizando amplificadores operacionais, conforme visto na Figura 1.18. Basicamente, este circuito é formado por uma série de amplificadores operacionais em configurações específicas para gerar o efeito desejado: a diferença de potencial medida na saída é diretamente proporcional ao valor da carga em medição. No caso deste circuito, utiliza-se um seguidor de tensão antes do amplificador não-inversor (visto na detecção de cargas do Experimento 1.2), pois, para medir a carga em um determinado local carregado, o mesmo deve ser mantido intacto (não deve ser absorvida nenhuma carga para o circuito, para não modificar o valor da mesma no local) e, nesse caso, o seguidor de tensão apenas apresenta na saída do amplificador operacional o potencial referente à carga tocada pela antena. Neste caso, a saída deste amplificador operacional é acumulada no capacitor e, com o ganho do amplificador não-inversor, deve-se ter uma diferença de potencial entre a saída deste amplificador não-inversor e a terra, igual ou diretamente proporcional à carga medida. Da relação entra carga e capacitância, tem-se:

$$V_i = \frac{Q}{C},$$

que, substituindo-se na equação da tensão de saída do amplificador operacional, encontra-se:

$$V_0 = \left(1 + \frac{R_1}{R_2}\right)V_i = \left(1 + \frac{R_1}{R_2}\right)\frac{Q}{C} = AQ,$$

com A sendo o ganho a ser definido para o amplificador não-inversor, dado por:

$$A = \frac{1}{C}\left(1 + \frac{R_1}{R_2}\right),$$

para se ter uma relação direta da medida da tensão na saída V_0 do circuito com o valor da carga. Ou seja, se for desejado que para cada 1 nC se tenha na saída a tensão de 1 V, então esta relação de ganho deve ser:

$$\frac{V_0}{Q} = \frac{1}{10^{-9}} = 10^9 = A,$$

e, considerando que se esteja utilizando um capacitor de 1 μF, tem-se que

$$A = \frac{1}{C}\left(1 + \frac{R_1}{R_2}\right) = \frac{1}{10^{-6}}\left(1 + \frac{R_1}{R_2}\right) = 10^6\left(1 + \frac{R_1}{R_2}\right),$$

que torna o valor:

$$\left(1+\frac{R_1}{R_2}\right)=10^3.$$

Observe que, quanto menor o valor do capacitor, menor será o valor requerido entre os resistores. Naturalmente, a diferença entre este circuito e o circuito de detecção de cargas é que a entrada necessita tocar a carga, e a saída pode ser medida em um voltímetro, para se ter o valor da carga lida diretamente como uma tensão.

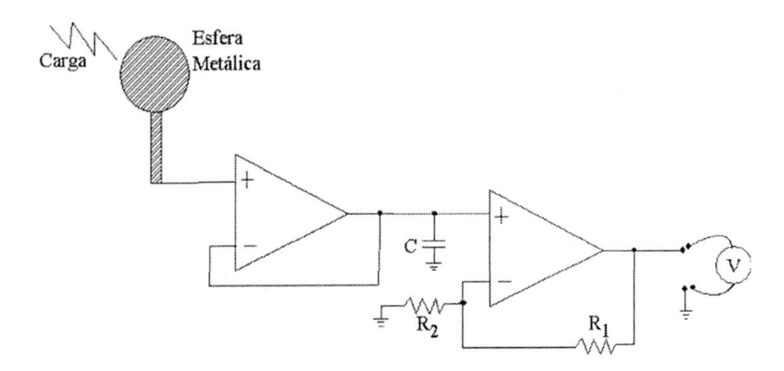

Figura 1.18: Simples circuito eletrônico para medição de cargas elétricas.

Experimento 1.5: O poder das pontas

Uma das principais propriedades das cargas elétricas é denominada poder das pontas. Esta propriedade se refere à tendência de as cargas elétricas se concentrarem mais onde há alguma região mais pontiaguda que as outras. Por exemplo, em uma agulha carregada com uma carga qualquer, a maior quantidade destas cargas se concentrará nas duas pontas, e mais ainda na ponta mais fina, desde que a superfície lateral da agulha é lisa.

O poder das pontas é explicado pela densidade de fluxo (o que é visto no próximo capítulo), que é uma medida da quantidade de carga que se distribui ao longo de uma superfície (o que gera o fluxo elétrico). Dessa forma, considerando uma esfera, com área $S = 4\pi r^2$, a densidade de fluxo gerada será

$$D=\frac{Q}{S}=\frac{Q}{4\pi r^2}.$$

Neste caso, quanto menor o raio da esfera, maior a densidade de fluxo, e conseqüentemente, maior a concentração de cargas. Utilizando o princípio do gerador de Van De Graaff, onde um fio carrega uma esfera metálica de raio

a por meio de um fio interno a ela, colocando um segundo fio na parte desta esfera de raio a e ligando-o internamente a uma esfera de raio b, com $b < a$, a carga da primeira esfera se transferirá para a esfera de raio b. Ligando da mesma forma (um fio externo à esfera de raio b à parte interna da esfera de raio c, com $c < b$), a carga da esfera de raio b será transferida para a esfera de raio c. E, como cada esfera tem um raio menor, a densidade de fluxo será maior, desde que a mesma carga se mantém, mas a área da superfície se reduz. Realizando este procedimento em várias esferas cada vez menores, a situação se torna similar a uma região que tem a superfície diminuída ao se guiar para uma ponta, como é o caso da agulha. Logo, a carga estará concentrada muito mais na ponta que no restante da superfície. Esta situação descrita pode ser vista na Figura 1.19.

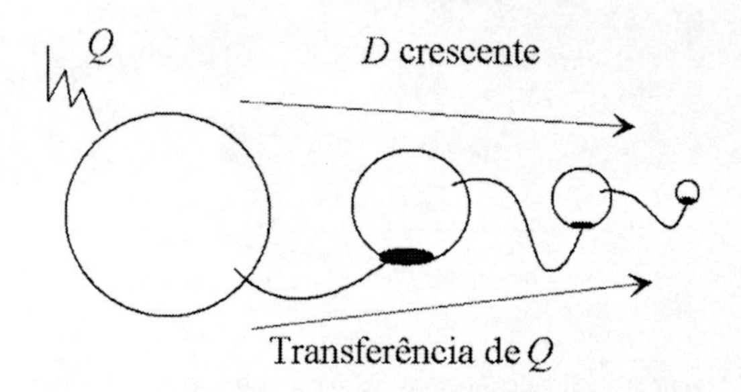

Figura 1.19: Poder das pontas.

Para testar o poder das pontas, pode-se utilizar um gerador de cargas qualquer, como os descritos nos experimentos anteriores, e montar uma pequena plataforma plástica (como acrílico) com duas hastes plásticas onde se prendem os fios: um ligado ao gerador de cargas e outro ligado ao terra. Um dos fios pode ser mantido fixo, enquanto o outro deve ser móvel, para gerar aproximação ou afastamento do outro. Nas pontas destes fios, podem-se utilizar pequenos encaixes que cubram as pontas dos mesmos, como esferas metálicas, para se verificar com qual distância ocorre um centelhamento (quebra da rigidez dielétrica do ar). Utilizando o outro encaixe com uma ponta metálica, ver-se-á que a distância para que haja o centelhamento é maior, desde que a concentração das cargas nas pontas é maior. Com este simples equipamento, pode-se comprovar o poder das pontas.

Experimento 1.6: Medição de campo elétrico – Método Mecânico

Utilizando o princípio do eletroscópio de folhas, pode-se medir a intensidade de um campo elétrico. Em primeira instância, deve-se deixar uma das folhas como uma placa metálica rígida e fixa, enquanto a outra deve ser rígida e móvel, presa à folha fixa por uma das pontas. O local onde há a união das duas folhas metálicas deve conter um fio que terá na extremidade livre uma ponta com uma esfera, a qual é utilizada para aproximar a uma região com cargas, que apresenta o campo elétrico a ser medido. Naturalmente, quando se aproxima a esfera da região de carga, há uma indução eletrostática na esfera, que eletriza com carga contrária a outra extremidade e, conseqüentemente, as duas folhas. Dessa forma, tendo uma placa graduada com valores de campo elétrico por trás das folhas metálicas do eletroscópio, a folha móvel se moverá de acordo com as forças elétricas e seu peso, entrando em equilíbrio estático e, conseqüentemente, podendo ser visto o valor do campo no ponto em que a esfera metálica de medição se encontra. Este equipamento é visto na Figura 1.20. Observe que, neste caso, a graduação deve ser realizada com campos inicialmente conhecidos, para evitar ter de se calcular ou medir as cargas e peso da folha móvel.

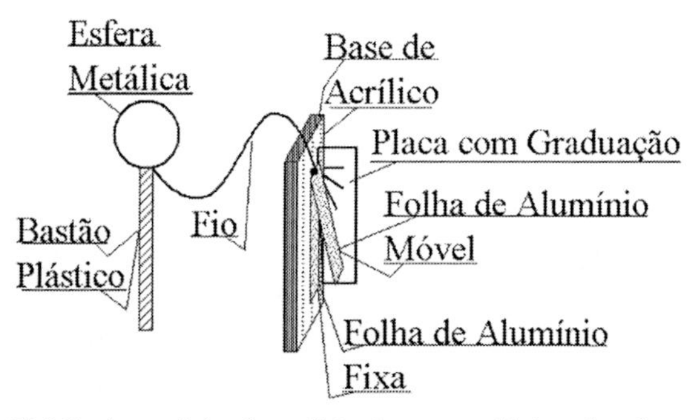

Figura 1.20: Método mecânico de medição de campos elétricos tipo eletroscópio.

Experimento 1.7: Medição de campo elétrico – Método Eletrônico

Da mesma forma que o medidor eletrônico de cargas, o mesmo princípio e circuito pode ser utilizado. Neste caso, a ponta da antena do circuito deve ser utilizada apenas para medida por indução. Dessa forma, a carga induzida na ponta da antena é proporcional ao valor do campo elétrico no ponto em que ela se encontra distante da localização da carga que o gera. Também se pode utilizar como sensor para este equipamento um capacitor de placas planas paralelas (duas placas cobreadas, com os lados cobreados voltados para dentro separadas por ar), desde que todo campo elétrico gera uma diferença de potencial entre pontos afastados (normais ao campo). Assim, o potencial criado entre as placas será:

$$V = \frac{Q}{C} = \frac{Q}{\frac{\varepsilon_0 S}{d}} = \frac{Qd}{\varepsilon_0 S},$$

sendo d a distância entre as placas, S a área da placa e ε_0 a permissividade o espaço livre. Dessa forma, utilizando o mesmo princípio de medição de cargas apresentado no Experimento 1.4, calcula-se o ganho do circuito formado por amplificadores operacionais para que a tensão de saída seja proporcional ao campo elétrico entre as placas dado por:

$$E = \frac{V}{d}.$$

Logo, o ganho deve ser calculado para

$$V_0 = \left(1 + \frac{R_1}{R_2}\right) V_i = \left(1 + \frac{R_1}{R_2}\right) Ed = AE,$$

com

$$A = \left(1 + \frac{R_1}{R_2}\right) d,$$

o que garante que o valor da tensão de saída do circuito seja uma leitura proporcional ao valor do campo elétrico no ponto medido (campo induzido nas placas do capacitor).

Experimento 1.8: Precipitação eletrostática

Um fenômeno comum que acontece com partículas de poeira, cinzas, etc. na presença de um campo elétrico, é a sua aproximação da região das cargas, desde que tais partículas geralmente estão eletrizadas. Dessa forma, é muito comum, onde se apresentam estas partículas, existir um equipamento em que se gera um campo elétrico intenso para atraí-las, colando-as na superfície onde se encontram as cargas (superfície metálica). Um simples equipamento que se pode utilizar para demonstrar este fenômeno é apresentado na Figura 1.21, em que uma caixa de acrílico fechada com uma placa metálica na parte inferior tem um fio ligado para receber a carga estática necessária para atrair as partículas. Na lateral da caixa de acrílico, deve-se ter um pequeno ventilador para gerar o espalhamento das partículas dentro do espaço da caixa; as partículas podem ser cinzas de papel queimado. Quando as partículas estiverem em suspensão devido à turbulência gerada pelo ventilador, desliga-se este e liga-se o fio – que está conectado à placa – a um gerador de cargas. A depender da quantidade de campo elétrico gerado pelas cargas na placa metálica, as partículas em suspensão deverão ser precipitadas para cima dela, limpando o espaço de ar da caixa.

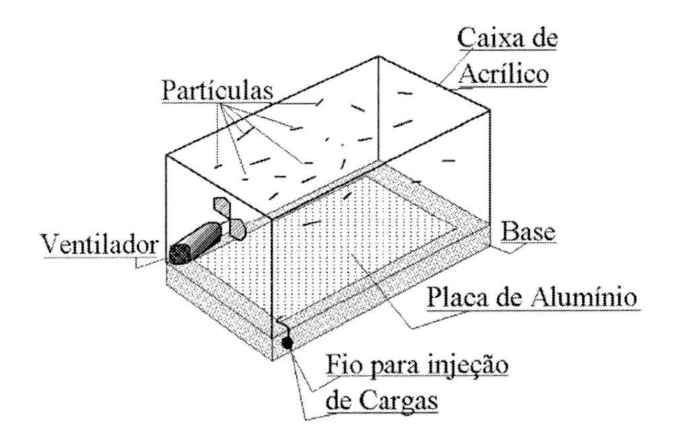

Figura 1.21: Experimento para atração de partículas.

Experimento 1.9: Princípio da fotocópia

O princípio da fotocópia utiliza a eletrização de um papel por luz e a colocação de uma tinta específica na forma de pó (tonner) que apresenta carga elétrica contrária à carga do papel após exposto à luz que, pelas forças de Coulomb, aderem ao papel e depois são pressionados para pregar no mesmo formando a impressão. Para se realizar experimentalmente este princípio, pode-se gerar uma pequena fôrma com algum desenho (por exemplo, uma placa opaca com um furo ou um retângulo no meio) e colocá-lo sobre um papel em branco (folha de papel ofício). Após isso, aplicar sobre a fôrma que está sobre o papel uma lâmpada incandescente de potência alta (em torno de 100 W para ter uma melhor eletrização) e deixá-la próxima até que esquente o papel no local onde se encontra o desenho (em torno de um minuto ou mais). Feita a eletrização, retira-se a lâmpada e a fôrma rapidamente, e aplica-se sobre o papel eletrizado, cinza de papel queimado na forma de pó e mantido sobre uma placa com uma carga contrária (pode ser uma placa metálica carregada por um dos geradores descritos nas seções 1.4.1 e 1.4.2) ou o próprio tonner. Como o papel está eletrizado, a cinza ou tonner deverá aderir à região em que a carga se encontra, formando o desenho que se apresentava na fôrma inicialmente. Este procedimento é visto na Figura 1.22.

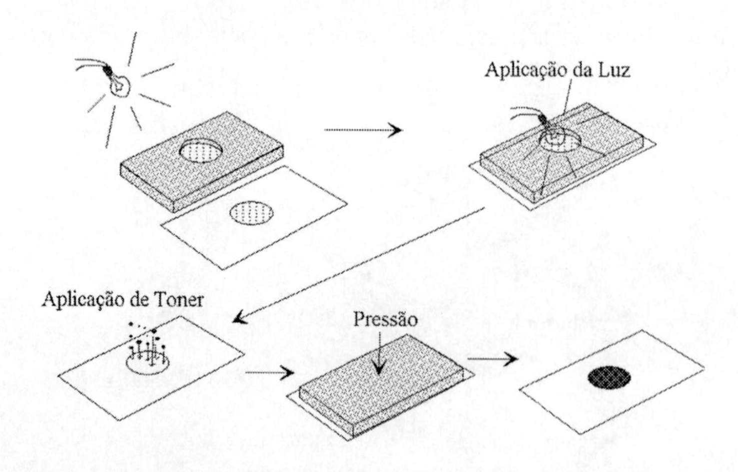

Figura 1.22: Utilização de luz para gerar atração de material para impressão em papel.

Experimento 1.10: Forças de atrito e eletrostática

As forças de atrito são geradas por efeitos eletrostáticos. Uma forma de se provar isto é criando um plano inclinado com uma superfície de alumínio ou cobre, onde se possa colocar um cubo plástico para deslizar sobre o plano inclinado (experimento comumente realizado nos laboratórios de física para determinar o coeficiente de atrito do material do plano). Após determinar o coeficiente de atrito do material, utiliza-se um gerador de cargas para eletrizar o plano metálico inclinado, e coloca-se novamente o cubo plástico para deslizar sobre ele. Dessa forma, pode-se determinar o novo coeficiente de atrito com o material eletrizado. Também pode-se atritar a face do cubo plástico sobre um tecido de algodão ou mesmo feltro, e colocar esta face para deslizar no plano metálico inclinado, sem carga e com carga, para calcular as variações do coeficiente de atrito geradas por meio das forças de Coulomb. Outra forma de testar as variações no coeficiente de atrito é utilizar um plano inclinado plástico (do mesmo material do cubo), em que se podem polir ambos nas faces a serem atritadas. O polimento pode ser feito com materiais diferentes, para verificar efeitos diferentes de cargas sobre os materiais. Este experimento é apresentado na Figura 1.23.

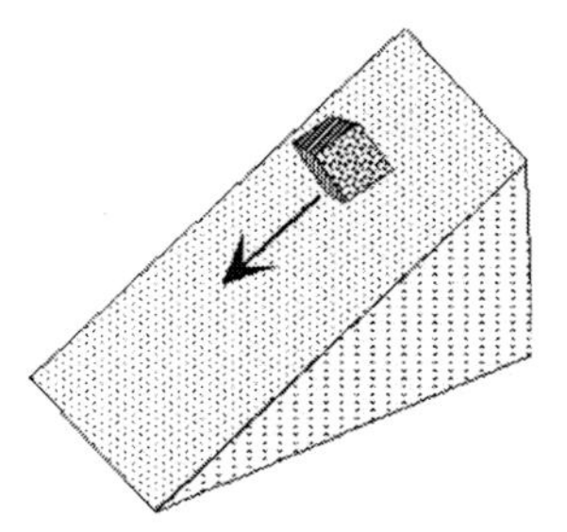

Figura 1.23: Plano inclinado para medição de variação de coeficiente de atrito sob efeito da eletrostática nos materiais.

Experimento 1.11: Visualizando linhas do campo elétrico

A visualização de linhas do campo elétrico pode ser realizada de uma forma simples, utilizando para isto, uma superfície metálica (plana, cilíndrica, esférica, etc.) em que se colocam cabelos lisos com uma ponta colada sobre esta superfície, ou mesmo fitas finas de papel. Ao carregar esta superfície utilizando a carga de um dos geradores eletrostáticos descritos nas seções 1.4.1 ou 1.4.2, as cargas se distribuem ao longo de todo o comprimento dos cabelos ou fitas de papel, tornando-os carregados estaticamente com cargas de mesmo sinal distribuídas na superfície. Como uma das pontas está presa e a outra está solta, a ponta solta se levantará, afastando-se da superfície metálica carregada, na forma que se encontram as linhas do campo elétrico gerado por ela. Da mesma forma, este princípio é quem gera o efeito de levantar os cabelos da cabeça em uma pessoa quando é carregada juntamente com um gerador de Van De Graaff. A pessoa deve estar isolada do chão, por exemplo, de joelhos em uma cadeira ou banco plástico, e com as mãos sobre a cúpula do gerador antes de carregá-lo. Após iniciar o carregamento, a pessoa divide as cargas elétricas acumuladas na cúpula, ficando igualmente eletrizada, e os cabelos vão se afastando aos poucos, quanto mais acumulada estiver a carga. Naturalmente, se alguém aproximar a mão da pessoa carregada, um pequeno raio se forma, indo em direção da pessoa que não está carregada, e ambos sentem um pequeno choque (mais parecido com uma picada de agulha), mas que não apresenta perigo. Estes mesmos raios podem ser sentidos, preferencialmente para não sentir o efeito de um choque, com a aproximação da parte externa do braço para a cúpula do gerador já carregado, pois há menos sensores nesta região do corpo que na mão (se aproximar a mão, o choque é sentido com mais intensidade, devido à grande quantidade de sensores táteis).

Experimento 1.12: Levitação eletrostática

Para realizar o fenômeno da levitação por meio da eletrostática, pode-se criar uma superfície plana, em que, colocando um pedaço de papel solto na parte central e em cima da mesma após ter sido eletrizada com uma carga gerada por um dos geradores descritos nas seções anteriores, o papel ficará eletrizado com uma carga de mesmo sinal, e a repulsão gerada pelas forças de Coulomb levará o papel a um ponto de equilíbrio com seu peso. Este mesmo efeito pode ser visto com uma pequena esfera de isopor envolvida com papel alumínio, com um furo no centro, de forma a passar uma haste metálica presa na superfície, que mantém a esfera presa com movimento apenas ao longo da haste e, ao mesmo tempo, transfere a carga da superfície para a esfera, mantendo-a sempre carregada.

Experimento 1.13: Ionização de gases

Podem-se utilizar os geradores eletrostáticos para ionizar gases em lâmpadas fluorescentes ou de Néon. Para tanto, basta deixar o gerador carregado e aproximar uma lâmpada destas, segurando-a pelo bulbo. No caso da lâmpada de Néon, deve-se segurá-la tocando em um dos fios, aproximando o outro (pode-se utilizar uma chave de fenda "teste", das que se utiliza para verificar o terminal fase das tomadas). O efeito, no caso da lâmpada fluorescente, é piscar, devido à ionização dos gases internos, gerada pelo alto campo elétrico e, no da lâmpada de Néon, quanto mais perto do gerador, mais intenso será seu brilho.

Experimento 1.14: Motor Eletrostático de Franklin

O motor eletrostático de Franklin utiliza as forças de Coulomb para atrair e repelir faces metálicas carregadas de um rotor em relação a um estator fixo, de onde provêm as cargas. Para este experimento, é necessário um gerador de cargas que mantenha continuamente o estator carregado e transferindo cargas para o rotor. A forma mais fácil de se realizar este motor eletrostático é utilizando pequenas garrafas plásticas (três garrafas) , sendo duas delas fixas (as laterais que são os estatores) e uma móvel, furada na parte de baixo com um eixo (de preferência uma agulha de tricô) que a atravessa e fica encostada no centro da tampa desta garrafa central, conforme a Figura 1.24. Dois fios grossos de cobre são presos nas garrafas fixas do estator, e suas pontas são direcionadas aos lados opostos da garrafa rotor. Cada garafa estator deve ter sua lateral coberta por um papel alumínio, para distribuir a carga que atrairá parte da garrafa rotor e repelirá a outra parte, que estará com a mesma carga do estator. Enquanto uma garrafa estator atrai um lado da garrafa rotor, a outra garrafa estator que contém a carga contrária repele este mesmo lado, fazendo a garrafa rotor girar. A garrafa rotor deve ser revestida por três a seis placas feitas de papel alumínio, as quais recebem as cargas do estator e as direcionam à terra. Um estator deve estar ligado ao gerador, enquanto o outro deve ser ligado ao fio terra.

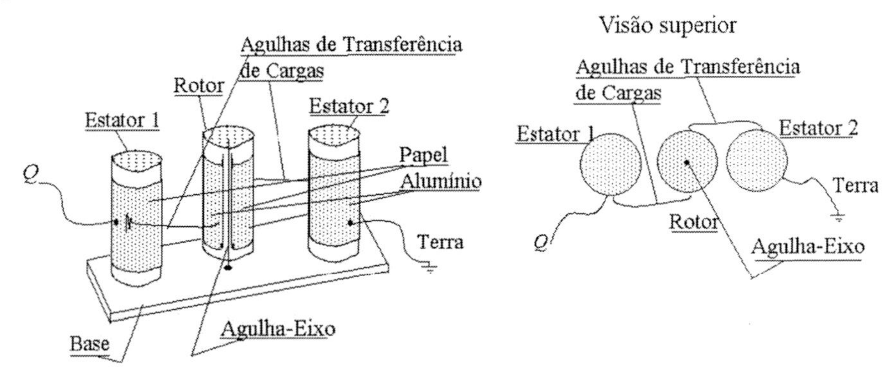

Figura 1.24: Motor eletrostático de Franklin.

1.5 Exercícios

1.1) Calcule as cargas totais das distribuições dadas a seguir:

a) $\rho_L = -2{,}3\times10^{-7}\,C/m$ no eixo z, na região $-3{,}2 \le z \le 4{,}5$ *mm*;

b) $\rho_L = 1{,}33\times10^{-8}(y^3 + 2x^2 z)\,C/m$ paralelo ao eixo y, na região $3{,}32 \le y \le 8{,}32$ *dm*, passando pelo ponto (3, 0, – 15) dado em centímetros;

c) $\rho_S = 5{,}627\times10^{-5}\,C/m^2$ na região $-3{,}33 \le x \le -0{,}35$ *m* e $3{,}4 \le z \le 6{,}35$ *mm*, sendo esta região um plano passando pelo ponto $y = 78$ *mm*;

d) $\rho_S = -\dfrac{3{,}81\times10^{-9}(2y-3x^2)z^3}{(y^2-1)}\,C/m^2$ na região $1{,}34 \le y \le 5{,}48$ *mm* e $-5{,}12 \le z \le -2{,}31$ *dm*, sendo esta região um plano passando pelo ponto $x = 61{,}2$ *cm*;

e) $\rho = 7{,}83\times10^{-8}\,C/m^3$ na região $-1{,}3 \le x \le 5{,}42$ *mm*, $3{,}23 \le y \le 33{,}78$ *cm* e $0{,}22 \le z \le 5{,}1$ *dm*;

f) $\rho = 3{,}742\times10^{-6}\left(\dfrac{z\cos^2(x)}{y} + \dfrac{xy^2z}{x^2-1}\right)C/m^3$ de um cubo centrado na origem de lados $l = 28$ *dm*.

g) $\rho_L = 4{,}53\times10^{-8} C/m$ distribuída em um anel de raio r = 12 *mm*;

h) $\rho_L = -2{,}73\times10^{-5} r^3 z^2 \phi\ C/m$ distribuída num arco 43° ≤ ϕ ≤ 215°, fixa em z = 3,5 *dm* e com r = 1,3 *mm*;

i) $\rho_S = -6{,}44\times10^{-10} C/m^2$ na superfície r = 4,73 *dm*, 62,12° ≤ ϕ ≤ 173,51° e 1,35 ≤ z ≤ 5,1 *cm*;

j) $\rho_S = \dfrac{8{,}14\times10^{-13} r^3 \cos^2\phi}{z^4} C/m^2$ na superfície 10,5 ≤ r ≤ 42,3 *cm*, 3,1° ≤ ϕ ≤ 9,6° e z = 4,12 *cm*;

k) $\rho = -3{,}212\times10^{-7} C/m^3$ na região 2,762 ≤ r ≤ 8,235 *cm*, 31,2° ≤ ϕ ≤ 345,21° e 2,78 ≤ z ≤ 6,27 *dm*;

l) $\rho = 3{,}193\times10^{-12}\left(\dfrac{r^2\phi}{z^2 \mathrm{sen}\phi} - \dfrac{z^2\cos\phi}{r^2-1}\right) C/m^3$ de um cilindro centrado na origem de raio r = 17 *cm* e altura h = 11,56 *cm*;

m) $\rho_L = 3{,}132\times10^{-7} C/m$ sobre uma casca esférica r = 125,2 *mm*, ϕ = 10° e 12,5° ≤ θ ≤ 256,2°;

n) $\rho_L = 2{,}31\times10^{-8} r^2(\mathrm{sen}\theta + \cos\phi) C/m$ sobre uma casca esférica r = 13 *cm*, ϕ = 31° e 2,1° ≤ θ ≤ 177,3°;

o) $\rho_S = 2{,}14\times10^{-8} C/m^2$ na calota esférica de raio r = 13,3 *mm*, definida por 0° ≤ θ ≤ 56,7°;

p) $\rho_S = -1{,}85\times10^{-8} r^3 \mathrm{sen}\theta\, \mathrm{sen}^2\phi\ C/m^2$ na região 3,12 ≤ r ≤ 8,33 *cm* e 2,32° ≤ θ ≤ 83,4°, com ϕ = 194,7°;

q) $\rho = -6{,}428\times10^{-9} C/m^3$ numa esfera centrada na origem, com raio r = 42,15 *mm*;

r) $\rho = -1{,}593\times10^{-7}\left(r^3\cos\phi\cos\theta - \dfrac{\mathrm{sen}^2\phi\, \mathrm{sen}\theta}{r^2}\right) C/m^3$ de um cone esférico definido por r = 2,16 *dm* e 0° ≤ θ ≤ 19,1°.

1.2) Considere uma carga pontual Q = 1,2 μC no ponto (– 2, 3, – 5) dado em metros. Calcule a força sobre esta carga, seu módulo e sua direção, se:

a) existe uma carga pontual Q_1 = – 3,45 *nC* no ponto (– 30, – 3, 12);

b) existe uma carga pontual Q_1 = 4,23 *nC* no ponto (1, – 2, 5);

c) existem três cargas pontuais Q_1 = 2,5 *nC*, Q_2 = – 3,25 *nC* e Q_3 = 5,32 *nC*, respectivamente nos pontos (– 2, – 3, 4), (– 1, 4, – 2) e (3, – 5, – 8);

d) existe uma linha de cargas ρ_L = – 12 *nC/m*, paralela ao eixo x passando pelo ponto (0, 130, – 200), tendo esta linha um comprimento de 12.000 *m*, estando metade acima do plano yz e a outra metade abaixo deste plano. Considere para os cálculos o valor aproximado;

e) existe uma superfície de cargas $\rho_S = 3{,}43\ nC/m^2$, paralela ao plano yz cortando o eixo x no ponto $x = 130$, sendo este ponto o centro da superfície que é circular e tem 500 m de raio. Considere para os cálculos o valor aproximado;

f) existe um volume cilíndrico de cargas $\rho = 3{,}26\ nC/m^3$ de raio $r = 0{,}2\ m$, $-300 \leq z \leq 300$, cujo centro passa pelo ponto (– 400, – 340, 0), com todos os valores dados em metros. Considere para os cálculos o valor aproximado.

1.3) Considere uma carga pontual $Q = 1\ nC$ colocada em repouso no ponto (4, –3, 12).

a) Se no ponto (3, 5, -10) existe uma carga pontual $Q_1 = 2{,}3\ nC$, calcule para Q a aceleração e sua posição e velocidade após 2,5 segundos;

b) Refaça os cálculos se a carga pontual for $Q_1 = -3{,}5\ nC$ e estiver no ponto (– 3, 12, 7);

c) Refaça os cálculos se existirem três cargas pontuais $Q_1 = -1{,}2\ nC$, $Q_2 = 2{,}1\ nC$ e $Q_3 = 4\ nC$, respectivamente nos pontos (–1, 5, 6), (2, 14, –5) e (–2, –3, –5);

d) Refaça os cálculos, considerando um valor aproximado se existir uma linha de cargas $\rho_L = 10\ nC/m$, paralela ao eixo z, passando pelo ponto (–50, 100, 0), tendo esta linha um comprimento de 10.000 m, estando metade acima do plano xy e a outra metade abaixo deste plano;

e) Refaça os cálculos, considerando um valor aproximado se existir uma superfície de cargas $\rho_S = 2\ nC/m^2$, paralela ao plano xz cortando o eixo y no ponto $y = -200$, sendo este ponto o centro da superfície, que é quadrada e tem 500 m de lado;

f) Refaça os cálculos, considerando um valor aproximado se existir um volume esférico de cargas $\rho = 3{,}26\ nC/m^3$ de raio $r = 10^{-2}\ mm$, centrado na origem.

g) Repita os itens de 1.3.a até 1.3.f se a carga estiver com uma velocidade inicial $U_0 = 3m/s$, e sua direção for o versor que liga os pontos (4, – 3, 12) a (– 3, – 5, 6).

1.4) Considere uma carga pontual $Q = 1\ nC$ colocada em repouso no ponto (– 3, – 7, 8).

a) Se no espaço existe um campo elétrico $\vec{E} = -3\vec{a_x} + 2\vec{a_y} + 4\vec{a_z}$, calcule sua aceleração, posição e velocidade após 2,5 segundos;

b) Refaça os cálculos do item 1.2.a. se o campo elétrico for $\vec{E} = 2\vec{a_x} - 3\vec{a_y} + 1\vec{a_z}$;

c) Refaça os cálculos do item 1.2.a. se o campo elétrico for dependente do espaço, sendo dado por $\vec{E} = 2x\vec{a_x} - 3\vec{a_y} + 1\vec{a_z}$;

d) Refaça os cálculos do item 1.2.a. se o campo elétrico for dependente do espaço, sendo dado por $\vec{E} = x\vec{a_x} + 3y^2\vec{a_y} - 3zx\vec{a_z}$.

e) Repita os itens de 1.4.a até 1.4.d se a carga estiver com uma velocidade inicial $U_0 = 2{,}5 m/s$, e sua direção for o versor que liga os pontos (– 3, – 7, 8) a (5, – 10, 2).

1.5) Calcule a equação do campo elétrico das distribuições de cargas:

a) Uma linha de carga ρ_L no eixo z com comprimento finito $a \leq z \leq b$, sendo $a < 0$ e $b > 0$;

b) Uma superfície de cargas ρ_S cilíndrica de raio $r = a$, $-\infty \leq z \leq +\infty$, considerando um ponto $b >> a$;

c) Uma superfície de cargas ρ_S, plana e infinita, localizada em $z = 0$, utilizando coordenadas cilíndricas;

d) Uma superfície de cargas ρ_S circular de raio $r = a$, localizada em $z = 0$, para um ponto qualquer em z;

e) Uma superfície de cargas ρ_S esférica de raio $r = a$, centrada na origem, para um ponto $b >> a$;

f) Um volume de cargas ρ esférico oco $a \leq r \leq b$, com a, $b > 0$, para um ponto $c >> b$.

1.6) Calcule os campos elétricos a seguir, utilizando as aproximações específicas para a visão das cargas de acordo com as distâncias, quando necessário:

a) $\vec{E}$ no ponto (5, – 3, 20) se $Q_1 = 10\ pC$ em (3, – 9, 8), $Q_2 = 78\ nC$ em (5, 6, – 2), $Q_3 = -3\ pC$ em (– 4, – 6, 3), $\rho_L = 13 nC/m$ paralelo ao eixo z, passando pelo ponto (12, – 5, 0) e $\rho_S = 125 nC/m^2$ paralelo ao plano xz, cortando o eixo y em $y = -50$;

b) $\vec{E}$ nos pontos A (1, – 1, 10^{-6}), B (1, – 1, 1) e C (1, – 1, 10^6) se $\rho_L = 3xy^2\ nC/m$ paralelo ao eixo x, passando pelo ponto (0, -1, 10^{-5}). Refaça os cálculos, considerando que o comprimento total da linha de cargas é definido por $-3 \leq x \leq 4$;

c) $\vec{E}$ nos pontos A (2, – 3, 10^{-5}), B (2, – 3, 1) e C (2, – 3, 10^6), se $\rho_S = -2z^3xy^2\ nC/m^2$ paralelo ao plano xy, sendo uma fita descrita por $1{,}9999 \leq x \leq 2{,}0001$, $-50 \leq y \leq 40$, $z = 10^{-4}$;

d) $\vec{E}$ nos pontos A (–1, –2, 8), B (–100, –2, 8) e C (106, –2, 8), se $\rho = -2z^2x^3y\ nC/m^3$ na região descrita por $-0{,}9999 \leq x \leq 2$, $-3000 \leq y \leq 3500$, $7{,}95 \leq z \leq 8{,}05$.

e) $\vec{E}$ no ponto (-1500, 3200, 750) em metros, se $\rho = 3{,}4r^2\text{sen}^2\phi\ nC/m^3$ numa esfera centrada na origem de raio $r = 2\ cm$.

1.7) Considerando que no problema do Exemplo 1.10 as placas estejam na vertical e a carga é atirada inicialmente na direção $+z$, calcule sua posição em z quando ela tocar a placa. Refaça os cálculos, considerando que a carga é atirada na direção $-z$.

1.8) Determine três superfícies de densidade de cargas uniformes que produzam o campo $\vec{E} = 34\vec{a}_x - 51\vec{a}_y - 32\vec{a}_z$ em qualquer ponto do espaço. Repita para quatro superfícies.

1.9) Determine três superfícies de densidade de cargas uniformes que produzam o campo $\vec{E} = 214\vec{a}_x + 33\vec{a}_y - 132\vec{a}_z$ na origem. Repita para quatro superfícies.

1.10) Se três cargas Q_1, Q_2,e Q_3, no espaço livre, encontram-se em (2, –1, 1), (1, –5, 4) e (3, 3, 2), qual a inter-relação entre Q_1 e Q_2 para que a componente y da força resultante sobre Q_3, no ponto $P(-3, 6, 2)$ seja nula?

Capítulo 2

Lei de Gauss, Fluxo Elétrico e Densidade de Fluxo Elétrico

Neste capítulo são estudados os princípios do fluxo elétrico e sua respectiva densidade, a Lei de Gauss e os conceitos de divergência. Exemplos resolvidos são apresentados para melhorar o entendimento e facilitar a solução dos exercícios propostos, bem como alguns experimentos que podem ser desenvolvidos para conceber na prática os princípios relativos às aplicações reais.

2.1 Fluxo Elétrico e Densidade de Fluxo Elétrico

O fluxo elétrico foi definido a partir de uma abstração de Faraday em um experimento realizado por ele. Neste experimento, Faraday colocou uma carga em uma esfera metálica e a fechou isoladamente com duas calotas interligadas, e a ligou ao terra. Assim, a mesma carga em módulo, porém de sinal contrário, foi medida nas calotas ao se desligar o terra e afastá-las da esfera central carregada. Assim, ficou definido que para cada 1 C de carga elétrica, há 1 C de fluxo elétrico, representado por Ψ, desde que "se cria" uma carga de mesma intensidade

$$\Psi = Q.$$

Com este experimento, Faraday imaginou que a carga gerava, através de linhas de fluxo, as outras cargas. Dessa forma, toda carga apresenta um fluxo elétrico com o mesmo valor numérico dela (módulo e sinal). Observe que o fluxo elétrico é uma quantidade escalar, desde que é igual à carga que o gera. A partir deste conceito definiu-se uma abstração sobre como agiriam as forças entre as cargas, pois havia linhas de fluxo que as ligavam.

Com esta formalização, para se verificar o efeito de linhas de carga em um ponto, necessita-se definir a densidade de fluxo elétrico. Como o fluxo elétrico sai de uma carga (no caso positiva, pois se a carga for negativa, o fluxo entra), ele irradia para todos os lados. Por exemplo, em uma carga pontual, a irradiação do fluxo sai radialmente ao ponto, de forma que, em uma região definida por uma casca esférica de raio a, as linhas de fluxo atravessam-na perpendicularmente (furando a casca esférica). Como a região que o fluxo atravessa é uma superfície, então se define a densidade de fluxo elétrico como sendo $\vec{D}$, que é uma grandeza vetorial, desde que determina como o fluxo atravessa aquela superfície (direção, sentido e magnitude), e tem como unidade de medida o C/m^2. Considerando uma região uniforme como a casca esférica com a carga geradora do fluxo sendo um ponto em seu centro, tem-se, em termos de módulo, que a densidade de fluxo em cada ponto da casca esférica é dado por:

$$D = \frac{Q}{S},$$

e em termos vetoriais, para este caso específico, tem-se:

$$\vec{D} = \frac{Q}{S}\vec{a}_n.$$

Por outro lado, desde que o fluxo total $\Psi = Q$, então este pode ser calculado se todas as contribuições da densidade de fluxo elétrico em cada ponto da casca esférica forem somadas. Entretanto, como se tem $\vec{D}$ como uma grandeza vetorial e necessita-se somar cada ponto da superfície, então se define o vetor superfície como sendo uma superfície infinitesimal com um vetor perpendicular à mesma. Este vetor superfície é visto na Figura 2.1. E com este vetor superfície, como cada quantidade de densidade de fluxo contribui para o fluxo elétrico total apenas com o valor que atravessa a superfície de uma forma normal (ou perpendicular), então, tem-se que:

$$\Psi = \int_S \vec{D} \cdot d\vec{S}$$

em que $d\vec{S}$ é o vetor superfície. Caso se esteja considerando que a superfície envolve toda a carga, então o fluxo é dado por:

$$\Psi = Q = \oint_S \vec{D} \cdot d\vec{S}.$$

Observe que o vetor superfície $d\vec{S}$ é sempre formado por duas diferenciais de um dos sistemas de coordenadas, e o vetor de direção é a terceira coordenada do sistema considerado.

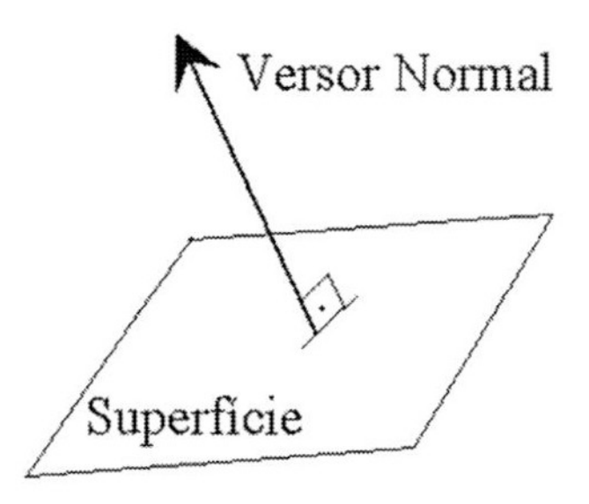

Figura 2.1: Vetor de superfície.

Tomando como base a equação que descreve a densidade de fluxo em termos da carga e da superfície que a circunda, para o caso da carga pontual, tem-se:

$$\vec{D} = \frac{Q}{4\pi r^2}\vec{a_r},$$

desde que a área da superfície da casca esférica de raio r é $S = 4\pi r^2$, e a direção normal (furando a casca esférica) é a direção radial esférica $\vec{a_r}$. Comparando este termo com o campo elétrico:

$$\vec{E} = \frac{Q}{4\pi\varepsilon_0 r^2}\vec{a_r},$$

vê-se que a relação entre eles é:

$$\vec{E} = \frac{1}{\varepsilon_0}\frac{Q}{4\pi r^2}\vec{a_r} = \frac{\vec{D}}{\varepsilon_0},$$

ou

$$\vec{D} = \varepsilon_0\vec{E}$$

que é válida para qualquer distribuição de cargas.

Exemplo 2.1: Para uma carga pontual $Q = 1\ \mu C$ situada na origem dos eixos coordenados, calcule o fluxo elétrico que atravessa as seguintes superfícies:

a) Uma calota esférica (a metade superior de uma superfície esférica) de raio $r = 10\ m$ sobre o plano xy;
b) Uma casca esférica de raio $r = 30\ cm$;

c) A metade inferior de um cubo centrado na origem, de lados $l = 5\ cm$;
d) A região definida por $r = 10\ cm$, $25° \leq \theta \leq 60°$ e $40° \leq \phi \leq 220°$;
e) A superfície definida por $x = 40\ m$, $-20\ cm \leq z \leq 40\ cm$ e $-30\ cm \leq y \leq 30\ cm$;
f) O plano $y = 5\ m$;
g) A superfície de um semicilindro de comprimento infinito com $r = 8\ cm$;
h) O semicilindro fechado na base e no topo definido por $r = 5\ cm$, $0 \leq z \leq 10\ cm$ e $0° \leq \phi \leq 90°$.

Para solucionar este problema, em princípio se utiliza a lógica e a matemática descrita. Assim, tem-se:

a) Para uma calota esférica definida como a metade superior de uma superfície esférica sobre o plano xy, esta calota cobre diretamente a metade superior da carga. Como o fluxo sai da carga uniformemente em todas as direções, metade sai para baixo (o que não atravessa a calota) e metade sai para cima (que atravessa normalmente a calota). Logo, o fluxo total que atravessa a calota descrita é

$$\Psi = \frac{Q}{2} = \frac{10^{-6}}{2} = 5 \times 10^{-5} C.$$

Este mesmo resultado pode ser encontrado utilizando o cálculo pela equação que relaciona o fluxo elétrico com a densidade de fluxo elétrico. Como para uma carga pontual tem-se:

$$\vec{D} = \frac{Q}{4\pi r^2}\vec{a_r} = \frac{10^{-6}}{4\pi 10^2}\vec{a_r} = \frac{10^{-8}}{4\pi}\vec{a_r},$$

então, encontra-se:

$$\Psi = \int_S \vec{D} \cdot d\vec{S} = \int_0^{2\pi}\int_0^{\pi/2} \frac{10^{-8}}{4\pi}\vec{a_r} \cdot r^2 \text{sen}\theta d\theta d\phi \vec{a_r}$$

$$= \frac{10^{-8}}{4\pi}\int_0^{2\pi}\int_0^{\pi/2} 10^2 \text{sen}\theta d\theta d\phi$$

$$= \frac{10^{-6}}{4\pi}\int_0^{2\pi}\int_0^{\pi/2} \text{sen}\theta d\theta d\phi$$

$$= \frac{10^{-6}}{4\pi}\left(-\cos\theta\big|_0^{\pi/2}\right)\left(\phi\big|_0^{2\pi}\right)$$

$$= \frac{10^{-6}}{4\pi} \times 2\pi = 5 \times 10^{-5} C$$

em que a superfície diferencial para a casca esférica é $d\vec{S} = r^2 \text{sen}\theta d\theta d\phi \vec{a_r}$, o raio é constante e os limites da coordenada θ vão de zero até a metade de seu máximo (plano xy, θ = 90º).

b) Para calcular o fluxo elétrico que atravessa uma casca esférica de raio r = 30 cm, deve-se ver que, como a casca esférica é completa (é uma superfície fechada), então o fluxo total é igual à carga interna a ela, desde que o fluxo irradiado flui da carga em todas as direções e atravessa a superfície em todos os pontos. Ou seja, $\Psi = Q = 10^{-6}\ C$. Isto pode ser comprovado pelo cálculo, utilizando:

$$\Psi = \oint_S \vec{D} \cdot d\vec{S} = \int_0^{2\pi} \int_0^{\pi} \frac{10^{-6}}{4\pi \times r^2} \vec{a_r} \cdot r^2 \text{sen}\theta d\theta d\phi \vec{a_r}$$

$$= \frac{10^{-6}}{4\pi} \int_0^{2\pi} \int_0^{\pi} \text{sen}\theta d\theta d\phi$$

$$= \frac{10^{-6}}{4\pi} \left(-\cos\theta \Big|_0^{\pi} \right) \left(\phi \Big|_0^{2\pi} \right)$$

$$= \frac{10^{-6}}{4\pi} \times 4\pi = 10^{-6}\ C$$

c) Neste caso, o cálculo do fluxo torna-se complexo, desde que as linhas de fluxo são radiais esféricas, enquanto a superfície é formada por planos. Mas, como se trata de uma metade inferior de um cubo centrado na origem, de lados l = 5 cm, o total de fluxo que flui para baixo da carga é exatamente a metade do valor total da carga, pois a outra metade flui para a parte superior do plano xy. Logo, $\Psi = Q/2 = 0{,}5 \times 10^{-5}\ C$.

d) Para a região definida por r = 10 cm, 25º ≤ θ ≤ 60º e 40º ≤ ϕ ≤ 220º, que é a metade de uma calota furada no meio, utiliza-se o cálculo direto:

$$\Psi = \int_S \vec{D} \cdot d\vec{S} = \int_{2\pi/9}^{11\pi/9} \int_{25\pi/180}^{\pi/3} \frac{10^{-6}}{4\pi r^2} \vec{a_r} \cdot r^2 \text{sen}\theta d\theta d\phi \vec{a_r}$$

$$= \frac{10^{-6}}{4\pi} \int_{2\pi/9}^{11\pi/9} \int_{25\pi/180}^{\pi/3} \text{sen}\theta d\theta d\phi$$

$$= \frac{10^{-6}}{4\pi} \left(-\cos\theta \Big|_{25\pi/180}^{\pi/3} \right) \left(\phi \Big|_{2\pi/9}^{11\pi/9} \right)$$

$$= \frac{10^{-6}}{4\pi} \times 0{,}4063\, 1\pi = 1{,}0158 \times 10^{-7}\ C$$

desde que os ângulos devem ser transformados em radianos (mais especificamente os limites de ϕ, pois os limites de θ são utilizados dentro de uma função circular).

e) Para a superfície definida por $x = 40\ m$, $-20\ cm \leq z \leq 40\ cm$ e $-30\ cm \leq y \leq 30\ cm$, tem-se o mesmo problema de cálculo do item *c*. Neste caso, observando a região definida, vê-se que a carga pontual Q está na origem e a região é um paralelepípedo colocado na frente do plano yz (na direção crescente do eixo x) e que, embora não esteja centrado (os limites de z não são simétricos), o total de fluxo que atravessa esta superfície é a metade do fluxo total, pois a outra metade sai na direção negativa do eixo x. Assim, $\Psi = Q/2 = 0{,}5 \times 10^{-5}\ C$.

f) Considerando o plano $y = 5\ m$, tem-se que pela geometria euclidiana, o plano é paralelo ao plano xz e se encontra com este no infinito. Dessa forma, todo o fluxo lateral na direção do eixo y positivo atravessará o plano $y = 5\ m$, o qual é metade do fluxo total, desde que a outra metade do fluxo está na direção negativa do eixo y. Assim, $\Psi = Q/2 = 0{,}5 \times 10^{-5}\ C$.

g) Sendo a superfície a ser considerada, um semicilindro de comprimento infinito com $r = 8\ cm$, então a parte do fluxo elétrico que sai da carga atravessará em todas as direções este semicilindro, até o infinito, pelo mesmo princípio do item *f*. Neste caso, novamente o valor do fluxo será $\Psi = Q/2 = 0{,}5 \times 10^{-5}\ C$, desde que a outra metade estará apontando para o lado contrário do semicilindro.

h) Quando considerando um semicilindro fechado na base e no topo definido por $r = 5\ cm$, $0 \leq z \leq 10\ cm$ e $0^o \leq \phi \leq 90^o$, o valor do fluxo elétrico é o mesmo valor do item *g*, desde que a outra metade do fluxo aponta para o outro lado (que seria a outra metade do cilindro). Observe que esta certeza é devida ao fato de que o semicilindro é fechado no topo e na base. Se não o fosse, o cálculo deveria ser realizado, o que torna o problema mais complexo, desde que o vetor densidade de fluxo é radial esférico, e a superfície seria uma lateral de um semicilindro (radial cilíndrico).

Exemplo 2.2: Para uma densidade de fluxo elétrico $\vec{D} = 2x^2 y \vec{a_x} - \frac{3\sqrt{z}x}{y}\vec{a_y} + \frac{4yz}{3x^3}\vec{a_z}$, calcule o fluxo que atravessa as superfícies:

a) Plano descrito por $x = 3$, $-3 \leq y \leq 4$ e $1 \leq z \leq 4$, dados em centímetros;
b) Plano descrito por $z = 4$, $-0{,}5 \leq x \leq 1$ e $-1 \leq y \leq -0{,}5$, dados em metros;
c) Região definida por $x = 2$, $-3 \leq y \leq 3$, $-2 \leq z \leq 1$; $y = \pm 3$ com $1 \leq x \leq 2$, $2 \leq z \leq 3$, dados em decímetros;

d) Região definida por um cubo fechado centrado na origem, de lados $l = 2\ m$.

Para solucionar este problema, deve-se utilizar a equação que descreve o fluxo em função da densidade de fluxo:

$$\Psi = \int_S \vec{D} \cdot d\vec{S}$$

desde que as superfícies têm de ser calculadas separadamente (planos = superfícies abertas) e somadas, quando necessário. Assim, tem-se:

a) No plano descrito por $x = 3$, $-3 \leq y \leq 4$ e $1 \leq z \leq 4$, dados em centímetros, que é um retângulo cortando o eixo x no ponto $x = 0{,}03\ m$, com lados definidos pelos limites definidos em y e z, encontra-se:

$$\begin{aligned}
\Psi &= \int_S \left(2x^2 y\vec{a_x} - \frac{3\sqrt{z}x}{y}\vec{a_y} + \frac{4yz}{3x^3}\vec{a_z} \right) \cdot d\vec{S} \\
&= \int_{-0,03}^{0,04}\int_{0,01}^{0,04} \left(2x^2 y\vec{a_x} - \frac{3\sqrt{z}x}{y}\vec{a_y} + \frac{4yz}{3x^3}\vec{a_z} \right) \cdot dzdy\vec{a_x} \\
&= \int_{-0,03}^{0,04}\int_{0,01}^{0,04} 2x^2 ydzdy \\
&= 2x^2\Big|_{x=0,03} \left(z\Big|_{0,01}^{0,04} \left(\frac{y^2}{2} \right|_{-0,03}^{0,04} \\
&= 0{,}03^2 \times \left(0{,}04^2 - 0{,}01^2\right) \times \left(0{,}04^2 - (-0{,}03)^2\right) \\
&= 9{,}45 \times 10^{-10}\ C
\end{aligned}$$

em que se observa que a diferencial tem apenas a direção $\vec{a_x}$ (é um plano perpendicular ao eixo x) e o produto escalar garante calcular apenas o fluxo que aponta nesta direção, pois as outras direções da densidade de fluxo são paralelas à superfície definida, não contribuindo para o fluxo total.

b) Neste caso, o problema descrito é similar ao item a, mudando apenas o plano, que é definido por $z = 4$, $-0{,}5 \leq x \leq 1$ e $-1 \leq y \leq -0{,}5$, e é dado em metros. Assim, tem-se:

$$\Psi = \int_S \left(2x^2 y\vec{a_x} - \frac{3\sqrt{z}x}{y}\vec{a_y} + \frac{4yz}{3x^3}\vec{a_z} \right) \cdot d\vec{S}$$

$$= \int_{-0,5}^{1} \int_{-1}^{-0,5} \left(2x^2 y\vec{a_x} - \frac{3\sqrt{z}x}{y}\vec{a_y} + \frac{4yz}{3x^3}\vec{a_z} \right) \cdot dydx\vec{a_z}$$

$$= \int_{-0,5}^{1} \int_{-1}^{-0,5} \frac{4yz}{3x^3} dydx$$

$$= \left.\frac{4z}{3}\right|_{z=4} \left(\left.\frac{y^2}{2}\right|_{-1}^{-0,5} \left(\left.\frac{-1}{2x^2}\right|_{-0,5}^{1} \right.\right.$$

$$= \frac{4 \times 4}{3} \times \left(\frac{(-1)^2}{2} - \frac{(-0,5)^2}{2} \right) \times \left(\frac{-1}{2 \times (-0,5)^2} - \left(\frac{-1}{2 \times (1)^2} \right) \right)$$

$$= -1,5C$$

c) No caso da região definida por $x = 2$, $-3 \leq y \leq 3$, $-2 \leq z \leq 1$; $y = \pm 3$ com $1 \leq x \leq 2$, $2 \leq z \leq 3$, dados em decímetros, têm-se três superfícies planas que formam um U com a base apontada para o eixo x positivo. Dessa forma, os fluxos devem ser calculados nas três superfícies, os quais devem ser somados para se ter o fluxo total. Ou seja,

$$\Psi_1 = \int_S \left(2x^2 y\vec{a_x} - \frac{3\sqrt{z}x}{y}\vec{a_y} + \frac{4yz}{3x^3}\vec{a_z} \right) \cdot d\vec{S}$$

$$= \int_{-0,3}^{0,3} \int_{-0,2}^{0,1} \left(2x^2 y\vec{a_x} - \frac{3\sqrt{z}x}{y}\vec{a_y} + \frac{4yz}{3x^3}\vec{a_z} \right) \cdot dzdy\vec{a_x}$$

$$= \int_{-0,3}^{0,3} \int_{-0,2}^{0,1} 2x^2 ydzdy$$

$$= \left.2x^2\right|_{x=0,2} \left(\left.z\right|_{-0,2}^{0,1} \left(\left.\frac{y^2}{2}\right|_{-0,3}^{0,3} \right.\right.$$

$$= 0C$$

desde que os limites de y são simétricos;

$$\Psi_2 = \int_S \left(2x^2 y \vec{a_x} - \frac{3\sqrt{z}x}{y} \vec{a_y} + \frac{4yz}{3x^3} \vec{a_z} \right) \cdot d\vec{S}$$

$$= \int_{0,1}^{0,2} \int_{0,2}^{0,3} \left(2x^2 y \vec{a_x} - \frac{3\sqrt{z}x}{y} \vec{a_y} + \frac{4yz}{3x^3} \vec{a_z} \right) \cdot dzdx\vec{a_y}$$

$$= \int_{0,1}^{0,2} \int_{0,2}^{0,3} \left(-\frac{3\sqrt{z}x}{y} \right) dzdx$$

$$= -\frac{3}{y}\bigg|_{y=-3} \left(\frac{2z^{3/2}}{3} \bigg|_{0,2}^{0,3} \right) \left(\frac{x^2}{2} \bigg|_{0,1}^{0,2} \right)$$

$$= 7{,}48741 \times 10^{-4}\, C$$

e, para a terceira superfície, como o valor de $y = 3\ dm$, então o valor do fluxo será

$$\Psi_3 = -7{,}48741 \times 10^{-4}\, C,$$

desde que os limites de integração das demais variáveis não mudam. Assim, o fluxo total é a soma dos três fluxos elétricos, que é:

$$\Psi = \Psi_1 + \Psi_2 + \Psi_3 = 0C.$$

Ou seja, não há fluxo efetivo atravessando estas três superfícies, pois todo o fluxo que atravessa a superfície em um ponto sai em outro ponto simétrico.

d) Tendo uma região definida por um cubo fechado centrado na origem, de lados $l = 2\ m$, devem-se calcular os fluxos em cada uma das superfícies separadamente e somá-los. Como o cubo está centrado na origem, então os limites de integração para cada coordenada será sempre $-1\ m$ e $1\ m$, com a outra coordenada fixa em $1\ m$. dessa forma, calculando para cada superfície, o fluxo total será:

Para a face de trás do cubo, tem-se:

$$\Psi_1 = \int_S \left(2x^2 y\overrightarrow{a_x} - \frac{3\sqrt{z}x}{y}\overrightarrow{a_y} + \frac{4yz}{3x^3}\overrightarrow{a_z} \right) \cdot d\vec{S}$$

$$= \int_{-1}^{1}\int_{-1}^{1} \left(2x^2 y\overrightarrow{a_x} - \frac{3\sqrt{z}x}{y}\overrightarrow{a_y} + \frac{4yz}{3x^3}\overrightarrow{a_z} \right) \cdot dydz\overrightarrow{a_x}$$

$$= \int_{-1}^{1}\int_{-1}^{1} 2x^2 ydzdy$$

$$= 2x^2\Big|_{x=-1} \left(\frac{y^2}{2}\Big|_{-1}^{1} \right) \left(z\Big|_{-1}^{1} \right)$$

$$= 0C$$

e para a face oposta a esta ($x = 1$, ou face frontal), tem-se, igualmente:

$$\Psi_4 = \Psi_1 = 0C.$$

Para a face lateral esquerda, tem-se:

$$\Psi_2 = \int_S \left(2x^2 y\overrightarrow{a_x} - \frac{3\sqrt{z}x}{y}\overrightarrow{a_y} + \frac{4yz}{3x^3}\overrightarrow{a_z} \right) \cdot d\vec{S}$$

$$= \int_{-1}^{1}\int_{-1}^{1} \left(2x^2 y\overrightarrow{a_x} - \frac{3\sqrt{z}x}{y}\overrightarrow{a_y} + \frac{4yz}{3x^3}\overrightarrow{a_z} \right) \cdot dxdz\overrightarrow{a_y}$$

$$= \int_{-1}^{1}\int_{-1}^{1} \left(-\frac{3\sqrt{z}x}{y} \right) dxdz$$

$$= -\frac{3}{y}\Big|_{y=-1} \left(\frac{x^2}{2}\Big|_{-1}^{1} \right) \left(\frac{2z^{3/2}}{3}\Big|_{-1}^{1} \right)$$

$$= 0C$$

Observe neste caso, que o resultado da integral de z é um número complexo. Entretanto, como o resultado da integral em x retorna zero, o resultado para o fluxo é nulo. Da mesma forma, como o fluxo lateral direito (em $y = 1$) mantém os mesmos limites de integração em x e em z, mudando apenas o valor de y, então, tem-se:

$$\Psi_5 = \Psi_2 = 0C.$$

O plano da base do cubo ($z = -1$) tem como resultado:

$$\Psi_3 = \int_S \left(2x^2 y\overrightarrow{a_x} - \frac{3\sqrt{z}x}{y}\overrightarrow{a_y} + \frac{4yz}{3x^3}\overrightarrow{a_z} \right) \cdot d\vec{S}$$

$$= \int_{-1}^{1}\int_{-1}^{1} \left(2x^2 y\overrightarrow{a_x} - \frac{3\sqrt{z}x}{y}\overrightarrow{a_y} + \frac{4yz}{3x^3}\overrightarrow{a_z} \right) \cdot dxdy\overrightarrow{a_z}$$

$$= \int_{-1}^{1}\int_{-1}^{1} \frac{4yz}{3x^3} dxdy$$

$$= \left.\frac{4z}{3}\right|_{z=-1} \left(\left. -\frac{1}{2x^2} \right|_{-1}^{1} \right) \left(\left. \frac{y^2}{2} \right|_{-1}^{1} \right)$$

que é uma indefinição matemática para o resultado dos limites em x e y. Entretanto, considerando para o plano do topo do cubo, encontra-se a mesma indefinição, mas tendo o sinal positivo, devido ao valor de $z = 1$, ou:

$$\Psi_6 = -\Psi_3 = \left.\frac{4z}{3}\right|_{z=1} \left(\left. -\frac{1}{2x^2} \right|_{-1}^{1} \right) \left(\left. \frac{y^2}{2} \right|_{-1}^{1} \right)$$

Assim, utilizando limites para a soma destas duas indefinições, encontra-se:

$$\Psi_3 + \Psi_6 = 0C,$$

devido às simetrias. Por fim, somando os demais fluxos que são todos nulos, encontra-se que o fluxo elétrico total que atravessa o cubo centrado na origem é nulo, ou seja:

$$\Psi = \sum_{i=1}^{6} \Psi_i = 0C.$$

No terceiro cálculo de fluxo, ainda se pode observar que a inversão da solução das integrais permite encontrar o valor nulo com maior facilidade, desde que a integral em y é zero, ficando a integral de zero em x, que zera todo o resultado.

Exemplo 2.3: Para a distribuição de cargas: $Q_1 = 10\ nC$ localizada no ponto (5, 10, 5), $Q_2 = 200\ nC$ localizada no ponto (–5, –5, 10), $Q_3 = -50\ nC$ localizada no ponto (5, –10, 10), $\rho_L = 120\ nC/m$ paralela ao eixo y e passando pelo ponto (10, 0, –5), ρ_S = 20 nC/m^2 paralela ao plano yz e passando pelo ponto x = –5, calcule a densidade de fluxo no ponto (15, –10, 5), sendo todos os pontos dados em metros, e calcule o fluxo total atravessando as seguintes regiões:

a) Casca esférica de raio r = 15 m centrada na origem;
b) Casca esférica de raio r = 10 m com centro no ponto (5, –5, 2);
c) Cilindro de raio r = 12 m e altura h = 10 m centrado na origem;
d) Cilindro de raio r = 8 m e $-5 \leq z \leq 8$ m, passando pelo ponto (3, –5, 0);
e) Região definida por $-3 \leq x \leq 10$, $-10 \leq y \leq 6$, $-7 \leq z \leq 4$;
f) Casca de um paralelepípedo centrado na origem, de lados a = 10, b = 8 e c = 5, sendo esses lados paralelos aos eixos x, y e z, respectivamente.

Para solucionar este problema, primeiramente, deve-se calcular a densidade de fluxo solicitada no ponto (15, –10, 5). Neste caso, devem-se calcular as densidades de fluxo $\vec{D}$ no ponto, devidas a cada uma das cargas e distribuições envolvidas separadamente, e somá-las vetorialmente para se obter o vetor densidade de fluxo total. Assim, utiliza-se o mesmo procedimento para o cálculo do campo elétrico em um ponto, ou seja, calcula-se $\vec{R}$ e $\overrightarrow{a_R}$ para cada uma das cargas, e seu respectivo vetor $\vec{D}$. Deve-se observar que, como as cargas pontuais se encontram fora da origem e a linha de cargas não está no eixo z, utilizam-se as coordenadas cartesianas para solucionar o problema. Daí, resolvendo, encontra-se:

$$\overrightarrow{R_{Q_1}} = 10\overrightarrow{a_x} - 20\overrightarrow{a_y}$$

$$\overrightarrow{D_{Q_1}} = 7{,}1176 \times 10^{-13}\overrightarrow{a_x} - 1{,}4235 \times 10^{-12}\overrightarrow{a_y}$$

$$\overrightarrow{R_{Q_2}} = 20\overrightarrow{a_x} - 5\overrightarrow{a_y} - 5\overrightarrow{a_z}$$

$$\overrightarrow{D_{Q_2}} = 3{,}3345 \times 10^{-11}\overrightarrow{a_x} - 8{,}3362 \times 10^{-12}\overrightarrow{a_y} - 8{,}3362 \times 10^{-12}\overrightarrow{a_z}$$

$$\overrightarrow{R_{Q_3}} = 10\overrightarrow{a_x} - 5\overrightarrow{a_z}$$

$$\overrightarrow{D_{Q_3}} = -2{,}8471 \times 10^{-11}\overrightarrow{a_x} + 1{,}4235 \times 10^{-11}\overrightarrow{a_z}$$

$$\overrightarrow{R_{\rho_L}} = 5\overrightarrow{a_x} + 10\overrightarrow{a_z}$$

$$\overrightarrow{D_{\rho_L}} = 6{,}1116 \times 10^{-12}\overrightarrow{a_x} + 1{,}2223 \times 10^{-11}\overrightarrow{a_z}$$

$$\overrightarrow{D_{\rho_S}} = 10^{-8}\overrightarrow{a_x}$$

que tem como solução no somatório vetorial de todas as contribuições:

$$\vec{D} = 1{,}0012 \times 10^{-8}\vec{a_x} - 9{,}7597 \times 10^{-12}\vec{a_y} + 1{,}8122 \times 10^{-11}\vec{a_z}.$$

Agora, tendo calculado a primeira parte do problema, calculam-se os valores dos fluxos nas regiões definidas nos itens de *a* até *f*. A distribuição de cargas pode ser vista na Figura 2.2, de onde se pode desenhar as regiões em que se deseja calcular os respectivos fluxos.

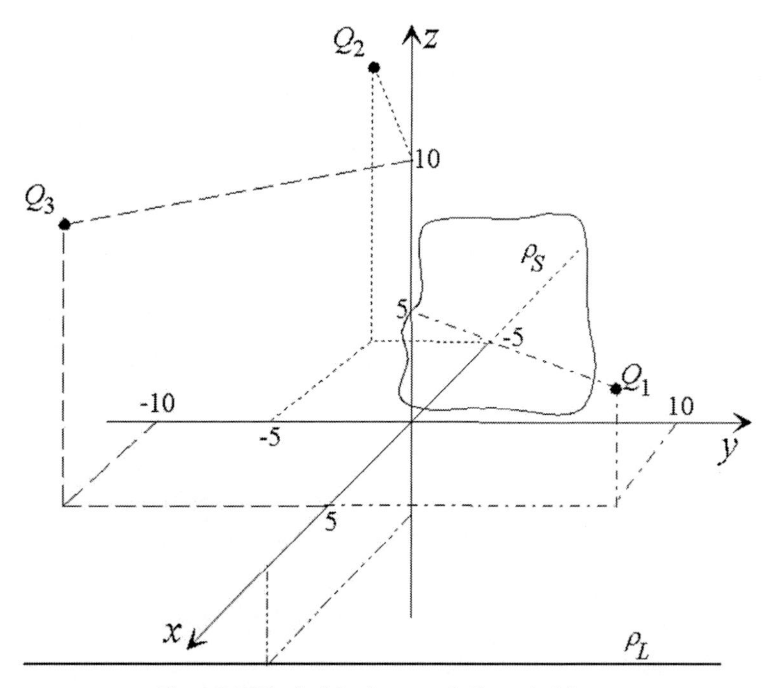

Figura 2.2: Distribuição de cargas do Exemplo 2.3.

Com isso, tem-se:

a) Para uma casca esférica de raio r = 15 m centrada na origem, deve-se ver se as cargas pontuais estão dentro da mesma, verificando os respectivos raios, os quais devem ser menores que o raio da esfera, pois como é uma superfície fechada, só contribui com o fluxo o que estiver dentro da região definida. Assim, para Q_1, tem-se:

$$R_1 = \sqrt{25 + 100 + 25} = 12{,}25 < r$$

que indica que esta carga está dentro da casca esférica. Para Q_2, tem-se:

$$R_2 = \sqrt{25 + 25 + 100} = 12{,}25 < r$$

que indica que esta carga também está dentro da casca esférica e também contribui para o fluxo total que a atravessa. Para Q_3, tem-se:

$$R_3 = \sqrt{25 + 100 + 100} = 15{,}81 > r$$

que indica que esta carga está fora da casca esférica e, conseqüentemente, não contribui para o fluxo elétrico que a atravessa.

Para ρ_L, deve-se verificar se o raio cilíndrico (no caso, como ela está paralela ao eixo y, o raio no plano xz) que sua posição descreve é menor que o raio da esfera. Se sim, parte da linha de cargas está dentro da casca esférica, atravessando-a como uma secante. Dessa forma, deve-se calcular o comprimento da linha de cargas dentro da casca esférica, para multiplicá-lo por ρ_L para encontrar o valor total de carga que contribui para o fluxo que atravessa a superfície definida. Este valor pode ser encontrado pelo Teorema de Pitágoras, de acordo com a Figura 2.3, que é uma vista de cima da esfera com a visão da linha de cargas atravessando-a.

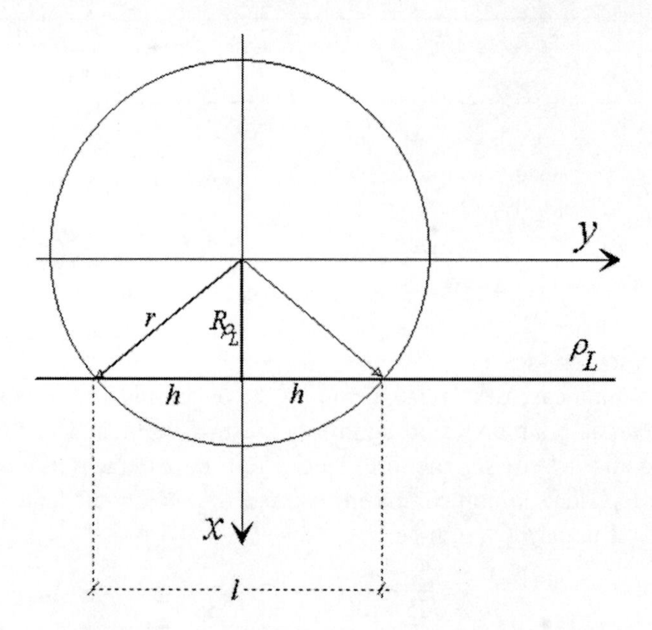

Figura 2.3: Visão superior da casca esférica e da linha de cargas atravessando-a.

Assim, a distância da linha de cargas em relação ao raio da casca esférica é:

$$R_{\rho_L} = \sqrt{100+25} = 11{,}18 < r\,.$$

Como o raio da linha de cargas é menor que o raio da casca esférica, conforme citado, calcula-se o comprimento total dentro da casca esférica como:

$$l = 2h = 2\sqrt{r^2 - R_{\rho_L}^2} = 2\sqrt{225-125} = 20m$$

e a carga total é:

$$Q_{\rho_L} = \rho_L l = 120\times10^{-9}\times20 = 2{,}4\times10^{-6}\,C\,.$$

Para o caso da superfície de cargas ρ_S, deve-se ver se sua posição perpendicular é menor que o raio da casca esférica, da mesma forma que a linha de cargas. Se for menor, vê-se que esta superfície, ao cortar a casca esférica, desenha uma área circular em que o raio desta é o valor h similar ao calculado para a linha de carga. Esta visão é apresentada na Figura 2.4.

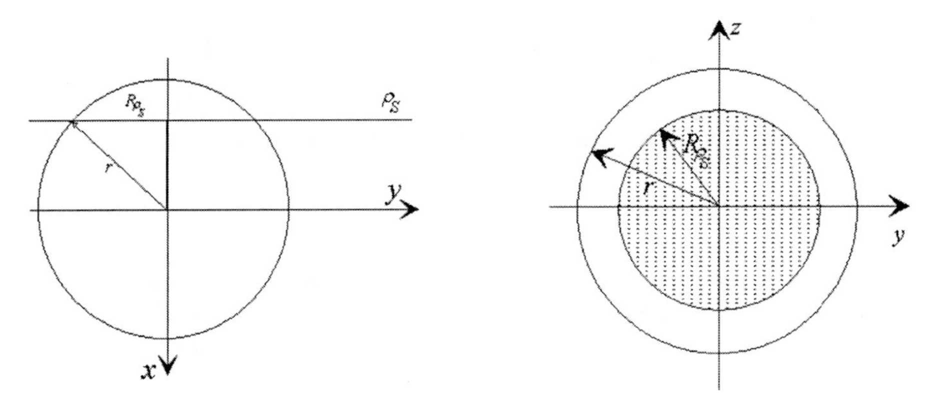

Figura 2.4: Visão do corte da casca esférica pela superfície de cargas e detalhes para os cálculos de sua área por Pitágoras.

Com isto, calcula-se o raio do círculo e sua área total, para multiplicar pelo valor de ρ_S, e encontrar a carga total que contribui para o fluxo. Dessa forma, tem-se:

Posição relativa da superfície em relação ao raio da esfera:

$$R_{\rho_S} = |x| = 5 < r$$

Como a posição da superfície de cargas se apresenta com um valor menor que o raio da casca esférica, há uma área circular dentro da casca esférica que contribui para o fluxo elétrico total a ser calculado. O raio desta superfície circular é:

$$l = \sqrt{r^2 - R^2} = \sqrt{225 - 25} = 14{,}142\,m$$

daí, a área da superfície dentro da casca esférica é:

$$S = \pi\, l^2 = 628{,}32\,m^2$$

e, conseqüentemente, a carga total nesta superfície dentro da casca esférica é:

$$Q_{\rho_S} = \rho_S S = 1{,}257 \times 10^{-5}\, C\,.$$

Tendo verificado a contribuição individual de cada carga, tem-se que o fluxo total que atravessa a casca esférica é a soma de todas as cargas dentro dela. Ou seja,

$$\Psi = Q_1 + Q_2 + Q_{\rho_L} + Q_{\rho_S} = 1{,}5176 \times 10^{-5}\, C\,,$$

desde que Q_3 não contribui, por não estar dentro da casca esférica.

b) Para uma casca esférica de raio $r = 10\ m$ tendo seu centro no ponto (5, –5, 2), deve-se utilizar o mesmo procedimento, mas verificando as distâncias das posições das cargas em relação ao centro da casca esférica. Assim, para Q_1, tem-se:

$$R_1 = \sqrt{(5-2)^2 + (10-(-5))^2 + (5-2)^2} = 15{,}297 > r$$

que indica que esta carga está fora da casca esférica. Para Q_2, tem-se:

$$R_2 = \sqrt{(-5-5)^2 + (-5-(-5))^2 + (10-2)^2} = 12{,}806 > r$$

que indica que esta carga também está fora da casca esférica e também não contribui para o fluxo total que a atravessa. Para Q_3, tem-se:

$$R_3 = \sqrt{(5-5)^2 + (-10-(-5))^2 + (10-2)^2} = 9{,}434 < r$$

que indica que esta carga está dentro da casca esférica e, conseqüentemente, contribui para o fluxo elétrico que a atravessa.

Para ρ_L, a distância da linha de cargas em relação ao raio da casca esférica é:

$$R_{\rho_L} = \sqrt{(10-5)^2 + (-5-2)^2} = 8{,}602 < r.$$

Como o raio da linha de cargas em relação ao centro da casca esférica é menor que seu raio, calcula-se o comprimento total dentro da casca esférica como:

$$l = 2h = 2\sqrt{r^2 - R_{\rho_L}^2} = 2\sqrt{100-74} = 10{,}2\, m$$

e a carga total é:

$$Q_{\rho_L} = \rho_L l = 120 \times 10^{-9} \times 10{,}2 = 1{,}224 \times 10^{-6}\, C.$$

Para a superfície de cargas ρ_S, tem-se:

$$R_{\rho_S} = |5-(-5)| = 10 = r$$

que é exatamente o raio da esfera. Dessa forma, apenas um ponto de ρ_S se apresenta tocando a esfera tangencialmente. Como é um único ponto, a contribuição é a metade de uma superfície diferencial *dydz*. Mas como ρ_S é constante e *dydz* é muito pequeno, a contribuição é desprezível para o fluxo, pois a área do ponto tende a zero. Logo, pode-se considerar que ρ_S não contribui para o fluxo total. Daí, tem-se que o fluxo total é a carga dentro da esfera, que é:

$$\Psi = Q_3 + Q_{\rho_L} = -50 \times 10^{-9} + 1{,}224 \times 10^{-6} = 1{,}174 \times 10^{-6}\, C.$$

c) Para um cilindro de raio $r = 12\ m$ e altura $h = 10\ m$, centrado na origem, tem-se que metade da altura está acima do plano *xy*, e metade, abaixo. Assim, para as cargas, deve-se verificar se suas distâncias em relação ao eixo z são maiores que o raio do cilindro e se as alturas respectivas a z estão dentro dos limites do cilindro. Logo, para a carga Q_1, tem-se:

$$R_1 = \sqrt{25+100} = 11{,}18 < r$$
$$z_1 = 5 = h_{topo} \text{ do cilindro.}$$

Neste caso, Q_1 apresenta-se no limite da superfície do topo do cilindro, e contribui apenas com metade das linhas de fluxo para dentro do cilindro. Logo,

$$\Psi_{Q_1} = Q_1/2 = 5\times 10^{-9}\,C.$$

Para Q_2, tem-se:

$$R_2 = \sqrt{25+25} = 7{,}07 < r$$
$$z_2 = 10 > 5 \text{ (limite superior do cilindro),}$$

logo, como a altura é maior que o limite superior do cilindro ($z = 5$), então Q_2 está fora e não contribui para o fluxo que atravessa a superfície definida.

Para Q_3, encontra-se

$$R_3 = \sqrt{25+100} = 11{,}18 < r$$
$$z_3 = 10 > 5 \text{ (limite superior do cilindro),}$$

que também está fora devido à sua altura estar acima do limite superior do cilindro que está centrado na origem.

Para a linha de cargas, tem-se que verificar sua distância perpendicular em relação ao eixo z e, caso seja menor que o raio do cilindro, verifica-se se sua altura está dentro dos limites inferior e superior do cilindro, para então, calcular seu comprimento, caso esteja dentro do cilindro. Assim, tem-se:

$$R_{\rho_L} = \sqrt{x^2+y^2} = x = 10 < r$$
$$z_{\rho_L} = -5 = -5 \text{ (limite inferior do cilindro),}$$

que, como está tangente à base do cilindro, o total de cargas ($\rho_L l$) contribui apenas com metade do fluxo para dentro da região, pois a outra metade aponta para baixo, não atravessando a região. Assim, calculando o comprimento da linha dentro do cilindro, tem-se:

$$l = 2\sqrt{r^2 - R_{\rho_L}^2} = 2\sqrt{144 - 100} = 13{,}27\,m$$

e, conseqüentemente,

$$\Psi_{\rho_L} = \frac{Q_{\rho_L}}{2} = \frac{\rho_L l}{2} = 7{,}96 \times 10^{-7}\,C.$$

Para ρ_S, vê-se que sua distância no eixo x é menor que o raio do cilindro e, dessa forma, como ela corta o cilindro verticalmente, então a área é um retângulo de altura $h = 10\ m$ (altura do cilindro) e largura

$$b = 2\sqrt{r^2 - R_{\rho_S}^2} = 2\sqrt{144 - (-5)^2} = 21{,}82\,m.$$

Logo, $Q_{\rho_S} = \rho_S S = \rho_S bh = 4{,}364 \times 10^{-6}\,C$, que é o fluxo gerado pela superfície de cargas dentro da região definida. Assim, tem-se que o fluxo total gerado pelas cargas nesta região é:

$$\Psi = \Psi_1 + \Psi_{\rho_L} + \Psi_{\rho_S} = 5{,}165 \times 10^{-6}\,C.$$

d) Para um cilindro de raio $r = 8\ m$ e $-5 \le z \le 8\ m$, passando pelo ponto (3, –5, 0), ou seja, que não está centralizado na origem, utiliza-se o mesmo procedimento do item anterior para detectar quais cargas estão dentro da região, mas considerando as respectivas distâncias em relação ao centro do cilindro (e ao eixo paralelo ao eixo z, passando pelo ponto do plano $x = 3$ e $y = -5$). Logo, para a carga Q_1, tem-se:

$$R_1 = \sqrt{(5-3)^2 + (10-(-5))^2} = 15{,}133 > r,$$

que indica que Q_1 está fora do cilindro. Para Q_2, tem-se:

$$R_2 = \sqrt{(-5-3)^2 + (-5-(-5))^2} = 8 = r$$

$$z_2 = 10 > 8$$

logo, como a altura é maior que o limite superior do cilindro ($z = 8$), então Q_2 está fora e também não contribui para o fluxo que atravessa a superfície definida.

Para Q_3, encontra-se

$$R_3 = \sqrt{(5-3)^2 + (-10-(-5))^2} = 5{,}39 < r$$
$$z_3 = 10 > 8$$

que também está fora devido à sua altura estar acima do limite superior do cilindro.

Para a linha de cargas, tem-se:

$$R_3 = \sqrt{(5-3)^2 + (-10-(-5))^2} = 5{,}39 < r$$
$$z_3 = 10 > 8$$

que, como está tangente à base do cilindro, o total de cargas ($\rho_L l$) contribui apenas com metade do fluxo para dentro da região, pois a outra metade aponta para baixo, não atravessando a região. Calculando o comprimento da linha dentro do cilindro, tem-se:

$$l = 2\sqrt{r^2 - R_{\rho_L}^2} = 2\sqrt{64-49} = 7{,}75m$$

e, conseqüentemente,

$$\Psi_{\rho_L} = \frac{Q_{\rho_L}}{2} = \frac{\rho_L l}{2} = 4{,}648 \times 10^{-7}\, C.$$

Para ρ_S, vê-se que a distância em relação ao eixo do cilindro é:

$$R_{\rho_S} = |-5-3| = 8 = r$$

que determina que ela está no limite do raio, formando apenas uma linha de cargas (a superfície é tangente à superfície lateral do cilindro). Assim, de forma similar ao caso do item *c*, a quantidade de fluxo desta é desprezível em relação às outras cargas internas. Logo, tem-se que o fluxo total é:

$$\Psi = \Psi_{\rho_L} = 4{,}648 \times 10^{-7}\, C.$$

Deve-se observar que neste dois itens (*c* e *d*), a superfície corta o cilindro verticalmente. Se a superfície de cargas cortasse o eixo horizontalmente, no caso do item *c*, formaria uma superfície circular com a mesma área do topo (ou da base) do cilindro. E no caso do item *d*, estando a superfície tangencial à base ou ao topo do cilindro, contribuiria com metade da carga total da área circular.

e) Para este caso, a região definida por $-3 \leq x \leq 10$, $-10 \leq y \leq 6$, $-7 \leq z \leq 4$ representa uma casca de um paralelepípedo não centrado na origem. Assim, deve-se verificar a posição relativa de cada coordenada do ponto em que as cargas se encontram em relação aos lados (limites) respectivos da região. Ou seja, para Q_1, tem-se:

Posição *x:* $x = 5 \rightarrow -3 < 5 < 10$, que indica que, em relação aos lados (frente e trás) do paralelepípedo, a carga Q_1 está dentro. Verificando a posição em *y*, tem-se:

Posição *y:* $y = 10 \rightarrow 10 > -10$ e $10 > 6$, que indica que, nos limites de *y*, esta carga está fora. Logo, Q_1 está fora da região.

Para Q_2, tem-se:

Posição *x:* $x = -5 \rightarrow -5 < 3$ e $-5 < 10$; que indica que esta carga também está fora da região.

Para Q_3, tem-se:

Posição *x:* $x = 5 \rightarrow -3 < 5 < 10$;

Posição *y:* $y = -10 \rightarrow -10 < -6$ e $-10 = -10$, que indica que a carga contribui com metade do fluxo (pois está no limite do lado esquerdo) caso esteja dentro da região, e

Posição *z:* $z = 10 \rightarrow 10 > -7$ e $10 > 4$, que indica que a carga está fora, não contribuindo com o fluxo que atravessa a região.

Fazendo para a linha de cargas, tem-se que verificar as posições relativas em relação a *x* e *z*, pois ela está paralela ao eixo *y*. Caso esteja dentro, o comprimento será a largura *y* do paralelepípedo. Assim, tem-se:

Posição *x:* $x = 10 \rightarrow 10 > -3$ e $10 = 10$; que indica que, se ela estiver dentro, contribui com metade do fluxo. Para *z*, tem-se:

Posição *z:* $z = -5 \rightarrow -7 < -5 < 4$, que indica estar dentro, satisfazendo as condições definidas (contribui com a metade do fluxo devido ao fato de estar tangente à região *x*. O comprimento total da linha dentro da região é:

$$l = 6 - (-10) = 16.$$

Logo,

$$\Psi_{\rho_L} = \frac{\rho_L l}{2} = 9{,}6 \times 10^{-7}\, C.$$

Para ρ_S, deve-se verificar se a posição desta superfície está nos limites de *x*. Se estiver, a área dentro da região definida será a área lateral *yz* do paralelepípedo. Assim, tem-se:

$x = -5 \rightarrow -5 < -3$ e $-5 < 10$,

que indica que a superfície de cargas está fora da região. Logo, o fluxo total é:

$$\Psi = \Psi_{\rho_L} = 9{,}6 \times 10^{-7}\, C.$$

f) Neste caso, a região definida é uma casca de um paralelepípedo centrado na origem, de lados $a = 10$, $b = 8$ e $c = 5$, sendo esses lados paralelos aos eixos x, y e z, respectivamente. Assim, utilizando o mesmo procedimento do item e, tem-se, para Q_1:

Posição x: $x = 5 \rightarrow 5 > -5$ e $5 = 5$, que indica que, se estiver dentro da região, contribui apenas com metade do fluxo. Verificando a posição em y, tem-se:

Posição y: $y = 10 \rightarrow 10 > -4$ e $10 > 4$, que indica que, nos limites de y, esta carga está fora. Logo, Q_1 está fora da região.

Para Q_2, tem-se:

Posição x: $x = -5 \rightarrow -5 = -5$ e $-5 < 5$, que indica que, se esta carga estiver dentro da região, contribuirá apenas com metade do fluxo. Para a posição em y, tem-se:

Posição y: $y = -5 \rightarrow -5 < -4$ e $-5 < 4$, o que implica que esta carga também não está dentro da região. Para Q_3, tem-se:

Posição x: $x = 5 \rightarrow 5 > -5$ e $5 = 5$; que é a mesma situação de contribuição com metade do fluxo. Em relação à sua posição em y, tem-se:

Posição y: $y = -10 \rightarrow -10 < -4$ e $-10 < 4$, que indica que a carga está fora, também não contribuindo com o fluxo que atravessa a região.

Fazendo para a linha de cargas, tem-se:

Posição x: $x = 10 \rightarrow 10 > -5$ e $10 > 5$, que indica que ela está fora.

Para ρ_S, tem-se:

$x = -5 \rightarrow -5 = -5$ e $-5 < 5$,

que indica que a superfície de cargas contribui apenas com metade do fluxo, em que sua área é:

$S = yz = bc = 8 \times 5 = 40\, m^2$.

Daí, tem-se:

$$\Psi_{\rho_S} = \frac{\rho_S S}{2} = 4 \times 10^{-7}\, C.$$

Como ρ_S é a única carga que contribui para o fluxo total que atravessa a região, então:

$$\Psi = \Psi_{\rho_S} = 4 \times 10^{-7}\ C.$$

Deve-se observar que, quando uma carga está no limite de uma superfície, ela contribui com metade do fluxo. Se ela se encontrar nos limites de duas superfícies, então contribuirá com 1/4 do fluxo e, caso se encontre nos limites de três superfícies, contribui apenas com 1/8 de sua carga para o fluxo total. No caso da linha de cargas, sua contribuição é metade se estiver tangente a uma superfície, e 1/4 se estiver tangente a duas superfícies ao mesmo tempo.

2.2 Lei de Gauss

A Lei de Gauss determina que o fluxo que atravessa toda superfície fechada é exatamente igual ao total de cargas internas a esta superfície. Em termos matemáticos, é a equação já vista na seção anterior:

$$\Psi = Q_{env} = \oint_S \vec{D} \cdot d\vec{S},$$

em que, Q_{env} determina a carga envolvida na superfície fechada. Assim, o Exemplo 2.3, cujos itens *a* até *f* são aplicações típicas desta lei: determinação de fluxo total que atravessa uma superfície fechada e determinação de carga total envolvida em uma região. Também, a Lei de Gauss é aplicada a distribuições simétricas de cargas que tenham fluxos ou campos com direções conhecidas, para determinar suas equações de densidade de fluxo elétrico e poder aplicar a relação $\vec{D} = \varepsilon_0 \vec{E}$ para encontrar de uma forma mais simples o campo elétrico, ao invés de utilizar a Lei de Coulomb. Deve-se observar que a região definida como superfície fechada, como as utilizadas no Exemplo 2.3, é denominada superfície gaussiana.

Uma importante observação a respeito da Lei de Gauss, é que, se não há cargas envolvidas, então:

$$\oint_S \vec{D} \cdot d\vec{S} = 0.$$

Exemplo 2.4: Determine as densidades de fluxo elétrico e os respectivos campos elétricos das distribuições de cargas a seguir:

a) Carga pontual Q na origem do sistema de coordenadas;
b) Linha de cargas ρ_L no eixo z;

c) Superfície de cargas ρ_S no plano yz, considerando uma superfície gaussiana cilíndrica e uma superfície gaussiana cúbica;
d) Superfície cilíndrica de raio $r = a$ centrada no eixo z;
e) Cilindro de cargas ρ constante de raio $r = a$ centrado no eixo z;
f) Casca esférica ρ_S centrada na origem de raio $r = a$;
g) Esfera de cargas ρ centrada na origem de raio $r = a$.

A solução deste problema é a simples utilização da Lei de Gauss. Assim, tem-se:

a) Para uma carga pontual Q na origem, tem-se que, pela Lei de Gauss, como ela gera campo radial esférico ($\vec{D} = D_r\vec{a_r}$), deve-se utilizar uma superfície gaussiana esférica de raio r centrado na origem. Daí, tem-se que, como para um raio r constante a densidade de fluxo é constante ao longo de toda a casca esférica, então:

$$\oint_S \vec{D} \cdot d\vec{S} = Q$$

$$\int_0^{\pi}\int_0^{2\pi} D_r\vec{a_r} \cdot r^2 \text{sen}\theta d\phi d\theta \vec{a_r} = Q$$

e, conseqüentemente, por D_r ser constante em um raio constante r, tem-se:

$$D_r r^2 \int_0^{\pi}\int_0^{2\pi} \text{sen}\theta d\phi d\theta = Q$$

$$D_r r^2 4\pi = Q$$

$$D_r = \frac{Q}{4\pi r^2}$$

ou ainda,

$$\vec{D} = \frac{Q}{4\pi r^2}\vec{a_r} .$$

Logo, tem-se:

$$\vec{E} = \frac{\vec{D}}{\varepsilon_0} = \frac{Q}{4\pi\varepsilon_0 r^2}\vec{a_r}$$

que é o resultado conhecido do campo elétrico de uma carga pontual.

b) Tendo uma linha de cargas no eixo z, utiliza-se uma superfície cilíndrica fechada de raio r e altura h, centrada na origem. Neste caso, há três superfícies que perfazem a superfície gaussiana:

$$\oint_S = \int_{base} + \int_{topo} + \int_{lateral}$$

Entretanto, as superfícies de topo e de base do cilindro têm seus vetores de direções em $\overrightarrow{a_z}$, enquanto uma linha de cargas apresenta campo apenas na direção $\overrightarrow{a_r}$, que é a mesma da superfície lateral. Dessa forma,

$$\int_{base} = \int_{topo} = 0$$

e,

$$\oint_S \overrightarrow{D} \cdot d\overrightarrow{S} = \int_0^{2\pi} \int_{-h/2}^{h/2} D_r \overrightarrow{a_r} \cdot r dz d\phi \overrightarrow{a_r} = Q = \rho_L h .$$

Mas, como em uma distância r fixa, a densidade de fluxo é constante para uma linha de cargas, então:

$$\oint_S \overrightarrow{D} \cdot d\overrightarrow{S} = D_r 2\pi r h = \rho_L h$$

$$D_r = \frac{\rho_L}{2\pi r}$$

$$\overrightarrow{D} = \frac{\rho_L}{2\pi r} \overrightarrow{a_r}$$

Logo,

$$\overrightarrow{E} = \frac{\overrightarrow{D}}{\varepsilon_0} = \frac{\rho_L}{2\pi\varepsilon_0 r} \overrightarrow{a_r}$$

que é uma forma mais simples de se encontrar o resultado do campo elétrico de uma linha de cargas de comprimento infinito sobre o eixo z.

c) No caso deste problema, sendo uma superfície plana infinita com distribuição superficial de cargas ρ_S no plano yz, tem-se que todo o fluxo elétrico tem direção normal ao plano. Logo, a densidade de fluxo elétrico é:

$$\overrightarrow{D} = D_x \overrightarrow{a_x} .$$

Dessa forma, considerando uma superfície cilíndrica de raio r e altura h que atravesse o plano verticalmente, encontra-se:

$$\oint_S = \int_{base} + \int_{topo} + \int_{lateral}$$

em que, neste caso, a superfície lateral tem direção y e z, deixando que o fluxo passe tangencialmente a ela. Daí, as contribuições são da área da base e do topo, que por serem iguais, resultam:

$$\oint_S \vec{D} \cdot d\vec{S} = 2D_x \int_{base} = 2D_x \pi r^2 = Q$$

e, como a carga envolvida é exatamente a área do círculo formado no plano quando a superfície gaussiana o atravessa, então:

$$2D_x \pi r^2 = Q = \int_S \rho_S dS = \rho_S \pi r^2$$

que dá:

$$D_x = \frac{\rho_S}{2}$$

$$\vec{D} = \frac{\rho_S}{2} \vec{a_x}$$

Daí encontra-se:

$$\vec{E} = \frac{\vec{D}}{\varepsilon_0} = \frac{\rho_S}{2\varepsilon_0} \vec{a_x}$$

Por outro lado, considerando uma superfície gaussiana cúbica, esta é formada por seis superfícies: uma de topo, uma de base e quatro laterais, todas com área L^2. Entretanto, as quatro superfícies laterais não contribuem, desde que o fluxo da carga envolvida atravessa-as tangencialmente. Logo, encontra-se:

$$\vec{E} = \frac{\vec{D}}{\varepsilon_0} = \frac{\rho_S}{2\varepsilon_0} \vec{a_x}$$

Assim, tem-se

$$\oint_S \vec{D} \cdot d\vec{S} = D_x 2L^2 = Q = \int_S \rho_S dS = \rho_S L^2$$

ou,

$$D_x = \frac{\rho_S}{2}$$

$$\vec{D} = \frac{\rho_S}{2}\vec{a_x}$$

e, conseqüentemente,

$$\vec{E} = \frac{\vec{D}}{\varepsilon_0} = \frac{\rho_S}{2\varepsilon_0}\vec{a_x}$$

que são os mesmos resultados encontrados com a superfície gaussiana cilíndrica.

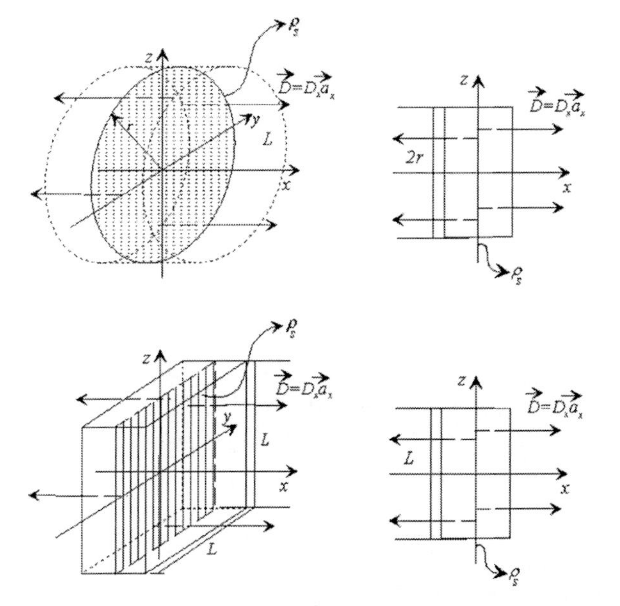

Figura 2.5: Superfície plana infinita de carga ρs envolvida por uma superfície gaussiana cilíndrica de raio r e paralelepipédica de lado L, para determinação de $\dot{D}$.

d) Considerando uma superfície cilíndrica de raio $r = a$ com ρ_s e centrada no eixo z, duas regiões são consideradas: interna ao cilindro ($r < a$) e externa ao cilindro ($r > a$). Para a primeira região, tem-se:

Para $r < a$

$$\oint_S \vec{D} \cdot d\vec{S} = Q = 0$$

pois a carga está na superfície (não há cargas internas à casca cilíndrica). Neste caso, como a área da superfície gaussiana é diferente de zero (é a área de um cilindro com $r > 0$), então, para que a integral seja zero, só existe a condição:

$$D_r \oint_S dS = 0$$

$$D_r = 0.$$

Para a região externa ($r > a$), tem-se:

$$\text{Para } r > a$$

$$\oint_S \vec{D} \cdot d\vec{S} = Q = \rho_S 2\pi a h$$

em que, $2\pi a h$ é a área lateral do cilindro em que a carga está distribuída. A integral de Gauss tem como resultado:

$$\oint_S \vec{D} \cdot d\vec{S} = D_r \int_0^{2\pi} \int_{-h/2}^{h/2} r dz d\phi = D_r 2\pi r h.$$

Assim,

$$D_r 2\pi r h = \rho_S 2\pi a h$$

$$D_r = \frac{\rho_S a}{r}$$

$$\vec{D} = \frac{\rho_S a}{r} \vec{a_r}$$

e

$$\vec{E} = \frac{\vec{D}}{\varepsilon_0} = \frac{\rho_S a}{r \varepsilon_0} \vec{a_r}$$

e) Tendo um cilindro com um volume de cargas ρ constante de raio $r = a$ centrado no eixo z, tem-se que considerar as mesmas duas regiões: $r < a$ e $r > a$. Entretanto, neste caso, a carga envolvida é uma integral de volume de ρ. Assim,

$$\text{Para } r < a$$

$$\oint_S \vec{D} \cdot d\vec{S} = Q = \int_{vol} \rho dv$$

$$D_r \int_0^{2\pi} \int_{-h/2}^{h/2} r dz d\phi = \int_0^{2\pi} \int_0^r \int_{-h/2}^{h/2} \rho r dz dr d\phi$$

em que o limite de r no volume de cargas é exatamente o limite da superfície gaussiana, que envolve a carga. Assim,

$$D_r 2\pi rh = \rho\pi r^2 h$$

$$D_r = \frac{\rho r}{2}$$

$$\vec{D} = \frac{\rho r}{2}\vec{a_r}$$

e

$$\vec{E} = \frac{\vec{D}}{\varepsilon_0} = \frac{\rho r}{2\varepsilon_0}\vec{a_r}.$$

Para a segunda região ($r > a$), a superfície gaussiana tem um raio maior que o raio do cilindro onde a carga se encontra. Logo, a integral gaussiana tem o valor de r constante em seu limite superior, enquanto que a integral de volume da carga tem o limite superior do raio em a, que é onde finaliza o cilindro de cargas. Assim, tem-se:

Para $r > a$

$$\oint_S \vec{D}\cdot d\vec{S} = Q = \int_{vol} \rho dv$$

$$D_r \int_0^{2\pi}\int_{-h/2}^{h/2} r dz d\phi = \int_0^{2\pi}\int_0^{r}\int_{-h/2}^{h/2} \rho r dz dr d\phi$$

$$D_r 2\pi rh = \rho\pi a^2 h$$

$$D_r = \frac{\rho a^2}{2r}$$

$$\vec{D} = \frac{\rho a^2}{2r}\vec{a_r}$$

e

$$\vec{E} = \frac{\vec{D}}{\varepsilon_0} = \frac{\rho a^2}{2r\varepsilon_0}\vec{a_r}.$$

f) Para uma casca esférica ρ_S centrada na origem de raio $r = a$, o mesmo procedimento da superfície cilíndrica é utilizado. Ou seja, duas regiões são consideradas: interna ($r < a$) e externa ($r > a$). Daí tem-se:

Para $r < a$

$$\oint_S \vec{D}\cdot d\vec{S} = Q = 0$$

pois a carga está na superfície (não há cargas internas à casca esférica). Neste caso, como a área da superfície gaussiana é diferente de zero (é a área de uma esfera com $r > 0$), então, para que a integral seja zero, só existe a condição:

$$D_r \oint_S dS = 0$$

$$D_r = 0.$$

Para a região externa ($r > a$), tem-se:

$$\text{Para } r > a$$

$$\oint_S \vec{D} \cdot d\vec{S} = Q = \rho_S 4\pi a^2$$

em que $4\pi a^2$ é a área da casca esférica em que a carga está distribuída. A integral de Gauss tem como resultado:

$$\oint_S \vec{D} \cdot d\vec{S} = D_r \int_0^{2\pi} \int_0^{\pi} r^2 \text{sen}\theta d\theta d\phi = D_r 4\pi r^2.$$

Logo,

$$D_r 4\pi r^2 = \rho_S 4\pi a^2$$

$$D_r = \frac{\rho_S a^2}{r^2}$$

$$\vec{D} = \frac{\rho_S a^2}{r^2} \vec{a_r}$$

e

$$\vec{E} = \frac{\vec{D}}{\varepsilon_0} = \frac{\rho_S a^2}{r^2 \varepsilon_0} \vec{a_r}$$

g) Da mesma forma que no cilindro com distribuição volumétrica de cargas, para uma esfera de cargas ρ centrada na origem de raio $r = a$, tem que se considerar as mesmas duas regiões: $r < a$ e $r > a$. Logo, como há um volume de cargas, a carga total envolvida pela superfície gaussiana é uma integral de volume de ρ. Assim,

$$\text{Para } r < a$$

$$\oint_S \vec{D} \cdot d\vec{S} = Q = \int_{vol} \rho dv$$

$$D_r \int_0^{2\pi} \int_0^{\pi} r^2 \text{sen}\theta d\theta d\phi = \int_0^{2\pi} \int_0^{r} \int_0^{\pi} \rho r^2 \text{sen}\theta d\theta dr d\phi$$

em que o limite de r no volume de cargas é exatamente o limite da superfície gaussiana que envolve a carga. Assim,

$$D_r 4\pi r^2 = \frac{\rho 4\pi r^3}{3}$$

$$D_r = \frac{\rho r}{3}$$

$$\vec{D} = \frac{\rho r}{3}\vec{a_r}$$

e

$$\vec{E} = \frac{\vec{D}}{\varepsilon_0} = \frac{\rho r}{3\varepsilon_0}\vec{a_r}.$$

Na segunda região ($r > a$), a superfície gaussiana tem um raio maior que o raio da esfera de cargas. Assim, a integral gaussiana tem o valor de r constante em seu limite superior, enquanto que a integral de volume da carga tem o limite superior do raio em a, que é onde finaliza a esfera de cargas. Logo:

Para $r > a$

$$\oint_S \vec{D} \cdot d\vec{S} = Q = \int_{vol} \rho dv$$

$$D_r \int_0^{2\pi} \int_0^{\pi} r^2 \text{sen}\theta d\theta d\phi = \int_0^{2\pi} \int_0^{a} \int_0^{\pi} \rho r^2 \text{sen}\theta d\theta dr d\phi$$

$$D_r 4\pi r^2 = \frac{\rho 4\pi a^3}{3}$$

$$D_r = \frac{\rho a^3}{3r^2}$$

$$\vec{D} = \frac{\rho a^3}{3r^2}\vec{a_r}$$

e

$$\vec{E} = \frac{\vec{D}}{\varepsilon_0} = \frac{\rho a^3}{3r^2\varepsilon_0}\vec{a_r}.$$

Exemplo 2.5: Determine o campo elétrico em todas as regiões das distribuições de cargas a seguir:

a) Uma superfície cilíndrica com carga superficial ρ_{SA} de raio $r = a$ e outra superfície cilíndrica com carga superficial ρ_{SB} de raio $r = b$, com $b > a$, centradas no eixo z;

b) Problema do item *a*, com uma linha de cargas ρ_L no eixo *z*;
c) Uma superfície esférica com carga superficial ρ_{SA} de raio $r = a$ e outra superfície esférica com carga superficial ρ_{SB} de raio $r = b$, com $b > a$, centradas na origem dos eixos coordenados;
d) Problema do item *c*, com uma carga pontual *Q* na origem dos eixos coordenados;
e) Problema do item *a*, com uma densidade volumétrica de cargas constante ρ, cilíndrica, centrada no eixo *z*, com $0 \leq r \leq c$, $c < a$;
f) Problema do item *c*, com uma densidade volumétrica de cargas constante ρ, esférica, centrada na origem, com $0 \leq r \leq c$, $c < a$;
g) Uma distribuição cilíndrica de cargas na forma: ρ_{SA} de raio $r = a$, uma densidade volumétrica de cargas ρ em $b \leq r \leq c$, $b > a$, e outra superfície cilíndrica com carga superficial ρ_{SB} de raio $r = d$, com $d > c$, centradas no eixo *z*;
h) Uma distribuição esférica de cargas na forma: ρ_{SA} de raio $r = a$, uma densidade volumétrica de cargas ρ em $b \leq r \leq c$, $b > a$, e outra superfície esférica com carga superficial ρ_{SB} de raio $r = d$, com $d > c$, centradas na origem;

Para solucionar este problema, tem-se:

a) Considerando uma superfície cilíndrica de raio $r = a$ com ρ_{SA} e outra superfície cilíndrica de raio $r = b$ com ρ_{SB} centradas no eixo *z*, três regiões são consideradas: internas ao cilindro de raio *a* ($r < a$), entre os dois cilindros ($a < r < b$) e externa ao cilindro de raio *b* ($r > b$), conforme a Figura 2.6.

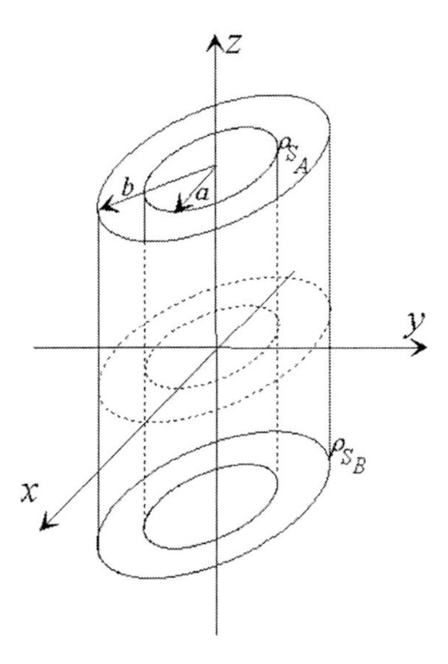

Figura 2.6: Superfícies cilíndricas carregadas para determinação de $\vec{D}$.

Para a primeira região, tem-se:

Para $r < a$

$$\oint_S \vec{D} \cdot d\vec{S} = Q = 0$$

pois o cilindro gaussiano não envolve nenhuma carga. Neste caso, como a área da superfície gaussiana é diferente de zero (é a área de um cilindro com $r > 0$), então, para que a integral seja zero, só existe a condição:

$$D_r \oint_S dS = 0$$

$$D_r = 0$$

$$E_r = 0.$$

Para a região entre os dois cilindros ($a < r < b$), tem-se:

Para $a < r < b$

$$\oint_S \vec{D} \cdot d\vec{S} = Q = \rho_{SA} 2\pi ah$$

em que $2\pi ah$ é a área lateral do cilindro no qual a carga está distribuída (a superfície gaussiana não envolve o cilindro de raio b). A integral de Gauss tem como resultado:

$$\oint_S \vec{D} \cdot d\vec{S} = D_r \int_0^{2\pi} \int_{-h/2}^{h/2} r dz d\phi = D_r 2\pi r h.$$

Assim,

$$D_r 2\pi r h = \rho_{SA} 2\pi a h$$

$$D_r = \frac{\rho_{SA} a}{r}$$

$$\vec{D} = \frac{\rho_{SA} a}{r} \vec{a_r}$$

e

$$\vec{E} = \frac{\vec{D}}{\varepsilon_0} = \frac{\rho_{SA} a}{r \varepsilon_0} \vec{a_r}.$$

Por fim, para a região $r > b$, a superfície gaussiana envolve os dois cilindros ao mesmo tempo. Logo:

Para $r > b$

$$\oint_S \vec{D} \cdot d\vec{S} = Q = \rho_{SA} 2\pi a h + \rho_{SB} 2\pi b h$$

em que $2\pi ah$ e $2\pi bh$ são as áreas laterais dos cilindros nos quais as cargas estão distribuídas. A integral de Gauss tem como resultado:

$$\oint_S \vec{D} \cdot d\vec{S} = D_r \int_0^{2\pi} \int_{-h/2}^{h/2} r dz d\phi = D_r 2\pi r h.$$

Assim,

$$D_r 2\pi r h = \rho_{SA} 2\pi a h + \rho_{SB} 2\pi b h$$

$$D_r = \frac{\rho_{SA} a + \rho_{SB} b}{r}$$

$$\vec{D} = \frac{\rho_{SA} a + \rho_{SB} b}{r} \vec{a_r}$$

e

$$\vec{E} = \frac{\vec{D}}{\varepsilon_0} = \frac{\rho_{SA} a + \rho_{SB} b}{r \varepsilon_0} \vec{a_r}.$$

b) Considerando que o problema anterior inclui uma linha de cargas ρ_L no eixo z, o resultado em cada uma das regiões é somado do valor da carga contida na linha dentro da superfície gaussiana utilizada. Ou seja, $Q_{\rho L} = \rho_L h$. Assim, tem-se como resultados:

Para $r < a$

$$\oint_S \vec{D} \cdot d\vec{S} = Q = \rho_L h$$

e, conseqüentemente,

$$D_r \oint_S dS = \rho_L h$$

$$D_r 2\pi r h = \rho_L h$$

$$D_r = \frac{\rho_L}{2\pi r}$$

$$\vec{D} = \frac{\rho_L}{2\pi r} \vec{a_r}$$

$$\vec{E} = \frac{\vec{D}}{\varepsilon_0} = \frac{\rho_L}{2\pi\varepsilon_0 r} \vec{a_r}$$

Para $a < r < b$

$$\oint_S \vec{D} \cdot d\vec{S} = Q = \rho_L h + \rho_{SA} 2\pi a h$$

e, conseqüentemente,

$$D_r \oint_S dS = \rho_L h + \rho_{SA} 2\pi a h$$

$$D_r 2\pi r h = \rho_L h + \rho_{SA} 2\pi a h$$

$$D_r = \frac{\rho_L + \rho_{SA} 2\pi a}{2\pi r}$$

$$\vec{D} = \frac{\rho_L + \rho_{SA} 2\pi a}{2\pi r} \vec{a_r}$$

$$\vec{E} = \frac{\vec{D}}{\varepsilon_0} = \frac{\rho_L + \rho_{SA} 2\pi a}{2\pi\varepsilon_0 r} \vec{a_r}$$

e,

Para $r > b$

$$\oint_S \vec{D} \cdot d\vec{S} = Q = \rho_L h + \rho_{SA} 2\pi a h + \rho_{SB} 2\pi b h$$

e, conseqüentemente,

$$D_r \oint_S dS = \rho_L h + \rho_{SA} 2\pi a h + \rho_{SB} 2\pi b h$$

$$D_r 2\pi r h = \rho_L h + \rho_{SA} 2\pi a h + \rho_{SB} 2\pi b h$$

$$D_r = \frac{\rho_L + \rho_{SA} 2\pi a + \rho_{SB} 2\pi b}{2\pi r}$$

$$\vec{D} = \frac{\rho_L + \rho_{SA} 2\pi a + \rho_{SB} 2\pi b}{2\pi r} \vec{a}_r$$

$$\vec{E} = \frac{\vec{D}}{\varepsilon_0} = \frac{\rho_L + \rho_{SA} 2\pi a + \rho_{SB} 2\pi b}{2\pi \varepsilon_0 r} \vec{a}_r$$

c) Para o caso de uma superfície esférica com carga superficial ρ_{SA} de raio $r = a$ e outra superfície esférica com carga superficial ρ_{SB} de raio $r = b$, com $b > a$, centradas na origem dos eixos coordenados, o mesmo procedimento do item *a* é utilizado, em que três regiões são consideradas, mas com a superfície gaussiana sendo uma casca esférica. Neste caso, tem-se:

$$\text{Para } r < a$$

$$\oint_S \vec{D} \cdot d\vec{S} = Q = 0$$

pois a esfera gaussiana não envolve nenhuma carga. Neste caso, como a área da superfície gaussiana é diferente de zero (é a área de uma esfera com $r > 0$), então, para que a integral seja zero, só existe a condição:

$$D_r \oint_S dS = 0$$

$$D_r = 0$$

$$E_r = 0.$$

Para a região entre as duas esferas ($a < r < b$), tem-se:

$$\text{Para } a < r < b$$

$$\oint_S \vec{D} \cdot d\vec{S} = Q = \rho_{SA} 4\pi a^2$$

em que $4\pi a^2$ é a área da casca esférica na qual a carga está distribuída (a superfície gaussiana não envolve a esfera de raio *b*). A integral de Gauss tem como resultado:

$$\oint_S \vec{D} \cdot d\vec{S} = D_r \int_0^{2\pi} \int_0^{\pi} r^2 \text{sen}\theta d\theta d\phi = D_r 4\pi r^2.$$

Assim,

$$D_r 4\pi r^2 = \rho_{SA} 4\pi a^2$$

$$D_r = \frac{\rho_{SA} a^2}{r^2}$$

$$\vec{D} = \frac{\rho_{SA} a^2}{r^2} \vec{a}_r$$

e

$$\vec{E} = \frac{\vec{D}}{\varepsilon_0} = \frac{\rho_{SA} a^2}{r^2 \varepsilon_0} \vec{a}_r.$$

Por fim, para a região $r > b$, a superfície gaussiana envolve as duas esferas ao mesmo tempo. Logo:

$$\vec{E} = \frac{\vec{D}}{\varepsilon_0} = \frac{\rho_{SA} a^2}{r^2 \varepsilon_0} \vec{a}_r$$

em que $4\pi a^2$ e $4\pi b^2$ são as áreas das cascas esféricas nas quais as cargas estão distribuídas. A integral de Gauss tem como resultado:

$$\oint_S \vec{D} \cdot d\vec{S} = D_r \int_0^{2\pi} \int_0^{\pi} r^2 \text{sen}\theta d\theta d\phi = D_r 4\pi r^2.$$

Assim,

$$D_r 4\pi r^2 = \rho_{SA} 4\pi a^2 + \rho_{SB} 4\pi b^2$$

$$D_r = \frac{\rho_{SA} a^2 + \rho_{SB} b^2}{r^2}$$

$$\vec{D} = \frac{\rho_{SA} a^2 + \rho_{SB} b^2}{r^2} \vec{a}_r$$

e

$$\vec{E} = \frac{\vec{D}}{\varepsilon_0} = \frac{\rho_{SA} a^2 + \rho_{SB} b^2}{r^2 \varepsilon_0} \vec{a}_r .$$

d) Da mesma forma que o problema do item *b*, com uma carga pontual Q na origem dos eixos coordenados, a superfície gaussiana envolve sempre a carga Q. Logo, todos os resultados encontrados no item *c* devem ser somados com o valor da carga Q. Ou seja,

Para $r < a$

$$\oint_S \vec{D} \cdot d\vec{S} = Q$$

e, conseqüentemente,

$$D_r \oint_S dS = Q$$

$$D_r \int_0^{2\pi} \int_0^{\pi} r^2 \text{sen}\theta d\theta d\phi = Q$$

$$D_r 4\pi r^2 = Q$$

$$D_r = \frac{Q}{4\pi r^2}$$

$$\vec{D} = \frac{Q}{4\pi r^2} \vec{a_r}$$

$$\vec{E} = \frac{\vec{D}}{\varepsilon_0} = \frac{Q}{4\pi\varepsilon_0 r^2} \vec{a_r}$$

Para $a < r < b$

$$\oint_S \vec{D} \cdot d\vec{S} = Q + \rho_{SA} 4\pi a^2$$

$$D_r \int_0^{2\pi} \int_0^{\pi} r^2 \text{sen}\theta d\theta d\phi = Q + \rho_{SA} 4\pi a^2$$

$$D_r 4\pi r^2 = Q + \rho_{SA} 4\pi a^2$$

$$D_r = \frac{Q + \rho_{SA} 4\pi a^2}{4\pi r^2}$$

$$\vec{D} = \frac{Q + \rho_{SA} 4\pi a^2}{4\pi r^2} \vec{a_r}$$

$$\vec{E} = \frac{\vec{D}}{\varepsilon_0} = \frac{Q + \rho_{SA} 4\pi a^2}{4\pi\varepsilon_0 r^2} \vec{a_r}$$

e, por fim,

Para $r > b$

$$\oint_S \vec{D} \cdot d\vec{S} = Q + \rho_{SA} 4\pi a^2 + \rho_{SB} 4\pi b^2$$

$$D_r \int_0^{2\pi} \int_0^{\pi} r^2 \operatorname{sen}\theta d\theta d\phi = Q + \rho_{SA} 4\pi a^2 + \rho_{SB} 4\pi b^2$$

$$D_r 4\pi r^2 = Q + \rho_{SA} 4\pi a^2 + \rho_{SB} 4\pi b^2$$

$$D_r = \frac{Q + \rho_{SA} 4\pi a^2 + \rho_{SB} 4\pi b^2}{4\pi r^2}$$

$$\vec{D} = \frac{Q + \rho_{SA} 4\pi a^2 + \rho_{SB} 4\pi b^2}{4\pi r^2} \vec{a}_r$$

$$\vec{E} = \frac{\vec{D}}{\varepsilon_0} = \frac{Q + \rho_{SA} 4\pi a^2 + \rho_{SB} 4\pi b^2}{4\pi \varepsilon_0 r^2} \vec{a}_r$$

e) Considerando agora que no problema do item a há uma densidade volumétrica de cargas constante ρ, cilíndrica, centrada no eixo z, com $0 \leq r \leq c$, $c < a$, então quatro regiões são consideradas: $0 < r < c$; $c < r < a$; $a < r < b$ e $r > b$. A primeira região define uma superfície gaussiana que envolve parte da carga dentro do volume ($r < c$). Nas demais regiões, a superfície gaussiana envolve toda esta carga, de forma similar à linha de cargas no item b. Assim, tem-se:

Para $r < c$

$$\oint_S \vec{D} \cdot d\vec{S} = Q = \rho \pi r^2 h$$

desde que a superfície só envolve a carga no volume até o valor do raio da superfície gaussiana (r) e não até o valor de c. Assim, o volume total de cargas envolvido é o volume do cilindro vezes ρ, pois, sendo esta densidade constante, não é necessário integrar no volume. Daí,

$$D_r \oint_S dS = \rho \pi r^2 h$$

$$D_r 2\pi r h = \rho \pi r^2 h$$

$$D_r = \frac{\rho r}{2}$$

$$\vec{D} = \frac{\rho r}{2} \vec{a}_r$$

$$\vec{E} = \frac{\vec{D}}{\varepsilon_0} = \frac{\rho r}{2\varepsilon_0} \vec{a}_r$$

Para $c < r < a$

$$\oint_S \vec{D} \cdot d\vec{S} = Q = \rho \pi c^2 h$$

desde que nesta região o cilindro gaussiano envolve toda a carga do volume cilíndrico. Assim,

$$D_r \oint_S dS = \rho\pi c^2 h$$

$$D_r 2\pi r h = \rho\pi c^2 h$$

$$D_r = \frac{\rho c^2}{2r}$$

$$\vec{D} = \frac{\rho c^2}{2r}\vec{a_r}$$

$$\vec{E} = \frac{\vec{D}}{\varepsilon_0} = \frac{\rho c^2}{2\varepsilon_0 r}\vec{a_r}$$

Para a terceira região, tem-se:

Para $a < r < b$

$$\oint_S \vec{D} \cdot d\vec{S} = Q = \rho\pi c^2 h + \rho_{SA} 2\pi a h$$

e, conseqüentemente,

$$D_r \oint_S dS = \rho\pi c^2 h + \rho_{SA} 2\pi a h$$

$$D_r 2\pi r h = \rho\pi c^2 h + \rho_{SA} 2\pi a h$$

$$D_r = \frac{\rho c^2 + \rho_{SA} 2a}{2r}$$

$$\vec{D} = \frac{\rho c^2 + \rho_{SA} 2a}{2r}\vec{a_r}$$

$$\vec{E} = \frac{\vec{D}}{\varepsilon_0} = \frac{\rho c^2 + \rho_{SA} 2a}{2\varepsilon_0 r}\vec{a_r}$$

Por fim, para a quarta região, tem-se:

Para $r > b$

$$\oint_S \vec{D} \cdot d\vec{S} = Q = \rho\pi c^2 h + \rho_{SA} 2\pi a h + \rho_{SB} 2\pi b h$$

e, conseqüentemente,

$$D_r \oint_S dS = \rho\pi c^2 h + \rho_{SA} 2\pi a h + \rho_{SB} 2\pi b h$$

$$D_r 2\pi r h = \rho\pi c^2 h + \rho_{SA} 2\pi a h + \rho_{SB} 2\pi b h$$

$$D_r = \frac{\rho c^2 + \rho_{SA} 2a + \rho_{SB} 2b}{2r}$$

$$\vec{D} = \frac{\rho c^2 + \rho_{SA} 2a + \rho_{SB} 2b}{2r} \vec{a}_r$$

$$\vec{E} = \frac{\vec{D}}{\varepsilon_0} = \frac{\rho c^2 + \rho_{SA} 2a + \rho_{SB} 2b}{2\varepsilon_0 r} \vec{a}_r$$

f) Neste caso, o mesmo procedimento do item *e* é utilizado, apenas considerando as coordenadas esféricas. Ou seja,

Para $r < c$

$$\oint_S \vec{D} \cdot d\vec{S} = Q = \frac{4}{3}\pi r^3 \rho$$

desde que a densidade é constante, não sendo necessário integrar no volume e, conseqüentemente,

$$D_r \oint_S dS = \frac{4}{3}\pi r^3 \rho$$

$$D_r \int_0^{2\pi} \int_0^{\pi} r^2 \operatorname{sen}\theta d\theta d\phi = \frac{4}{3}\pi r^3 \rho$$

$$D_r 4\pi r^2 = \frac{4}{3}\pi r^3 \rho$$

$$D_r = \frac{\rho r}{3}$$

$$\vec{D} = \frac{\rho r}{3} \vec{a}_r$$

$$\vec{E} = \frac{\vec{D}}{\varepsilon_0} = \frac{\rho r}{3\varepsilon_0} \vec{a}_r$$

Para $c < r < a$

$$\oint_S \vec{D} \cdot d\vec{S} = \frac{4}{3}\pi c^3 \rho$$

$$D_r \int_0^{2\pi} \int_0^{\pi} r^2 \operatorname{sen}\theta d\theta d\phi = \frac{4}{3}\pi c^3 \rho$$

$$D_r 4\pi r^2 = \frac{4}{3}\pi c^3 \rho$$

$$D_r = \frac{\rho c^3}{3r^2}$$

$$\vec{D} = \frac{\rho c^3}{3r^2}\vec{a_r}$$

$$\vec{E} = \frac{\vec{D}}{\varepsilon_0} = \frac{\rho c^3}{3\varepsilon_0 r^2}\vec{a_r}$$

Para $a < r < b$

$$\oint_S \vec{D} \cdot d\vec{S} = \frac{4}{3}\pi c^3 \rho + \rho_{SA} 4\pi a^2$$

$$D_r \int_0^{2\pi} \int_0^{\pi} r^2 \operatorname{sen}\theta d\theta d\phi = \frac{4}{3}\pi c^3 \rho + \rho_{SA} 4\pi a^2$$

$$D_r 4\pi r^2 = \frac{4}{3}\pi c^3 \rho + \rho_{SA} 4\pi a^2$$

$$D_r = \frac{\rho c^3 + 3\rho_{SA} a^2}{3r^2}$$

$$\vec{D} = \frac{\rho c^3 + 3\rho_{SA} a^2}{3r^2}\vec{a_r}$$

$$\vec{E} = \frac{\vec{D}}{\varepsilon_0} = \frac{\rho c^3 + 3\rho_{SA} a^2}{3\varepsilon_0 r^2}\vec{a_r}$$

e, por fim,

Para $r > b$

$$\oint_S \vec{D} \cdot d\vec{S} = \frac{4}{3}\pi c^3 \rho + \rho_{SA} 4\pi a^2 + \rho_{SB} 4\pi b^2$$

$$D_r \int_0^{2\pi} \int_0^{\pi} r^2 \text{sen}\theta d\theta d\phi = \frac{4}{3}\pi c^3 \rho + \rho_{SA} 4\pi a^2 + \rho_{SB} 4\pi b^2$$

$$D_r 4\pi r^2 = \frac{4}{3}\pi c^3 \rho + \rho_{SA} 4\pi a^2 + \rho_{SB} 4\pi b^2$$

$$D_r = \frac{\rho c^3 + 3\rho_{SA} a^2 + 3\rho_{SB} b^2}{3r^2}$$

$$\vec{D} = \frac{\rho c^3 + 3\rho_{SA} a^2 + 3\rho_{SB} b^2}{3r^2} \vec{a}_r$$

$$\vec{E} = \frac{\vec{D}}{\varepsilon_0} = \frac{\rho c^3 + 3\rho_{SA} a^2 + 3\rho_{SB} b^2}{3\varepsilon_0 r^2} \vec{a}_r$$

g) Para uma distribuição cilíndrica de cargas na forma: ρ_{SA} de raio $r = a$, uma densidade volumétrica de cargas ρ em $b \leq r \leq c$, $b > a$, e outra superfície cilíndrica com carga superficial ρ_{SB} de raio $r = d$, com $d > c$, centradas no eixo z, cinco regiões são consideradas: a primeira, que é a região $r < a$; a segunda, que está entre a e b; a terceira, que se encontra entre b e c; a quarta, que está entre c e d, e a quinta, que envolve tudo ($r > d$). A Figura 2.7 corresponde a esta distribuição de cargas, onde se vêem as regiões definidas.

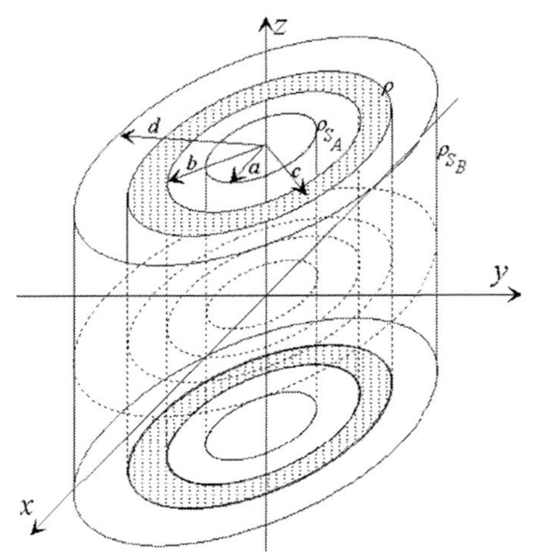

Figura 2.7: Superfícies cilíndricas carregadas para determinação de $\vec{D}$.

Assim, tem-se que, na primeira região, não há carga envolvida, logo:

Para $r < a$

$$\oint_S \vec{D} \cdot d\vec{S} = Q = 0$$

$$D_r \oint_S dS = 0$$

$$D_r = 0$$

$$E_r = 0.$$

Para a segunda região, tem-se a carga da superfície ρ_{SA} envolvida. Logo, para $a < r < b$

$$\oint_S \vec{D} \cdot d\vec{S} = D_r \int_0^{2\pi} \int_{-h/2}^{h/2} r dz d\phi = D_r 2\pi r h$$

$$D_r 2\pi r h = \rho_{SA} 2\pi a h$$

$$D_r = \frac{\rho_{SA} a}{r}$$

$$\vec{D} = \frac{\rho_{SA} a}{r} \vec{a_r}$$

$$\vec{E} = \frac{\vec{D}}{\varepsilon_0} = \frac{\rho_{SA} a}{r \varepsilon_0} \vec{a_r}.$$

Para a terceira região, estão sendo envolvidas a superfície ρ_{SA} e parte da carga do volume. Assim, para $b < r < c$, tem-se:

$$\oint_S \vec{D} \cdot d\vec{S} = D_r \int_0^{2\pi} \int_{-h/2}^{h/2} r dz d\phi = D_r 2\pi r h$$

$$D_r 2\pi r h = \rho_{SA} 2\pi a h + \rho \pi \left(r^2 - b^2\right) h$$

$$D_r = \frac{2\rho_{SA} a + \rho\left(r^2 - b^2\right)}{2r}$$

$$\vec{D} = \frac{2\rho_{SA} a + \rho\left(r^2 - b^2\right)}{2r} \vec{a_r}$$

$$\vec{E} = \frac{\vec{D}}{\varepsilon_0} = \frac{2\rho_{SA} a + \rho\left(r^2 - b^2\right)}{2\varepsilon_0 r} \vec{a_r}$$

desde que o volume do cilindro oco (raio externo r e raio interno a) é $\pi\left(r^2 - b^2\right)h$. Isto só é considerado porque a carga é constante, não necessitando integrar no volume.

Caso ρ não fosse constante, a integral de volume teria o limite superior do raio definido como r.

Na quarta região, o volume cilíndrico de cargas é totalmente envolvido pela superfície gaussiana. Logo, o volume do mesmo é $\pi\left(c^2 - b^2\right)h$. Daí, para $c < r < d$, tem-se:

$$\oint_S \vec{D} \cdot d\vec{S} = D_r \int_0^{2\pi} \int_{-h/2}^{h/2} r dz d\phi = D_r 2\pi r h$$

$$D_r 2\pi r h = \rho_{SA} 2\pi a h + \rho\pi\left(c^2 - b^2\right)h$$

$$D_r = \frac{2\rho_{SA} a + \rho\left(c^2 - b^2\right)}{2r}$$

$$\vec{D} = \frac{2\rho_{SA} a + \rho\left(c^2 - b^2\right)}{2r}\vec{a_r}$$

$$\vec{E} = \frac{\vec{D}}{\varepsilon_0} = \frac{2\rho_{SA} a + \rho\left(c^2 - b^2\right)}{2\varepsilon_0 r}\vec{a_r}$$

Da mesma forma que na terceira região, caso ρ não fosse constante, a integral de volume teria o limite superior do raio definido como c, pois toda a carga está envolvida.

Para a quinta região, todas as cargas estão envolvidas, tendo para $r > d$:

$$\oint_S \vec{D} \cdot d\vec{S} = D_r \int_0^{2\pi} \int_{-h/2}^{h/2} r dz d\phi = D_r 2\pi r h$$

$$D_r 2\pi r h = \rho_{SA} 2\pi a h + \rho\pi\left(c^2 - b^2\right)h + \rho_{SB} 2\pi d h$$

$$D_r = \frac{2\rho_{SA} a + \rho\left(c^2 - b^2\right) + 2\rho_{SB} d}{2r}$$

$$\vec{D} = \frac{2\rho_{SA} a + \rho\left(c^2 - b^2\right) + 2\rho_{SB} d}{2r}\vec{a_r}$$

$$\vec{E} = \frac{\vec{D}}{\varepsilon_0} = \frac{2\rho_{SA} a + \rho\left(c^2 - b^2\right) + 2\rho_{SB} d}{2\varepsilon_0 r}\vec{a_r}$$

h) Para este problema, em que uma distribuição esférica de cargas encontra-se na forma ρ_{SA} de raio $r = a$, uma densidade volumétrica de cargas ρ em $b \leq r \leq c$, $b > a$, e outra superfície esférica com carga superficial ρ_{SB} de raio $r = d$, com $d > c$, centradas na origem, têm sua solução similar ao item g, considerando, no entanto, as coordenadas esféricas. Assim, tem-se:

Para $r < a$

$$\oint_S \vec{D} \cdot d\vec{S} = Q = 0$$

$$D_r \oint_S dS = 0$$

$$D_r = 0$$

$$E_r = 0.$$

Para a segunda região, tem-se a carga da superfície ρ_{SA} envolvida. Logo, para $a < r < b$

$$\oint_S \vec{D} \cdot d\vec{S} = D_r \int_0^{2\pi} \int_0^{\pi} r^2 \operatorname{sen}\theta d\theta d\phi = D_r 4\pi r^2$$

$$D_r 4\pi r^2 = \rho_{SA} 4\pi a^2$$

$$D_r = \frac{\rho_{SA} a^2}{r^2}$$

$$\vec{D} = \frac{\rho_{SA} a^2}{r^2} \vec{a}_r$$

$$\vec{E} = \frac{\vec{D}}{\varepsilon_0} = \frac{\rho_{SA} a^2}{r^2 \varepsilon_0} \vec{a}_r .$$

Para a terceira região, estão sendo envolvidas a superfície ρ_{SA} e parte da carga do volume. Assim, para $b < r < c$, tem-se:

$$\oint_S \vec{D} \cdot d\vec{S} = D_r \int_0^{2\pi} \int_0^{\pi} r^2 \operatorname{sen}\theta d\theta d\phi = D_r 4\pi r^2$$

$$D_r 4\pi r^2 = \rho_{SA} 4\pi a^2 + \frac{4}{3} \rho \pi \left(r^3 - b^3\right)$$

$$D_r = \frac{3\rho_{SA} a^2 + \rho \left(r^3 - b^3\right)}{3r^2}$$

$$\vec{D} = \frac{3\rho_{SA} a^2 + \rho \left(r^3 - b^3\right)}{3r^2} \vec{a}_r$$

$$\vec{E} = \frac{\vec{D}}{\varepsilon_0} = \frac{3\rho_{SA} a^2 + \rho \left(r^3 - b^3\right)}{3\varepsilon_0 r^2} \vec{a}_r$$

desde que o volume da esfera oca (raio externo r e raio interno a) é $\frac{4}{3}\pi \left(r^3 - b^3\right)$. Também, isto só é considerado porque a carga é constante, não necessitando integrar no volume. Caso ρ não fosse constante, a integral de volume teria o limite superior do raio definido como r.

Na quarta região, o volume esférico é totalmente envolvido pela superfície gaussiana. Logo, o volume do mesmo é $\frac{4}{3}\pi\left(c^3 - b^3\right)$. Daí, para $c < r < d$, tem-se:

$$\oint_S \vec{D}\cdot d\vec{S} = D_r \int_0^{2\pi}\int_0^{\pi} r^2 \text{sen}\theta d\theta d\phi = D_r 4\pi r^2$$

$$D_r 4\pi r^2 = \rho_{SA} 4\pi a^2 + \rho \frac{4}{3}\pi\left(c^3 - b^3\right)$$

$$D_r = \frac{3\rho_{SA} a^2 + \rho\left(c^3 - b^3\right)}{3r^2}$$

$$\vec{D} = \frac{3\rho_{SA} a^2 + \rho\left(c^3 - b^3\right)}{3r^2}\vec{a_r}$$

$$\vec{E} = \frac{\vec{D}}{\varepsilon_0} = \frac{3\rho_{SA} a^2 + \rho\left(c^3 - b^3\right)}{3\varepsilon_0 r^2}\vec{a_r}$$

Da mesma forma que, na terceira região, caso ρ não fosse constante, a integral de volume teria o limite superior do raio definido como c, pois toda a carga estaria envolvida.

Para a quinta região, todas as cargas estão envolvidas, tendo para $r > d$:

$$\oint_S \vec{D}\cdot d\vec{S} = D_r \int_0^{2\pi}\int_0^{\pi} r^2 \text{sen}\theta d\theta d\phi = D_r 4\pi r^2$$

$$D_r 4\pi r^2 = \rho_{SA} 4\pi a^2 + \rho\pi\left(c^3 - b^3\right)h + \rho_{SB} 4\pi d^2$$

$$D_r = \frac{3\rho_{SA} a^2 + \rho\left(c^3 - b^3\right) + 3\rho_{SB} d^2}{3r}$$

$$\vec{D} = \frac{3\rho_{SA} a^2 + \rho\left(c^3 - b^3\right) + 3\rho_{SB} d^2}{3r}\vec{a_r}$$

$$\vec{E} = \frac{\vec{D}}{\varepsilon_0} = \frac{3\rho_{SA} a^2 + \rho\left(c^3 - b^3\right) + 3\rho_{SB} d^2}{3\varepsilon_0 r}\vec{a_r}$$

Exemplo 2.6: Calcule o vetor densidade de fluxo em todas as regiões para:

a) $\rho_1 = 3r^2$, $r \leq a$, $\rho_2 = \phi r$; $a \leq r < b$ e zero no resto do espaço, considerando as coordenadas cilíndricas e coordenadas esféricas;

b) $\rho_1 = r\,\text{sen}\phi$, $r \leq a$, $\rho_2 = z^2 r$; $a \leq r < b$ e zero no resto do espaço, considerando as cargas distribuídas em um cilindro.

Este problema é similar ao Exemplo 2.5, diferenciando-se apenas nas distribuições de cargas, que necessitam ser integradas. Assim, tem-se:

a) Considerando a distribuição de cargas: $\rho_1 = 3r^2$, $r < a$, $\rho_2 = \phi r$, $a \leq r < b$ e zero no resto do espaço, no sistema de coordenadas cilíndricas, tem-se:

Para $r < a$

$$\oint_S \vec{D} \cdot d\vec{S} = Q = \int_{vol} \rho_1 dv = \int_{-h/2}^{h/2} \int_0^{2\pi} \int_0^r 3r^2 \times r dr d\phi dz$$

$$D_r \oint_S dS = \frac{2\pi h 3r^4}{4}$$

$$D_r 2\pi r h = \frac{\pi h 3r^4}{2}$$

$$D_r = \frac{3r^3}{4}$$

$$\vec{D} = \frac{3r^3}{4}\vec{a}_r$$

$$\vec{E} = \frac{\vec{D}}{\varepsilon_0} = \frac{3r^3}{4\varepsilon_0}\vec{a}_r.$$

Para a segunda região, tem-se a carga da primeira região ρ_1 completamente envolvida (limites da integral em r vão de zero a a), enquanto a carga ρ_2 está apenas em parte (limites da integral em r vão de zero a r). Logo:

Para $a \leq r < b$

$$\oint_S \vec{D} \cdot d\vec{S} = Q = \int_{vol} \rho_1 dv + \int_{vol} \rho_2 dv = \int_{-h/2}^{h/2} \int_0^{2\pi} \int_0^a 3r^2 \times r dr d\phi dz + \int_{-h/2}^{h/2} \int_0^{2\pi} \int_0^r \phi r \times r dr d\phi dz$$

$$D_r \oint_S dS = \frac{2\pi h 3a^4}{4} + h\frac{(2\pi)^2}{2}\frac{r^3}{3}$$

$$D_r 2\pi r h = \frac{2\pi h 3a^4}{4} + h\frac{(2\pi)^2}{2}\frac{r^3}{3}$$

$$D_r = \frac{3a^4}{4r} + \frac{2\pi r^2}{6}$$

$$\vec{D} = \left(\frac{3a^4}{4r} + \frac{2\pi r^2}{6}\right)\vec{a}_r$$

$$\vec{E} = \frac{\vec{D}}{\varepsilon_0} = \frac{1}{\varepsilon_0}\left(\frac{3a^4}{4r} + \frac{2\pi r^2}{6}\right)\vec{a}_r.$$

Para a terceira região, estão envolvidas as duas cargas. Logo, os limites superiores das integrais de volume são, respectivamente, *a* e *b*. Assim,

Para $r > b$

$$\oint_S \vec{D} \cdot d\vec{S} = Q = \int_{vol} \rho_1 dv + \int_{vol} \rho_2 dv = \int_{-h/2}^{h/2} \int_0^{2\pi} \int_0^a 3r^2 \times r dr d\phi dz + \int_{-h/2}^{h/2} \int_0^{2\pi} \int_0^b \phi r \times r dr d\phi dz$$

$$D_r \oint_S dS = \frac{2\pi h 3a^4}{4} + h\frac{(2\pi)^2}{2}\frac{b^3}{3}$$

$$D_r 2\pi r h = \frac{2\pi h 3a^4}{4} + h\frac{(2\pi)^2}{2}\frac{b^3}{3}$$

$$D_r = \frac{3a^4}{4r} + \frac{2\pi b^3}{6r} = \frac{9a^4 + 4\pi b^3}{12r}$$

$$\vec{D} = \left(\frac{9a^4 + 4\pi b^3}{12r}\right)\vec{a_r}$$

$$\vec{E} = \frac{\vec{D}}{\varepsilon_0} = \frac{9a^4 + 4\pi b^3}{12\varepsilon_0 r}\vec{a_r}.$$

Considerando em coordenadas esféricas, tem-se:

Para $r < a$

$$\oint_S \vec{D} \cdot d\vec{S} = Q = \int_{vol} \rho_1 dv = \int_0^{\pi} \int_0^{2\pi} \int_0^r 3r^2 \times r^2 \text{sen}\theta dr d\phi d\theta$$

$$D_r \oint_S dS = \frac{12\pi r^5}{5}$$

$$D_r 4\pi r^2 = \frac{12\pi r^5}{5}$$

$$D_r = \frac{3r^3}{5}$$

$$\vec{D} = \frac{3r^3}{5}\vec{a_r}$$

$$\vec{E} = \frac{\vec{D}}{\varepsilon_0} = \frac{3r^3}{5\varepsilon_0}\vec{a_r}.$$

Da mesma forma que, para as coordenadas cilíndricas, na segunda região, tem-se que a carga da primeira região ρ_1 está completamente envolvida (limites da integral em *r* vão de zero a *a*), enquanto a carga ρ_2 está apenas em parte (limites da integral em *r* vão de zero a *r*). Logo:

Para $a \leq r < b$

$$\oint_S \vec{D} \cdot d\vec{S} = Q = \int_{vol} \rho_1 dv + \int_{vol} \rho_2 dv = \int_0^{\pi}\int_0^{2\pi}\int_0^{a} 3r^2 \times r^2 \text{sen}\theta dr d\phi d\theta + \int_0^{\pi}\int_0^{2\pi}\int_0^{r} \phi r \times r^2 \text{sen}\theta dr d\phi d\theta$$

$$D_r \oint_S dS = \frac{12\pi a^5}{5} + 2\frac{(2\pi)^2}{2}\frac{r^4}{4}$$

$$D_r 4\pi r^2 = \frac{12\pi a^5}{5} + \frac{(2\pi)^2 r^4}{4}$$

$$D_r = \frac{3\pi a^5}{5r^2} + \frac{\pi r^2}{4}$$

$$\vec{D} = \left(\frac{3\pi a^5}{5r^2} + \frac{\pi r^2}{4}\right)\vec{a}_r$$

$$\vec{E} = \frac{\vec{D}}{\varepsilon_0} = \frac{1}{\varepsilon_0}\left(\frac{3\pi a^5}{5r^2} + \frac{\pi r^2}{4}\right)\vec{a}_r.$$

Para a terceira região, estão envolvidas as duas cargas. Logo os limites superiores das integrais de volume são, respectivamente, a e b. Assim,

Para $r > b$

$$\oint_S \vec{D} \cdot d\vec{S} = Q = \int_{vol} \rho_1 dv + \int_{vol} \rho_2 dv = \int_0^{\pi}\int_0^{2\pi}\int_0^{a} 3r^2 \times r^2 \text{sen}\theta dr d\phi d\theta + \int_0^{\pi}\int_0^{2\pi}\int_0^{b} \phi r \times r^2 \text{sen}\theta dr d\phi d\theta$$

$$D_r \oint_S dS = \frac{12\pi a^5}{5} + 2\frac{(2\pi)^2}{2}\frac{b^4}{4}$$

$$D_r 4\pi r^2 = \frac{12\pi a^5}{5} + \frac{(2\pi)^2 b^4}{4}$$

$$D_r = \frac{3\pi a^5}{5r^2} + \frac{\pi b^4}{4r^2} = \frac{12\pi a^5 + 5\pi b^4}{20r^2}$$

$$\vec{D} = \frac{12\pi a^5 + 5\pi b^4}{20r^2}\vec{a}_r$$

$$\vec{E} = \frac{\vec{D}}{\varepsilon_0} = \frac{12\pi a^5 + 5\pi b^4}{20\varepsilon_0 r^2}\vec{a}_r.$$

b) Para este caso, a distribuição de cargas cilíndricas dada por $\rho_1 = r\text{sen}\phi$, $r < a$, $\rho_2 = z^2 r$, $a \leq r < b$ e zero no resto do espaço tem sua distribuição de cargas apresentada na Figura 2.8, e esta apresenta como resultado:

Para $r < a$

$$\oint_S \vec{D} \cdot d\vec{S} = Q = \int_{vol} \rho_1 dv = \int_{-h/2}^{h/2} \int_0^{2\pi} \int_0^r r\text{sen}\phi \times r dr d\phi dz$$

$$D_r \oint_S dS = 0$$

$$D_r = 0$$

$$E_r = 0,$$

desde que a integral da coordenada ϕ anula a integral de volume.

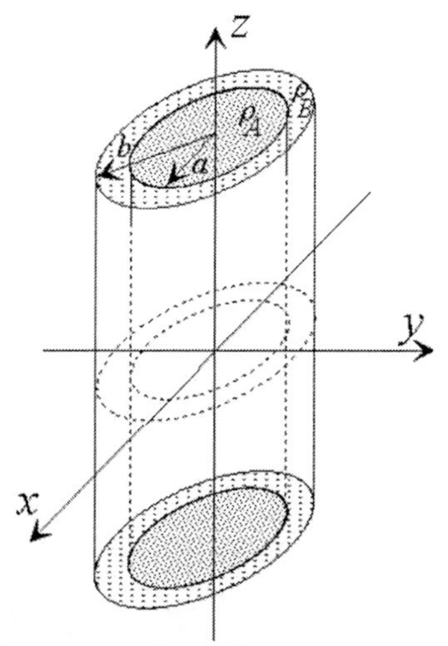

Figura 2.8: Volumes cilíndricos carregados para determinação de $\vec{D}$.

Na segunda região, tem-se a carga da primeira região ρ_1 completamente envolvida (limites da integral em *r* vão de zero a *a*), que é nula, enquanto a carga ρ_2 está apenas em parte (limites da integral em *r* vão de zero a *r*). Logo:

Para $a \leq r < b$

$$\oint_S \vec{D} \cdot d\vec{S} = Q = \int_{vol} \rho_1 dv + \int_{vol} \rho_2 dv = \int_{-h/2}^{h/2} \int_0^{2\pi} \int_0^a r\text{sen}\phi \times r dr d\phi dz + \int_{-h/2}^{h/2} \int_0^{2\pi} \int_0^r z^2 r \times r dr d\phi dz$$

$$D_r \oint_S dS = 0 + 2\pi \frac{r^3}{3} \frac{h^3}{12}$$

$$D_r 2\pi r h = 2\pi \frac{r^3 h^3}{36}$$

$$D_r = \frac{r^2 h^2}{36}$$

$$\vec{D} = \frac{r^2 h^2}{36} \vec{a_r}$$

$$\vec{D} = \frac{r^2 h^2}{36} \vec{a_r}$$

Para a terceira região, estão envolvidas as duas cargas. Logo, os limites superiores das integrais de volume são, respectivamente, a e b. Assim,

Para $r > b$

$$\oint_S \vec{D} \cdot d\vec{S} = Q = \int_{vol} \rho_1 dv + \int_{vol} \rho_2 dv = \int_{-h/2}^{h/2} \int_0^{2\pi} \int_0^a r \text{sen}\phi \times r dr d\phi dz + \int_{-h/2}^{h/2} \int_0^{2\pi} \int_0^b z^2 r \times r dr d\phi dz$$

$$D_r \oint_S dS = 0 + 2\pi \frac{b^3}{3} \frac{h^3}{12}$$

$$D_r 2\pi r h = 2\pi \frac{b^3 h^3}{36}$$

$$D_r = \frac{b^3 b^2}{36r}$$

$$\vec{D} = \frac{b^3 b^2}{36r} \vec{a_r}$$

$$\vec{E} = \frac{\vec{D}}{\varepsilon_0} = \frac{b^3 b^2}{36\varepsilon_0 r} \vec{a_r}.$$

2.3 Divergente, Operador Nabla e Teorema da Divergência

O divergente é uma operação matemática que, aplicada a um vetor, converte-o em um escalar. Fisicamente, o divergente define o fluxo por unidade de volume. Matematicamente, é definido como:

$$div \vec{D} = \lim_{\Delta v \to 0} \frac{\oint_S \vec{D} \cdot d\vec{S}}{\Delta v}.$$

O divergente é definido em coordenadas cartesianas como:

$$div \vec{D} = \frac{\partial D_x}{\partial x} + \frac{\partial D_y}{\partial y} + \frac{\partial D_z}{\partial z},$$

em coordenadas cilíndricas, como:

$$div \vec{D} = \frac{1}{r} \frac{\partial (r D_r)}{\partial r} + \frac{1}{r} \frac{\partial D_\phi}{\partial \phi} + \frac{\partial D_z}{\partial z},$$

e em coordenadas esféricas, como:

$$div\vec{D} = \frac{1}{r^2}\frac{\partial\left(r^2 D_r\right)}{\partial r} + \frac{1}{r\text{sen}\theta}\frac{\partial(\text{sen}\theta D_\theta)}{\partial\theta} + \frac{1}{r\text{sen}\theta}\frac{\partial D_\phi}{\partial\phi},$$

sendo $\vec{D}$ um vetor qualquer na respectiva coordenada. Observe que o resultado da aplicação do *div* sobre o vetor $\vec{D}$ é um valor escalar (não há vetores de direção nos termos do resultado).

Por outro lado, é comum utilizar na matemática o operador vetorial denominado nabla, cujo símbolo é ∇. Este operador é definido em coordenadas cartesianas como:

$$\nabla = \frac{\partial}{\partial x}\vec{a_x} + \frac{\partial}{\partial y}\vec{a_y} + \frac{\partial}{\partial z}\vec{a_z}.$$

Desta forma, aplicando-se este operador, por meio de um produto escalar, a um vetor, tem-se:

$$\nabla \cdot \vec{D} = \left(\frac{\partial}{\partial x}\vec{a_x} + \frac{\partial}{\partial y}\vec{a_y} + \frac{\partial}{\partial z}\vec{a_z}\right) \cdot \left(D_x\vec{a_x} + D_y\vec{a_y} + D_z\vec{a_z}\right)$$

$$\nabla \cdot \vec{D} = \frac{\partial D_x}{\partial x}\vec{a_x} \cdot \vec{a_x} + \frac{\partial D_y}{\partial y}\vec{a_y} \cdot \vec{a_y} + \frac{\partial D_z}{\partial z}\vec{a_z} \cdot \vec{a_z}$$

$$\nabla \cdot \vec{D} = \frac{\partial D_x}{\partial x} + \frac{\partial D_y}{\partial y} + \frac{\partial D_z}{\partial z} = div\,\vec{D}.$$

Entretanto, observando que:

$$div\,\vec{D} = \lim_{\Delta v \to 0} \frac{\oint_S \vec{D} \cdot d\vec{S}}{\Delta v}$$

e que

$$\oint_S \vec{D} \cdot d\vec{S} = Q$$

que é a Lei de Gauss, então o fluxo por unidade de volume também é:

$$div\,\vec{D} = \lim_{\Delta v \to 0} \frac{\oint_S \vec{D} \cdot d\vec{S}}{\Delta v} = \frac{\partial Q}{\partial v} = \rho\,[C/m^3],$$

que dá

$$\nabla \cdot \vec{D} = \rho,$$

que é a primeira das quatro equações de Maxwell.

Utilizando-se esta equação na Lei de Gauss, tem-se:

$$\oint_S \vec{D} \cdot d\vec{S} = Q = \int_{vol} \rho dv = \int_{vol} \nabla \cdot \vec{D} dv,$$

que relaciona a integral de superfície fechada de um vetor $\vec{D}$ com a integral de volume deste mesmo vetor. Esta relação é definida como Teorema da Divergência.

Exemplo 2.7: Qual distribuição volumétrica de cargas que gera a densidade de fluxo definida por:

a) $\vec{D} = \dfrac{xy^2}{2z+1}\vec{a_x} + z^2y^2\vec{a_y} + \dfrac{8xy^2}{x+2}\vec{a_z}$;

b) $\vec{D} = \dfrac{rz^2}{2(z+1)}\vec{a_r} + zr^2\cos\phi\vec{a_\phi} + \dfrac{3z^2}{\cos^2\phi\sqrt{r+1}}\vec{a_z}$;

c) $\vec{D} = \dfrac{\theta\cos\phi}{r^2}\vec{a_r} + \text{sen}^2\phi\cos\theta r^2\vec{a_\theta} + \dfrac{8\phi^2\text{sen}\theta}{\cos^2(2\theta)}\vec{a_\phi}$;

d) Calcule o valor da divergência de cada item anterior na origem.

A solução deste problema é a aplicação direta das equações do divergente. Assim, no item *a*, que é coordenada cartesiana, encontram-se:

$$\nabla \cdot \vec{D} = \frac{\partial D_x}{\partial x} + \frac{\partial D_y}{\partial y} + \frac{\partial D_z}{\partial z}$$

$$\nabla \cdot \vec{D} = \frac{\partial}{\partial x}\left(\frac{xy^2}{2z+1}\right) + \frac{\partial}{\partial y}\left(z^2y^2\right) + \frac{\partial}{\partial z}\left(\frac{8xy^2}{x+2}\right)$$

que, como são derivadas parciais, são os termos diferentes da derivada constantes. Logo:

$$\nabla \cdot \vec{D} = \frac{y^2}{2z+1}\frac{\partial}{\partial x}(x) + z^2\frac{\partial}{\partial y}\left(y^2\right) + \frac{8xy^2}{x+2}\frac{\partial}{\partial z}(1)$$

$$\nabla \cdot \vec{D} = \frac{y^2}{2z+1}(1) + z^2(2y) + \frac{8xy^2}{x+2}(0)$$

$$\nabla \cdot \vec{D} = \frac{y^2}{2z+1} + 2yz^2 = \rho$$

Para o item *b*, encontra-se:

$$\nabla\cdot\vec{D}=\frac{1}{r}\frac{\partial(rD_r)}{\partial r}+\frac{1}{r}\frac{\partial D_\phi}{\partial\phi}+\frac{\partial D_z}{\partial z}$$

$$\nabla\cdot\vec{D}=\frac{1}{r}\frac{\partial}{\partial r}\left(r\frac{rz^2}{2(z+1)}\right)+\frac{1}{r}\frac{\partial}{\partial\phi}\left(zr^2\cos\phi\right)+\frac{\partial}{\partial z}\left(\frac{3z^2}{\cos^2\phi\sqrt{r+1}}\right)$$

$$\nabla\cdot\vec{D}=\frac{1}{r}\frac{z^2}{2(z+1)}\frac{\partial}{\partial r}\left(r^2\right)+\frac{zr^2}{r}\frac{\partial}{\partial\phi}(\cos\phi)+\frac{3}{\cos^2\phi\sqrt{r+1}}\frac{\partial}{\partial z}\left(z^2\right)$$

$$\nabla\cdot\vec{D}=\frac{1}{r}\frac{z^2}{2(z+1)}(2r)+\frac{zr^2}{r}(-\operatorname{sen}\phi)+\frac{3}{\cos^2\phi\sqrt{r+1}}(2z)$$

$$\nabla\cdot\vec{D}=\frac{z^2}{(z+1)}-zr\operatorname{sen}\phi+\frac{6z}{\cos^2\phi\sqrt{r+1}}=\rho$$

e, para o item *c*, tem-se:

$$\nabla\cdot\vec{D}=\frac{1}{r^2}\frac{\partial}{\partial r}\left(r^2\frac{\theta\cos\phi}{r^2}\right)+\frac{1}{r\operatorname{sen}\theta}\frac{\partial}{\partial\theta}\left(\operatorname{sen}\theta\operatorname{sen}^2\phi\cos\theta r^2\right)+\frac{1}{r\operatorname{sen}\theta}\frac{\partial}{\partial\phi}\left(\frac{8\phi^2}{\cos^2(2\theta)}\right)\operatorname{sen}\theta$$

$$\nabla\cdot\vec{D}=\frac{1}{r^2}\frac{\partial\left(r^2D_r\right)}{\partial r}+\frac{1}{r\operatorname{sen}\theta}\frac{\partial(\operatorname{sen}\theta D_\theta)}{\partial\theta}+\frac{1}{r\operatorname{sen}\theta}\frac{\partial D_\phi}{\partial\phi}$$

$$\nabla\cdot\vec{D}=\frac{1}{r^2}\frac{\partial}{\partial r}\left(r^2\frac{\theta\cos\phi}{r^2}\right)+\frac{1}{r\operatorname{sen}\theta}\frac{\partial}{\partial\theta}\left(\operatorname{sen}\theta\operatorname{sen}^2\phi\cos\theta r^2\right)+\frac{1}{r\operatorname{sen}\theta}\frac{\partial}{\partial\phi}\left(\frac{8\phi^2\operatorname{sen}\theta}{\cos^2(2\theta)}\right)$$

$$\nabla\cdot\vec{D}=\frac{\theta\cos\phi}{r^2}\frac{\partial}{\partial r}(1)+\frac{r^2\operatorname{sen}^2\phi}{r\operatorname{sen}\theta}\frac{\partial}{\partial\theta}(\operatorname{sen}\theta\cos\theta)+\frac{1}{r\operatorname{sen}\theta}\frac{8\operatorname{sen}\theta}{\cos^2(2\theta)}\frac{\partial}{\partial\phi}\left(\phi^2\right)$$

$$\nabla\cdot\vec{D}=\frac{\theta\cos\phi}{r^2}(0)+\frac{r\operatorname{sen}^2\phi}{\operatorname{sen}\theta}\left(\cos^2\theta-\operatorname{sen}^2\theta\right)+\frac{8}{r\cos^2(2\theta)}(2\phi)$$

$$\nabla\cdot\vec{D}=\frac{r\operatorname{sen}^2\phi\left(\cos^2\theta-\operatorname{sen}^2\theta\right)}{\operatorname{sen}\theta}+\frac{16\phi}{r\cos^2(2\theta)}=\rho$$

d) Tendo as respectivas funções da densidade volumétrica de cargas, substituindo os valores (0, 0, 0) nas variáveis, encontram-se os valores do divergente do vetor $\vec{D}$ na origem, que são:

$$\text{a) } \rho_{(0,0,0)} = \nabla \cdot \vec{D}_{(0,0,0)} = \frac{0^2}{2 \times 0 + 1} + 2 \times 0 \times 0^2 = 0,$$

$$\text{b) } \rho_{(0,0,0)} = \nabla \cdot \vec{D}_{(0,0,0)} = \frac{0^2}{(0+1)} - 0 \times 0 \times \operatorname{sen}(0) + \frac{6 \times 0}{\cos^2(0) \times \sqrt{0+1}} = 0,$$

e no item c, encontra-se:

$$\text{c) } \rho_{(0,0,0)} = \nabla \cdot \vec{D}_{(0,0,0)} = \frac{0 \times 0^2 \left(1^2 - 0^2\right)}{0} + \frac{16 \times 0}{0 \times 1^2}$$

que é uma indefinição, mas que, utilizando limites, resulta:

$$\text{c) } \rho_{(0,0,0)} = \nabla \cdot \vec{D}_{(0,0,0)} = \infty.$$

Exemplo 2.8: Se $\vec{D} = D_x \vec{a_x}$ e $\nabla \cdot \vec{D} = x^3 + 2xy - \frac{\sqrt{z}}{x}$, qual a solução geral para $\vec{D}$?

A solução deste problema é direta, com a utilização da equação do divergente. Desde que o vetor $\vec{D}$ tem apenas componente na direção x, e como o divergente deriva cada componente na sua respectiva direção, então:

$$\nabla \cdot \vec{D} = \frac{\partial D_x}{\partial x} = x^3 + 2xy - \frac{\sqrt{z}}{x}.$$

Logo, integrando a equação em x, encontra-se:

$$D_x = \int \frac{\partial D_x}{\partial x} dx = \int \left(x^3 + 2xy - \frac{\sqrt{z}}{x} \right) dx$$

$$D_x = \frac{x^4}{4} + x^2 y - \sqrt{z} \ln x$$

e, conseqüentemente, a solução geral para o vetor $\vec{D}$ é:

$$\vec{D} = D_x \vec{a_x} = \left(\frac{x^4}{4} + x^2 y - \sqrt{z} \ln x \right) \vec{a_x}.$$

Exemplo 2.9: Calcule ambos os lados do Teorema da Divergência para os campos definidos a seguir:

a) $\vec{F} = \frac{y}{3}\vec{a_x} - 2x\vec{a_y}$, na região definida por um cubo centrado na origem de lado $l = 3\ m$;

b) $\vec{F} = r\vec{a_r} - 2\vec{a_z}$, na região definida por um cilindro centrado na origem de raio $r = 1\ m$ e altura $h = 2\ m$;

c) $\vec{F} = \frac{r^3}{5}\vec{a_r}$, na região definida por uma esfera de raio unitário, centrada na origem.

Naturalmente, solucionar este problema é calcular o escalar através da Lei de Gauss, e depois, calcular o divergente do vetor e sua respectiva integral de volume, que deverá dar o mesmo resultado. Assim, tem-se:

a) Neste caso, as coordenadas são cartesianas, e a integral de Gauss dá a soma das integrais das seis faces do cubo:

$$\oint_S \vec{F}\cdot d\vec{S} = \int_{-1,5}^{1,5}\int_{-1,5}^{1,5}\left(\frac{y}{3}\vec{a_x} - 2x\vec{a_y}\right)dxdy\vec{a_z}\bigg|_{z=1,5} + \int_{-1,5}^{1,5}\int_{-1,5}^{1,5}\left(\frac{y}{3}\vec{a_x} - 2x\vec{a_y}\right)dxdy\vec{a_z}\bigg|_{z=-1,5} +$$

$$+\int_{-1,5}^{1,5}\int_{-1,5}^{1,5}\left(\frac{y}{3}\vec{a_x} - 2x\vec{a_y}\right)dydz\vec{a_x}\bigg|_{x=1,5} + \int_{-1,5}^{1,5}\int_{-1,5}^{1,5}\left(\frac{y}{3}\vec{a_x} - 2x\vec{a_y}\right)dydz\vec{a_x}\bigg|_{x=-1,5} +$$

$$+\int_{-1,5}^{1,5}\int_{-1,5}^{1,5}\left(\frac{y}{3}\vec{a_x} - 2x\vec{a_y}\right)dxdz\vec{a_y}\bigg|_{y=1,5} + \int_{-1,5}^{1,5}\int_{-1,5}^{1,5}\left(\frac{y}{3}\vec{a_x} - 2x\vec{a_y}\right)dxdz\vec{a_y}\bigg|_{y=-1,5}$$

Solucionando estas integrais e substituindo os valores constantes de cada face, encontra-se:

$$\oint_S \vec{F}\cdot d\vec{S} = \left(0\big|_{z=1,5} + \left(0\big|_{z=-1,5} +\right.\right.$$

$$+\left\{\left(\frac{y^2}{6}\bigg|_{-1,5}^{1,5}\left(z\big|_{-1,5}^{1,5}\right.\right.\right|_{x=1,5} + \left\{\left(\frac{y^2}{6}\bigg|_{-1,5}^{1,5}\left(z\big|_{-1,5}^{1,5}\right.\right.\right|_{x=-1,5}$$

$$+\left\{\left(-x^2\big|_{-1,5}^{1,5}\left(z\big|_{-1,5}^{1,5}\right.\right.\right|_{y=1,5} + \left\{\left(-x^2\big|_{-1,5}^{1,5}\left(z\big|_{-1,5}^{1,5}\right.\right.\right|_{y=-1,5}$$

$$\oint_S \vec{F}\cdot d\vec{S} = 0$$

Para calcular a integral de volume, necessita-se calcular o divergente do vetor $\vec{F}$, que dá:

$$\nabla \cdot \vec{F} = \frac{\partial}{\partial x}\left(\frac{y}{3}\right) + \frac{\partial}{\partial y}(-2x) + \frac{\partial}{\partial z}(0)$$

$$\nabla \cdot \vec{F} = 0$$

Daí, utilizando este resultado, calcula-se o outro lado do Teorema da Divergência:

$$\int_{vol} \nabla \cdot \vec{F} dv = \int_{-1,5}^{1,5}\int_{-1,5}^{1,5}\int_{-1,5}^{1,5} 0 dxdydz$$

$$\int_{vol} \nabla \cdot \vec{F} dv = 0 = \oint_S \vec{F} \cdot d\vec{S}.$$

b) Sendo o campo definido por $\vec{F} = r\vec{a_r} - 2\vec{a_z}$, em um cilindro centrado na origem de raio $r = 1\ m$ e altura $h = 2\ m$, tem-se que a integral de superfície fechada é dada pela soma das integrais de topo, de base e lateral:

$$\oint_S \vec{F} \cdot d\vec{S} = \int_0^1\int_0^{2\pi}\left(r\vec{a_r} - 2\vec{a_z}\right) r d\phi dr \vec{a_z}\Big|_{z=-1} + \int_0^1\int_0^{2\pi}\left(r\vec{a_r} - 2\vec{a_z}\right) r d\phi dr\left(-\vec{a_z}\right)\Big|_{z=1} + \int_{-1}^1\int_0^{2\pi}\left(r\vec{a_r} - 2\vec{a_z}\right) r d\phi dz \vec{a_r}\Big|_{r=1}$$

$$= \left\{\left(-r^2\Big|_0^1 (\phi\Big|_0^{2\pi}\right|_{z=-1} + \left\{\left(r^2\Big|_0^1 (\phi\Big|_0^{2\pi}\right|_{z=1} + \left\{r^2(\phi\Big|_0^{2\pi} (z\Big|_{-1}^1\right|_{r=1}$$

$$= 4\pi.$$

Calculando o divergente do campo, encontra-se:

$$\nabla \cdot \vec{F} = \frac{1}{r}\frac{\partial}{\partial r}(r \times r) + \frac{1}{r}\frac{\partial}{\partial \phi}(0) + \frac{\partial}{\partial z}(-2)$$

$$\nabla \cdot \vec{F} = 2,$$

que, utilizando na integral de volume do cilindro na região dada, resulta:

$$\int_{vol} \nabla \cdot \vec{F} dv = \int_0^1\int_0^{2\pi}\int_{-1}^1 2r dz d\phi dr$$

$$\int_{vol} \nabla \cdot \vec{F} dv = 4\pi = \oint_S \vec{F} \cdot d\vec{S}.$$

Ou seja, mais uma vez, é verificado que as duas integrais resultam no mesmo valor, satisfazendo o Teorema da Divergência.

c) Neste caso, a região é esférica, sendo o campo vetorial definido por $\vec{F} = \frac{r^3}{5}\vec{a_r}$. Desde que a região é definida como sendo uma esfera de raio unitário, centrada na origem, tem-se:

$$\oint_S \vec{F} \cdot d\vec{S} = \int_0^{\pi}\int_0^{2\pi} \frac{r^3}{5}\vec{a_r} \cdot r^2 \text{sen}\theta d\phi d\theta \vec{a_r}\Bigg|_{r=1}$$

$$= \left\{\frac{r^5}{5}(\phi|_0^{2\pi}(-\cos\theta|_0^{\pi}\right|_{r=1}$$

$$= \frac{4\pi}{5}.$$

Calculando o divergente do campo vetorial, encontra-se:

$$\nabla \cdot \vec{F} = \frac{1}{r^2}\frac{\partial}{\partial r}\left(r^2 \times \frac{r^3}{5}\right) + \frac{1}{r\text{sen}\theta}\frac{\partial}{\partial\theta}(\text{sen}\theta \times 0) + \frac{1}{r\text{sen}\theta}\frac{\partial}{\partial\phi}(0)$$

$$\nabla \cdot \vec{F} = r^2,$$

que, integrando no volume definido, tem como resultado:

$$\int_{vol} \nabla \cdot \vec{F} dv = \int_0^1\int_0^{2\pi}\int_0^{\pi} r^2 \times r^2 \text{sen}\theta d\theta d\phi dr$$

$$\int_{vol} \nabla \cdot \vec{F} dv = \frac{4\pi}{5} = \oint_S \vec{F} \cdot d\vec{S}.$$

Assim, pode-se ver que o resultado será sempre o mesmo, utilizando a integral de superfície fechada ou a integral de volume do divergente do campo. Naturalmente, utiliza-se a integral de superfície quando o campo é simples, tendo uma superfície bem definida (caso da Lei de Gauss, que é utilizada para problemas com alta simetria). Quando há dificuldade de definir a superfície fechada (observe que, no caso da região cartesiana, o número de integrais é seis e da cilíndrica é três, podendo haver regiões mais complexas), a utilização do divergente do campo e sua integração no volume torna-se mais simples, podendo ser realizada sem problemas.

2.4 Experimentos com Cargas Elétricas e Campos Elétricos

Experimento 2.1: Experimento de Faraday

Para comprovar a Lei de Gauss, o experimento de Faraday é essencial.

Utilizando-se de um gerador de cargas, pode-se carregar uma esfera metálica presa em um fio de nylon ou presa em uma haste de acrílico. Após carregar esta esfera metálica, aproximam-se duas semi-esferas de tela de arame interligadas por um fio, envolvendo a esfera carregada, até que as duas semi-esferas se juntem o máximo possível, formando uma esfera oca, mas sem tocar a esfera carregada. Com esta aproximação, toca-se a tela de arame (esfera externa feita de tela de arame) com um fio ligado à terra e desconecta-se o fio terra. Após isto feito, separam-se as duas semi-esferas e utiliza-se um dos medidores de cargas desenvolvidos no Capítulo 1 para medir a carga da esfera interna e das semi-esferas de tela de arame. A carga induzida, atraída pelo fluxo elétrico gerado pela esfera interna carregada, deve apresentar dividida entre as semi-esferas, e com sinal contrário. Pode ser que, por efeito de fugas de cargas no experimento, haja diferença entre a carga total das duas semi-esferas e a da esfera que é carregada inicialmente (a que fica interna no experimento). Este experimento pode ser visto na Figura 2.9.

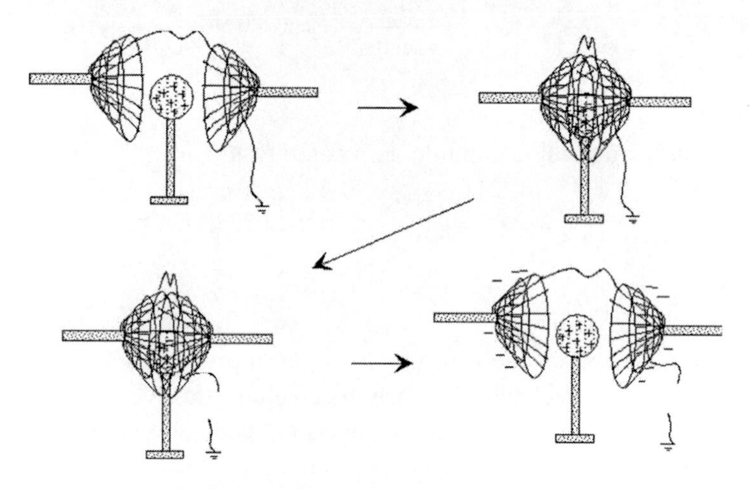

Figura 2.9: Experimento de Faraday.

Experimento 2.2: Visualização das Linhas de Fluxo Elétrico

A visualização das linhas de fluxo elétrico pode ser feita utilizando o Experimento 2.1 (experimento de Faraday) colocando-se na esfera interna fios de cabelo ou de algodão (como no Experimento 1.11) e aproximando-se as semi-esferas de tela de arame interligadas entre si, e ligadas a terra. O efeito da visualização das linhas de campo torna-se mais intenso, como se fosse o fluxo elétrico que sai da carga da esfera interna (esfera metálica carregada inicialmente) em direção à carga externa (na esfera formada pelas semi-esferas de tela de arame).

Experimento 2.3: Comprovando a Lei de Gauss

Com o experimento de Faraday, comprova-se a Lei de Gauss: o fluxo que atravessa uma superfície fechada é igual à carga envolvida. Assim, utilizando-se de pequenas esferas metálicas isoladas da terra por hastes de acrílico, ou penduradas por fios de nylon e separadas entre si, carregadas com cargas diferentes (positivas e negativas, geradas por geradores de cargas distintos), pode-se envolver estas pequenas esferas como um todo, com as duas semi-esferas de tela de arame, das quais uma é tocada com um fio terra para que o resultante do fluxo elétrico provindo das cargas internas (das pequenas esferas carregadas) atraia cargas contrárias para a esfera externa (ver Figura 2.10). Ao se medirem as cargas de cada pequena esfera e somá-las, o valor total deverá ser o da carga induzida na esfera externa (os passos para a carga da semi-esferas de arame são os mesmos do experimento de Faraday).

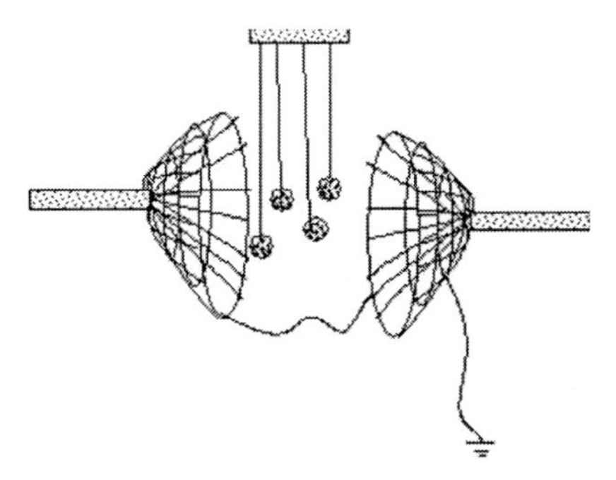

Figura 2.10 Comprovando a Lei de Gauss.

2.5 Exercícios

2.1) Calcule $\vec{D}$ para:

a) Uma linha de carga ao longo do eixo z, utilizando um cilindro de raio r como superfície gaussiana;
b) Uma superfície cilíndrica de cargas ρ_S de raio $r = a$, centrada no eixo z, utilizando um cilindro de raio r; $r > a$, como superfície gaussiana;
c) Uma superfície esférica de carga ρ_S com $r = a$, centrada na origem, utilizando uma esfera de raio $r > a$, como superfície gaussiana.

2.2) Calcule $\vec{D}$ no ponto (3, –5, –2), considerando que há uma carga pontual de $Q_1 = -3\ \mu C$ no ponto (2, 0, –4), uma carga pontual $Q_2 = 8\ nC$ no ponto (4, 2, 3), uma linha de carga no eixo y, com $\rho_L = -220\ nC/m$ e uma superfície de cargas em $z = 7$, com $\rho_S = 380\ nC/m^2$. Recalcule para a troca de posição entre as cargas pontuais Q_1 e Q_2.

2.3) Considerando que haja uma carga pontual de $Q_1 = -2\ \mu C$ no ponto (2, –1, –4), uma carga pontual $Q_2 = -6\ nC$ no ponto (–3, 2, 5), uma linha de carga no eixo y, com $\rho_L = 210\ nC/m$ e uma superfície de cargas em $z = 10$, com $\rho_S = 300\ nC/m^2$, calcule o fluxo total que deixa a superfície fechada:

a) Cilindro centrado na origem de raio $r = 9\ m$, $-4 \leq z \leq 10$;
b) Cilindro centrado no ponto (–1, –6, 0) de raio $r = 12\ m$, $-7 \leq z \leq 12$;
c) Esfera centrada na origem de raio $r = 14\ m$;
d) Esfera centrada no ponto (2, –4, 3) de raio $r = 10\ m$;
e) Cubo centrado na origem de lado $l = 22\ m$;
f) Cubo centrado no ponto (4, 2, 3) de lado $l = 25\ m$.

2.4) Considerando uma carga pontual de 150 nC, na origem dos eixos coordenados, que quantidade de fluxo passa pela porção:

a) Da superfície esférica centrada na origem, de raio unitário, descrita por $0 \leq \theta \leq \pi/2$, $0 \leq \phi \leq \pi/2$?
b) Da superfície esférica centrada na origem, de raio unitário, descrita por $\pi/5 \leq \theta \leq \pi/3$, $\pi/6 \leq \phi \leq \pi/3$?
c) Da superfície esférica centrada na origem, de raio unitário, descrita por $\pi/7 \leq \theta \leq \pi/3$, $\pi/9 \leq \phi \leq \pi/3$?

2.5) Considerando uma linha de carga centrada no eixo z com $\rho_L = -80\ \mu C/m$, que quantidade de fluxo passa pela porção:

a) da superfície cilíndrica centrada no eixo z, de raio unitário, descrita por $0 \leq z \leq 5$, $\pi/5 \leq \phi \leq \pi/3$?
b) da superfície cilíndrica centrada no eixo z, de raio unitário, descrita por $-4 \leq z \leq 7$, $\pi/3 \leq \phi \leq 2\pi/3$?
c) da superfície cilíndrica centrada no eixo z, de raio unitário, descrita por $-3 \leq z \leq -1$, $\pi/8 \leq \phi \leq 2\pi/5$?

2.6) Se existe ρ_S em $y = 0$ e $-\rho_S$ em $y = y_0$, calcular $\vec{D}$ em:

a) $y < 0$;
b) $0 < y < y_0$;
c) $y > y_0$.

2.7) Qual a quantidade de fluxo elétrico que atravessa as respectivas porções dos planos definidos como: (1) $z = 4$, para o qual $0 \le x \le 3$, $-2 \le y \le 1$; (2) $z = -3$, para o qual $-1 \le x \le 3$, $2 \le y \le 6$; (3) $x = 5$, para o qual $0 \le y \le 4$, $-1 \le z \le 1$; (4) $x = -2$, para o qual $-3 \le y \le 4$, $-1 \le z \le 3$; (5) $y = 3$, para o qual $-2 \le x \le 3$, $-5 \le z \le 3$; (6) $y = -5$, para o qual $0 \le x \le 2$, $0 \le z \le 7$, para as densidades de fluxo:

a) $\vec{D} = 3x^2 z\vec{a_x} - 2y^2 z\vec{a_y} - y\sqrt{z}\vec{a_z}$;
b) $\vec{D} = -2yz^3\vec{a_x} + 5x^2 z\vec{a_y} - 2x\vec{a_z}$;
c) $\vec{D} = 5xyz\vec{a_x} + 3xz^2\vec{a_y} + 7z\sqrt{x}\vec{a_z}$.

2.8) Considerando a distância da carga, esta pode ser vista como uma superfície ou como uma carga pontual. Utilize uma superfície gaussiana para calcular $\vec{D}$ e $\vec{E}$ para uma distribuição de carga superficial $\rho_S = (y+1)e^{3x+2y} + (x-1)^2\ C/m^2$, localizada em $z = 0$ e confinada por $-25 \le x \le 25$ e $-10^{-4} \le y \le 10^{-4}\ m$ nos pontos:

a) $(0, 0, 10^{-6})$;
b) $(0, 0, 10^{-1})$;
c) $(0, 0, 10^{3})$.

2.9) Se a região esférica $0 \le r \le 3$ apresenta uma densidade volumétrica de cargas $\rho = -2r^3 + r^{-1}\ C/m^3$, para $3 < r \le 5$; $\rho = 4\sqrt{(r+1)/3}$ e $\rho = 0$ para $r > 5$, calcule, através da Lei de Gauss, o valor de D_r para:

a) $r \le 3$;
b) $3 < r \le 5$;
c) $r > 5$.

2.10) Considerando que haja uma linha de cargas com $\rho_L = 12\ nC/m$ e duas superfícies cilíndricas $r = a$ e $r = b$, $b > a$, respectivamente com $\rho_{sa} = -5\ nC/m^2$ e $\rho_{sb} = 3\ mC/m^2$, todas centradas no eixo z, calcule $\vec{D}$ através da Lei de Gauss para:

a) $0 < r < a$;

b) $a < r < b$;

c) $r > b$;

d) Refaça os cálculos retirando a linha de cargas;

e) Qual o valor de uma linha de cargas que colocada no eixo z faz $\vec{D} = 0$ para $r > b$?

2.11) Sendo as superfícies esféricas de cargas centradas na origem: $-12\ nC/m^2$ para $r = 3$; $1{,}3\ \mu C/m^2$ para $r = 5$; $-195\ nC/m^2$ para $r = 8$ e $-3\ \mu C/m^2$ para $r = 12$, calcule, através da Lei de Gauss, o valor de $\vec{D}$ para todas as regiões ($r < 3$; $3 < r < 5$; $5 < r < 8$; $8 < r < 12$; $r > 12$). Refaça os cálculos, considerando a inclusão de uma carga pontual na origem $Q = -5\ mC$.

2.12) Calcule a divergência de $\vec{D}$ na origem, no ponto $(5, -3, 4)$ e no ponto $(10; 0{,}5; 2)$, considerando:

a) $\vec{D} = \dfrac{x^3y^2}{3}\vec{a_x} + zy^3\vec{a_y} - \dfrac{4x^3y}{z+1}\vec{a_z}$;

b) $\vec{D} = -\dfrac{rz^2}{3}\vec{a_r} + z^2 r\,\text{sen}^2\phi\,\vec{a_\phi} + \dfrac{3r^2z^3}{1+\text{sen}\phi}\vec{a_z}$;

c) $\vec{D} = \dfrac{\theta\cos^2\phi}{r^2+1}\vec{a_r} - \text{sen}\phi\cos\theta\, r^2\vec{a_\theta} + \dfrac{6\phi^3}{\cos(\theta+\pi/3)}\vec{a_\phi}$.

2.13) Utilize o Teorema da Divergência para ver qual a melhor forma de calcular a carga na região dada, se as densidades de fluxo são:

a) $\vec{D} = \dfrac{x^3\sqrt[3]{y}}{2}\vec{a_x} - \dfrac{z^2y^2}{4}\vec{a_y} + xz^2\cos^2(x+y)\vec{a_z}$ em um cubo centrado na origem de lado $l = 4\ m$;

b) $\vec{D} = -r^2z\vec{a_r} + \dfrac{r^{5/2}}{4}\cos^2\phi\,\vec{a_\phi} + \dfrac{2z^3}{1-\text{sen}\phi}\vec{a_z}$ em um cilindro centrado na origem de altura $h = 2\ m$ e raio $r = 1\ m$;

c) $\vec{D} = \dfrac{\text{sen}^2\phi}{r^2}\vec{a_r} + r^3\cos^2\phi\,\text{sen}\theta\,\vec{a_\theta} - 3\phi^3\text{sen}\theta\,\vec{a_\phi}$ em uma esfera centrada na origem de raio $r = 5\ m$.

2.14) Se $\vec{D} = D_x\vec{a_x}$ e $\nabla\cdot\vec{D} = x^3 - 2xy + \sqrt{xz}$, qual a solução geral para $\vec{D}$? Solucione este mesmo problema para $\vec{D} = D_x\vec{a_x} + D_y\vec{a_y}$. Solucione o mesmo problema para $\vec{D} = D_y\vec{a_y}$ e $\vec{D} = D_z\vec{a_z}$. Repita novamente todas as soluções para $\nabla\cdot\vec{D} = xy^2 + 3x^2z + x^3yz$.

Capítulo 3

Potencial e Energia no Campo Elétrico

São apresentados, neste capítulo, os conceitos de potencial elétrico e diferença de potencial e sua forma de calcular por meio das integrais de linha, utilizando o campo elétrico, bem como o cálculo do campo elétrico por meio do potencial, utilizando o gradiente do potencial. Também, são estudados os campos dos dipolos elétricos e, por fim, a energia armazenada nos campos eletrostáticos. Exemplos resolvidos e experimentos são apresentados para melhorar o entendimento da teoria.

3.1 Trabalho de uma Carga em Movimento

Como entre duas cargas existe uma força, observa-se que, para manter a carga que é aproximada da outra parada, deve-se aplicar uma força de sentido contrário e de mesma intensidade. Entretanto, se esta força for incrementada de um valor infinitesimal, haverá a realização de trabalho, pois estará havendo acúmulo de energia: a distância entre as cargas está reduzindo, e a força, que é inversamente proporcional ao quadrado da distância, conseqüentemente, está aumentando. Ou seja, se há variação na energia, é porque a aplicação da força está realizando trabalho, da mesma forma que a aplicação de uma força para comprimir uma mola. No caso do campo elétrico, cada caminho diferencial na linha do campo define uma variação na energia sobre a carga. Somando todas as contribuições em um caminho completo entre dois pontos, a contribuição total do trabalho só existe enquanto se anda na linha do campo (não perpendicular a elas). Dessa forma, o trabalho é definido da mesma forma que o trabalho na mecânica:

$$W = \int \vec{F} \cdot d\vec{L} \, [J]$$

mas como a força entre duas cargas é $\vec{F} = Q\vec{E}$, e a força aplicada à carga para aproximá-la é contrária à força entre elas: $\vec{F} = -Q\vec{E}$, então o trabalho pode ser escrito como:

$$W = -Q\int_{inicial}^{final} \vec{E} \cdot d\vec{L} \, [J]$$

em que, geralmente, se considera um ponto B como sendo o ponto inicial e o ponto A como o ponto final do caminho percorrido.

Os caminhos nos três sistemas de coordenadas são:

- $d\vec{L} = dx\overrightarrow{a_x} + dy\overrightarrow{a_y} + dz\overrightarrow{a_z}$ (coordenadas cartesianas);
- $d\vec{L} = dr\overrightarrow{a_r} + rd\phi\overrightarrow{a_\phi} + dz\overrightarrow{a_z}$ (coordenadas cilíndricas);
- $d\vec{L} = dr\overrightarrow{a_r} + rd\theta\overrightarrow{a_\theta} + r\text{sen}\theta d\phi\overrightarrow{a_\phi}$ (coordenadas esféricas).

Com estes caminhos vetoriais, percebe-se o porquê do trabalho só ser realizado quando se caminha na linha do campo, pois o produto escalar entre a força e o caminho garante que só a parte que se encontra na mesma direção é que permanece para ser integrada.

Deve-se observar que o campo elétrico é um campo conservativo, pois satisfaz a condição de que, para qualquer percurso fechado (sair de um ponto e voltar a ele mesmo por qualquer trajetória), não há variação de energia (ou não há realização de trabalho), ou seja,

$$W = -Q\int_B^A \vec{E}\cdot d\vec{L} = 0\text{, se } A = B.$$

Exemplo 3.1: Seja o campo elétrico de uma carga pontual $Q_1 = 10\mu C$:

$$\vec{E} = \frac{10^{-5}}{4\pi\varepsilon_0 r^2}\overrightarrow{a_r}$$

e considere a carga pontual $Q_2 = 100\ nC$ colocada na posição $r = 10\ m$ e movimentada ao longo de um circuito fechado com este valor de raio sob o plano xy. A energia nesta carga Q_2 é:

$$W = -10^{-7}\int_0^{2\pi} \frac{10^{-5}}{4\pi\varepsilon_0 r^2}\overrightarrow{a_r}\cdot r\text{sen}\theta d\phi\overrightarrow{a_\phi} = 0,$$

pois $d\vec{L} = r\text{sen}\theta d\phi\overrightarrow{a_\phi}$ (giro de 2π com r constante sobre o plano xy, ou $\theta = 90^\circ$, em coordenadas esféricas). Ou seja, mantendo o raio constante, a distância entre as cargas é a mesma, não havendo variação de energia na carga Q_2. Porém, considerando-se que a trajetória é uma espiral definida por

$$d\vec{L} = r\text{sen}\theta d\phi\overrightarrow{a_\phi} + dr\overrightarrow{a_r};$$

com ϕ variando de 0 a 6π (três voltas completas) e r variando de 10 m a 7 m (variação de 1 m por volta), então, tem-se

$$W = -10^{-7}\left[\int_0^{6\pi} \frac{10^{-5}}{4\pi\varepsilon_0 r^2}\overrightarrow{a_r} \cdot r\text{sen}\theta d\phi\,\overrightarrow{a_\phi} + \int_{10}^{7} \frac{10^{-5}}{4\pi\varepsilon_0 r^2}\overrightarrow{a_r} \cdot dr\overrightarrow{a_r}\right]$$

$$= -10^{-7}\int_{10}^{7} \frac{10^{-5}}{4\pi\varepsilon_0 r^2}dr = -\frac{10^{-12}}{4\pi\varepsilon_0}\int_{10}^{7}\frac{1}{r^2}dr = -\frac{10^{-12}}{4\pi\varepsilon_0}\left[-\frac{1}{r}\right]_{10}^{7} = \frac{10^{-12}}{4\pi\varepsilon_0}\left[\frac{1}{7}-\frac{1}{10}\right] = 3{,}8519\times 10^{-4} J$$

o que mostra que a energia só depende da aproximação direta das cargas (a rotação ao redor de cargas pontuais não surte efeito na energia).

Exemplo 3.2: Considere o campo elétrico definido por:

$$\vec{E} = \left(y^2 + y\right)\overrightarrow{a_x} - x\overrightarrow{a_y} V/m.$$

Explique como é possível mover uma carga Q da origem ao ponto (2, –1, 0) sem ganhar ou perder energia, ou seja, qual o percurso a ser percorrido, neste campo.

Como o caminho no espaço vetorial é definido por passos diferenciais nas direções do sistema de coordenadas adotado, então a forma de encontrar os caminhos é somando as integrais em cada direção. A equação do trabalho é dada por:

$$W = -Q\int_B^A \vec{E} \cdot d\vec{L}$$

$$W = -Q\int_{(0,0,0)}^{(2,-1,0)} \left(\left(y^2 + y\right)\overrightarrow{a_x} - x\overrightarrow{a_y}\right) \cdot \left(dx\overrightarrow{a_x} + dy\overrightarrow{a_y} + dz\overrightarrow{a_z}\right)$$

$$W = -Q\left[\int_0^2 \left(y^2 + y\right)dx + \int_0^{-1} xdy\right]$$

pois o campo só apresenta componentes em x e y. Assim, há dois caminhos possíveis de serem seguidos para encontrar qual não realiza trabalho: (1) caminhar primeiro na direção x, mantendo o valor de y constante no valor inicial e depois que chegar ao destino em x (valor final de x, que é 2) caminhar na direção y, até seu ponto final; (2) inverter o caminho (1). Dessa forma, fazendo a primeira trajetória, encontra-se:

$$W = -Q\left[\int_0^2 \left(y^2 + y\right)dx\Big|_{y=0} + \int_0^{-1} xdy\Big|_{x=2}\right]$$

$$W = -Q\left[\int_0^2 0dx + \int_0^{-1} 2dy\right]$$

$$W = -Q\left[0 + 2y\Big|_0^{-1}\right] = 2Q \neq 0.$$

Assim, o primeiro caminho realiza trabalho, não sendo o desejado. Resolvendo para o segundo caminho, encontra-se:

$$W = -Q\left[\int_0^{-1} xdy\Big|_{x=0} + \int_0^2 \left(y^2 + y\right)dx\Big|_{y=-1}\right]$$

$$W = -Q\left[\int_0^{-1} 0dy + \int_0^2 0dx\right]$$

$$W = 0.$$

Logo, o percurso a ser tomado para não haver realização de trabalho é o segundo: primeiro andar na direção y de 0 até –1, mantendo $x = 0$, depois andar na direção x de 0 até 2, mantendo $y = -1$.

Exemplo 3.3: Calcule o trabalho realizado para mover uma carga $Q = 10\ nC$ no campo

$$\vec{E} = 5r^2\,\overrightarrow{a_r} + 4z\cos\phi\,\overrightarrow{a_\phi} - 2r\overrightarrow{a_z}\,V/m$$

a) Do ponto (3, 30°, –1) até o ponto (2, 230°, –6), por dois caminhos diferentes;
b) Desenhe os caminhos percorridos em cada caso;
c) Explique por que o valor de W depende do caminho percorrido neste caso.

Conforme citado no *Exemplo 3.2*, o caminho a ser percorrido deve ser identificado pela seqüência das coordenadas, ou a seqüência de resolução das integrais. Ou seja, neste caso, tem-se:

a) A integral de linha dá:

$$W = -Q\int_B^A \vec{E}\cdot d\vec{L}$$

$$W = -10^{-8}\int_{(3,30^\circ,-1)}^{(2,230^\circ,-6)}\left(5r^2\vec{a_r} + 4z\cos\phi\,\vec{a_\phi} - 2r\vec{a_z}\right)\left(dr\vec{a_r} + rd\phi\,\vec{a_\phi} + dz\vec{a_z}\right)$$

$$W = -10^{-8}\left[\int_3^2 5r^2 dr + \int_{30^\circ}^{230^\circ} 4zr\cos\phi d\phi - \int_{-1}^{-6} 2rdz\right]$$

que, escolhendo o caminho $r \rightarrow \phi \rightarrow z$, encontra-se como resultado:

$$W_1 = -10^{-8}\left[\left\{\left.\frac{5r^3}{3}\right|_3^2\right\}\Bigg|_{\phi=30^\circ,z=-1} + \left\{4zr\text{sen}\phi\Big|_{30^\circ}^{230^\circ}\right\}\Bigg|_{r=2,z=-1} - \left\{2rz\Big|_{-1}^{-6}\right\}\Bigg|_{r=2,\phi=30^\circ}\right]$$

$$W_1 = -10^{-8}\left[-31{,}6667 + 10{,}1284 + 20\right]$$

$$W_1 = 1{,}5384\times 10^{-8}\,J.$$

Escolhendo agora um segundo caminho como sendo $z \rightarrow r \rightarrow \phi$, encontra-se como resultado:

$$W_1 = -10^{-8}\left[-\left\{2rz\Big|_{-1}^{-6}\right\}\Bigg|_{r=3,\phi=30^\circ} + \left\{\left.\frac{5r^3}{3}\right|_3^2\right\}\Bigg|_{\phi=30^\circ,z=-6} + \left\{4zr\text{sen}\phi\Big|_{30^\circ}^{230^\circ}\right\}\Bigg|_{r=2,z=-6}\right]$$

$$W_1 = -10^{-8}\left[30 - 31{,}6667 + 60{,}7704\right]$$

$$W_1 = -5{,}9104\times 10^{-7}\,J.$$

b) O desenho dos caminhos percorridos é apresentado na Figura 3.1, em que se observa, na seqüência das setas, a direção tomada em cada caso.

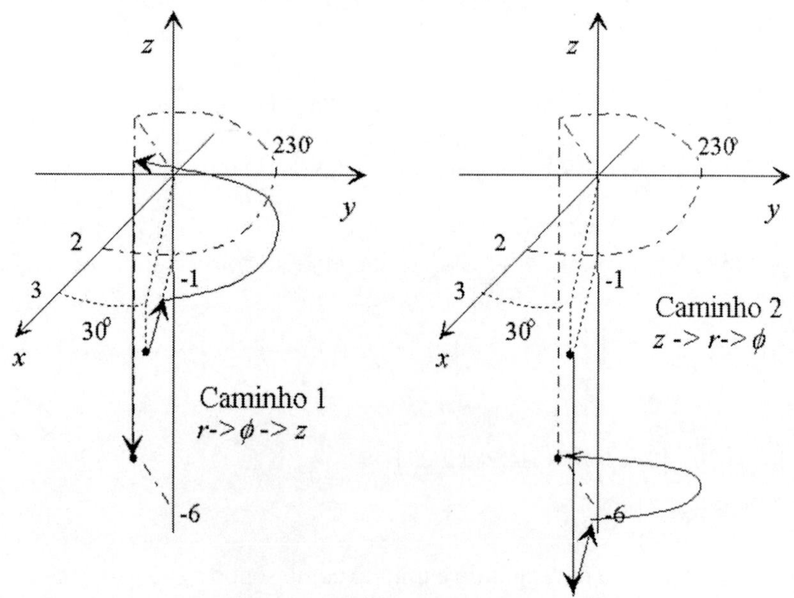

Figura 3.1: Caminhos percorridos em um campo.

c) Observa-se que o valor do trabalho W depende do caminho percorrido devido ao fato de que o campo varia em todas as direções, com várias das coordenadas do sistema em cada uma delas. Deve-se observar que este campo é conservativo, desde que, para qualquer que seja a trajetória assumida, o trabalho será nulo se nesta trajetória o ponto final for o mesmo ponto inicial.

3.2 Potencial Elétrico

Da mesma forma que o campo gravitacional, o campo elétrico também apresenta seu campo potencial. O campo potencial determina a existência de energia em qualquer ponto do campo. No caso do campo elétrico, este campo potencial é determinado pela integral de linha:

$$V_{AB} = V_A - V_B = \int_B^A \vec{E} \cdot d\vec{L} \; [V]$$

em que os limites B e A referem-se aos pontos inicial e final, respectivamente, para se medir a diferença de potencial entre dois pontos de um campo elétrico. A unidade do potencial é o Volt $[V]$. Também, vê-se que se for tomado um ponto B como referencial de potencial nulo ($V_B = 0$), encontra-se o potencial em um ponto de um campo elétrico:

$$V = \int \vec{E} \cdot d\vec{L} \, [V].$$

Pode-se observar que o potencial é dado por:

$$V = \frac{W}{Q} = \int \vec{E} \cdot d\vec{L} \, [V].$$

O potencial, conforme já citado anteriormente, é similar à energia potencial gravitacional, e depende unicamente dos pontos iniciais e finais do percurso realizado no campo. O produto escalar na equação do potencial garante que só há variação do potencial quando se caminha na linha do campo elétrico, pois quando o caminho é perpendicular a esta linha, este produto anula os termos. Exemplo típico é o potencial de uma carga pontual. Como o campo desta é radial esférico, se o caminho for realizado nas coordenadas θ e ϕ, ao invés de ser na coordenada *r*, está se caminhando sobre uma superfície de mesmo potencial, ou equipotencial, como é denominada.

Exemplo 3.4: Calcule o potencial (V_A e V_B) e a diferença de potencial (V_{AB}) para uma carga $Q = 20\ nC$ na origem, se A (5, 9, 12) e B (–3, 2, 8).

Para uma carga pontual, o potencial num ponto é dado por:

$$V = \frac{Q}{4\pi\varepsilon_0 r}.$$

Logo, como o raio r é esférico, tem-se:

$$r_A = \sqrt{25 + 81 + 144} = 15{,}8114$$

$$r_B = \sqrt{9 + 4 + 64} = 8{,}775$$

que dá:

$$V_A = \frac{2 \times 10^{-8}}{4\pi\varepsilon_0 (15{,}8114)} = 11{,}3687\,V$$

$$V_B = \frac{2 \times 10^{-8}}{4\pi\varepsilon_0 (8{,}775)} = 20{,}4849\,V$$

e

$$V_{AB} = V_A - V_B = 11{,}3687 - 20{,}4849 = -9{,}1162\,V.$$

Exemplo 3.5: Qual a diferença de potencial entre os pontos A (3, –5, 4) e B (4, –3, –2) se no espaço existe uma linha de cargas $\rho_L = 3\ nC/m$, paralela ao eixo z?

Para uma linha de cargas, o potencial é dado por:

$$V = -\int_B^A \vec{E} \cdot d\vec{L} = -\int_B^A \frac{\rho_L}{2\pi\varepsilon_0 r} dr = \frac{\rho_L}{2\pi\varepsilon_0} \ln\left(\frac{B}{A}\right).$$

Logo, substituindo os dados na equação do potencial, encontra-se:

$$r_A = \sqrt{9+25} = 5{,}831$$

$$r_B = \sqrt{16+9} = 5$$

$$V = \frac{3 \times 10^{-9}}{2\pi\varepsilon_0} \ln\left(\frac{5}{5{,}831}\right) = -8{,}2912\,V.$$

Exemplo 3.6: Com as cargas $Q = 10\ \mu C$ em $y = 10$, $Q = -15\ nC$ em $z = 12$, encontre o potencial na origem, se:

a) $V(\infty) = 0$;
b) $V(1; 2; 0) = 0$;
c) $V(2; -4; 3) = 8$.

Para este problema, o potencial na origem é a soma dos potenciais de cada carga. Assim, tem-se:

a) Como o referencial de potencial nulo é o infinito, então:

$$V = \sum V_i = \frac{Q_1}{4\pi\varepsilon_0 r_1} + \frac{Q_2}{4\pi\varepsilon_0 r_2} = \frac{10^{-5}}{4\pi\varepsilon_0 10} - \frac{1{,}5 \times 10^{-9}}{4\pi\varepsilon_0 12} = 8987{,}7424 - 1{,}1235 = 8986{,}619\,V.$$

b) Neste caso, o referencial nulo é o ponto (1, 2, 0). Dessa forma, utiliza-se a equação da diferença de potencial para cargas pontuais:

$$V = \sum V_i = \frac{Q_1}{4\pi\varepsilon_0}\left(\frac{1}{10} - \frac{1}{\sqrt{5}}\right) + \frac{Q_2}{4\pi\varepsilon_0}\left(\frac{1}{12} - \frac{1}{\sqrt{5}}\right) = -31206{,}6635 - 4{,}9058 = -31211{,}5693\,V.$$

c) Aqui, como é dado o potencial no ponto (2, -4, 3), então, aplicando a diferença de potencial entre a origem e o ponto dado, tem-se o resultado:

$$V = \sum V_i = \left(\frac{Q_1}{4\pi\varepsilon_0 10} + \frac{Q_2}{4\pi\varepsilon_0 12}\right) - 8 = 8978{,}619\,V.$$

Observe que, neste caso, se existe um potencial em um ponto definido, este potencial é devido às cargas presentes, e que geram o potencial na origem que se deseja calcular. Dessa forma, é necessário apenas utilizar a diferença de potencial, que o resultado é encontrado.

Exemplo 3.7: Sendo $V = Ar^2 + B\cos\phi$, em coordenadas cilíndricas, calcule A e B, se:

a) $V = 0$ em $x = 3$;
b) $V = 0$ em $y = 30$ e $V = 50$ em $x = -12$;
c) $V = 5$ no ponto (3, 5, 0) e $V = 20$ no ponto (– 2, 8, 0).

A solução deste problema é baseada nas condições de contorno dadas. Como o potencial está dado em coordenadas cilíndricas, os pontos dos dados devem ser convertidos para o mesmo sistema, desde que estão em coordenadas cartesianas. Assim, tem-se:

a) O potencial é zero em $x = 3$, que indica $r = 3$ e $\phi = 0^o$. E, dessa forma, encontra-se como solução a equação:

$$V = A(3)^2 + B\cos(0^o)$$
$$0 = 9A + B$$
$$B = -9A.$$

Ou seja, como não outra condição de contorno, há apenas uma equação com duas incógnitas, o que determina infinitas soluções para o problema. Assim, fora a solução trivial ($A = B = 0$), para qualquer valor que seja dado para A, encontra-se um valor para B que satisfaz o problema.

b) Utilizando o mesmo procedimento do item *a*, encontram-se duas equações:

- Para a primeira condição de contorno, o potencial é zero em $y = 3$, que indica em coordenadas cilíndricas: $r = 3$ e $\phi = 90^o$. Logo,

$$V = A(3)^2 + B\cos(90^o)$$
$$0 = 9A + B\,(0)$$
$$A = 0,$$

- E, para a segunda condição, o ponto $x = -12$ é visto como $r = 12$ e

$\phi = 180^o$. Daí, tem-se:

$$V = A\,(12)^2 + B\cos(180^o)$$
$$50 = 9A + B\,(-1)$$
$$B = 9A - 50,$$

e como $A = 0$ da solução da primeira equação, então:

$$B = -\,50.$$

c) Para este caso, a conversão dos pontos dá:

- (3, 5, 0) é o ponto:

$$r = \sqrt{9+25} = \sqrt{34}$$
$$\phi = \arctan\frac{5}{3} = 59{,}04^o$$
$$z = 0$$

- (–2, 8, 0) é o ponto:

$$r = \sqrt{4+64} = \sqrt{68}$$
$$\phi = \arctan\frac{8}{-2} = 104{,}04^o$$
$$z = 0$$

Daí, tem-se, para o primeiro ponto:

$$V = A(\sqrt{34})^2 + B\cos(59{,}04^o)$$
$$5 = 34A + B\,(0{,}5144)$$

e, para o segundo ponto, tem-se:

$$V = A(\sqrt{68})^2 + B\cos(104{,}04^o)$$
$$20 = 68A + B\,(-0{,}2426)$$

Logo, tendo duas equações e duas incógnitas, encontram-se como resultados para A e B:

$$A = 0{,}2661$$
$$B = -7{,}8654$$

3.3 Gradiente do Potencial Elétrico

Tendo definido o campo potencial por meio da integral de linha do campo elétrico em um caminho, é necessário determinar como se calcula o campo elétrico a partir de um dado campo potencial. A função que determina isto é o gradiente do potencial elétrico. O gradiente é definido como sendo o vetor que indica a direção da máxima variação de um campo potencial escalar. E como o campo potencial elétrico é um campo escalar, então, aplicando o gradiente, encontra-se um vetor que dá sua máxima variação, que é a direção contrária ao crescimento do campo elétrico. Observe que para encontrar o campo potencial elétrico a partir do campo elétrico, há o sinal negativo. Logo, o gradiente aplicado à V define o campo elétrico a partir da equação:

$$\vec{E} = -\nabla V,$$

que, de acordo com o operador ∇, deve-se derivar completamente o potencial V em relação a cada uma das componentes do sistema de coordenadas utilizado, dando a respectiva direção em cada derivada. Ou seja:

- Em coordenadas cartesianas:

$$\vec{E} = -\nabla V = -\frac{\partial V}{\partial x}\vec{a_x} - \frac{\partial \vec{a_x}}{\partial y}\vec{a_y} - \frac{\partial V}{\partial z}\vec{a_z},$$

- Em coordenadas cilíndricas:

$$\vec{E} = -\nabla V = -\frac{\partial V}{\partial r}\vec{a_r} - \frac{1}{r}\frac{\partial V}{\partial \phi}\vec{a_\phi} - \frac{\partial V}{\partial z}\vec{a_z},$$

- Em coordenadas esféricas:

$$\vec{E} = -\nabla V = -\frac{\partial V}{\partial r}\vec{a_r} - \frac{1}{r}\frac{\partial V}{\partial \theta}\vec{a_\theta} - \frac{1}{r\operatorname{sen}\theta}\frac{\partial V}{\partial \phi}\vec{a_\phi},$$

em que se observa que os denominadores (a coordenada em que se está diferenciando), em conjunto com os vetores unitários de direção formam exatamente as diferenciais de linha (os $d\vec{L}$).

Exemplo 3.8: Para os campos potenciais a seguir, determine $\vec{E}$, ρ e Q:

a) $V = -4x^2y + 3z$;
b) $V = 2r^2\cos\phi - 3e^{-z}$;
c) $V = 5r\cos\theta + 2r^2$;
d) Determine V, $\vec{D}$, $\vec{E}$ e ρ no ponto (3, 2, –5) dado em coordenadas cartesianas.

A solução deste problema se dá na utilização da seqüência de cálculos:

gradiente do potencial para encontrar o campo elétrico; cálculo da densidade de fluxo elétrico a partir do campo elétrico; cálculo da densidade volumétrica de cargas a partir do divergente da densidade de fluxo elétrico; e, por fim, cálculo da carga a partir da integral de volume da densidade volumétrica de cargas. Assim, seguindo estes passos, tem-se:

a) Para o potencial $V = -4x^2y + 3z$, encontra-se:

$$\vec{E} = -\nabla V$$

$$\vec{E} = -\left(\frac{\partial V}{\partial x}\vec{a_x} + \frac{\partial V}{\partial y}\vec{a_y} + \frac{\partial V}{\partial z}\vec{a_z}\right)$$

$$\vec{E} = -\left(\frac{\partial}{\partial x}\left(-4x^2y+3z\right)\vec{a_x} + \frac{\partial}{\partial y}\left(-4x^2y+3z\right)\vec{a_y} + \frac{\partial}{\partial z}\left(-4x^2y+3z\right)\vec{a_z}\right)$$

$$\vec{E} = -\left(-8xy\vec{a_x} - 4x^2\vec{a_y} + 3\vec{a_z}\right) = 8xy\vec{a_x} + 4x^2\vec{a_y} - 3\vec{a_z}\ V/m$$

Com o valor do campo elétrico, tem-se:

$$\vec{D} = \varepsilon_0\left(8xy\vec{a_x} + 4x^2\vec{a_y} - 3\vec{a_z}\right)C/m^2$$

e

$$\rho = \nabla\cdot\vec{D} = \frac{\partial D_x}{\partial x} + \frac{\partial D_y}{\partial y} + \frac{\partial D_z}{\partial z}$$

$$\rho = \varepsilon_0\left(\frac{\partial(8xy)}{\partial x} + \frac{\partial(4x^2)}{\partial y} + \frac{\partial(-3)}{\partial z}\right)$$

$$\rho = \varepsilon_0(8y + 0 + 0) = 8y\varepsilon_0\ C/m^3$$

que, integrando no volume, encontra-se:

$$Q = \int_{vol}\rho dv$$

$$Q = \int\int\int 8y\varepsilon_0 dxdydz$$

$$Q = 4y^2xz\varepsilon_0\ C$$

b) Para o potencial $V = 2r^2\cos\phi - 3e^{-z}$, que está em coordenadas cilíndricas, tem-se:

$$\vec{E} = -\nabla V$$

$$\vec{E} = -\left(\frac{\partial V}{\partial r}\vec{a_r} + \frac{1}{r}\frac{\partial V}{\partial \phi}\vec{a_\phi} + \frac{\partial V}{\partial z}\vec{a_z} \right)$$

$$\vec{E} = -\left(\frac{\partial}{\partial r}\left(2r^2\cos\phi - 3e^{-z}\right)\vec{a_r} + \frac{1}{r}\frac{\partial}{\partial \phi}\left(2r^2\cos\phi - 3e^{-z}\right)\vec{a_\phi} + \frac{\partial}{\partial z}\left(2r^2\cos\phi - 3e^{-z}\right)\vec{a_z} \right)$$

$$\vec{E} = -\left(4r\cos\phi\vec{a_r} - 2r^2\text{sen}\phi\vec{a_\phi} + 3e^{-z}\vec{a_z}\right) = -4r\cos\phi\,\vec{a_r} + 2r^2\text{sen}\phi\vec{a_\phi} - 3e^{-z}\vec{a_z}\ V/m$$

Com o valor do campo elétrico, tem-se:

$$\vec{D} = \varepsilon_0\left(-4r\cos\phi\vec{a_r} + 2r^2\text{sen}\phi\,\vec{a_\phi} - 3e^{-z}\vec{a_z}\right) C/m^2$$

e

$$\rho = \nabla\cdot\vec{D} = \frac{1}{r}\frac{\partial(rD_r)}{\partial r} + \frac{1}{r}\frac{\partial D_\phi}{\partial \phi} + \frac{\partial D_z}{\partial z}$$

$$\rho = \varepsilon_0\left(\frac{1}{r}\frac{\partial(r(-4r\cos\phi))}{\partial r} + \frac{1}{r}\frac{\partial(2r^2\text{sen}\phi)}{\partial \phi} + \frac{\partial(-3e^{-z})}{\partial z} \right)$$

$$\rho = \varepsilon_0\left(-8\cos\phi + 2r\cos\phi + 3e^{-z}\right) = \left(2(-4+r)\cos\phi + 3e^{-z}\right)\varepsilon_0\ C/m^3$$

que, integrando no volume, encontra-se:

$$Q = \int_{vol}\rho dv$$

$$Q = \int\int\int\left(2(-4+r)\cos\phi + 3e^{-z}\right)\varepsilon_0 r dr d\phi dz$$

$$Q = \left(2z\left(-2r^2 + \frac{r^3}{3}\right)\text{sen}\phi - \frac{3\phi r^2}{2}e^{-z} \right)\varepsilon_0\, C$$

c) Para o potencial $V = 5r\cos\theta + 2r^2$, dado em coordenadas esféricas, encontra-se:

$$\vec{E} = -\nabla V$$

$$\vec{E} = -\left(\frac{\partial V}{\partial r}\vec{a_r} + \frac{1}{r}\frac{\partial V}{\partial \theta}\vec{a_\theta} + \frac{1}{r\text{sen}\theta}\frac{\partial V}{\partial \phi}\vec{a_\phi}\right)$$

$$\vec{E} = -\left(\frac{\partial}{\partial r}\left(5r\cos\theta + 2r^2\right)\vec{a_r} + \frac{1}{r}\frac{\partial}{\partial \theta}\left(5r\cos\theta + 2r^2\right)\vec{a_\theta} + \frac{1}{r\text{sen}\theta}\frac{\partial}{\partial \phi}\left(5r\cos\theta + 2r^2\right)\vec{a_\phi}\right)$$

$$\vec{E} = -\left(\left(5\cos\theta - 4r\right)\vec{a_r} - 5\text{sen}\theta\,\vec{a_\theta} + 0\vec{a_\phi}\right) = \left(4r - 5\cos\theta\right)\vec{a_r} + 5\text{sen}\theta\,\vec{a_\theta}\ V/m$$

Com o valor do campo elétrico, tem-se:

$$\vec{D} = \varepsilon_0\left(\left(4r - 5\cos\theta\right)\vec{a_r} + 5\text{sen}\theta\,\vec{a_\theta}\right)C/m^2$$

e

$$\rho = \nabla\cdot\vec{D} = \frac{1}{r^2}\frac{\partial(r^2D_r)}{\partial r} + \frac{1}{r\text{sen}\theta}\frac{\partial\left(\text{sen}\theta D_\theta\right)}{\partial\theta} + \frac{1}{r\text{sen}\theta}\frac{\partial D_\phi}{\partial\phi}$$

$$\rho = \varepsilon_0\left(\frac{1}{r^2}\frac{\partial(r^2(4r - 5\cos\theta))}{\partial r} + \frac{1}{r\text{sen}\theta}\frac{\partial(5\text{sen}^2\theta)}{\partial\theta} + \frac{1}{r\text{sen}\theta}\frac{\partial(0)}{\partial\phi}\right)$$

$$\rho = \varepsilon_0\left(\frac{1}{r^2}(12r^2 - 10r\cos\theta) + \frac{10\text{sen}\theta\cos\theta}{r\text{sen}\theta} + 0\right)$$

$$\rho = \left(12 - \frac{10\cos\theta}{r} + \frac{10\cos\theta}{r}\right)\varepsilon_0 = 12\varepsilon_0\ C/m^3$$

que, integrando no volume, encontra-se:

$$Q = \int_{vol}\rho dv$$

$$Q = \int\int\int 12\varepsilon_0 r^2\text{sen}\theta\, dr\, d\phi\, d\theta$$

$$Q = -4r^3\phi\varepsilon_0\cos\theta\ C$$

d) Tendo encontrado as soluções dos itens anteriores, substituindo os valores de *x, y* e *z* do ponto dado nas equações (transformando este ponto para as respectivas coordenadas do item), encontram-se os resultados de V, $\vec{E}$, $\vec{D}$ e ρ que são:

a) Neste caso, como o ponto já está em coordenadas cartesianas, deve-se apenas substituí-lo nos resultados encontrados:

$$V = -4(3)^2(2) + 3(-5) = -87\,V$$

$$\vec{E} = 8(3)(2)\vec{a_x} + 4(3)^2\vec{a_y} - 3\vec{a_z} = 48\vec{a_x} + 36\vec{a_y} - 3\vec{a_z}\ V/m$$

$$\vec{D} = \varepsilon_0\vec{E} = \left(48\vec{a_x} + 36\vec{a_y} - 3\vec{a_z}\right)\ \varepsilon_0\ C/m^2$$

$$\rho = 8(2)\varepsilon_0 = 16\varepsilon_0\ C/m^3$$

b) Neste caso é necessário converter o ponto para coordenadas cilíndricas:

$$r = \sqrt{9+4} = \sqrt{13}$$

$$\phi = \arctan\frac{2}{3} = 33{,}69^\circ$$

$$z = -5$$

que, substituindo nos resultados encontrados, tem-se:

$$V = 2(\sqrt{13})^2\cos(33{,}69^o) - 3e^{-(-5)} = -423{,}6062\,V$$

$$\vec{E} = -4\sqrt{13}\cos(33{,}69^o)\vec{a_r} + 2(\sqrt{13})^2\text{sen}(33{,}69^o)\vec{a_\phi} - 3e^{-(-5)}\vec{a_z} = -12\vec{a_r} + 14{,}42\vec{a_\phi} - 445{,}24\vec{a_z}\ V/m$$

$$\vec{D} = \varepsilon_0\vec{E} = \left(-12\vec{a_r} + 14{,}42\vec{a_\phi} - 445{,}24\vec{a_z}\right)\varepsilon_0\ C/m^2$$

$$\rho = \left(2(-4+\sqrt{13})\cos(33{,}69^o) + 3e^{-(-5)}\right)\varepsilon_0 = 444{,}58\varepsilon_0\ C/m^3$$

c) Da mesma forma que no item *b*, deve-se transformar o ponto para coordenadas esféricas:

$$r = \sqrt{9+4+25} = \sqrt{38}$$

$$\theta = \arccos\frac{-5}{\sqrt{38}} = 144{,}20^\circ$$

$$\phi = \arctan\frac{2}{3} = 33{,}69^\circ$$

de onde se substitui o ponto nos resultados e encontram-se:

$$V = 5(\sqrt{38})\cos(144{,}20^o) + 2(\sqrt{38})^2 = 51V$$

$$\vec{E} = (4\sqrt{38} - 5\cos(144{,}20^o))\vec{a_r} + 5\text{sen}(144{,}20^o)\vec{a_\theta} = 28{,}71\vec{a_r} + 2{,}93\vec{a_\theta}\ V/m$$

$$\vec{D} = \varepsilon_0\vec{E} = \left(28{,}71\vec{a_r} + 2{,}93\vec{a_\theta}\right)\varepsilon_0\ C/m^2$$

$$\rho = 12\varepsilon_0\ C/m^3$$

Exemplo 3.9: Dadas duas superfícies esféricas carregadas $r = 4\ cm$ e $r = 7\ cm$, com um campo potencial entre elas $V = 100/r$, encontre:

a) $\vec{E}$;
b) $\vec{D}$ em $r = 5{,}5\ cm$;
c) Q na esfera interna;
d) ρ_S na esfera externa;
e) $\vec{D}$ em $r > 7\ cm$.

A solução deste problema é direta, como descrita a seguir.
a) Para encontrar o campo elétrico, utiliza-se o gradiente do potencial:

$$\vec{E} = -\nabla V$$

$$\vec{E} = -\left(\frac{\partial V}{\partial r}\vec{a_r} + \frac{1}{r}\frac{\partial V}{\partial \theta}\vec{a_\theta} + \frac{1}{r\text{sen}\theta}\frac{\partial V}{\partial \phi}\vec{a_\phi}\right)$$

$$\vec{E} = -\left(\frac{\partial}{\partial r}\left(\frac{100}{r}\right)\vec{a_r} + \frac{1}{r}\frac{\partial}{\partial \theta}\left(\frac{100}{r}\right)\vec{a_\theta} + \frac{1}{r\text{sen}\theta}\frac{\partial}{\partial \phi}\left(\frac{100}{r}\right)\vec{a_\phi}\right)$$

$$\vec{E} = -\left(\left(-\frac{100}{r^2}\right)\vec{a_r} + 0\vec{a_\theta} + 0\vec{a_\phi}\right) = \frac{100}{r^2}\vec{a_r}\ V/m$$

b) Como o valor da densidade de fluxo é:

$$\vec{D} = \varepsilon_0\vec{E} = \frac{100\varepsilon_0}{r^2}\vec{a_r}$$

substituindo o valor de $r = 5{,}5\ cm = 0{,}055\ m$, encontra-se:

$$\vec{D} = \varepsilon_0\vec{E} = \frac{100\varepsilon_0}{(0{,}055)^2}\vec{a_r} = 2{,}927\times10^{-7}\vec{a_r}\ C/m^2.$$

c) Para encontrar o valor da carga na esfera interna basta utilizar a Lei de Gauss e saber que a carga total dentro de uma região fechada é igual ao fluxo que atravessa a região. Logo, se a densidade de fluxo na esfera interna é encontrada substituindo o valor do raio da esfera interna e sua unidade é C/m^2, multiplica-se este valor resultante pela área da esfera interna (onde a carga está distribuída). Ou seja,

$$\vec{D} = \varepsilon_0 \vec{E} = \frac{100\varepsilon_0}{(0{,}04)^2}\vec{a_r} = 5{,}534 \times 10^{-7}\vec{a_r}\ C/m^2$$

$$Q = \oint_S \vec{D} \cdot d\vec{S} = DS = 5{,}534 \times 10^{-7} \times 4\pi\,(0{,}04)^2 = 1{,}113 \times 10^{-8}\ C.$$

d) No caso de encontrar ρ_S na esfera externa, deve-se observar o item *b*, em que o valor da densidade de fluxo tem a mesma unidade de ρ_S. Logo, o valor da densidade superficial de cargas na esfera externa é:

$$\vec{D} = \varepsilon_0 \vec{E} = \frac{100\varepsilon_0}{(0{,}07)^2}\vec{a_r} = 1{,}807 \times 10^{-7}\vec{a_r}\ C/m^2$$

$$\rho_S = D = 1{,}807 \times 10^{-7}\ C/m^2.$$

e) O valor da densidade de fluxo para $r > 7\ cm$ é calculado diretamente pela relação entre o campo elétrico e esta densidade de fluxo, ou seja:

$$\vec{D} = \varepsilon_0 \vec{E} = \frac{100\varepsilon_0}{r^2}\vec{a_r}\ C/m^2.$$

Da mesma forma, observando que a carga da esfera externa é:

$$Q = DS = \rho_S S = 1{,}113 \times 10^{-8}\ C,$$

que é a mesma carga da esfera interna, então, o que se vê como carga nas esferas é apenas o efeito da indução da carga envolvida por elas. Daí, pela Lei de Gauss, encontra-se que:

$$\oint_S \vec{D} \cdot d\vec{S} = Q$$

$$D_r(4\pi r^2) = 1{,}113 \times 10^{-8}$$

$$D_r = \frac{1{,}113 \times 10^{-8}}{4\pi r^2} = \frac{8{,}854 \times 10^{-10}}{r^2} = \frac{100\varepsilon_0}{r^2}\ C/m^2.$$

Exemplo 3.10: Sendo $V = Ar^2 + B$ sen ϕ em coordenadas cilíndricas, calcule A e B, se:

a) $V = 0$ em $x = 1$ e $\left|\vec{E}\right| = 5\,V/m$ em $y = 2$;

b) $V = 5$ no ponto (3, 5, 0) e $\left|\vec{E}\right| = 30$ no ponto (2, –4, 0).

A solução deste problema é similar à do *Exemplo 3.7*, mas como se encontram como dados o módulo do campo elétrico, utiliza-se do gradiente do potencial para encontrar a função do campo elétrico e assim, calcular seu módulo para encontrar a segunda equação do sistema a ser solucionado. Dessa forma, tem-se:

a) O ponto dado na primeira condição de contorno é $x = 1$, que indica: $r = 1$ e $\phi = 0°$. Daí, tem-se:

$$V = A(1)^2 + B\cos(0°)$$
$$0 = A(1) + B(1)$$
$$B = -A.$$

Para a segunda condição de contorno, o ponto é $y = 2$, que indica $r = 2$ e $\phi = 90°$, e o campo elétrico é:

$$\vec{E} = -\nabla V$$

$$\vec{E} = -\left(\frac{\partial V}{\partial r}\vec{a_r} + \frac{1}{r}\frac{\partial V}{\partial \phi}\vec{a_\phi} + \frac{\partial V}{\partial z}\vec{a_z}\right)$$

$$\vec{E} = -\left(\frac{\partial}{\partial r}\left(Ar^2 + B\mathrm{sen}\phi\right)\vec{a_r} + \frac{1}{r}\frac{\partial}{\partial \phi}\left(Ar^2 + B\mathrm{sen}\phi\right)\vec{a_\phi} + \frac{\partial}{\partial z}\left(Ar^2 + B\mathrm{sen}\phi\right)\vec{a_z}\right)$$

$$\vec{E} = -2Ar\vec{a_r} - B\cos\phi\vec{a_\phi}\ V/m$$

cujo módulo é:

$$\left|\vec{E}\right| = \sqrt{(-2Ar)^2 + (-B\cos\phi)^2} = \sqrt{4A^2r^2 + B^2\cos^2\phi}$$

que, substituindo os valores dados (ponto e módulo do campo elétrico) e elevando ambos os membros ao quadrado, encontra-se a segunda equação, que é:

$$25 = 4A^2(2)^2 + B^2\cos^2(90°)$$
$$25 = 16A^2$$
$$A = 1{,}25.$$

Logo, a solução para B é:

$$B = -1{,}25.$$

b) Para este caso, a conversão dos pontos dá:

- (3, 5, 0) é o ponto:

$$r = \sqrt{9+25} = \sqrt{34}$$

$$\phi = \arctan\frac{5}{3} = 59{,}04^o$$

$$z = 0$$

- (2, – 4, 0) é o ponto:

$$r = \sqrt{4+16} = \sqrt{20}$$

$$\phi = \arctan\frac{-4}{2} = -63{,}44^o$$

$$z = 0$$

Daí, tem-se, para o primeiro ponto:

$$V = A(\sqrt{34})^2 + B\cos(59{,}04^o)$$
$$5 = 34A + B\,(0{,}5144)$$

e, para o segundo ponto, tem-se:

$$\vec{E} = -\nabla V$$

$$\vec{E} = -\left(\frac{\partial V}{\partial r}\vec{a_r} + \frac{1}{r}\frac{\partial V}{\partial \phi}\vec{a_\phi} + \frac{\partial V}{\partial z}\vec{a_z}\right)$$

$$\vec{E} = -\left(\frac{\partial}{\partial r}\left(Ar^2 + B\text{sen}\phi\right)\vec{a_r} + \frac{1}{r}\frac{\partial}{\partial \phi}\left(Ar^2 + B\text{sen}\phi\right)\vec{a_\phi} + \frac{\partial}{\partial z}\left(Ar^2 + B\text{sen}\phi\right)\vec{a_z}\right)$$

$$\vec{E} = -2Ar\,\vec{a_r} - B\cos\phi\,\vec{a_\phi}\ V/m$$

cujo módulo é:

$$\left|\vec{E}\right| = \sqrt{(-2Ar)^2 + (-B\cos\phi)^2} = \sqrt{4A^2r^2 + B^2\cos^2\phi}$$

que, substituindo os valores dados (ponto e módulo do campo elétrico) e elevando ambos os membros ao quadrado, encontra-se a segunda equação, que é:

$$900 = 4A^2(\sqrt{20})^2 + B^2\cos^2(-63{,}44^o)$$

$$900 = 180A^2 + 0{,}2\,B^2.$$

Logo, encontram-se como soluções:

$$A = 1{,}0445$$
$$B = -\,59{,}318$$

e

$$A = -\,0{,}801$$
$$B = 62{,}663.$$

3.4 Campos do Dipolo Elétrico

Um dipolo elétrico é um conjunto formado por duas cargas pontuais de mesma magnitude e sinais contrários separados por uma distância d. Considerando que a localização em que se deseja calcular o campo de um dipolo seja pequena (muito próxima das cargas), conforme se vê na Figura 3.2, em que se tem $+Q$ em $z = d/2$ e $-\,Q$ em $z = -\,d/2$, com um ponto $P(r, \theta, \phi = 90°)$, que é o ponto de onde se deseja conhecer o campo elétrico e o campo potencial, então, o campo potencial é dado por:

$$V = \frac{Q}{4\pi\varepsilon_0}\left(\frac{1}{R_1} - \frac{1}{R_2}\right) = \frac{Q}{4\pi\varepsilon_0}\frac{R_2 - R_1}{R_1R_2},$$

desde que o potencial resultante no ponto dado é a soma dos potenciais de cada carga.

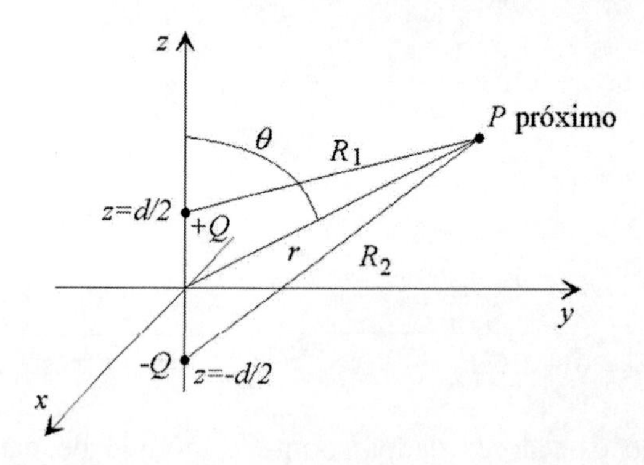

Figura 3.2: Dipolo elétrico e condições para campos próximos.

Por outro lado, se for considerado que o ponto P é distante (r muito maior que *d*), tem-se que as linhas que ligam os campos a este ponto *P* tendem a se tornar paralelas a *r*, ou seja, $R_1 \approx R_2 \approx r$, o que é visto na Figura 3.3.

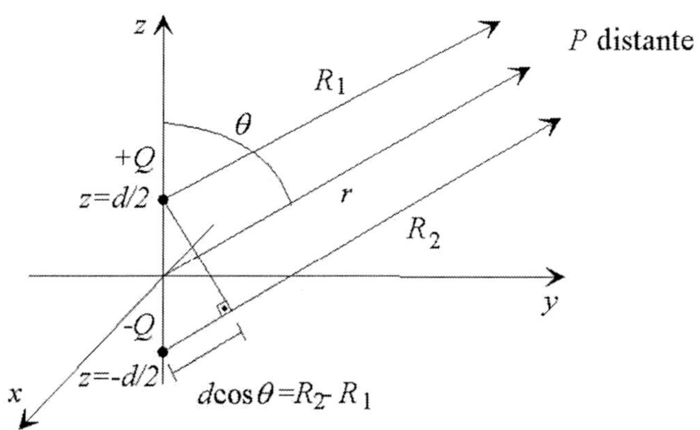

Figura 3.3: Condições de um dipolo para um ponto *P* distante.

A diferença entre os raios R_1 e R_2 é calculada sobre o triângulo retângulo com hipotenusa *d* no eixo *z*, a qual é dada por $R_2 - R_1 \approx d \cos \theta$. Assim, substituindo estes valores aproximados na equação do potencial encontrada, tem-se:

$$V = \frac{Qd\cos\theta}{4\pi\varepsilon_0 r^2}.$$

Utilizando o gradiente do potencial em coordenadas esféricas, tem-se para este resultado, o campo elétrico, que é dado por:

$$\vec{E} = -\nabla V = -\left(\frac{\partial V}{\partial r}\vec{a_r} + \frac{1}{r}\frac{\partial V}{\partial \theta}\vec{a_\theta} + \frac{1}{r\text{sen}\theta}\frac{\partial V}{\partial \phi}\vec{a_\phi}\right) = \frac{Qd}{4\pi\varepsilon_0 r^3}\left(2\cos\theta\,\vec{a_r} + \text{sen}\theta\,\vec{a_\theta}\right).$$

Por outro lado, é comum utilizar o momento de dipolo em vários problemas de eletromagnetismo. Assim, como o dipolo é caracterizado por duas cargas de sinais contrários, separadas de uma distância *d*, considerando a distância que separa as cargas sendo definida como um vetor $\vec{d}$ que aponta da posição da carga $-Q$ para a posição da carga $+Q$, e que o campo do dipolo é formalizado em coordenadas esféricas com direção $\vec{a_r}$, então, encontra-se:

$$\vec{d} \cdot \vec{a_r} = |\vec{d}||\vec{a_r}|\cos\theta = d\cos\theta,$$

que é um dos termos na equação que descreve o campo potencial do dipolo. Assim, definindo o momento de dipolo por

$$\vec{p} = Q\vec{d}\,[C.m]$$

E, substituindo na equação do campo potencial do dipolo, encontra-se

$$V = \frac{Qd\cos\theta}{4\pi\varepsilon_0 r^2} = \frac{Q\vec{d} \cdot \vec{a_r}}{4\pi\varepsilon_0 r^2} = \frac{\vec{p} \cdot \vec{a_r}}{4\pi\varepsilon_0 r^2},$$

que é a equação do campo potencial de um dipolo escrito em função do momento de dipolo.

Exemplo 3.11: Considerando $Qd = 120\varepsilon_0$ para um dipolo:

a) Qual o potencial elétrico em (54, 40°, 0°)?
b) Calcule $\vec{E}$ neste ponto.

Para solucionar este problema, pode-se utilizar diretamente as equações encontradas, do potencial e do campo elétrico. Assim, tem-se:

a) Para o potencial no ponto (54, 40°, 0°):

$$V = \frac{120\varepsilon_0\cos(40^o)}{4\pi\varepsilon_0(54)^2} = 2{,}509\times10^{-3}\,V.$$

b) Para o campo elétrico no ponto (54, 40°, 0°):

$$\vec{E} = \frac{120\varepsilon_0}{4\pi\varepsilon_0(54)^3}\left(2\cos(40^o)\vec{a_r} + \mathrm{sen}(40^o)\vec{a_\theta}\right) = \left(9{,}291\vec{a_r} + 3{,}898\vec{a_\theta}\right)\times10^{-5}\,V/m.$$

Exemplo 3.12: Sendo $\vec{p} = 80\varepsilon_0\,\vec{a_z}\,\mu\,C.m$, encontre V, $\vec{E}$ e a direção de $\vec{E}$ em (4 *cm*, 30°, 0°).

Este problema é similar ao *Exemplo 3.11*, em que o dado é o momento de dipolo. Assim, utiliza-se a equação do campo a partir do momento de dipolo:

$$V = \frac{\vec{p} \cdot \vec{a_r}}{4\pi\varepsilon_0 r^2} = \frac{8\times10^{-5}\varepsilon_0\vec{a_z}\cdot\vec{a_r}}{4\pi\varepsilon_0(0{,}04)^2} = \frac{8\times10^{-5}\varepsilon_0\cos(30^o)}{4\pi\varepsilon_0(0{,}04)^2} = 3{,}446\times10^{-3}\,V.$$

Para o campo elétrico, tem-se:

$$\vec{E} = \frac{8\times10^{-5}\varepsilon_0}{4\pi\varepsilon_0(0{,}04)^3}\left(2\cos(30^o)\vec{a_r} + \text{sen}(30^o)\vec{a_\theta}\right) = 0{,}1723\vec{a_r} + 0{,}0497\vec{a_\theta}\ V/m.$$

A direção do campo elétrico é:

$$\vec{a_E} = \frac{\vec{E}}{|\vec{E}|} = \frac{0{,}1723\vec{a_r} + 0{,}0497\vec{a_\theta}}{\sqrt{0{,}1723^2 + 0{,}0497^2}} = 0{,}9608\vec{a_r} + 0{,}2771\vec{a_\theta}.$$

3.5 Energia no Campo Eletrostático

Quando se tenta aproximar cargas elétricas, cada uma que é aproximada das demais tem de vencer o campo potencial elétrico das outras, necessitando realizar um trabalho sobre a que é aproximada. Assim, a cada carga que é aproximada de uma outra, uma energia é acumulada na região. Dessa forma, iniciando com a primeira carga Q_1 sendo trazida do infinito a um ponto qualquer P_1, por não haver nenhum campo elétrico, não há nenhum trabalho sendo realizado. Entretanto, para trazer uma carga Q_2 do infinito para um ponto $P_2 \neq P_1$, então a energia acumulada é dada por $W_2 = Q_2V_{2,1}$, em que $V_{i,j}$ é o potencial elétrico no ponto P_i (onde está sendo localizada a carga Q_i) devido à carga Q_j. Aproximando, então, n cargas, encontra-se: $W_n = Q_nV_{n,1} + Q_nV_{n,2} + \cdots + Q_nV_{n,n-1}$, e assim, o trabalho total é o somatório das energias acumuladas, isto é

$$W = Q_2V_{2,1} + Q_3V_{3,1} + Q_3V_{3,2} + \cdots + Q_nV_{n,1} + Q_nV_{n,2} + \cdots + Q_nV_{n,n-1}$$

ou

$$W = \sum_{i=2}^{n}\left(Q_i\sum_{j=1}^{i-1}V_{i,j}\right).$$

Entretanto, utilizando a álgebra, pode-se encontrar uma equação mais conhecida, que é:

$$W = \frac{1}{2}(Q_1V_1 + Q_2V_2 + \cdots + Q_nV_n) = \frac{1}{2}\sum_{i=1}^{n}Q_iV_i$$

com

$$V_i = \sum_{i=1}^{n}V_{i,j}, i \neq j$$

que é uma equação para calcular a energia do campo elétrico a partir de cargas discretas. Também, a partir da densidade volumétrica de cargas, encontra-se a equação:

$$W = \frac{1}{2}\int_{vol} \rho V\, dv$$

e, com esta, pode-se encontrar o resultado mais conhecido:

$$W = \frac{1}{2}\int_{vol} \vec{D}\cdot\vec{E}dv = \frac{1}{2}\int_{vol} \varepsilon_0 E^2 dv = \frac{1}{2}\int_{vol} \frac{D^2}{\varepsilon_0} dv$$

em que se observa que a energia potencial é acumulada no próprio campo elétrico.

Exemplo 3.13: Qual a energia armazenada no campo gerado pelo sistema de cargas:

a) $Q_1 = 1\ \mu C$ em $z = 0$ e $Q_2 = 2\ \mu C$ em $z = 1$?
b) $Q_1 = 1\ \mu C$ em $z = 0$, $Q_2 = 2\ \mu C$ em $z = 1$ e $Q_3 = -2\ \mu C$ em $z = 2$?
c) $Q_1 = -1\ \mu C$ em $z = 0$ e $Q_2 = 2\ \mu C$ em $x = 1$ e $Q_3 = -2\ \mu C$ em $y = 2$?

Utilizando a equação da energia no campo elétrico para cargas discretas, encontra-se a solução para este problema:

a) Neste caso, apenas duas cargas pontuais se encontram no espaço, o que dá:

$$W = \frac{1}{2}\left(Q_1 \frac{Q_2}{4\pi\varepsilon_0 r_{21}} + Q_2 \frac{Q_1}{4\pi\varepsilon_0 r_{12}} \right) = 8{,}99 \times 10^{-3}\ J.$$

b) Como há três cargas, então, o cálculo é:

$$W = \frac{1}{2}\left(Q_1\left(\frac{Q_2}{4\pi\varepsilon_0 r_{21}} + \frac{Q_3}{4\pi\varepsilon_0 r_{31}} \right) + Q_2\left(\frac{Q_1}{4\pi\varepsilon_0 r_{12}} + \frac{Q_3}{4\pi\varepsilon_0 r_{32}} \right) + Q_3\left(\frac{Q_1}{4\pi\varepsilon_0 r_{13}} + \frac{Q_2}{4\pi\varepsilon_0 r_{23}} \right) \right) = -0{,}02696\ J$$

c) Para este caso, as distâncias devem ser calculadas, pois não estão no mesmo eixo. Assim, tem-se:

$$r_{12} = 1$$
$$r_{13} = 2$$
$$r_{21} = 1$$
$$r_{23} = \sqrt{5}$$
$$r_{31} = 2$$
$$r_{32} = \sqrt{5}$$

Daí, tem-se a energia dada por:

$$W = \frac{1}{2}\left(Q_1\left(\frac{Q_2}{4\pi\varepsilon_0 r_{21}} + \frac{Q_3}{4\pi\varepsilon_0 r_{31}} \right) + Q_2\left(\frac{Q_1}{4\pi\varepsilon_0 r_{12}} + \frac{Q_3}{4\pi\varepsilon_0 r_{32}} \right) + Q_3\left(\frac{Q_1}{4\pi\varepsilon_0 r_{13}} + \frac{Q_2}{4\pi\varepsilon_0 r_{23}} \right)\right) = -0{,}0251\,J$$

Exemplo 3.14: Calcule a energia armazenada no campo elétrico

$$\vec{E} = 4x^2 y\overrightarrow{a_x} - 2y\overrightarrow{a_y} + 3xz\overrightarrow{a_z}.$$

Como é dado o campo elétrico, basta utilizar a integral de volume referente ao campo elétrico, que a solução é encontrada. Ou seja,

$$W = \frac{1}{2}\int_{vol} \varepsilon_0 E^2 dv$$

$$W = \frac{\varepsilon_0}{2}\iiint\left((4x^2y)^2 + (-2y)^2 + (3xz)^2\right)dxdydz$$

$$W = \frac{\varepsilon_0}{2}\iiint\left(16x^4y^2 + 4y^2 + 9x^2z^2\right)dxdydz$$

$$W = \frac{\varepsilon_0}{2}\left(16\frac{x^5y^3z}{15} + 4\frac{xy^3z}{3} + 9\frac{x^3yz^3}{9}\right)$$

$$W = \left(\frac{8x^5y^3z}{15} + \frac{2xy^3z}{3} + \frac{x^3yz^3}{2}\right)\varepsilon_0\,J$$

Exemplo 3.15: Sendo $V = 2x^2y + 3xz^2$, calcule a energia armazenada no campo elétrico.

Como se pode encontrar o campo elétrico a partir do campo potencial utilizando o gradiente, tem-se:

$$\vec{E} = -\nabla V = -\left\{ \frac{\partial}{\partial x}\left[2x^2y + 3xz^2\right]\vec{a}_x + \frac{\partial}{\partial y}\left[2x^2y + 3xz^2\right]\vec{a}_y + \frac{\partial}{\partial z}\left[2x^2y + 3xz^2\right]\vec{a}_z \right\}$$

$$\vec{E} = -\left[4xy + 3z^2\right]\vec{a}_x - 2x^2\vec{a}_y - 6xz\vec{a}_z$$

Com este resultado, utiliza-se o mesmo procedimento do *Exemplo 3.14*. Ou seja,

$$W = \frac{1}{2}\int_{vol} \varepsilon_0 E^2 dv$$

$$W = \frac{\varepsilon_0}{2}\iiint \left((-\left[4xy + 3z^2\right])^2 + (-2x^2)^2 + (-6xz)^2 \right) dxdydz$$

$$W = \frac{\varepsilon_0}{2}\iiint \left(16x^2y^2 + 24xyz^2 + 9z^4 + 4x^4 + 36x^2z^2\right) dxdydz$$

$$W = \frac{\varepsilon_0}{2}\left(16\frac{x^3y^3z}{9} + 24\frac{x^2y^2z^3}{12} + 9\frac{xyz^5}{5} + 4\frac{x^5yz}{5} + 36\frac{x^3yz^3}{9}\right)$$

$$W = \left(\frac{8x^3y^3z}{9} + x^2y^2z^3 + \frac{9xyz^5}{10} + \frac{2x^5yz}{5} + 2x^3yz^3\right)\varepsilon_0\ J$$

Exemplo 3.16: Se $\rho = 2r^2\text{sen}\theta$ para uma esfera unitária centrada na origem, calcule a energia armazenada no campo elétrico.

A solução deste problema utiliza a integral de volume

$$W = \frac{1}{2}\int_{vol} \rho V dv$$

na região onde há cargas, e a integral do quadrado do campo elétrico na região onde não há mais cargas (toda a região para $r > 1$). Assim, para isso, é necessário encontrar o potencial V gerado por esta densidade volumétrica de cargas, o que pode ser feito calculando o campo elétrico através da densidade de fluxo que é feita pela Lei de Gauss. Neste caso, duas regiões devem ser consideradas:

- Para $r < 1$:

$$\oint_S \vec{D} \cdot d\vec{S} = Q = \int_{vol} \rho dv$$

$$D_r 4\pi r^2 = \int_0^{\pi} \int_0^{2\pi} \int_0^{r} 2r^2 \text{sen}\theta \times r^2 \text{sen}\theta dr d\phi d\theta$$

$$D_r = \frac{2}{4\pi r^2} \int_0^{\pi} \int_0^{2\pi} \int_0^{r} r^4 \text{sen}^2\theta dr d\phi d\theta$$

$$D_r = \frac{2}{4\pi r^2} \left(\frac{r^5}{5} \Bigg|_0^r \left(\phi\Big|_0^{2\pi} \left(\frac{1}{2} \left[\theta + \frac{\text{sen}\,2\theta}{2} \right] \Bigg|_0^{\pi} = \frac{\pi r^3}{10} C/m^2$$

$$\vec{E} = \frac{D_r}{\varepsilon_0} \vec{a_r} = \frac{\pi r^3}{10\varepsilon_0} \vec{a_r} V/m$$

- Para $r \geq 1$:

$$\oint_S \vec{D} \cdot d\vec{S} = Q = \int_{vol} \rho dv$$

$$D_r 4\pi r^2 = \int_0^{\pi} \int_0^{2\pi} \int_0^{1} 2r^2 \text{sen}\theta \times r^2 \text{sen}\theta dr d\phi d\theta$$

$$D_r = \frac{2}{4\pi r^2} \int_0^{\pi} \int_0^{2\pi} \int_0^{1} r^4 \text{sen}^2\theta dr d\phi d\theta$$

$$D_r = \frac{2}{4\pi r^2} \left(\frac{r^5}{5} \Bigg|_0^1 \left(\phi\Big|_0^{2\pi} \left(\frac{1}{2} \left[\theta + \frac{\text{sen}2\theta}{2} \right] \Bigg|_0^{\pi} = \frac{\pi}{10 r^2} C/m^2$$

$$\vec{E} = \frac{D_r}{\varepsilon_0} \vec{a_r} = \frac{\pi}{10\varepsilon_0 r^2} \vec{a_r} V/m$$

Encontrado o campo elétrico, calcula-se o potencial para a região $r < 1$, que é dado pela integral de linha do campo elétrico:

- Para $r < 1$:

$$V = -\int \vec{E} \cdot d\vec{L} = -\frac{\pi}{10\varepsilon_0} \int r^3 dr = -\frac{\pi r^4}{40\varepsilon_0} V$$

Naturalmente, para $r > 1$, a densidade volumétrica de cargas é nula, e o cálculo da energia para este caso não pode utilizar a integral de volume especificada (ρV), mas a do quadrado do campo elétrico. Com isso, calcula-se a energia, que é:

Para $r < 1$:

$$W = \frac{1}{2}\int_{vol} \rho V dv$$

$$W = \frac{1}{2}\int_0^{2\pi}\int_0^{\pi}\int_0^{1} 2r^2 \text{sen}\theta \times \left(-\frac{\pi r^4}{40\varepsilon_0} \right) \times r^2 \text{sen}\theta dr d\theta d\phi$$

$$W = \frac{\pi^3}{180\varepsilon_0}\left(r^9 \Big|_0^1 \right) = \frac{\pi^3}{180\varepsilon_0} J$$

e

Para $r \geq 1$:

$$W = \frac{1}{2}\int_{vol} \varepsilon_0 E^2 dv$$

$$W = \frac{1}{2}\int_0^{2\pi}\int_0^{\pi}\int_1^{\infty} \frac{\pi^2}{100\varepsilon_0 r^4} \times r^2 \text{sen}\theta dr d\theta d\phi$$

$$W = \frac{\pi^3}{50\varepsilon_0}\left(-\frac{1}{r}\Big|_1^{\infty} \right) = \frac{\pi^3}{50\varepsilon_0} J.$$

Assim, somando as duas contribuições, encontra-se a energia total no campo elétrico devido a esta densidade de cargas, que é:

$$W = \frac{\pi^3}{180\varepsilon_0} + \frac{\pi^3}{50\varepsilon_0} = \frac{23\pi^3}{900\varepsilon_0} J.$$

Deve-se observar, neste exemplo, que a parcela de energia fora da esfera onde está distribuída a carga tem os limites para a coordenada do raio iniciando do ponto onde a carga finaliza e indo até o infinito, que é todo o espaço com o campo elétrico deste volume de cargas. Também, como o exemplo é fictício, para mostrar o procedimento de cálculo, a quantidade de energia atinge o absurdo de $2{,}85 \times 10^{10}$ J ($W = 23\pi^3/900\varepsilon_0$).

3.6 Experimentos com Campos Potenciais

Experimento 3.1: Medindo potenciais elétricos

Para medir um potencial em um ponto, é necessário ter um referencial zero Volt. Para realizar este experimento, deve-se carregar o gerador de cargas desenvolvido no Capítulo 1 e um voltímetro. Com o gerador carregado, põe-se uma das pontas do voltímetro ligada à terra, que é utilizada como referencial zero, e a outra ponta é aproximada da cúpula carregada (sem tocá-la) e verificar a tensão medida no voltímetro. Girando uma régua plástica ligada à cúpula e à posição da ponta do voltímetro onde se está lendo o potencial, pode-se verificar a comprovação da equação do potencial para cargas pontuais (ou esféricas), considerando que o raio a ser usado na equação é a distância medida somada com o raio da esfera do gerador.

Experimento 3.2: Medindo diferença de potencial com o voltímetro

Utilizando o mesmo experimento anterior, e retirando-se a ponta ligada à terra, colocando as duas pontas separadas no espaço, pode-se medir a diferença de potencial da carga no gerador. Desta forma, pode-se observar que se as pontas estiverem em posições diferentes, mas em uma distância igual da cúpula, a diferença de potencial tenderá a zero, pois estarão em uma equipotencial.

Experimento 3.3: Verificação de diferença de potencial utilizando chave teste

A conhecida chave teste (chave de fenda com uma lâmpada néon no cabo) pode ser utilizada para verificar a forte diferença de potencial próxima à carga do gerador. Colocando esta chave teste perpendicularmente à superfície da cúpula do gerador sem fazer terra, de acordo com a carga concentrada no mesmo e a distância da chave à cúpula, a lâmpada néon acenderá mais forte ou mais fraca. Naturalmente, observa-se que, quando mais próximo da cúpula, embora a distância entre os terminais seja sempre a mesma, mais a diferença de potencial aumenta, desde que o potencial varia com $1/r$. Também se observa que a luminosidade cai bastante se a chave for colocada tangente à cúpula, devido à posição dos terminais da lâmpada néon, que segue a direção do comprimento da chave teste. Também se pode utilizar uma lâmpada néon pura, ou uma lâmpada fluorescente, mantendo o ambiente na penumbra, para ver que o campo elétrico excita os gases, através da transferência de energia para os mesmos, comprovando-se que a energia se encontra no campo elétrico.

Experimento 3.4: Experimento da cuba de água salgada

Um experimento interessante a ser realizado é utilizando uma cuba pequena com água salgada, em que se colocam duas placas metálicas nas bordas opostas, sendo estas ligadas a fios que fecham um circuito em uma bateria elétrica (tipo 9 *V* ou 12 *V*), conforme Figura 3.4.a. Ao ligar o circuito (a bateria aos terminais), uma pequena corrente circulará na água salgada que é condutora. Utilizando um voltímetro, colocam-se suas pontas de medição em lugares separados (tocando a água salgada) para se medir a diferença de potencial (ou *ddp*). Se as posições formam uma reta perpendicular às placas metálicas nas bordas, medir-se-á a *ddp*, conforme Figura 3.4.b. Se uma das pontas for mantida fixa em uma posição e a outra for movida paralelamente às placas metálicas, será visto que a ddp não muda, o que indica estar-se movendo a ponta sobre uma equipotencial, conforme visto na Figura 3.4.c. Da mesma forma, se forem colocadas as duas pontas em uma posição que forma uma reta paralela às placas metálicas, a ddp será zero, que indica estar sobre uma equipotencial, conforme visto na Figura 3.4.d.

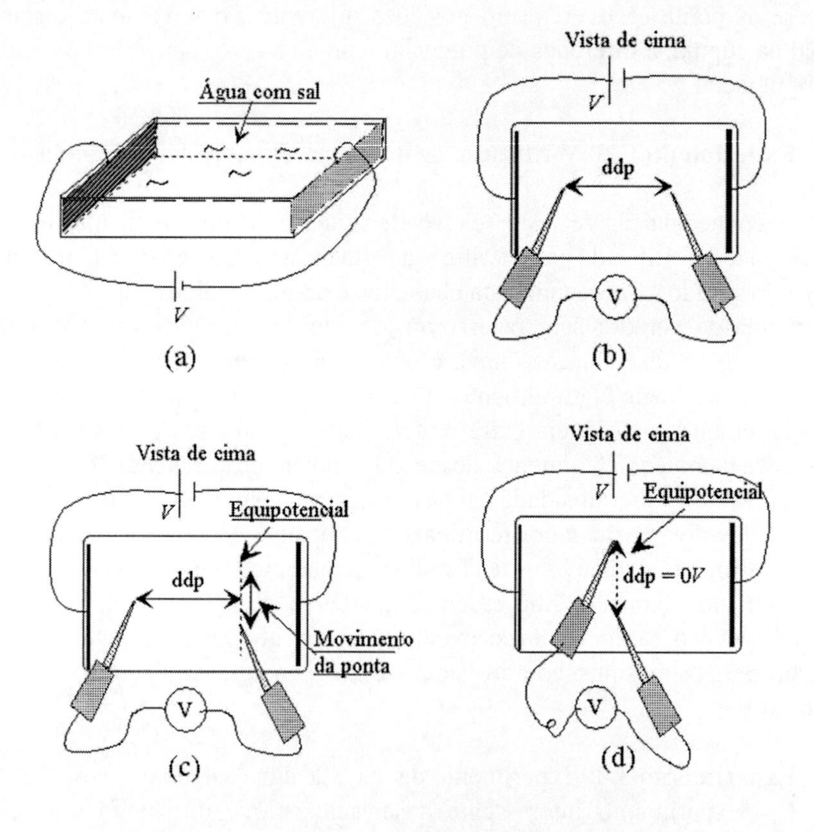

Figura 3.4: (a) Montagem do experimento da cuba de água salgada; (b) Verificação de diferença de potencial (*ddp*); (c) Verificação de equipotencial: ddp não varia; (d) Verificação de equipotencial: $ddp = 0\ V$.

3.7 Exercícios

3.1) Qual o trabalho realizado para mover uma carga $Q = -12\ nC$ através do campo elétrico $\vec{E} = -16z\vec{a_x} + 35y^2\vec{a_y} - 2xz\vec{a_z} V/m$ do ponto (–3, 6, 2) até o ponto:

a) (2, 1, –3)?
b) (–4, 2, 8)?
c) (–2, 2, 0)?

3.2) Explique como é possível mover uma carga Q = 1,5 mC da origem ao ponto (2, –1, 0) sem ganhar ou perder energia, ou seja, qual o percurso a ser percorrido, se o campo elétrico é

$$\vec{E} = \left(y^2 + y\right)\vec{a_x} - x\vec{a_y}\ V/m$$

e desenhe este caminho no sistema de coordenadas.

3.3) Explique como é possível mover uma carga Q = 3,2 nC da origem ao ponto (3, – 4, 2) sem ganhar ou perder energia, ou seja, qual o percurso a ser percorrido, se o campo elétrico é

$$\vec{E} = z^3\vec{a_x} + \left(x^2 - 3x\right)\vec{a_y} + \left(3x - y - 13\right)\vec{a_z} V/m$$

e desenhe este caminho no sistema de coordenadas.

3.4) Calcule o trabalho realizado para mover uma carga $Q = 12\ mC$ no campo $\vec{E} = 25r^2\vec{a_r} - 7z\cos\phi\vec{a_\phi} + 3rz\vec{a_z} V/m$.

a) Do ponto (0, 30°, 0) até o ponto (5, 125°, 7);
b) Do ponto (4, 0°, –3) até o ponto (7, 86°, –5);
c) Do ponto (2, 20°, –1) até o ponto (6, 260°, 6);
d) Desenhe os caminhos percorridos em cada caso.
e) Explique por que o valor de W depende do caminho percorrido neste caso.

3.5) Calcule o trabalho para mover uma carga Q = 8 μC do infinito até a origem em um campo:

$$\vec{E} = \frac{30r^2}{\left(r^2+1\right)^2}\vec{a_r}\,V/m$$

a) Se o percurso é $d\vec{L} = dr\vec{a_r}$;
b) Se o percurso é $d\vec{L} = dr\vec{a_r} + rd\theta\,\vec{a_\theta}$;
c) Se o percurso é $d\vec{L} = dr\vec{a_r} + rd\theta\,\vec{a_\theta} + r\mathrm{sen}\theta d\phi\,\vec{a_\phi}$;
d) Explique o porquê da similaridade entre os resultados dos percursos.

3.6) Para duas linhas de carga $\rho_L = 156\ nC/m$ situadas no plano $z = 0$, $y = \pm 2$, calcule o potencial nos pontos:

a) (0, 0, 1);
b) (1, 0, 2);
c) (3, 2, 0);
d) (3, 3, 1);
e) (–2, –3, 3).

3.7) Sendo $V = Ar^2 + B\cos\phi$ em coordenadas cilíndricas, calcule A e B se:

a) $V = 1$ em $x = -3$;
b) $V = 0$ em $y = -20$ e $V = 30$ em $x = -18$;
c) $V = 5$ em $x = 8$ e $\left|\vec{E}\right| = 25V/m$ em $y = -23$;
d) $V = 45$ no ponto (–2, –7, 1) e $V = 65$ no ponto (3, –7, 8);
e) $V = 0$ no ponto (–3, 6, –1) e $\left|\vec{E}\right| = 35V/m$ em $y = 2$;
f) $V = 52$ no ponto (–4, 2, 1) e $\left|\vec{E}\right| = 35V/m$ no ponto (11, 12, –3).

3.8) Com as cargas $Q_1 = 14\ nC$ em $y = -23$, $Q_2 = -35\ nC$ em $z = -18$ e $Q_3 = 65\ nC$, encontre o potencial na origem se:

a) $V(\infty) = 0$;
b) $V(1, -1, -2) = 0$;
c) $V(2, 3, 2) = 7$;
d) $V(5, -8, 10) = -5$.

3.9) Calcule o potencial elétrico no eixo $z > 0$ de um disco de cargas ρ_S, com raio r, centrado na origem e no plano $z = 0$. Qual o valor do potencial em $z = 10$? Qual o valor do potencial em $z = 100$? Repita os cálculos para uma placa quadrada centrada na origem e no plano $z = 0$, de lados $L = 2l$.

3.10) Qual o potencial elétrico do sistema de cargas descrito a seguir:

a) Quatro cargas $Q = 1\ \mu C$ nos pontos $(\pm 1, \pm 1, 0)$?
b) Quatro cargas $Q = 1\ \mu C$ nos pontos $(0, \pm 1, \pm 1)$?
c) Três cargas $Q = 2\ \mu C$ nos pontos $(\pm 1, 0, 0)$ e $(0, \sqrt{2}, 0)$?
d) Três cargas $Q = -2\ \mu C$ nos pontos $(0, \pm 1, 0)$ e $(1, \sqrt{2}, 1)$?
e) Do conjunto de todas as cargas anteriores nos respectivos pontos, onde as cargas que se encontram localizadas nos mesmos pontos são somadas?

3.11) Para os campos potenciais a seguir, determine $\vec{E}$, ρ e Q:

a) $V = 2xy^2 - 3y^2z$;
b) $V = -3x^3y - 5z^2$;
c) $V = v^4r^2\text{sen}\phi + 9z^2e^{-r+1}$;
d) $V = 3r\cos^2\phi - 5e^{-2z}$;
e) $V = -6rz\cos\theta + r^2\cos\phi + r^3\theta$.
f) $V = 4r\phi\ \text{sen}\theta - 8r^2$;
g) Determine V, $\vec{E}$, $\vec{D}$ e ρ no ponto $(3, 2, -5)$, dado em coordenadas cartesianas.

3.13) Para $V = -3(r^2 + 1)\text{sen}\ \phi$ calcule a quantidade de carga localizada:

a) Dentro de uma esfera de raio $r = 3$;
b) Dentro de um cilindro de raio $r = 5$, $-3 \leq z \leq 4$.

3.14) Para o campo $V = 7x^2y - 5y^2z + 4(y+1)$, calcule a quantidade de carga localizada em um cubo centrado na origem de lado 2. Repita os cálculos, se o cubo estiver localizada no primeiro octante, com um vértice na origem. Repita os cálculos, se o cubo estiver localizada no segundo octante, com um vértice na origem.

3.15) Dadas duas superfícies esféricas carregadas $r = 6\ cm$ e $r = 25\ cm$, com um campo potencial entre elas $V = 100/(r^2 - 1)$, encontre:

a) $\vec{E}$;

b) $\vec{D}$ em $r = 12\ cm$;
c) Q na esfera interna;
d) ρ_S na esfera externa;
e) $\vec{D}$ em $r > 25\ cm$.

3.16) Considerando $Qd = 1800\varepsilon_0$ para um dipolo:

a) Qual o potencial elétrico em (56, 80°, 30°)?
b) Qual o potencial elétrico em (5000, 135°, 20°)?
c) Qual o potencial elétrico em (3×10^{-6}, 53°, 60°)?
d) Qual o potencial elétrico em (2×10^{-6}, 2, –5), ponto este dado em coordenadas cartesianas?
e) Calcule $\vec{E}$ nestes pontos.

3.17) Sendo $\vec{p} = 25\ \vec{a_z}\ nC.m$:

a) Encontre V, $\vec{E}$ e a direção de $\vec{E}$ em (2×10^{-4}, 20°, 0°);
b) Repita para o ponto (5×10^{-5}, 132°, 97°);
c) Repita para o ponto em coordenadas cartesianas (7×10^{-2}, 27, 6);
d) Repita os itens *a.* e *b.* para $\vec{p} = -18\ \vec{a_z}\ mC.m$.

3.18) Qual a energia armazenada no campo gerado pelo sistema de cargas:

a) $Q_1 = 3\ \mu C$ em $z = 0$ e $Q_2 = -4\ \mu C$ em $z = 3$?
b) $Q_1 = 2\ \mu C$ em $z = 0$, $Q_2 = -2\ \mu C$ em $z = -1$ e $Q_3 = -3\ \mu C$ em $z = 2$?
c) $Q_1 = 1\ \mu C$ em $z = 0$ e $Q_2 = 3\ \mu C$ em $x = 5$, $Q_3 = -5\ \mu C$ em $x = 3$, $Q_4 = -2\ \mu C$ em $y = 7$ e $Q_5 = 4\ \mu C$ em $y = -3$?

3.19) Calcule a energia armazenada no campo elétrico

$$\vec{E} = 4x^2y^3\vec{a_x} - \frac{2y}{x^2 - 1}\vec{a_y} + 5x^2\left(z^2 + 1\right)\vec{a_z}.$$

3.20) Sendo $V = -5x^2(y + 2) + 3x(z^2 - 1)$, calcule a energia armazenada no campo elétrico.

3.21) Se $\rho = 2(r^2 + 1)\cos\theta$ para uma esfera unitária centrada na origem, calcule a energia armazenada no campo elétrico.

Capítulo 4

Materiais Elétricos e Propriedades

Todo conceito da teoria voltada à engenharia elétrica se baseia em eletromagnetismo. Para entender determinados fenômenos que ocorrem e suas aplicações, é necessário entender como os campos elétricos se apresentam na presença de materiais. Assim, fenômenos como a corrente elétrica, capacitância, etc., que dependem dos campos eletrostáticos, são compreendidos após entender como os materiais elétricos influenciam nestes campos. Dessa forma, são apresentados neste capítulo os materiais elétricos e suas propriedades frente aos campos elétricos, dando uma visão dos condutores, semicondutores e dielétricos, bem como a forma de se calcular resistências e capacitâncias. Exemplos resolvidos e experimentos são apresentados para melhorar o entendimento desta teoria.

4.1 Corrente, Densidade de Corrente e Continuidade da Corrente

A corrente elétrica é o fluxo de elétrons atravessando uma seção reta de uma região, como um fio. A corrente elétrica é denotada por I, tendo como unidade o Ampère [A], que equivale a um Coulomb por segundo: 1 A = 1 C/s. Logo, a corrente elétrica é uma quantidade média de elétrons fluindo (por exemplo, num fio) como se fosse água em um cano. Entretanto, a nível microscópico, cada elétron, sendo visto como partícula, tem um comportamento específico, apresentando velocidade, que é uma grandeza vetorial. E como os vários elétrons atravessam a seção reta do material, definindo a corrente elétrica, então, define-se o vetor densidade de corrente $\vec{J}$, que tem unidade [A/m^2], que determina como os elétrons atravessam a seção reta do material em cada ponto que a forma. Assim, como a soma de todos os pontos forma a superfície da seção reta, então:

$$I = \int_S \vec{J} \cdot d\vec{S}$$

O produto escalar na integral define que cada elétron contribui para a corrente total apenas com a quantidade normal à superfície. Isto é similar à água que atravessa um cano furado: apenas a água que atravessa a superfície de uma forma normal contribui com a vazão, enquanto que a água que flui pelo furo não contribui.

Em se tratando de uma quantidade de cargas atravessando uma região, como é o caso de um raio, define-se densidade de corrente de convecção como sendo:

$$\vec{J} = \rho \vec{U},$$

desde que a densidade volumétrica de cargas tem unidades $[C/m^3]$ e a velocidade tem unidades $[m/s]$, que multiplicadas resultam $[C/s.m^2]$, que é $[A/m^2]$.

A densidade de corrente nos materiais condutores pode ser escrita como:

$$\vec{J} = \sigma \vec{E},$$

que é conhecida como forma pontual da Lei de Ohm, e é formulada a partir da densidade de corrente de convecção, tomando a velocidade média dos elétrons fluindo no material $\vec{U} = \mu_e \vec{E}$, com μ_e sendo mobilidade dos elétrons no material quando um campo elétrico é aplicado a ele, e ρ_e sendo a densidade de elétrons que flui. Daí, define-se a condutividade do material como sendo:

$$\sigma = -\rho_e \mu_e$$

que tem unidade de mho por metro ($\mho/m$), e conseqüentemente, encontra-se a densidade de corrente de condução, que é a Lei de Ohm na forma pontual. Uma tabela de condutividades de materiais é encontrada nos Anexos deste livro.

Da aplicação da Lei de Ohm na forma pontual a um condutor com seção reta constante (como visto na Figura 4.1), quando se consideram $\vec{J}$ e $\vec{E}$ uniformes, determina-se que:

$$I = \int_S \vec{J} \cdot d\vec{S} = JS$$

que dá

$$J = \frac{I}{S}$$

e da equação do potencial, tem-se:

$$V_{ab} = -\int_b^a \vec{E} \cdot d\vec{L} = -\vec{E} \cdot \int_b^a d\vec{L} = -\vec{E} \cdot \vec{L}_{ab} = \vec{E} \cdot \vec{L}_{ba} = EL.$$

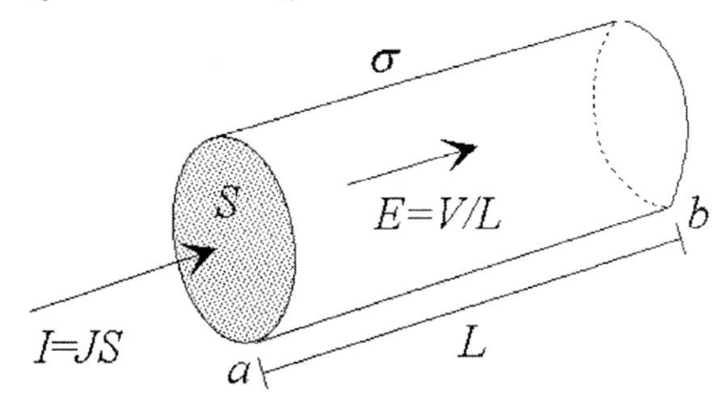

Figura 4.1: Condutor de seção reta constante.

Logo, como é um condutor, então:

$$J = \sigma E = \frac{\sigma V}{L} = \frac{I}{S}$$

de onde se encontra:

$$V = \frac{L}{\sigma S} I.$$

Como a Lei de Ohm determina que

$$V = RI;$$

então, vê-se que

$$R = \frac{L}{\sigma S}.$$

De uma forma generalizada para campos não uniformes e condutores com seção reta não uniforme, tem-se que a resistência é dada por:

$$R = \frac{-\int_b^a \vec{E} \cdot d\vec{L}}{\int_S \sigma \vec{E} \cdot d\vec{S}}.$$

Uma importante observação a se fazer é que a corrente é definida pela integral de superfície aberta da densidade de corrente. Isto é similar a observar a medição de corrente elétrica por meios diretos (amperímetro) em que se abre o circuito e se mede o fluxo de elétrons que sai pela superfície da seção reta de uma parte do condutor, atravessa o amperímetro dando a leitura, e volta ao circuito pela superfície da seção reta da outra parte do condutor.

Por outro lado, o princípio de conservação da carga estabelece que as cargas não podem ser criadas nem destruídas, embora quantidades iguais de cargas positivas e negativas possam ser simultaneamente criadas por separação, ou perdidas por recombinação. Dessa forma, descreve-se a equação de continuidade, que é definida a partir da consideração de uma corrente gerada, ou que flui através de uma superfície fechada:

$$I = \oint_S \vec{J} \cdot d\vec{S}$$

que é o fluxo saindo da superfície. Ou seja, para se gerar uma corrente elétrica, é necessário retirar a carga de uma região fechada, a qual flui e volta para ela (satisfazendo o princípio da conservação das cargas). Por esta equação, vê-se que uma carga interna Q_i decresce na razão de $\frac{dQ_i}{dt}$, que, pelo princípio de conservação da carga, tem-se

$$I = \oint_S \vec{J} \cdot d\vec{S} = -\frac{dQ_i}{dt}$$

que é a forma integral da equação de continuidade.

Esta integral pode ser entendida num simples exemplo, analisando um pólo de uma bateria eletroquímica, em que as reações químicas geram cargas (em um circuito fechado) saindo, e vão, aos poucos, reduzindo sua capacidade (decrescimento da quantidade de reagentes implica na redução da carga da bateria). Por outro lado, tomando o circuito como um todo, no outro pólo da bateria há a entrada das cargas produzidas nas reações químicas, que são recombinadas, como pode ser visto na Figura 4.2.

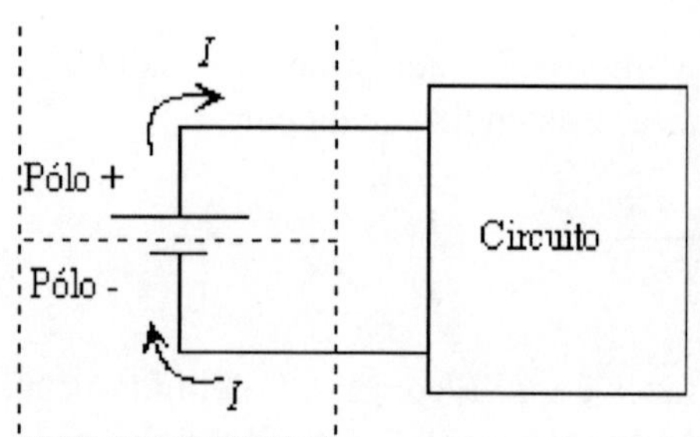

Figura 4.2: Em um circuito alimentado por uma bateria eletroquímica, no pólo positivo há a separação das cargas por meio de reações químicas que geram a corrente I e que alimentam o circuito (continuidade da corrente) e, com a entrada desta corrente no pólo negativo, há a recombinação das cargas que fundamentam o princípio da conservação da carga.

Utilizando o Teorema da Divergência sobre a forma integral da equação da continuidade da corrente, encontra-se:

$$\oint_S \vec{J} \cdot d\vec{S} = \int_{vol} \left(\nabla \cdot \vec{J}\right) dv = -\frac{dQ_i}{dt} = -\frac{d}{dt}\int_{vol} \rho dv$$

em que a derivada da integral de volume pode ser substituída por uma derivada parcial (colocada dentro da integral) se for considerada uma superfície constante, que dá:

$$\int_{vol} \left(\nabla \cdot \vec{J}\right) dv = \int_{vol} -\frac{\partial \rho}{\partial t} dv$$

ou

$$\nabla \cdot \vec{J} = -\frac{\partial \rho}{\partial t},$$

que é denominada forma pontual da equação de continuidade.

Exemplo 4.1: Calcule o valor da corrente para:

a) $\vec{J} = 4x^2 \vec{a_x} - 3y\vec{a_z}\ A/m^2$ atravessando a superfície $z = 3$, $-2 \leq x \leq 2$ e $1 \leq y \leq 3$;

b) $\vec{J} = 2r^2 \cos\phi \vec{a_r} - zr\vec{a_z}\ A/m^2$ atravessando a superfície $z = 2$, $r \leq 3$ e $30° \leq \phi \leq 230°$;

c) $\vec{J} = 3r\vec{a_r} + \dfrac{2\cos\phi}{\text{sen}\theta}\vec{a_\phi}\ A/m^2$ atravessando a superfície $r = 4$, $0° \leq \theta \leq 120°$ e $0° \leq \phi \leq 300°$;

A solução para este problema é realizada pela utilização direta da integral de superfície da densidade de corrente. Ou seja,

a) Para $\vec{J} = 4x^2 \vec{a_x} - 3y\vec{a_z}\ A/m^2$ atravessando a superfície $z = 3$, $-2 \leq x \leq 2$ e $1 \leq y \leq 3$, que é uma superfície plana retangular paralela ao plano xy, localizada na altura $z = 3$, tem-se que integrar nos limites de x e y, mantendo z constante. Como a superfície tem área $dxdy$, então seu vetor de direção é $\vec{a_z}$ e, conseqüentemente:

$$I = \int_S \vec{J} \cdot d\vec{S} = \int_{-2}^{2}\int_{1}^{3}\left(4x^2\vec{a_x} - 3y\vec{a_z}\right)dydx\vec{a_z}$$

$$I = \int_{-2}^{2}\int_{1}^{3} - 3ydydx$$

$$I = -3\left(\frac{y^2}{2}\bigg|_1^3\right)\left(x\big|_{-2}^{2}\right) = -48\,A.$$

b) No caso de $\vec{J} = 2r^2\cos\phi\vec{a_r} - zr\vec{a_z}\ A/m^2$ atravessando a superfície $z = 2$, $r \leq 3$ e $30° \leq \phi \leq 230°$, como a superfície é um círculo de raio $r = 3$ localizado na altura $z = 2$, então o vetor de superfície tem direção $\vec{a_z}$, e, conseqüentemente:

$$I = \int_S \vec{J} \cdot d\vec{S} = \int_0^2\int_{30^o}^{230^o}\left(2r^2\cos\phi\vec{a_r} - zr\vec{a_z}\right)rd\phi dr\vec{a_z}$$

$$I = \int_0^2\int_{30^o}^{230^o} - zr^2 d\phi dr$$

$$I = -z\big|_{z=2}\left(\phi\big|_{\pi/6}^{23\pi/18}\right)\left(\frac{r^3}{3}\bigg|_0^2\right) = -18{,}6169\,A.$$

c) Por fim, para $\vec{J} = 3r\vec{a_r} + \frac{2\cos\phi}{\text{sen}\theta}\vec{a_\phi}\ A/m^2$, que está em coordenadas esféricas, cuja superfície considerada é $r = 4$, $0° \leq \theta \leq 120°$ e $0° \leq \phi \leq 300°$, tem-se que o vetor de direção da superfície é $\vec{a_z}$, e. conseqüentemente:

$$I = \int_S \vec{J} \cdot d\vec{S} = \int_{0^o}^{300^o}\int_{0^o}^{120^o}\left(3r\vec{a_r} + \frac{2\cos\phi}{\text{sen}\theta}\vec{a_\phi}\right)\cdot r^2\text{sen}\theta d\theta d\phi\,\vec{a_r}$$

$$I = \int_{0^o}^{300^o}\int_{0^o}^{120^o} 3r^3\text{sen}\theta d\theta d\phi$$

$$I = 3r^3\big|_{r=4}\left(-\cos\theta\big|_{0^o}^{120^o}\right)\left(\phi\big|_0^{5\pi/3}\right) = 1507{,}9645\,A.$$

Exemplo 4.2: Considerando os campos potenciais e respectivas velocidades de deslocamentos de cargas dadas a seguir, determine o valor total da corrente que atravessa a região definida:

a) $V = 4xy - 3z$, $\vec{U} = 2y\vec{a_x}$, $x = 2$, $-1 \leq y \leq 2$, $0 \leq z \leq 1$;

b) $V = -2rz + z\cos\phi$, $\vec{U} = 2z^2\vec{a_\phi}$, $\phi = 60°$, $0{,}5 \leq r \leq 1$, $0 \leq z \leq 2$;

c) $V = r\cos\phi$, $\vec{U} = 3r\cos\phi\,\vec{a_\theta}$, $\theta = 40°$, $0 \leq \phi \leq 200°$, $r \leq 1$.

Para solucionar este problema, deve-se utilizar o procedimento do capítulo anterior, para encontrar ρ por meio do potencial. Encontrado este valor da densidade de cargas, multiplica-se a mesma pela respectiva velocidade e integra-se na região dada para encontrar a corrente solicitada. Assim, tem-se:

a) No caso do potencial dado por $V = 4xy - 3z$, encontra-se:

$$\vec{E} = -\nabla V = -4y\vec{a_x} - 4x\vec{a_y} + 3\vec{a_z}\ V/m$$

$$\rho = \nabla \cdot \vec{D} = -\varepsilon_0 \nabla \cdot \vec{E} = 0$$

$$\vec{J} = \rho\vec{U} = 0$$

$$I = \int_S \vec{J} \cdot d\vec{S} = 0.$$

b) Neste segundo caso, em que o potencial se encontra em coordenadas cilíndricas, dado por $V = -2rz + z\cos\phi$, tem-se:

$$\vec{E} = -\nabla V = 2rz\vec{a_r} + \frac{z}{r}\text{sen}\phi\,\vec{a_\phi} - (-2r + \cos\phi)\vec{a_z}\ V/m$$

$$\rho = \nabla \cdot \vec{D} = -\varepsilon_0 \nabla \cdot \vec{E} = \left(2z + \frac{z}{r^2}\cos\phi\right)\varepsilon_0\ C/m^3$$

$$\vec{J} = \rho\vec{U} = \varepsilon_0\left(4z^3 + \frac{2z^3}{r^2}\cos\phi\right)\vec{a_\phi}$$

$$I = \int_S \vec{J} \cdot d\vec{S} = \varepsilon_0 \int_{0,5}^{1}\int_0^2 \left(4z^3 + \frac{2z^3}{r^2}\cos\phi\right)\vec{a_\phi} \cdot dzdr\,\vec{a_\phi}\Bigg|_{\phi=60^o} = 12\varepsilon_0\,A$$

c) Por fim, para $V = r\cos\phi$ em coordenadas esféricas, encontra-se:

$$\vec{E} = -\nabla V = -\cos\phi\vec{a_r} + \frac{\text{sen}\phi}{\text{sen}\theta}\vec{a_\phi}\ V/m$$

$$\rho = \nabla \cdot \vec{D} = -\varepsilon_0 \nabla \cdot \vec{E} = -\varepsilon_0\left(\frac{2}{r}\cos\phi + \frac{\cos\phi}{r\text{sen}\theta}\right)C/m^3$$

$$\vec{J} = \rho\vec{U} = -\varepsilon_0\left(6\cos^2\phi + \frac{3\cos^2\phi}{\text{sen}^2\theta}\right)\vec{a_\theta}$$

$$I = \int_S \vec{J} \cdot d\vec{S} = -\varepsilon_0 \int_0^1\int_0^{10\pi/9}\left(6\cos^2\phi + \frac{3\cos^2\phi}{\text{sen}^2\theta}\right)\vec{a_\theta} \cdot r\text{sen}\theta d\phi dr\,\vec{a_\theta}\Bigg|_{\theta=40^o} = -1{,}056\varepsilon_0\,A$$

Exemplo 4.3: Para um potencial $V = (3z^2 - 2z)\ V$, aplicado aos terminais de um cilindro de alumínio de raio $r = 1\ cm$ e 1 m de comprimento, calcule:

a) Potencial em cada terminal, considerando que este condutor encontra-se no eixo z, sobre $z > 1\ cm$;
b) $\vec{E}$;
c) $\vec{J}$;
d) I nos terminais.

Este problema é aplicação direta das fórmulas já vistas. Assim, tem-se:

a) O potencial em cada terminal é dado pelo valor da equação nos pontos de cada terminal:

$$V_0 = (3 \times 0^2 - 2 \times 0) = 0V$$
$$V_1 = (3 \times 1^2 - 2 \times 1) = 1V$$

b) O campo elétrico é dado pelo gradiente do potencial:

$$\vec{E} = -\nabla V = -(6z - 2)\vec{a_z}\ V/m$$

c) Como é um condutor, a corrente é de condução, e é dada por:

$$\vec{J} = \sigma \vec{E} = 3{,}82 \times 10^7 \times (-6z + 2)\vec{a_z}\ A/m^2$$

d) A corrente nos terminais é determinada pela integral de superfície da densidade de corrente nos pontos dados (que são os terminais). Ou seja:

$$I_{z=0} = \int_S \vec{J} \cdot d\vec{S} = 3{,}87 \times 10^7 \int_0^{2\pi} \int_0^{0{,}01} (-6z + 2) r dr d\phi \bigg|_{z=0} = 24001{,}768\ A$$

$$I_{z=1} = \int_S \vec{J} \cdot d\vec{S} = 3{,}87 \times 10^7 \int_0^{2\pi} \int_0^{0{,}01} (-6z + 2) r dr d\phi \bigg|_{z=1} = -48003{,}536\ A$$

Observe que, neste caso, a corrente não deve ser calculada diretamente pela Lei de Ohm ($V = RI$), desde que o potencial varia a cada ponto ao longo do eixo z e, conseqüentemente, a densidade de corrente também. Para utilizar a Lei de Ohm para cálculo de correntes neste tipo de problema, só se o potencial for linear.

Exemplo 4.4: Para um potencial $V = 3z$ V aplicado aos terminais de um cilindro de cobre de raio $r = 1$ cm e 1 m de comprimento, calcule:

a) Potencial em cada terminal, considerando que este condutor encontra-se no eixo z, sobre $z > 1$ cm;
b) $\vec{E}$;
c) $\vec{J}$;
d) I.

Utilizando o mesmo procedimento do *Exemplo 4.3*, tem-se:

a) O potencial em cada terminal é dado pelo valor da equação nos pontos de cada terminal:

$$V_0 = (3 \times 0) = 0V$$
$$V_1 = (3 \times 1) = 3V$$

b) O campo elétrico é dado pelo gradiente do potencial:

$$\vec{E} = -\nabla V = -3\vec{a_z} V/m$$

c) Como é um condutor, a corrente é de condução, e é dada por:

$$\vec{J} = \sigma \vec{E} = 5{,}8 \times 10^7 \times (-3\vec{a_z}) = -1{,}74 \times 10^8 \ A/m^2$$

d) A corrente pode ser calculada pela Lei de Ohm:

$$I = \frac{V_0 - V_1}{R} = \frac{-3}{R} A$$

Neste caso, é necessário encontrar a resistência do condutor, que é dada por:

$$R = \frac{l}{\sigma S} = \frac{1}{5{,}8 \times 10^7 \times \pi \times 0{,}01^2} = 5{,}488 \times 10^{-5} \Omega.$$

Daí, utilizando na equação da corrente encontrada, tem-se:

$$I = \frac{-3}{5{,}488 \times 10^{-5}} = -54663{,}7122 \ A.$$

Se utilizar a integral de superfície, encontram-se nos terminais:

$$I_{z=0} = \int_S \vec{J} \cdot d\vec{S} = \int_0^{2\pi} \int_0^{0,01} (-1,74 \times 10^8) r dr d\phi \Big|_{z=0} = -54663,7122\ A$$

$$I_{z=1} = \int_S \vec{J} \cdot d\vec{S} = \int_0^{2\pi} \int_0^{0,01} (-1,74 \times 10^8) r dr d\phi \Big|_{z=1} = -54663,7122\ A$$

que são as mesmas correntes encontradas pela Lei de Ohm.

Exemplo 4.5: Considerando que em uma região cilíndrica fechada há uma densidade de corrente definida por $\vec{J} = -3r^2 z \vec{a_r}\ A/m^2$, calcule a variação da densidade de cargas nesta região.

Este problema é uma aplicação da equação da continuidade da corrente na forma pontual, pois, para calcular a variação da densidade de cargas em uma região fechada, basta utilizar:

$$\nabla \cdot \vec{J} = -\frac{\partial \rho}{\partial t}$$

ou

$$\frac{\partial \rho}{\partial t} = -\nabla \cdot \vec{J} = -\frac{1}{r}\frac{\partial}{\partial r}(r \times (-3r^2 z)) = 9rz\ A/m^3,$$

desde que a densidade de corrente tem apenas componente na direção r.

4.2 Condutores: Propriedades e Condições de Contorno

Os condutores são materiais que apresentam um espaço de energia pequeno entre a última camada, que se apresenta cheia de elétrons, e a camada mais externa, com poucos elétrons. Este espaço de energia pequeno facilita a condução eletrônica com a injeção de uma pequena quantidade de energia, como é o caso do campo elétrico. Assim, quando se aplica um campo elétrico (por meio da aplicação de uma diferença de potencial nos terminais de um fio condutor), os elétrons da camada cheia recebem esta energia e passam para a banda vazia, podendo circular entre os átomos vizinhos, gerando uma corrente.

Nos isolantes, esta região é grande, não deixando que haja condução até um certo limite de injeção de energia. Ou seja, se houver a aplicação de um campo elétrico muito intenso, pode haver a condução de elétrons, tornando o material, em parte, condutor.

Outra situação é definida com o espaço de energia em um nível intermediário, em que é necessária uma determinada quantidade de energia para haver a condução, que é maior que o requerido no condutor, e menor que no isolante. Estes materiais são os semicondutores.

As estruturas das bandas de energia são vistas na Figura 4.3.

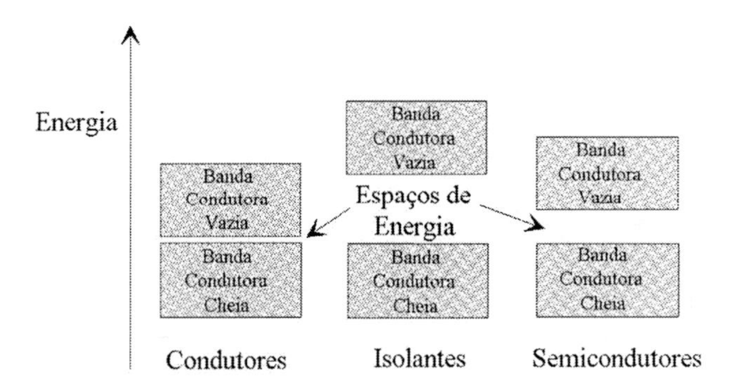

Figura 4.3: Bandas condutoras cheias, espaço de energia e bandas condutoras vazias de materiais condutores, isolantes e semicondutores.

Devido à facilidade de movimentação dos elétrons nos materiais condutores, todo excesso de carga neles contido tende a se afastar o máximo possível para as bordas, seguindo para a superfície externa. Conseqüentemente, no interior de qualquer material condutor, não há acúmulo de cargas e o campo elétrico é nulo. Esta situação pode ser vista nas Figuras 4.4 e 4.5. A inexistência de campo elétrico no interior dos condutores carregados é comprovada com a utilização da Lei de Gauss.

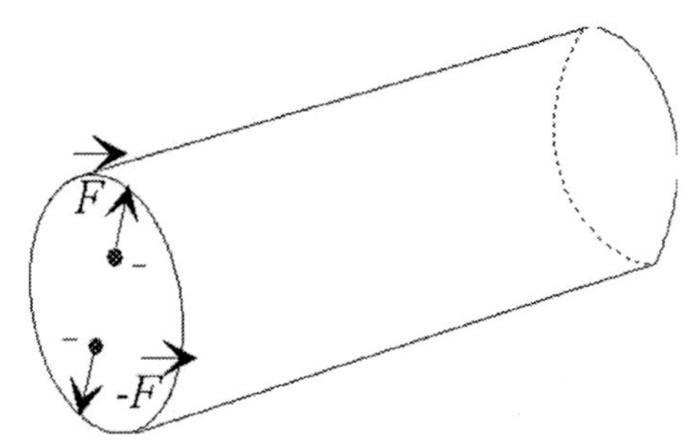

Figura 4.4: Excesso de cargas elétricas em um condutor: as forças de repulsão entre elas levam-nas à superfície do condutor.

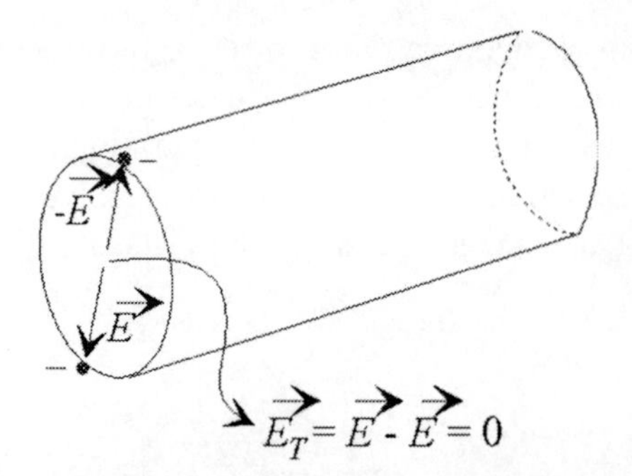

Figura 4.5: O campo elétrico resultante no interior de um condutor carregado é nulo.

Como todo vetor pode ser decomposto em duas componentes: normal e tangencial, então as condições de contorno nos materiais condutores podem ser vistas como o campo normal e tangencial em seu interior e o campo normal e tangencial em seu exterior. Com relação aos campos no interior, como não há cargas, o campo elétrico é nulo e a densidade de fluxo elétrico também o é. Assim, têm-se como condições de contorno para o interior do material condutor:

$$D_n = D_t = 0$$
$$E_n = E_t = 0$$

No lado externo do condutor, todas as cargas estão acumuladas e distribuídas uniformemente na superfície, o que forma uma densidade superficial de cargas ρ_S. Neste caso, utilizando a Lei de Gauss, encontra-se que todo o fluxo é normal à superfície, e conseqüentemente, a densidade de fluxo normal é a própria densidade de cargas:

$$D_n = \rho_S$$

e, conseqüentemente,

$$E_n = \frac{\rho_S}{\varepsilon_0}.$$

No caso dos campos tangenciais para a região externa ao condutor, matematicamente, vê-se que, se a soma dos módulos dos campos normal e tangencial é igual ao módulo do campo, então os campos tangenciais são nulos. Isso se pode ver fisicamente, utilizando a equação do potencial em uma linha fechada ($\oint \vec{E} \cdot d\vec{L} = 0$), tomando um circuito retangular. Assim, as condições de contorno para os campos tangenciais no exterior de um condutor são:

$$D_t = 0$$
$$E_t = 0.$$

Tendo as condições de contorno para os condutores definidas, resumem-se os princípios que se aplicam a estes materiais em campos eletrostáticos, que são:

1. A intensidade do campo elétrico interno a um condutor é zero;
2. A intensidade do campo elétrico na superfície de um condutor é sempre normal à superfície;
3. A superfície condutora é equipotencial.

Exemplo 4.6: Se a superfície esférica $r = 5\ m$ é um condutor, calcule E_x e E_y se $\vec{E} = E_x\vec{a_x} + E_y\vec{a_y} + 9\vec{a_z}$ no ponto (3, –1, – 4).

Como se tem um condutor esférico, naturalmente o campo elétrico externo a ele é radial esférico e internamente é nulo. Externamente, ele é radial esférico, devido às condições de contorno para condutores. Desde que o ponto dado é um ponto cartesiano e o campo também está em coordenadas cartesianas, então, utilizando a componente E_r na transformação das componentes do campo elétrico dado, é possível encontrar o valor da carga por meio da componente z, que é dada, e utilizá-la para encontrar os valores das componentes E_x e E_y. Assim, tem-se:

$$E_z = E_r \frac{z}{\sqrt{x^2+y^2+z^2}} - E_\theta \frac{\sqrt{x^2+y^2}}{\sqrt{\left(x^2+y^2+z^2\right)}}$$

$$9 = E_r \frac{-4}{\sqrt{(3)^2+(-1)^2+(-4)^2}}$$

$$E_r = -11{,}4728$$

desde que $E_\phi = 0$. Utilizando este dado para as demais componentes, encontra-se:

$$E_x = E_r \frac{x}{\sqrt{x^2+y^2+z^2}} + E_\theta \frac{xz}{\sqrt{\left(x^2+y^2\right)\left(x^2+y^2+z^2\right)}} - E_\phi \frac{y}{\sqrt{\left(x^2+y^2\right)}}$$

$$= -11{,}4728 \frac{3}{\sqrt{(3)^2+(-1)^2+(-4)^2}} = -6{,}75$$

e

$$E_y = E_r \frac{y}{\sqrt{x^2 + y^2 + z^2}} + E_\theta \frac{yz}{\sqrt{\left(x^2 + y^2\right)\left(x^2 + y^2 + z^2\right)}} + E_\phi \frac{x}{\sqrt{x^2 + y^2}}$$

$$= -11{,}4728 \frac{-1}{\sqrt{(3)^2 + (-1)^2 + (-4)^2}} = 2{,}25$$

Exemplo 4.7: Sendo a superfície cilíndrica com $r = 3\ m$ um condutor centrado no eixo z, calcule E_x e E_z se $\vec{E} = E_x \vec{a}_x - 7\,\vec{a}_y + E_z \vec{a}_z$ no ponto $(3, -5, 1)$.

Neste caso, desde que o condutor é cilíndrico, então, utilizando o mesmo procedimento, tem-se:

$$E_y = E_r \frac{y}{\sqrt{x^2 + y^2}} + E_\phi \frac{x}{\sqrt{x^2 + y^2}}$$

$$-7 = E_r \frac{-5}{\sqrt{(3)^2 + (-5)^2}}$$

$$E_r = 8{,}1633$$

desde que $E_\phi = 0$ (é um campo tangencial num condutor cilíndrico centrado no eixo z). Logo, tem-se

$$E_x = E_r \frac{x}{\sqrt{x^2 + y^2}} - E_\phi \frac{y}{\sqrt{x^2 + y^2}}$$

$$= 8{,}1633 \frac{3}{\sqrt{(3)^2 + (-5)^2}} = 4{,}2$$

Para o caso da componente E_z, naturalmente se recorre às condições de contorno. Isto é, desde que o campo de uma linha de cargas ou de uma superfície cilíndrica é sempre normal ao seu comprimento, então todo seu campo será radial cilíndrico, o que quer dizer que só há campo em x e y que definem o campo radial cilíndrico (o condutor cilíndrico está no eixo z) que é normal à sua superfície. Logo, todo o campo tangencial é nulo, que são as componentes E_ϕ e E_z. Ou seja,

$$E_z = 0$$

que é a segunda componente procurada.

4.3 Semicondutores

Os materiais ditos semicondutores são os que apresentam baixa condutividade em baixas temperaturas, mas aumentam esta condutividade quando há aumento da temperatura. Ou seja, reagem à temperatura de forma contrária aos condutores. Isto é devido ao fato de que alguns elétrons são liberados com o aumento da vibração dos íons do cristal quando aumenta a temperatura, podendo se movimentar. Os semicondutores também aumentam sua condutividade com a iluminação.

A condutividade dos semicondutores situa-se entre as ordens de grandezas de 10^{-6} e 10^{4} $℧/m$.

Nos semicondutores há dois tipos de correntes: a de elétrons livres, que é em direção oposta ao campo elétrico aplicado, e a de lacunas ou buracos, que são as posições vagas deixadas pelo movimento dos elétrons de valência, que aparentam um movimento de cargas positivas em direção contrária à dos elétrons livres. As lacunas apresentam sinal contrário aos elétrons e, na realidade, não existem, pois são espaços vazios provocados pelos elétrons que abandonam as ligações covalentes rompidas. No caso da lacuna, sua carga é igual a $e = +1{,}607 \times 10^{-19}\ C$, e apresenta mobilidade μ_l, o que determina que a condutividade, para os semicondutores intrínsecos (ou puros), é função de ambas as concentrações de cargas e mobilidades, sendo dada por:

$$\sigma = -\rho_e \mu_e + \rho_l \mu_l.$$

As aplicações dos semicondutores à engenharia elétrica são feitas, geralmente, utilizando dopagem, que é a mistura de materiais que aumentam a capacidade de condução de elétrons ou lacunas. Os semicondutores intrínsecos são o silício e o germânio. Quando misturados a um material específico, eles o tornam um semicondutor extrínseco do tipo *N* (dopado com impureza ou material que o torna mais condutor de elétrons) ou do tipo *P* (dopado com impureza ou material que o torna mais condutor de lacunas). Dessa forma, com as junções *PN* estruturam-se inúmeros componentes eletrônicos, como os diodos, transistores, tiristores, LEDs, lasers, etc.

4.4 Dielétricos: Propriedades e Condições de Contorno

Os materiais dielétricos são materiais que têm a capacidade de armazenar a energia elétrica em forma de um campo, o que se deve ao deslocamento nas posições relativas das cargas negativas e positivas contra as forças moleculares e atômicas dos átomos. Estes materiais podem ser sólidos, líquidos ou gasosos.

Até o presente momento, todos os cálculos envolvendo o campo elétrico e a densidade de fluxo elétrico consideraram o espaço livre (permissividade ε_0) como meio entre as cargas. Os materiais dielétricos apresentam a característica de aumentar a densidade de fluxo elétrico, por ter uma permissividade maior que o espaço livre, pois eles são formados por inúmeros dipolos desalinhados, que se alinham quando se encontram na presença de um campo elétrico externo. De certa forma, nos materiais dielétricos, quando considerados perfeitos, sua carga total, bem como o campo elétrico resultante, são nulos.

Dois tipos de moléculas são encontrados na natureza, os quais caracterizam os materiais dielétricos, que são: as moléculas polares - que têm um deslocamento permanente existente entre os centros de gravidade da carga positiva e da carga negativa, e cada par age como um dipolo; e as moléculas não polares - que não têm o arranjo de dipolos antes do campo ser aplicado. As cargas positivas e negativas se deslocam em direções opostas, contrariamente à sua mútua atração, produzindo um dipolo que é alinhado com o campo elétrico externo.

Considerando, então, as moléculas não polares, quando há um campo aplicado, do que foi visto de dipolos, tem-se o momento de dipolo dado por

$$\vec{p} = Q\vec{d}$$

que em um volume Δv, apresenta um total de:

$$\vec{p}_{total} = \sum_{i=1}^{n\Delta v} \vec{p_i}$$

de onde se define o vetor de polarização, que é dado por:

$$\vec{P} = \lim_{\Delta v \to 0} \frac{1}{\Delta v} \vec{p}_{total} = \lim_{\Delta v \to 0} \frac{1}{\Delta v} \sum_{i=1}^{n\Delta v} \vec{p_i}$$

que tem unidade $[C/m^2]$.

Considerando Q_p a carga do dipolo que é atraída pela carga externa do campo aplicado ao dielétrico, vê-se que esta tem o sinal contrário à carga externa. Dessa forma, encontra-se, pela aplicação da Lei de Gauss:

$$Q_p = -\oint_S \vec{P} \cdot d\vec{S}$$

e, desde que está sendo considerado um volume de cargas, tem-se:

$$Q_p = \int_{vol} \rho_p dv = -\oint_S \vec{P} \cdot d\vec{S}$$

em que ρ_p é a densidade volumétrica de cargas de polarização. Logo, aplicando o Teorema da Divergência, encontra-se:

$$\int_{vol} \rho_p dv = -\int_{vol} \left(\nabla \cdot \vec{P}\right) dv,$$

ou

$$\nabla \cdot \vec{P} = -\rho_p .$$

Com a introdução dos dielétricos, há a introdução do vetor de polarização $\vec{P}$, ampliando a capacidade de acumular energia. Antes, sempre estava se considerando o espaço livre, cuja permissividade é ε_0. Entretanto, com a introdução de um material dielétrico, as cargas dos dipolos permitem aumentar a densidade de fluxo no meio, desde que o total das cargas envolvidas é quem gera esta, ou seja,

$$\nabla \cdot \left(\varepsilon_0 \vec{E}\right) = \rho_{total} = \rho + \rho_p$$

sendo ρ a densidade de cargas livres aplicada para a geração do campo elétrico externo. Logo, utilizando a relação da densidade de cargas de polarização, encontra-se:

$$\nabla \cdot \left(\varepsilon_0 \vec{E}\right) = \rho - \nabla \cdot \vec{P}$$

$$\nabla \cdot \left(\varepsilon_0 \vec{E} + \vec{P}\right) = \rho$$

de onde se retira, da primeira equação de Maxwell, que:

$$\vec{D} = \varepsilon_0 \vec{E} + \vec{P}$$

que é o mesmo resultado encontrado para as moléculas polares.

Introduzindo o conceito de suscetibilidade elétrica do material χ_e, tem-se a relação entre $\vec{P}$ e $\vec{E}$, a qual é dada por:

$$\vec{P} = \chi_e \varepsilon_0 \vec{E},$$

com χ_e adimensional dada por:

$$\chi_e = \varepsilon_R - 1$$

e ε_R sendo também adimensional, definida como a permissividade relativa do material, em que, da equação:

$$\vec{D} = \varepsilon_0 \vec{E} + (\varepsilon_R - 1)\varepsilon_0 \vec{E} = \varepsilon_0 \varepsilon_R \vec{E} = \varepsilon \vec{E},$$

vê-se que $\varepsilon = \varepsilon_0 \varepsilon_R$ é a permissividade do material.

Exemplo 4.8: Sendo a permissividade relativa do hidrogênio atômico $\varepsilon_R = 1{,}000264$ e havendo $3{,}45 \times 10^{26}$ *átomos/m³* com um campo elétrico aplicado $E = 2 \times 10^4$ *V/m*, encontre:

a) P;
b) p;
c) A distância d entre os prótons e elétrons nos átomos de hidrogênio.

A solução deste problema encontra-se diretamente nas equações dadas nesta seção. Ou seja,

a) Para encontrar o vetor de polarização aplica-se a relação entre este e o campo elétrico:

$$P = \chi_e \varepsilon_0 E$$

que está em módulo, desde que as direções são as mesmas. E, como a suscetibilidade é:

$$\chi_e = \varepsilon_R - 1 = 1{,}000264 - 1 = 0{,}000264$$

então, tem-se:

$$P = 0{,}000264 \times 8{,}854 \times 10^{-12} \times 2 \times 10^4 = 4{,}675 \times 10^{-11}\, C/m^2.$$

b) Para determinar o valor do momento de dipolo, vê-se que o vetor de polarização é a soma de todos os momentos de dipolo em um volume. Logo, como é dado o número de átomos de hidrogênio, em que cada átomo é um dipolo, necessita-se apenas dividir o vetor de polarização encontrado no item *a* e dividi-lo pelo número de átomos no volume, para encontrar o momento de dipolo do átomo de hidrogênio. Isto é:

$$p = \frac{P}{n} = \frac{4{,}675 \times 10^{-11}}{3{,}45 \times 10^{26}} = 1{,}3551 \times 10^{-37}\ C.m$$

c) Com o resultado do item *b*, encontra-se a distância das cargas do dipolo, desde que:

$$p = Qd.$$

Logo, tem-se:

$$d = \frac{p}{Q} = \frac{1{,}3551 \times 10^{-37}}{1{,}6 \times 10^{-19}} = 8{,}469 \times 10^{-19}\, m.$$

Exemplo 4.9: Se existe um campo elétrico $E = 100\ V/m$ entre duas placas condutoras separadas, o que acontece se for inserido no meio destas duas placas um material dielétrico com suscetibilidade $\chi_e = 19$?

As mudanças que ocorrem com a introdução de um material dielétrico em um campo elétrico são:

1) Geração de P: $P = \chi_e \varepsilon_0 E = 1{,}6823 \times 10^{-8}\, C/m^2$;
2) Variação de D: $D = \varepsilon E = \varepsilon_R \varepsilon_0 E = (\chi_e + 1)\varepsilon_0 E = 1{,}7708 \times 10^{-8}\, C/m^2$;
3) Aumento na energia W: $W = \int_{vol} \vec{D} \cdot \vec{E} dv = DEv = 1{,}7708 \times 10^{-6}\, vJ$, em que v é o volume entre as placas condutoras.

No caso dos materiais condutores, foi visto que não há campo elétrico internamente, e determinaram-se suas condições de contorno internas e externas. Entretanto, como o campo interno é nulo, as condições de contorno para a região interna ao condutor eram todas nulas. No caso dos materiais dielétricos, utilizando os mesmos procedimentos, porém, sabendo que, internamente aos dielétricos, há campos, então as componentes tangenciais e normais na região de junção de dois materiais de permissividades dielétricas distintas apresentam variações, as quais são definidas por:

- Para as componentes tangenciais:

$$E_{t_1} = E_{t_2}$$

$$\frac{D_{t_1}}{\varepsilon_1} = \frac{D_{t_2}}{\varepsilon_2}$$

- Para as componentes normais (para dielétricos perfeitos, onde a carga na junção é zero):

$$D_{n_1} = D_{n_2}$$

$$\varepsilon_1 E_{n_1} = \varepsilon_2 E_{n_2}$$

desde que:

$$\vec{D}_1 = \varepsilon_1 \vec{E}_1$$

e

$$\vec{D}_2 = \varepsilon_2 \vec{E}_2$$

Caso o dielétrico não seja perfeito, a relação das componentes normais da densidade de fluxo é dada por:

$$D_{n_1} - D_{n_2} = \rho_S$$

desde que esta relação é encontrada pela aplicação da Lei de Gauss à superfície de união entre os dois dielétricos.

Utilizando as regras trigonométricas sobre as condições de contorno de $\vec{D}$, tem-se

$$D_{N1} = D_1 \, sen \, \alpha_1 = D_{N2} = D_2 \, sen \, \alpha_2$$

e

$$\frac{D_{t_1}}{\varepsilon_1} = \frac{D_1}{\varepsilon_1}\cos\alpha_1 = \frac{D_{t_2}}{\varepsilon_2} = \frac{D_2}{\varepsilon_2}\cos\alpha_2$$

conforme se pode ver na Figura 4.6.

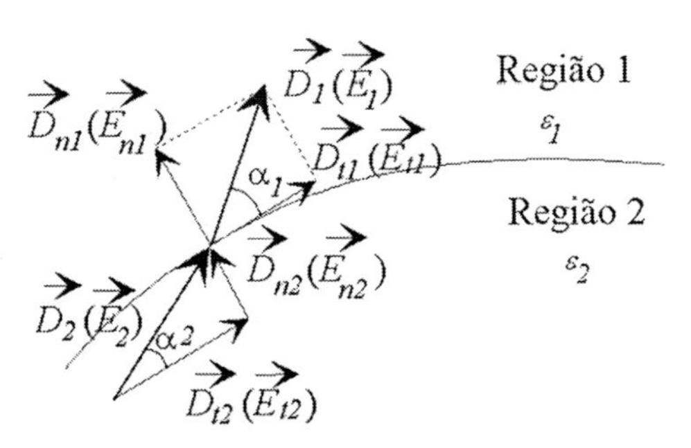

Figura 4.6: Análise dos ângulos formados pelos campos elétricos e densidades de fluxo elétrico no contorno entre dois materiais dielétricos perfeitos.

Reorganizando estas equações, encontram-se:

$$D_1 \text{ sen } \alpha_1 = D_2 \text{ sen } \alpha_2$$

$$D_1 \cos\alpha_1 = \frac{\varepsilon_1 D_2}{\varepsilon_2} \cos\alpha_2$$

que dividindo uma pela outra, tem-se:

$$\tan\alpha_1 = \frac{\varepsilon_2}{\varepsilon_1} \tan\alpha_2$$

Também, utilizando as mesmas equações, encontram-se as magnitudes de $\vec{D}$ e $\vec{E}$ na região 2, em função das magnitudes respectivas na região 1, que são:

$$(D_1 \text{sen}\alpha_1)^2 + (D_1 \cos\alpha_1)^2 = (D_2 \text{sen}\alpha_2)^2 + \left(\frac{\varepsilon_1}{\varepsilon_2} D_2 \cos\alpha_2\right)^2$$

em que

$$D_1^2 \left((\text{sen}\alpha_1)^2 + (\cos\alpha_1)^2\right) = D_2^2 \left((\text{sen}\alpha_2)^2 + \left(\frac{\varepsilon_1}{\varepsilon_2} \cos\alpha_2\right)^2\right),$$

ou ainda

$$D_1 = D_2 \sqrt{(\text{sen}\alpha_2)^2 + \left(\frac{\varepsilon_1}{\varepsilon_2} \cos\alpha_2\right)^2}$$

E, utilizando o mesmo procedimento para o campo elétrico:

$$E_1 \cos \alpha_1 = E_2 \cos \alpha_2$$

$$E_1 \, sen\, \alpha_1 = \frac{\varepsilon_2}{\varepsilon_1} E_2 \, sen\, \alpha_2$$

encontra-se:

$$E_1 = E_2 \sqrt{(\cos\alpha_2)^2 + \left(\frac{\varepsilon_2}{\varepsilon_1} \mathrm{sen}\alpha_2\right)^2}$$

Ou seja, tendo o campo elétrico que atravessa um dielétrico, pode-se calcular seu ângulo ao cruzar a fronteira adentrando no outro dielétrico, bem como sua magnitude. Da mesma forma para a densidade de fluxo elétrico.

Exemplo 4.10: Dadas três regiões cortando o eixo x (paralelas ao plano yz), se há um campo elétrico $\vec{E} = 2\vec{a_x} - 5\vec{a_y}$ na região 1 e as regiões 1, 2 e 3 têm permissividade ε_0, $\varepsilon_1 = 3\varepsilon_0$ e $\varepsilon_2 = 2\varepsilon_0$, respectivamente, utilize as condições de contorno para determinar os campos em todas as regiões, e os ângulos dos campos em cada uma das regiões.

Neste problema, utilizam-se as condições de contorno, inicialmente, para as regiões 1 e 2, de onde se vê que, se os dielétricos estão dividindo o eixo x, então a componente normal do campo é a da direção x. Assim, encontra-se:

$$D_{N1} = D_{N2} \Rightarrow \varepsilon_0 E_{N1} = \varepsilon_1 E_{N2} \Rightarrow \varepsilon_0 E_{x1} = 3\varepsilon_0 E_{x2} \Rightarrow E_{x2} = \frac{E_{x_1}}{3} = \frac{2}{3}$$

$$E_{t1} = E_{t2} \Rightarrow E_{y1} = E_{y2} \Rightarrow E_{y2} = -5.$$

Logo,

$$\vec{E_2} = \frac{2}{3}\vec{a_x} - 5\vec{a_y}$$

e

$$\vec{D_2} = \varepsilon_1 \vec{E_2} = 3\varepsilon_0\left(\frac{2}{3}\vec{a_x} - 5\vec{a_y}\right) = 2\varepsilon_0 \vec{a_x} - 15\varepsilon_0 \vec{a_y}.$$

O ângulo do campo elétrico na região 1 é:

$$\alpha_1 = \arctan\frac{E_{N_1}}{E_{t_1}} = \arctan\frac{2}{-5} = -21{,}8^\circ$$

e na região 2 é:

$$\alpha_2 = \arctan\frac{E_{N_2}}{E_{t_2}} = \arctan\frac{2/3}{-5} = -7{,}595^\circ.$$

Entre as regiões 2 e 3, tem-se que:

$$D_{N2} = D_{N3} \Rightarrow 3\varepsilon_0 E_{x2} = 2\varepsilon_0 E_{x3} \Rightarrow E_{x3} = \frac{3E_{x_2}}{2} = 1$$

$$E_{t2} = E_{t3} \Rightarrow E_{y2} = E_{y3} \Rightarrow E_{y3} = -5.$$

Logo,

$$\vec{E}_3 = \vec{a_x} - 5\vec{a_y}$$

e, conseqüentemente, encontra-se:

$$\vec{D}_3 = \varepsilon_2 \vec{E}_3 = 2\varepsilon_0\left(\vec{a_x} - 5\vec{a_y}\right) = 2\varepsilon_0 \vec{a_x} - 10\varepsilon_0 \vec{a_y}.$$

O ângulo do campo elétrico na região 3 é

$$\alpha_3 = \arctan\frac{E_{N_3}}{E_{t_3}} = \arctan\frac{1}{-5} = -11{,}31^\circ.$$

Exemplo 4.11: Dados dois dielétricos perfeitos com $\varepsilon_{R1} = 10$ e $\varepsilon_{R2} = 3{,}5$, quais os valores de E_{t2}, D_{t1}, D_{t2}, E_{n2}, D_{n1} e D_{n2}, se $E_{t1} = 500\ V/m$, $E_{n1} = 2500\ V/m$?

Para encontrar estes valores, utilizam-se as condições de contorno para materiais dielétricos perfeitos. Assim, tem-se:

$$E_{t_2} = E_{t_1} = 500\,V/m$$

$$D_{t_1} = \varepsilon_{R_1}\varepsilon_0 E_{t_1} = 4{,}427\times10^{-8}\ C/m^2$$

$$D_{t_2} = \varepsilon_{R_2}\varepsilon_0 E_{t_2} = 1{,}5495\times10^{-8}\ C/m^2$$

$$E_{t_2} = E_{t_1} = 500\,V/m$$

$$D_{t_1} = \varepsilon_{R_1}\varepsilon_0 E_{t_1} = 4{,}427\times10^{-8}\ C/m^2$$

$$D_{t_2} = \varepsilon_{R_2}\varepsilon_0 E_{t_2} = 1{,}5495\times10^{-8}\ C/m^2$$

$$E_{n_2} = \frac{D_{n_2}}{\varepsilon_{R_2}\varepsilon_0} = 7142{,}857V/m$$

Exemplo 4.12: Sendo uma esfera $r < 4$ um dielétrico com permissividade $\varepsilon_R = 3$ e sendo $r > 4$ o espaço livre, calcule $\vec{E}_2$ (em $r = 4^+$, $\phi = 0°$ e $\theta = 0°$) se $\vec{E}_1 = 3\,\vec{a_x} - 20\,\vec{a_y} + 8\,\vec{a_z}$ (em $r = 4^-$, $\phi = 0°$ e $\theta = 0°$).

Como este problema está em coordenadas esféricas, deve-se observar que a componente normal é na direção r. Entretanto, como o campo na região 1 ($r < 4$) está dado em coordenadas cartesianas, deve-se transformá-lo para coordenadas esféricas:

$A_r = A_x \operatorname{sen}\theta \cos\phi + A_y \operatorname{sen}\theta \operatorname{sen}\phi + A_z \cos\theta$

$A_r = 3 \operatorname{sen}(0) \cos(0) - 20 \operatorname{sen}(0) \operatorname{sen}(0) + 8 \cos(0) = 8;$

$A_\theta = A_x \cos\theta \cos\phi + A_y \cos\theta \operatorname{sen}\phi - A_z \operatorname{sen}\theta$

$A_\theta = 3 \cos(0) \cos(0) - 20 \cos(0) \operatorname{sen}(0) - 8 \operatorname{sen}(0) = 3;$

$A_\phi = -A_x \operatorname{sen}\phi + A_y \cos\phi$

$A_\phi = -3 \operatorname{sen}(0) - 20 \cos(0) = -20.$

Dessa forma, o campo elétrico, em coordenadas esféricas, na região 1 é:

$$\vec{E}_1 = 8\,\vec{a_r} + 3\,\vec{a_\theta} - 20\,\vec{a_\phi}$$

que, aplicando as condições de contorno, resulta:

$$\vec{E_{t_2}} = \vec{E_{t_1}} = 3\vec{a_\theta} - 20\vec{a_\phi}$$

$$D_{n_2} = D_{n_1} \Rightarrow \varepsilon_{R_2}\varepsilon_0 E_{n_2} = \varepsilon_{R_1}\varepsilon_0 E_{n_1} \Rightarrow E_{n_2} = \frac{\varepsilon_{R_1}}{\varepsilon_{R_2}} E_{n_1} = \frac{1}{3}\times 8 = \frac{8}{3}.$$

Logo, o campo elétrico, em coordenadas esféricas, na região 2 é:

$$\vec{E_2} = \frac{8}{3}\vec{a_r} + 3\,\vec{a_\theta} - 20\,\vec{a_\phi}$$

que, em coordenadas cartesianas, é:

$$A_x = A_r \frac{x}{\sqrt{x^2+y^2+z^2}} + A_\theta \frac{xz}{\sqrt{(x^2+y^2)(x^2+y^2+z^2)}} - A_\phi \frac{y}{\sqrt{(x^2+y^2)}}$$

$$= A_r \cos\phi\, sen\theta + A_\theta \cos\phi \cos\theta - A_\phi\, sen\phi$$

$$= \frac{8}{3}\cos(0)sen(0) + 3\cos(0)\cos(0) + 20sen(0) = 3;$$

$$A_y = A_r \frac{y}{\sqrt{x^2+y^2+z^2}} + A_\theta \frac{yz}{\sqrt{(x^2+y^2)(x^2+y^2+z^2)}} + A_\phi \frac{x}{\sqrt{x^2+y^2}}$$

$$= A_r sen\phi sen\theta + A_\theta sen\phi \cos\theta + A_\phi \cos\phi$$

$$= \frac{8}{3} sen(0) sen(0) + 3 sen(0)\cos(0) - 20\cos(0) = -20;$$

$$A_z = A_r \frac{z}{\sqrt{x^2+y^2+z^2}} - A_\theta \frac{\sqrt{x^2+y^2}}{\sqrt{(x^2+y^2+z^2)}}$$

$$= A_r \cos\theta - A_\theta sen\theta$$

$$= \frac{8}{3}\cos(0) - 3 sen(0) = \frac{8}{3}$$

ou

$$\overrightarrow{E_2} = 3\overrightarrow{a_x} - 20\overrightarrow{a_y} + \frac{8}{3}\overrightarrow{a_z}$$

Observe que esta forma de resolver é mais complicada, podendo-se ver que o ponto em coordenadas cartesianas é (0, 0, 4) e que o vetor neste ponto (direção r) aponta para o eixo z. Logo, a componente normal do campo elétrico, em coordenadas cartesianas, é a componente E_z, enquanto as outras (E_x e E_y) são tangenciais. Entretanto, ao resolver problemas desta forma, deve-se tomar cuidado, desde que a mudança do ponto pode dificultar o acerto, sendo mais correto seguir os passos da solução deste exemplo.

4.5 Capacitância

A capacitância é uma constante dependente da diferença de potencial e da carga. Assim, dados dois condutores, separados por uma distância d e carregados com cargas $+Q$ e $-Q$, imersos em um dielétrico de permissividade ε, a capacitância é definida por:

$$C = \frac{Q}{V_0}[F]$$

em que a unidade $[F]$ é o Farad, e V_0 é a diferença de potencial entre os dois condutores. Esta característica é fundamental na construção de componentes eletrônicos conhecidos como capacitores, sendo utilizada para acumular energia na forma de campos elétricos com o alinhamento dos dipolos no dielétrico. A capacitância é uma constante, pois em termos genéricos, tem-se:

$$C = \frac{Q}{V_0} = \frac{\int_{vol} \rho dv}{-\int_{-}^{+} \vec{E} \cdot d\vec{L}} = \frac{\oint_S \varepsilon \vec{E} \cdot d\vec{S}}{-\int_{-}^{+} \vec{E} \cdot d\vec{L}}$$

de onde se verifica que, mantendo a distância e a superfície dos condutores, o aumento de cargas implica diretamente o aumento do campo elétrico entre eles, e conseqüentemente, no aumento da diferença de potencial, mantendo a razão C como uma constante.

Exemplo 4.13: Considerando um capacitor de placas planas paralelas, separadas por uma distância d, com área S, com estas carregadas por $+\rho_S$ em $z = 0$ e $-\rho_S$ em $z = d$, tendo um dielétrico com permissividade ε entre elas, qual a capacitância?

Para calcular capacitâncias, deve-se calcular a diferença de potencial a partir do campo elétrico entre os condutores, e substituir na equação de capacitância. Assim, neste problema, o campo elétrico é uniforme, dado por

$$\vec{E} = \frac{\rho_S}{\varepsilon} \vec{a_z}$$

conforme já visto no Capítulo 1. Logo, calculando a diferença de potencial entre as placas, tem-se:

$$V_0 = -\int_{-}^{+} \vec{E} \cdot d\vec{L} = -\int_{d}^{0} \frac{\rho_S}{\varepsilon} \vec{a_z} \cdot dz\vec{a_z} = \int_{0}^{d} \frac{\rho_S}{\varepsilon} dz = \frac{\rho_S d}{\varepsilon}.$$

Desde que a carga total na placa condutora é:

$$Q = \rho_S S,$$

então

$$C = \frac{Q}{V_0} = \frac{\rho_S S}{\rho_S d / \varepsilon} = \frac{\varepsilon S}{d}.$$

Deve-se observar que os capacitores de placas planas paralelas têm sua capacitância definida por valor aproximado, desde que o campo elétrico considerado é para superfícies planas infinitas. Mas, como geralmente a área condutora é muito maior que a distância entre as placas, os efeitos de bordas (variações do campo nos limites das placas) são desprezíveis. Isto pode ser visto na Figura 4.7.

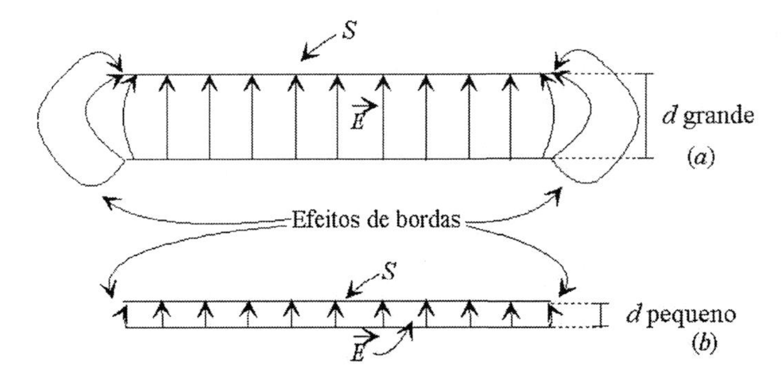

Figura 4.7: Planos condutores paralelos separados por um dielétrico: (a) *d* grande em relação à superfície *S* apresenta efeitos de bordas consideráveis; (b) *d* pequeno em relação à superfície *S* apresenta efeitos de bordas desprezíveis.

Exemplo 4.14: Qual a capacitância, por unidade de comprimento, de um cabo coaxial cujos condutores têm raios $r = a$ e $r = b$, $a < b$, e entre eles há um dielétrico de permissividade ε?

Como todo problema de determinação de equação de capacitância é solucionado utilizando o resultado de diferença de potencial entre os condutores, então, tem-se que o campo elétrico para um cabo coaxial é:

$$\vec{E} = \frac{\rho_S a}{\varepsilon r}\vec{a_r}$$

que pode ser calculado pela Lei de Gauss. Calculando a diferença de potencial por meio do campo elétrico, encontra-se:

$$V = -\int_b^a \frac{\rho_S a}{\varepsilon r}\vec{a_r} \cdot dr\vec{a_r} = -\frac{\rho_S a}{\varepsilon}(\ln r|_b^a = -\frac{\rho_S a}{\varepsilon}\ln\frac{a}{b} = \frac{\rho_S a}{\varepsilon}\ln\frac{b}{a}.$$

Assim, colocando na equação de capacitância, encontra-se:

$$C = \frac{Q}{V_0} = \frac{\rho_S S}{\rho_S a \ln\left(\frac{b}{a}\right)/\varepsilon} = \frac{\rho_S 2\pi a L \varepsilon}{\rho_S a \ln\left(\frac{b}{a}\right)} = \frac{2\pi\varepsilon L}{\ln\left(\frac{b}{a}\right)}[F],$$

que é a equação que determina a capacitância de um cabo coaxial. Como se deseja a capacitância por unidade de comprimento, divide-se tudo pelo comprimento L, que dá:

$$\frac{C}{L} = \frac{2\pi\varepsilon}{\ln\left(\frac{b}{a}\right)} [F/m].$$

A distribuição de dielétricos com permissividades distintas e áreas e largura das camadas, varia a capacitância, desde que os campos e densidades de fluxo elétrico variam entre eles. A disposição dos dielétricos pode ser feita em camadas (série) ou paralelo (dispostas lado a lado entre as placas). Estas formas são mostradas na Figura 4.8, em que o primeiro caso é de um capacitor com distribuição de dielétricos em paralelo (pequenas áreas S_1, S_2, S_3 e S_4, e com distância total d entre as placas para todos os dielétricos) e no segundo, distribuição em série. Para a distribuição em paralelo, tem-se que cada pequena área define um pequeno capacitor:

$$C_1 = \frac{\varepsilon_1 S_1}{d}, C_2 = \frac{\varepsilon_2 S_{21}}{d}, C_3 = \frac{\varepsilon_3 S_{31}}{d}, C_4 = \frac{\varepsilon_4 S_4}{d}$$

e, sendo as placas condutoras, cada dielétrico é uma capacitância cujos terminais estão ligados no mesmo potencial. Assim,

$$C = C_1 + C_2 + C_3 + C_4 = \frac{1}{d} (\varepsilon_1 S_1 + \varepsilon_2 S_2 + \varepsilon_3 S_3 + \varepsilon_4 S_4).$$

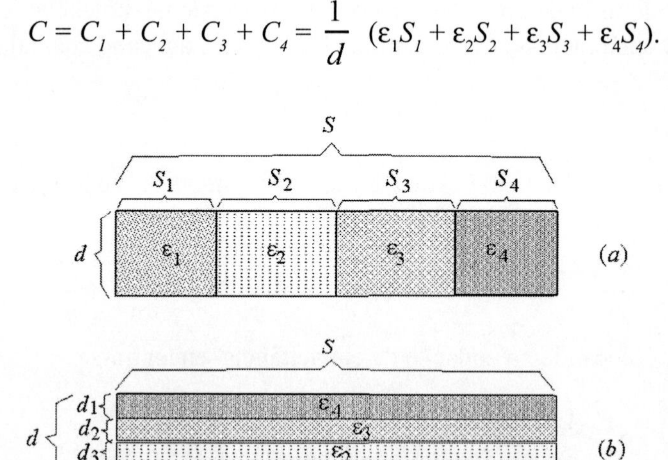

Figura 4.8: Planos condutores com distribuições de dielétricos: (a) paralela e (b) série.

Para a distribuição série, a área recoberta pelos dielétricos é a área total das placas S, e as distâncias nas camadas de dielétricos são d_1, d_2, d_3 e d_4, o que define que a diferença de potencial entre as placas está sendo dividida por cada região, definindo um capacitor série. Assim:

$$\frac{1}{C} = \frac{1}{C_1} + \frac{1}{C_2} + \frac{1}{C_3} + \frac{1}{C_4}$$

$$\frac{1}{C} = \frac{d_1}{\varepsilon_1 S} + \frac{d_2}{\varepsilon_2 S} + \frac{d_3}{\varepsilon_3 S} + \frac{d_4}{\varepsilon_4 S}$$

ou

$$C = S\left(\frac{\varepsilon_1\varepsilon_2\varepsilon_3\varepsilon_4}{\varepsilon_2\varepsilon_3\varepsilon_4 d_1 + \varepsilon_1\varepsilon_3\varepsilon_4 d_2 + \varepsilon_1\varepsilon_2\varepsilon_4 d_3 + \varepsilon_1\varepsilon_2\varepsilon_3 d_4}\right).$$

Estes resultados são estendidos para capacitores, como cilíndricos e esféricos, o que é visto na Figura 4.9.

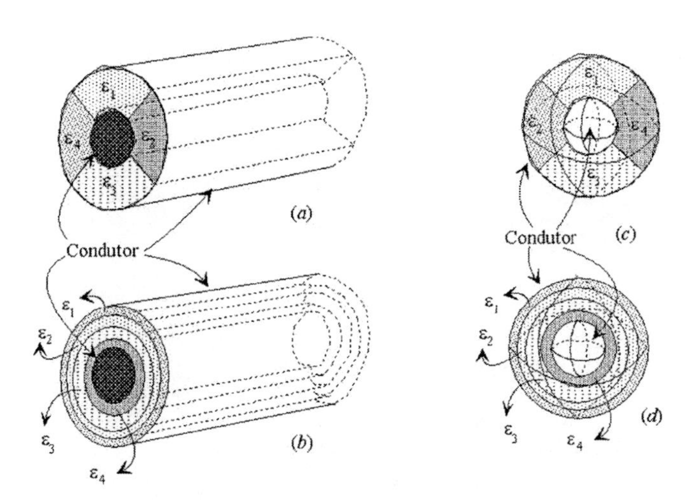

Figura 4.9: Distribuições de dielétricos: (a) cilíndrico em paralelo, (b) cilíndrico em série, (c) esférico em paralelo, e (d) esférico em série.

Nos capacitores coaxiais ou cilíndricos, as distribuições de dielétricos em camadas em r definem capacitâncias série, e distribuições em ϕ e z são capacitâncias paralelas. De forma similar, nos capacitores esféricos, camadas em r são capacitores série e variações em θ e ϕ são capacitâncias paralelas. Podem existir combinações das distribuições, em que se particiona o capacitor total em pequenos capacitores, que exibem apenas estas características para calcular o valor total da capacitância.

Exemplo 4.15: Se um capacitor de placas planas paralelas, com $S = 8\ cm^2$ e $d = 1\ mm$ apresenta uma capacitância $C = 58\ nF$, qual o valor de ε_R? Se para esta capacitância há uma distribuição série de dois dielétricos, tal que $\varepsilon_1 = 3\varepsilon_2$ e $d_1 = 2d_2$, qual o valor de ε_{R1} e ε_{R2}?

Desde que o capacitor é de placas planas paralelas, então a capacitância é dada por:

$$C = \frac{\varepsilon S}{d} = \frac{\varepsilon_R \varepsilon_0 S}{d}.$$

Logo, utilizando os dados, encontra-se:

$$\varepsilon_R = \frac{Cd}{\varepsilon_0 S} = \frac{58 \times 10^{-9} \times 10^{-3}}{8{,}854 \times 10^{-12} \times 8 \times 10^{-4}} = 8188{,}39.$$

No caso desta capacitância, apresenta-se uma distribuição série de dielétricos, tal que $\varepsilon_1 = 3\varepsilon_2$ e $d_1 = 2d_2$, então utilizando a equação para distribuição série, encontra-se:

$$\frac{1}{C} = \frac{1}{C_1} + \frac{1}{C_2}$$

$$C = \frac{C_1 C_2}{C_1 + C_2} = \frac{\dfrac{\varepsilon_{R_1}\varepsilon_0 S}{d_1} \times \dfrac{\varepsilon_{R_2}\varepsilon_0 S}{d_2}}{\dfrac{\varepsilon_{R_1}\varepsilon_0 S}{d_1} + \dfrac{\varepsilon_{R_2}\varepsilon_0 S}{d_2}} = \frac{\dfrac{\varepsilon_{R_1}\varepsilon_0 S \times \varepsilon_{R_2}\varepsilon_0 S}{d_1 d_2}}{\dfrac{d_2 \varepsilon_{R_1}\varepsilon_0 S + d_1 \varepsilon_{R_2}\varepsilon_0 S}{d_1 d_2}}$$

$$= \frac{\varepsilon_{R_1}\varepsilon_0 S \times \varepsilon_{R_2}\varepsilon_0 S}{d_1 d_2} \times \frac{d_1 d_2}{d_2 \varepsilon_{R_1}\varepsilon_0 S + d_1 \varepsilon_{R_2}\varepsilon_0 S}$$

$$= \frac{\varepsilon_{R_1}\varepsilon_0 S \times \varepsilon_{R_2}\varepsilon_0 S}{d_2 \varepsilon_{R_1}\varepsilon_0 S + d_1 \varepsilon_{R_2}\varepsilon_0 S} = \left(\frac{\varepsilon_{R_1} \times \varepsilon_{R_2}}{d_2 \varepsilon_{R_1} + d_1 \varepsilon_{R_2}}\right)\varepsilon_0 S$$

Mas, como $\varepsilon_1 = 3\varepsilon_2$ e $d_1 = 2d_2$, então, substituindo estes valores, encontra-se:

$$C=\left(\frac{3\varepsilon_{R_2}\times\varepsilon_{R_2}}{d_2 3\varepsilon_{R_2}+2d_2\varepsilon_{R_2}}\right)\varepsilon_0 S=\left(\frac{3\varepsilon_{R_2}}{5d_2}\right)\varepsilon_0 S=4{,}25\times10^{-15}\frac{\varepsilon_{R_2}}{d_2}$$

$$\frac{\varepsilon_{R_2}}{d_2}=\frac{58\times10^{-9}}{4{,}25\times10^{-15}}=13647315{,}71\,m^{-1}$$

Por outro lado, da relação $d_1 = 2d_2$, como a distância total é $d = 1\ mm$ e $d_1 + d_2 = d$, então:

$$d_1+d_2=10^{-3}$$

$$2d_2+d_2=10^{-3}$$

$$d_2=\frac{10^{-3}}{3}=3{,}333\times10^{-4}\ m$$

e

$$d_1=10^{-3}-d_2=6{,}667\times10^{-4}\ m.$$

Substituindo d_2 na equação de ε_{R2} encontrada, tem-se:

$$\frac{\varepsilon_{R_2}}{d_2}=13647315{,}71$$

$$\varepsilon_{R_2}=13647315{,}71\times3{,}333\times10^{-4}=4548{,}65$$

e, conseqüentemente, da relação $\varepsilon_1 = 3\varepsilon_2$, encontra-se:

$$\varepsilon_{R_1}=3\varepsilon_{R_2}=3\times4548{,}65=13645{,}951\,.$$

Deve-se observar que a relação $\varepsilon_1 = 3\varepsilon_2$ implica diretamente em $\varepsilon_{R1} = 3\varepsilon_{R2}$, desde que, em ambos os lados da equação, aparece a constante ε_0, que pode ser eliminada por simplificação.

Exemplo 4.16: Se um capacitor de placas paralelas está preenchido com ar, sua capacitância é $C = C_0$. Qual o novo valor de C se metade de:

a) Sua separação é preenchida com mica ($\varepsilon_R = 5{,}4$)? E com cobre?
b) Sua área é preenchida com mica?

Considerando que o capacitor tem placas planas paralelas, a equação da capacitância é:

$$C = \frac{\varepsilon S}{d} = \frac{\varepsilon_R \varepsilon_0 S}{d}.$$

Como inicialmente este capacitor está preenchido com ar (considerando espaço livre), tem-se que o valor de C_0 é:

$$C_0 = \frac{\varepsilon_0 S}{d}.$$

Sendo assim, tem-se:

a) Preenchendo metade de sua distância com mica, que tem a permissividade relativa $\varepsilon_R = 5{,}4$, então, a nova capacitância será:

$$\frac{1}{C} = \frac{1}{C_1} + \frac{1}{C_2}$$

$$C = \frac{C_1 C_2}{C_1 + C_2}$$

pois é uma capacitância série. Assim, tem-se:

$$C_1 = \frac{\varepsilon_0 S}{d/2} = 2\frac{\varepsilon_0 S}{d} = 2C_0$$

$$C_2 = \frac{\varepsilon_R \varepsilon_0 S}{d/2} = 2\varepsilon_R \frac{\varepsilon_0 S}{d} = 10{,}8C_0$$

Dessa forma, calculando a nova capacitância, encontra-se:

$$C = \frac{2C_0 \times 10{,}8C_0}{2C_0 + 10{,}8C_0} = 1{,}6875C_0.$$

Por outro lado, utilizando o cobre para preencher metade da distância entre as placas, como o cobre é um condutor, então, nada mais está se fazendo que diminuir a distância entre as placas pela metade. Logo, a nova capacitância é:

$$C = \frac{\varepsilon_0 S}{d/2} = 2\frac{\varepsilon_0 S}{d} = 2C_0.$$

b) Preenchendo a metade da área do capacitor com mica, naturalmente tem-se uma distribuição paralela com metade da área com cada dielétrico. Assim, tem-se:

$$C = C_1 + C_2$$

e, para cada novo capacitor, tem-se:

$$C_1 = \frac{\varepsilon_0 S/2}{d} = \frac{\varepsilon_0 S}{2d} = \frac{C_0}{2}$$

$$C_2 = \frac{\varepsilon_R \varepsilon_0 S/2}{d} = \frac{\varepsilon_R}{2}\frac{\varepsilon_0 S}{d} = 2{,}7C_0$$

e, conseqüentemente,

$$C = 0{,}5C_0 + 2{,}7C_0 = 3{,}2C_0 .$$

Exemplo 4.17: Um capacitor cilíndrico tem l = 2 *cm*, raio interno a = 1 *cm* e raio externo b = 1,1 *cm* e está preenchido com um material dielétrico com permissividade relativa ε_R.

a) Se sua capacitância é C = 110 *pF*, calcule ε_R;
b) Se for retirado o dielétrico do capacitor, deixando o ar, qual sua nova capacitância?
c) Se for colocada uma camada de espessura d deste dielétrico sobre o condutor interno a, e sua capacitância se torna 86 *pF*, calcule d.

Este problema é similar ao Exemplo 4.15, sendo que está utilizando coordenadas cilíndricas. Assim:

a) Para um capacitor coaxial, tem-se:

$$C = \frac{2\pi\varepsilon L}{\ln\left(\frac{b}{a}\right)} = \frac{2\pi\varepsilon_R \varepsilon_0 L}{\ln\left(\frac{b}{a}\right)}$$

e, conseqüentemente,

$$\varepsilon_R = \frac{C\ln\left(\frac{b}{a}\right)}{2\pi\varepsilon_0 L} = \frac{110\times10^{-12}\times\ln\left(\frac{0{,}011}{0{,}01}\right)}{2\pi\varepsilon_0\times0{,}02} = 9{,}423 .$$

b) Neste caso, retirando o dielétrico, encontra-se:

$$C = \frac{2\pi\varepsilon_0 L}{\ln\left(\frac{b}{a}\right)} = 11{,}674 \times 10^{-12} = 11{,}674\, pF.$$

c) Colocando uma camada do dielétrico sobre o condutor interno, a capacitância se torna 106 pF, sendo uma configuração série. Logo, tem-se:

$$\frac{1}{C} = \frac{1}{C_1} + \frac{1}{C_2}$$

$$C = \frac{C_1 C_2}{C_1 + C_2}$$

e,

$$C_1 = \frac{2\pi\varepsilon_R\varepsilon_0 L}{\ln\left(\frac{d}{a}\right)}$$

$$C_2 = \frac{2\pi\varepsilon_0 L}{\ln\left(\frac{b}{d}\right)}$$

Assim, encontra-se:

$$C = \frac{\frac{2\pi\varepsilon_R\varepsilon_0 L}{\ln\left(\frac{d}{a}\right)} \times \frac{2\pi\varepsilon_0 L}{\ln\left(\frac{b}{d}\right)}}{\frac{2\pi\varepsilon_R\varepsilon_0 L}{\ln\left(\frac{d}{a}\right)} + \frac{2\pi\varepsilon_0 L}{\ln\left(\frac{b}{d}\right)}}$$

$$C = \frac{2\pi\varepsilon_R\varepsilon_0 L \times 2\pi\varepsilon_0 L}{2\pi\varepsilon_R\varepsilon_0 L \ln\left(\frac{b}{d}\right) + 2\pi\varepsilon_0 L \ln\left(\frac{d}{a}\right)}$$

$$C = \frac{2\pi\varepsilon_R\varepsilon_0 L}{\varepsilon_R \ln\left(\frac{b}{d}\right) + \ln\left(\frac{d}{a}\right)}$$

Daí, encontra-se:

$$106\times10^{-12}=\frac{2\pi\times9{,}423\times\varepsilon_0\times0{,}02}{9{,}423\ln\left(\frac{b}{d}\right)+\ln\left(\frac{d}{a}\right)}$$

$$9{,}423\ln\left(\frac{0{,}011}{d}\right)+\ln\left(\frac{d}{0{,}01}\right)=\frac{2\pi\times9{,}423\times\varepsilon_0\times0{,}02}{86\times10^{-12}}$$

$$-42{,}4964-9{,}423\ln d+\ln d+4{,}6052=0{,}12191$$

$$-8{,}423\ln d=38{,}01311$$

$$d=e^{-4{,}51301321}=0{,}0109654$$

que representa uma camada que fica muito próxima de preencher toda a região entre os cilindros.

Exemplo 4.18: Um capacitor esférico com raio interno a = 5 cm e raio externo b = 6 cm é preenchido com uma camada de água destilada na região $5 < r < 5{,}1$, $\pi/2 < \theta < \pi$, uma camada de baquelite na região $5{,}2 < r < 5{,}8$, $\pi/2 < \theta < \pi$, $\pi < \phi < 2\pi$ e uma camada de parafina na região $5{,}5 < r < 6$, $0 < \theta < \pi/2$, $\pi/2 < \phi < 3\pi/2$, e o restante com vácuo. Qual sua capacitância?

Este problema é de vários dielétricos, distribuídos em série e em paralelo ao mesmo tempo. Observa-se que a água destilada encontra-se numa fina camada sob a primeira esfera (0,1 cm) e apenas na metade da esfera. Sobre esta camada há uma outra camada vazia com 0,1 cm, e sobre esta, uma camada de baquelite de 0,6 cm em apenas 1/4 da esfera (observe os limites das coordenadas angulares). No outro lado, há uma camada suspensa (pregada com a esfera externa) de parafina com 0,5 cm de espessura, cobrindo também apenas 1/4 da esfera, estando na parte de trás. Todas as demais partes estão preenchidas com vácuo. A visão desta distribuição é apresentada na Figura 4.10.

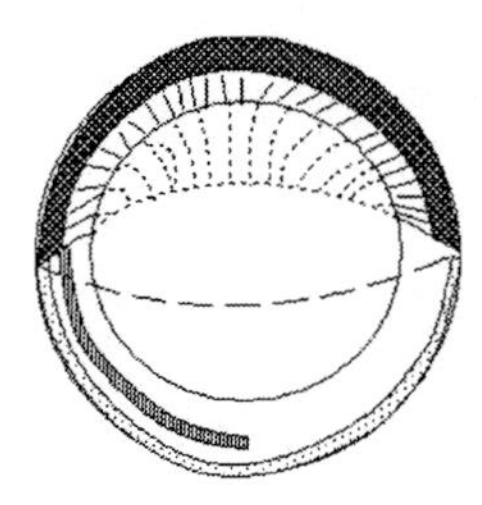

Figura 4.10: Distribuição de dielétricos num capacitor esférico.

Utilizando estas informações, divide-se o capacitor esférico em oito partes para calcular as distribuições série separadamente, e depois somá-las para obter o valor da capacitância total, pois a soma das partes indica os capacitores paralelos. Assim, tem-se que, para um capacitor esférico, utilizando os procedimentos para encontrar a capacitância, é:

$$C = \frac{4\pi\varepsilon}{\frac{1}{a} - \frac{1}{b}}.$$

Daí, como se está calculando a capacitância de cada oitavo de parte da esfera, então, utiliza-se:

$$C_i = \frac{1}{8}\frac{4\pi\varepsilon}{\frac{1}{a} - \frac{1}{b}} = \frac{\pi\varepsilon_R\varepsilon_0}{2\left(\frac{1}{a} - \frac{1}{b}\right)}.$$

Calculando as capacitâncias série de cada parte, tem-se:

1) Parte inferior da esfera:

Região 1: $\pi/2 < \theta < \pi$, $0 < \phi < \pi/2$, só há a camada de água destilada e o vácuo, dando

$$C_1 = \frac{\pi 80\varepsilon_0}{2\left(\frac{1}{0{,}05} - \frac{1}{0{,}051}\right)} = 2{,}8372 \times 10^{-9}\ F$$

$$C_2 = \frac{\pi\varepsilon_0}{2\left(\frac{1}{0{,}051} - \frac{1}{0{,}06}\right)} = 4{,}7287 \times 10^{-12}\ F$$

$$C_{eq1} = \left(\frac{1}{C_1} + \frac{1}{C_2}\right)^{-1} = 4{,}7208 \times 10^{-12}\ F$$

Região 2: $\pi/2 < \theta < \pi$, $\pi/2 < \phi < \pi$, só há a camada de água destilada e o vácuo, o que dá o mesmo resultado da região 1:

$$C_{eq2} = C_{eq1} = 4{,}7287 \times 10^{-12}\ F$$

Região 3: $\pi/2 < \theta < \pi$, $\pi < \phi < 3\pi/2$, há a camada de água destilada, uma camada de vácuo, uma camada de parafina e outra camada de vácuo, dando

$$C_1 = \frac{\pi 80\varepsilon_0}{2\left(\frac{1}{0{,}05} - \frac{1}{0{,}051}\right)} = 2{,}8372 \times 10^{-9}\ F$$

$$C_2 = \frac{\pi\varepsilon_0}{2\left(\frac{1}{0{,}051} - \frac{1}{0{,}052}\right)} = 3{,}6884\times10^{-11}\ F$$

$$C_3 = \frac{\pi\, 4{,}75\varepsilon_0}{2\left(\frac{1}{0{,}052} - \frac{1}{0{,}058}\right)} = 3{,}3207\times10^{-11}\ F$$

$$C_4 = \frac{\pi\varepsilon_0}{2\left(\frac{1}{0{,}058} - \frac{1}{0{,}06}\right)} = 2{,}42\times10^{-11}\ F$$

$$C_{eq3} = \left(\frac{1}{C_1} + \frac{1}{C_2} + \frac{1}{C_3} + \frac{1}{C_4}\right)^{-1} = 1{,}0111\times10^{-11}\ F$$

Região 4: $\pi/2 < \theta < \pi$, $3\pi/2 < \phi < 2\pi$, há as mesmas camadas da região 3, o que dá a mesma capacitância

$$C_{eq4} = C_{eq3} = 1{,}0111\times10^{-11}\ F$$

Logo, a capacitância da parte inferior da esfera é:

$$C_{base} = C_{eq1} + C_{eq2} + C_{eq3} + C_{eq4} = 2{,}9664\times10^{-11}\ F$$

2) Parte superior da esfera:
Região 1: $0 < \theta < \pi/2$, $0 < \phi < \pi/2$, só há vácuo, o que dá

$$C_{eq1} = \frac{\pi\varepsilon_0}{2\left(\frac{1}{0{,}05} - \frac{1}{0{,}06}\right)} = 4{,}1724\times10^{-12}\ F$$

Região 2: $0 < \theta < \pi/2$, $\pi/2 < \phi < \pi$, há o vácuo na primeira camada e a camada de parafina, o que dá:

$$C_1 = \frac{\pi\varepsilon_0}{2\left(\frac{1}{0{,}05} - \frac{1}{0{,}055}\right)} = 7{,}6493\times10^{-12}\ F$$

$$C_2 = \frac{\pi\, 2{,}25\varepsilon_0}{2\left(\frac{1}{0{,}055} - \frac{1}{0{,}06}\right)} = 2{,}0653\times10^{-11}\ F$$

$$C_{eq2} = \left(\frac{1}{C_1} + \frac{1}{C_2}\right)^{-1} = 5{,}5819\times10^{-12}\ F$$

Região 3: $0 < \theta < \pi/2$, $\pi < \phi < 3\pi/2$, há as mesmas camadas da região 2, o que dá

$$C_{eq3} = C_{eq2} = 5{,}5819 \times 10^{-12}\ F$$

Região 4: $0 < \theta < \pi/2$, $3\pi/2 < \phi < 2\pi$, há as mesmas camadas da região 1, o que dá a mesma capacitância

$$C_{eq4} = C_{eq1} = 4{,}1724 \times 10^{-12}\ F$$

Logo, a capacitância da parte superior da esfera é:

$$C_{topo} = C_{eq1} + C_{eq2} + C_{eq3} + C_{eq4} = 1{,}9509 \times 10^{-11}\ F$$

Dessa forma, a capacitância total deste capacitor esférico é:

$$C = C_{base} + C_{topo} = 4{,}9173 \times 10^{-11}\ F\ ,$$

desde que são paralelos.

4.6 Experimentos com Materiais Elétricos

Experimento 4.1: Geração de energia elétrica: corrente contínua

As formas mais práticas de geração de energia elétrica com corrente contínua são baseadas nas reações químicas. Para isso, utilizam-se dois materiais condutores diferentes, como chumbo e cobre, ou cobre e alumínio, etc., dentro de meios ácidos. Assim, têm-se, como baterias que podem ser montadas, as seguintes:

1) A pilha mais simples de ser montada é formada por um conjunto de moedas de cobre e níquel, ou cobre e alumínio, em que cada duas moedas de materiais distintos devem conter um papel ou tecido separando-as, cujo papel ou tecido deve estar embebido em uma solução ácida, como suco de limão, suco de laranja, ácido de bateria (ácido sulfúrico diluído), água sanitária, etc. Cada conjunto formado por duas moedas com o material embebido em ácido entre elas é uma pilha que gera uma pequena diferença de potencial. Dessa forma, juntando as várias pilhas montadas, colocando-as umas sobre as outras e obedecendo a seqüência dos materiais (pólo negativo de uma bateria junto com o pólo positivo da

outra bateria), como visto na Figura 4.11.a, uma diferença de potencial pode ser medida, embora a corrente neste caso seja muito baixa.

2) A pilha de limão, laranja ou batata é outra forma de gerar uma pequena diferença de potencial com uma pequena corrente. Para formar esta bateria, desde que tanto o limão como a laranja e a batata (entre outros) apresentam uma certa acidez, deve-se colocar dois eletrodos de materiais condutores diferentes, como o alumínio e o cobre, perfurando sua parte interna, sendo mantidos estes eletrodos separados. Neste caso, várias baterias deste tipo podem ser montadas e ligadas em série para obter uma maior diferença de potencial. Este tipo de pilha permite gerar uma corrente um pouco maior, acionando relógios digitais simples (de LCD), podendo acender um LED com baixa luminosidade. Esta bateria pode ser vista na Figura 4.11.b.

3) Uma bateria de maior potência é gerada com ácido de bateria de automóvel (ácido sulfúrico diluído). Colocando uma cuba com eletrodos de chumbo e de cobre separados, interligando-os na forma vista na Figura 4.11.c, e preenchendo a cuba com o ácido (que pode ser utilizado outro tipo para verificar a potência gerada para cada tipo), uma diferença de potencial mais elevada se apresenta, e uma corrente suficiente para acender luzes fracas, sirenes, etc., é gerada.

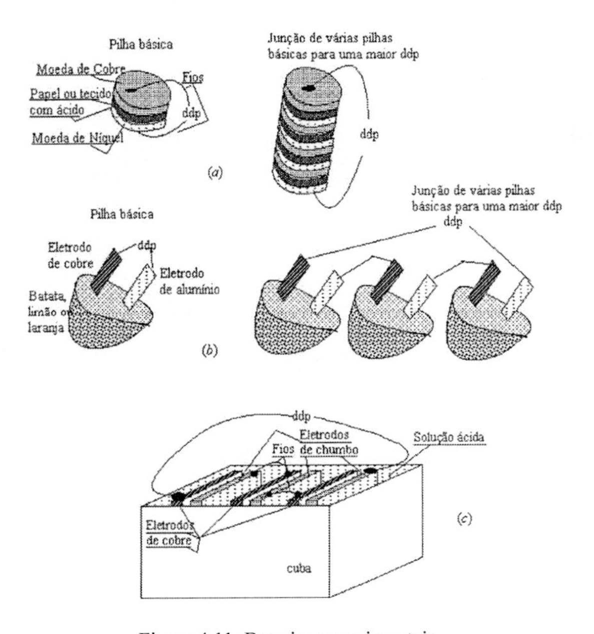

Figura 4.11: Baterias experimentais.

Experimento 4.2: Medição de condutividade de materiais

Para comprovar a equação da resistência elétrica, deve-se utilizar um ohmímetro. Entre estes materiais, pode-se colocar uma bobina com várias espiras de fio de cobre esmaltado (para poder verificar uma resistência, deve-se ter mais de 100 espiras com um raio maior que 2 *cm*, que neste caso, o comprimento ficaria de $l = 100 \times 2\pi \times 0{,}02 = 12{,}56\ m$) de seção reta pequena (em torno de 28 a 32 AWG). Neste tipo de medição, podem-se fazer várias bobinas com número variado de espiras, podendo ser feitas com fios de seção reta diferentes. Assim, quanto maior a seção reta, menor será a resistência medida, assim como, quanto mais espiras tiver a bobina (maior o comprimento) maior será a resistência. Outra medida a ser feita é com grafite, em que se podem utilizar pontas deste material de espessuras diferentes (0,5; 0,7; etc.), assim como pedaços destas pontas (comprimentos diferentes). Deve-se realizar a medida do comprimento e da seção reta dos materiais utilizando paquímetro, e verificar no cálculo utilizando a equação da resistência às variações em relação às medidas realizadas. Também se podem verificar condutores com superfícies diferentes, como tubos, quadrados, retângulos, etc. Em casos de condutores bons e pequenos (como um tubo de alumínio do tipo de antena), como a resistência é muito pequena, pode-se colocar um circuito série com o condutor e um resistor de 100 Ω com uma bateria de 3 V e um amperímetro para verificar a variação na corrente, e através da Lei de Ohm $V = RI$, calcular a resistência (na qual este seria o valor medido).

Experimento 4.3: Pára-raios

Para mostrar que a corrente elétrica segue a trajetória de menor resistência, o experimento do pára-raios é apresentado. Utilizando o gerador de cargas construído para gerar centelhas, pode-se colocar um fio rígido com a ponta inferior em contato com o solo, e um outro fio separado deste primeiro, com a ponta inferior suspensa. Em ambos os casos, deve-se colocar algodão embebido no álcool (menos hidratado possível) próximo da ponta inferior. Assim, deve-se aproximar o gerador de cargas de ambas as pontas superiores dos fios, observando que, quando a carga sai do mesmo, na forma de um pequeno raio, o fio que está encostado no solo não deixa o álcool entrar em combustão, desde que a corrente é direcionada facilmente à terra. Já no caso do fio suspenso, imediatamente o algodão incendeia. Este simples experimento mostra também a importância dos pára-raios.

Experimento 4.4: Testes de condutividade de semicondutores

Alguns testes podem ser feitos com materiais semicondutores dopados em junções PN, como teste de variação da condutividade por injeção de calor e de luz, além da geração de energia elétrica via luz. Assim, utilizando um transistor que apresenta sua parte superior como uma calota metálica, como o 2N3055, corta-se esta calota, deixando a junção dos semicondutores dopados livre para o desejado, conforme a Figura 4.12.

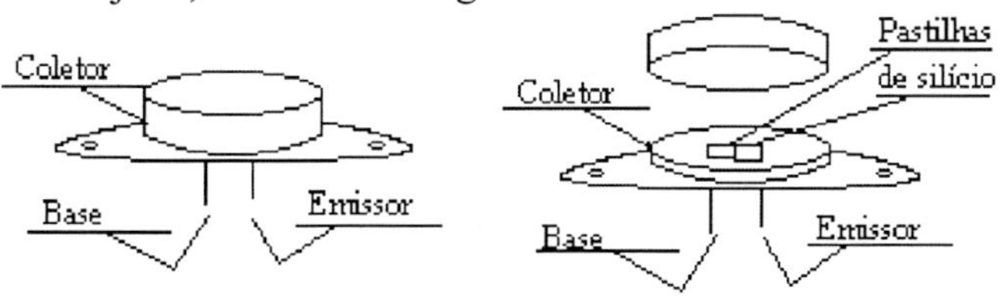

Figura 4.12: Transistor 2N3055 aberto para experimentos com semicondutores.

Conforme o funcionamento de todo transistor, pode-se verificar entre o coletor e o emissor as características desejadas. No primeiro caso, colocando um ohmímetro entre estes dois terminais do transistor, pode-se verificar a resistência da pastilha semicondutora. Aplicando, então, uma fonte de calor próxima e observando o ohmímetro, ver-se-á que, após algum tempo (à medida que a pastilha esquenta), a leitura do ohmímetro variará, reduzindo a resistência. Deve-se observar que não se deve aplicar fogo diretamente na pastilha, para evitar queimá-la. Por outro lado, aplicando luz diretamente sobre a pastilha semicondutora, ao invés de calor, ver-se-á que a resistência também reduz de acordo com a quantidade luminosa aplicada.

Experimento 4.5: Fotocélula

Utilizando o transistor na forma apresentada no Experimento 4.4, pode-se verificar a geração de eletricidade entre os terminais coletor e emissor, colocando-se um voltímetro, ao invés de um ohmímetro, entre estes terminais. Aplicando uma fonte de luz sobre a pastilha, será percebida uma pequena diferença de potencial no voltímetro, que aumentará com a quantidade de luz aplicada.

Experimento 4.6: Experimentos com capacitores

Experimentos com capacitores podem ser realizados utilizando o capacitor experimental apresentado na Figura 1.15. De forma mais prática, o capacitor de placas planas paralelas é mais simples de se montar, sendo feito de duas placas metálicas (podem ser duas placas de fenolite – placa cobreada utilizada para montagem de circuitos eletrônicos), colocando as duas próximas (no caso de fenolite, deve-se colocá-las com as partes cobreadas de frente uma para a outra), com um fio saindo de cada uma, onde se pode ligar um capacímetro. Tendo as medidas da placa (área da superfície metálica) e a distância entre elas, pode-se calcular o valor teórico do capacitor, e medi-lo com o capacímetro. Naturalmente, a distância entre as placas deve ser a menor possível, sendo necessário um paquímetro para medir. Para testes com dielétricos, pode-se colocar entre as placas folhas de materiais diversos, como plásticos, cortiça, mica, papel, etc., medir a capacitância da mesma, e com os dados da área da superfície da placa e a distância entre elas, calcular a permissividade dielétrica da mesma, bem como a suscetibilidade e a permissividade relativa. Com este capacitor, pode-se ainda modificar a distância entre as placas e verificar a variação do dielétrico, comprovando a equação da capacitância de capacitores de placas planas paralelas, assim como se podem misturar dielétricos em camadas e verificar a composição série de dielétricos, e, também, dividir a superfície com dielétricos distintos e verificar a composição paralela, conforme exemplos apresentados neste capítulo.

Experimento 4.7: Quebra de rigidez dielétrica

Um experimento que pode ser realizado através da capacitância é a quebra de rigidez dielétrica (fenômeno da condutividade de isolantes sob efeito de campos elétricos de alta intensidade). Este fenômeno é visto de forma comum com os geradores de cargas descritos no Capítulo 1, quando a quantidade de carga atinge um valor que gera um raio de elétrons em direção à terra. Neste experimento, pode-se utilizar o gerador de cargas colocando uma ponta com uma esfera metálica que sai do gerador e outra ponta igualmente com uma esfera metálica ligada à terra, conforme se vê na Figura 4.13. Devem-se aproximar as duas esferas com o gerador de cargas em plena carga, até ocorrer uma faísca (quebra da rigidez dielétrica do ar), e medir a distância entre as esferas. Feito isso, colocam-se folhas de materiais dielétricos, em que se verifica que o raio elétrico não mais ocorre. Assim, devem-se aproximar mais as esferas até que ocorra novamente uma faísca, que é quando há intensidade de campo elétrico suficiente para quebrar a rigidez dielétrica do material. Com a realização desta nova medida da distância entre as esferas, vê-se que a quantidade de energia no campo elétrico aumentou com a introdução do material dielétrico entre as esferas. Além do mais, também se pode verificar a diferença de potencial entre as esferas, que é função da distância, com a aplicação dos materiais dielétricos entre as esferas. Pode-se considerar que a quebra da rigidez dielétrica do ar é 3 MV/m para fins de cálculos neste experimento.

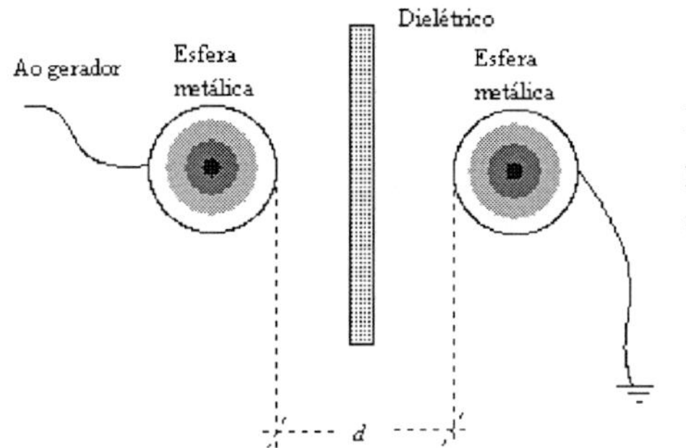

Figura 4.13: Esferas dispostas para análise de quebra de rigidez dielétrica.

Experimento 4.8: DDP em capacitores inseridos em campos elétricos

Um experimento interessante que se pode realizar com um capacitor de placas planas paralelas, é a diferença de potencial entre suas placas, quando são aproximados de campos elétricos. Tomando o capacitor experimental montado, pode-se aproximá-lo do gerador de cargas, ou mesmo da tela de uma televisão ligada, estando seus terminais ligados a um voltímetro. Observa-se que, quanto mais próximo da carga, mais intenso é o campo elétrico, e conseqüentemente, maior a tensão medida no voltímetro. Observe que este procedimento é utilizado como sensor no medidor de cargas eletrônico apresentado no Experimento 1.7, do Capítulo 1. Também, inserindo dielétricos entre as placas deste capacitor, poder-se-á verificar o que ocorre.

4.7 Exercícios

4.1) Qual a corrente que atravessa o plano definido se:

a) Plano $x = 0$ na direção $\overrightarrow{a_x}$, entre $y = \pm 10^{-3}\ m$ e $z = \pm 2 \times 10^{-2}\ m$, $\vec{J} = 3{,}1 \times 10^6\,(x^2(y-1)\overrightarrow{a_x} - 3xy\overrightarrow{a_y} + 2\overrightarrow{a_z})$?

b) Plano $y = 0$ na direção a_y, entre $x = \pm 3 \times 10^{-3}\ m$ e $z = \pm 2 \times 10^{-2}\ m$, $\vec{J} = 3 \times 10^4\,[(x^2 + y^2z + y^2)\overrightarrow{a_x} + 2z^2\,\overrightarrow{a_z}]$?

c) Plano $y = 3$ na direção $\overrightarrow{a_y}$, entre $-2 \le x \le 3\ mm$ e $z = \pm 3 \times 10^{-2}\ m$, $\vec{J} = 5 \times 10^3\,[(y^3z - 2y^2)\overrightarrow{a_x} + 3xy^2z\overrightarrow{a_y} + 3xy\overrightarrow{a_z}]$?

d) Plano $z = -2$ na direção $\overrightarrow{a_z}$, entre $-3 \le x \le -1\ cm$ e $1 \le y \le 2\ mm$, $\vec{J} = 2 \times 10^{-4}\,[xy^2\overrightarrow{a_y} - (3x^3yz^2 - 5y^2z^4)\overrightarrow{a_z}]$?

4.2) Calcule $\nabla \cdot \vec{J}$ e ρ para:

a) $\vec{J} = -2r^3 \text{sen}\,\phi\, \vec{a_r} + 2z\vec{a_\phi}$;

b) $\vec{J} = 2\cos^3\phi\, \vec{a_r} + r^3 z\, \vec{a_\phi} - \dfrac{5\text{sen}\phi}{z}\vec{a_z}$;

c) $\vec{J} = 2r^3 \cos^2\theta\, \text{sen}\phi\, \vec{a_r} - r^3 \cos\theta\, \vec{a_\theta}$;

d) $\vec{J} = 4r\cos\theta\, \cos\phi\, \vec{a_r} + \dfrac{\text{sen}\theta}{r}\vec{a_\theta} - 2r^3 \cos^2\phi\, \vec{a_\phi}$.

4.3) Calcule a resistência dos seguintes condutores:

a) Fio de latão cilíndrico, com $r = 2{,}3$ *mm* e 80 *cm* de comprimento;
b) Tubo cilíndrico de cobre com 10 *m* de comprimento, raio interno $r_{int} = 5{,}5$ *mm* e raio externo $r_{ext} = 7{,}2$ *mm*;
c) Tubo quadrado de alumínio com 6 *m* de comprimento, aresta interna $a_{int} = 2{,}2$ *cm* e aresta externa $a_{ext} = 3{,}7$ *cm*;
d) Tubo retangular de grafite com 25 *cm* de comprimento, arestas internas $b_{int} = 28$ *mm* e $h_{int} = 15$ *mm* e arestas externas $b_{ext} = 35$ *mm* e $h_{ext} = 25$ *mm*.

4.4) Qual a resistência do condutor de argila ($\sigma = 10^{-4}$ ℧/*m*) visto na Figura 4.14, onde $a = 1{,}1$ *cm*, $b = 2{,}8$ *cm*, $c = 4{,}2$ *cm* e $l = 25$ *cm*?

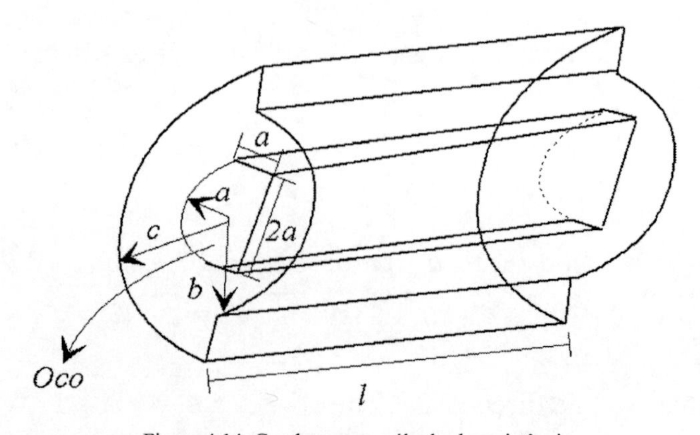

Figura 4.14: Condutor para cálculo de resistência.

4.5) Qual a resistência do condutor de grafita ($\sigma = 7 \times 10^4$ ℧/m) visto na Figura 4.15, onde $a = 0{,}8$ *cm*, $b = 2{,}3$ *cm*, $c = 3{,}4$ *cm* e $l = 18$ *cm*?

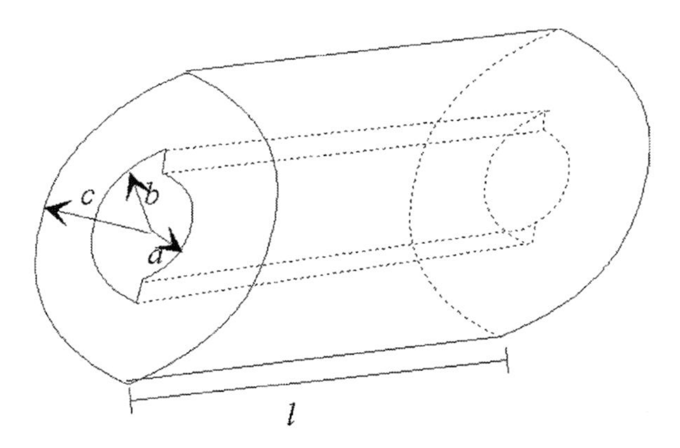

Figura 4.15: Condutor para cálculo de resistência.

4.6) Para um potencial $V = (-4z + 1)$ V aplicado aos terminais dos materiais dos Exercícios 4.3, 4.4 e 4.5, calcule para cada um:

a) Potenciais em cada terminal, considerando que estes condutores encontram-se no eixo z, sobre $z = 0$;

b) $\vec{E}$;

c) $\vec{J}$;

d) I.

4.7) Qual a potência entregue a cada um dos materiais dos Exercícios 4.4, 4.4 e 4.5, com a corrente calculada no Exercício 10.6?

4.8) Se a superfície esférica $r = 7$ *cm* é um condutor, calcule E_x e E_y se $\vec{E} = E_x\overrightarrow{a_x} + E_y\overrightarrow{a_y} - 12\overrightarrow{a_z}$ no ponto (– 5, – 3, 4) dado em *cm*.

4.9) Se a superfície esférica $r = 3$ *mm* é um condutor, calcule E_z se $\vec{E} = 10\overrightarrow{a_x} + E_z\overrightarrow{a_z}$ no ponto (– 2, 2, 2).

4.10) Um determinado material dielétrico apresenta permissividade relativa $\varepsilon_R = 2{,}3107$ e quando submetido a um campo $E = 2 \times 10^4$ V/m apresenta $6{,}28 \times 10^{25}$ *átomos/m³*. Encontre:

a) $\vec{P}$;
b) $\vec{p}$;
c) A distância d dos dipolos;
d) O momento de dipolo.

4.11) Dados dois dielétricos perfeitos com $\varepsilon_{R1} = 13$ e $\varepsilon_{R2} = 2{,}4$, quais os valores de E_{t2}, D_{t1}, D_{t2}, E_{N2}, D_{N1} e D_{N2}, se $E_{t1} = 1200\ V/m$ e $E_{N1} = 3670\ V/m$?

4.12) Dados dois dielétricos não perfeitos com $\varepsilon_{R1} = 17$ e $\varepsilon_{R2} = 48$, quais os valores de E_{t2}, D_{t1}, D_{t2}, E_{N2}, D_{N1} e D_{N2}, se $E_{t1} = 1690\ V/m$, $E_{N1} = 2315\ V/m$ e $\rho_S = 55\ \mu C/m^2$?

4.13) Determine as condições de contorno para as componentes tangencial e normal de $\vec{P}$, na interface entre dois dielétricos perfeitos, com permissividades relativas ε_{R1} e ε_{R2}.

4.14) Sendo uma esfera $r < 5$ um dielétrico com permissividade $\varepsilon_R = 6$ e sendo $r > 4$ o espaço livre, calcule $\vec{E}_2$ (em $r = 5^+$, $\phi = 0^o$ e $\theta = 0^o$) se $\vec{E}_1 = -6\vec{a}_x - 23\vec{a}_y + 9\vec{a}_z$ (em $r = 5^-$, $\phi = 0^o$ e $\theta = 0^o$).

4.15) Se $\vec{E}_1 = -4\vec{a}_x + 7\vec{a}_y + 2\vec{a}_z$ (região 1 com $\varepsilon_{R1} = 2{,}3$), calcule $\vec{E}_2$, $\vec{D}_2$ e $\vec{P}_2$ (região 2 com $\varepsilon_{R2} = 3{,}7$) e $\vec{E}_3$, $\vec{D}_3$ e $\vec{P}_3$ (região 3 com $\varepsilon_{R3} = 8{,}4$) se os dielétricos estão distribuídos ao longo do eixo y, para $y < 0$ (região 1), $0 < y < 1$ (região 2) e $y > 1$ (região 3).

4.16) Calcule a diferença de potencial de duas superfícies equipotenciais geradas por uma linha de cargas com $\rho_L = 15\ nC/m$ no eixo z, descritas por $r = 1$ e $r = 2{,}5\ m$, se houver:

a) ε_0 em toda parte;
b) ε_0 em $0 < r < 1{,}1$ e $2\varepsilon_0$ em $r > 1{,}1$;
c) $2\varepsilon_0$ em $0 < r < 1{,}3$ e $3\varepsilon_0$ em $r > 1{,}3$;
d) $3\varepsilon_0$ em $0 < r < 1{,}4$; $5\varepsilon_0$ em $1{,}4 < r < 2{,}2$ e $2\varepsilon_0$ em $r > 2{,}2$;
e) $\varepsilon = (r + 1)\varepsilon_0$ em toda parte;
f) Para cada um dos itens anteriores, calcule $\vec{E}$ em todas as regiões.

4.17) Um capacitor de placas paralelas, de área $S = 20\ cm^2$ e distância $d = 10^{-4}\ m$, é preenchido com ar, tendo, em suas placas, uma carga $Q = \pm 12\mu C$. Se não for mudada a carga, a que distância devem ser aproximadas ou afastadas as placas para:

a) Duplicar a voltagem?
b) Triplicar a voltagem?
c) Duplicar a energia armazenada?
d) Triplicar a energia armazenada?
e) Duplicar a capacitância?
f) Triplicar a capacitância?
g) Duplicar a intensidade do campo elétrico?
h) Triplicar a intensidade do campo elétrico?
i) Duplicar a densidade superficial de cargas?
j) Triplicar a densidade superficial de cargas?
k) Algum dos itens não é possível? Por quê?

4.18) Um capacitor de placas paralelas tem lados de 4 e 5 cm, separados por uma distância $d = 3 \times 10^{-4}\ mm$. Se for utilizado um volume de $1{,}4 \times 10^{-4}\ cm^3$ de mica ($\varepsilon_R = 5{,}4$), qual o valor da capacitância se a distribuição for feita para:

a) Capacitores em série?
b) Capacitores em paralelo?
c) Metade do volume de mica para capacitores série e a outra metade para capacitores em paralelo?

4.19) Qual a capacitância de um capacitor de placas paralelas de área S e separação d, preenchido com um dielétrico de permissividade $\varepsilon_R = z$? E para $\varepsilon_R = z^2$? E para $\varepsilon_R = z^3$?

4.20) Se um capacitor de placas paralelas está preenchido com ar, sua capacitância é $C = C_0$. Qual o novo valor de C se metade de:

a) Sua separação é preenchida com água destilada ($\varepsilon_R = 80$)? E com alumínio?
b) Sua área é preenchida com: mica ($\varepsilon_R = 5{,}4$)? E glicerina ($\varepsilon_R = 40$)?
c) Metade da área se encontra com a primeira distribuição do item *a* e a outra metade está com a primeira distribuição do item *b*.

4.21) Se um capacitor de placas paralelas, com $S = 10\ cm^2$ e $d = 0{,}8\ mm$ apresenta uma capacitância $C = 77\ nF$, qual o valor de ε_R? Se para esta capacitância há uma distribuição série de dois dielétricos, tal que $\varepsilon_1 = 4\varepsilon_2$ e $d_1 = 3d_2$, qual o valor de ε_{R1} e ε_{R2}?

4.22) Para um capacitor cilíndrico com raio interno $r_1 = 0{,}4\ cm$, raio externo $r_2 = 0{,}65\ cm$ e comprimento $8\ cm$, preenchido com ar, calcule:

a) Sua capacitância;
b) Se preencher a região $0 < \phi < \pi/3$ com mica, qual sua nova capacitância?
c) Se preencher a região $0{,}45 < r < 0{,}55$ com água destilada ($\varepsilon_R = 80$), qual sua nova capacitância?
d) Se preencher a região $0 < z < 2{,}8\ cm$ com parafina ($\varepsilon_R = 2{,}25$), qual sua nova capacitância?
e) Se preencher a região $0{,}5 < r < 0{,}501$, $1 < z < 5$, $2\pi/3 < \phi < 3\pi/2$ com baquelite ($\varepsilon_R = 4{,}75$), qual sua nova capacitância?
f) Se preencher a região $0{,}4 < r < 0{,}532$, $3 < z < 4{,}5$, $\pi/3 < \phi < \pi$ com baquelite ($\varepsilon_R = 4{,}75$), qual sua nova capacitância?

4.23) Se um capacitor cilíndrico com raio interno a, raio externo b e comprimento l for preenchido com ar, tem sua capacitância dada por C_0.

a) Se for colocada uma camada de baquelite na região $a < r < (a+b)/2$, qual a razão entre a sua nova capacitância e C_0?
b) Se for colocada uma camada de água destilada na região $0 < \phi < 5\pi/4$, qual a razão entre a sua nova capacitância e C_0?
c) Se for colocada uma camada de parafina na região $l/3 < z < 3l/5$, qual a razão entre a sua nova capacitância e C_0?
d) Se for colocada uma camada de parafina na região $0 < \phi < \pi/2$, $0 < z < l/3$ e uma camada de baquelite na região $a < r < (a+b)/2$, $l/3 < z < l$, qual a razão entre a sua nova capacitância e C_0?

4.24) Um capacitor cilíndrico tem $l = 4\ cm$, raio interno $a = 1{,}5\ cm$ e raio externo $b = 1{,}8\ cm$ e está preenchido com um material dielétrico com permissividade relativa ε_R.

a) Se sua capacitância é $C = 120\ pF$, calcule ε_R;
b) Se for retirado o dielétrico do capacitor, deixando o ar, qual sua nova capacitância?

c) Se for colocada uma camada de espessura d deste dielétrico sobre o condutor interno a, e sua capacitância se torna 100 pF, calcule d;

4.25) Para um capacitor esférico com raio interno $a = 7\ cm$ e raio externo $b = 12\ cm$, preenchido com vácuo:

a) Calcule sua capacitância;
b) Se for colocada uma camada de baquelite com espessura 0,6 cm, qual sua nova capacitância?
c) Se for colocada uma camada de parafina na região $0 < \phi < \pi/3$, $\pi/3 < \theta < \pi$, qual sua nova capacitância?
d) Se for colocada uma camada de água destilada na região $7{,}5 < r < 8{,}5$, $\pi/3 < \theta < \pi$ e uma camada de baquelite na região $7{,}2 < r < 7{,}8$, $0 < \theta < \pi/2$, $\pi < \phi < 2\pi$, qual sua nova capacitância?

4.26) Para um capacitor esférico com raio interno a e raio externo b, preenchido com vácuo, sua capacitância é C_0. Qual a nova capacitância em função de C_0, se metade do espaço interno (uma camada sobre o condutor interno a) for preenchida com:

a) Baquelite?
b) Parafina?
c) Água destilada?
d) Cobre?
e) Alumínio?
f) Silício?

4.27) Para um capacitor esférico com raio interno a e raio externo b, preenchido com vácuo, sua capacitância é C_0. Qual a nova capacitância em função de C_0, se metade do espaço interno (a metade da esfera, na parte de baixo entre os condutores) for preenchida com:

a) Baquelite?
b) Parafina?
c) Água destilada?
d) Mica?
e) Alumínio?
f) Silício?

4.28) Se em um capacitor esférico com raio interno $a = 6\ cm$ e raio externo $b = 7\ cm$ há um dielétrico com ε_R, tal que sua capacitância é 30 nF:

a) Calcule ε_R;
b) Se for retirada a metade deste dielétrico deixando uma camada com vácuo, qual a sua nova capacitância?
c) Se for retirada a metade deste dielétrico deixando uma camada com vácuo na região $0 < \phi < \pi$, qual a sua nova capacitância?

4.29) Se um capacitor esférico com raio interno $a = 1{,}5\ cm$ e raio externo b tem $C = 25\ nF$ e está preenchido com vácuo:

a) Calcule b;
b) Se for colocada uma camada c, $a < c < b$, de um dielétrico, tal que $\varepsilon_R = 50$, sua capacitância se torna 22,3 nF. Calcule c;
c) Se for colocada uma camada de 0,04 cm de um dielétrico com permissividade ε_R, sua capacitância se torna 20 nF. Qual o valor de ε_R?
d) Algum dos itens acima é impossível? Por quê?

Capítulo 5

Equações de Poisson e Laplace

Uma das formas de solucionar problemas referentes a campos elétricos se baseia no uso das equações de Poisson e de Laplace. Estas equações sintetizam os conceitos vistos em dois tipos de distribuição de cargas, que são respectivamente as cargas distribuídas em uma região e a carga concentrada em posições determinadas, ambas gerando campos potenciais em todo o espaço. Com estas equações, pode-se encontrar o campo potencial na região, e com este, determinar campos elétricos e demais características referentes aos mesmos. No primeiro caso, a equação de Poisson pode ser utilizada na engenharia elétrica para determinação de campos potenciais, campos elétricos, distribuição das cargas, etc. em dispositivos que apresentam a característica da carga ser distribuída ao longo de seu volume, como é o caso dos dispositivos semicondutores. No segundo caso, com a utilização da mesma equação, mas para dispositivos eletrônicos, como os capacitores, que apresentam as cargas livres localizadas em placas metálicas, com a região entre estas apresentando uma carga total nula (o material dielétrico). Assim, neste capítulo são apresentadas estas equações e suas aplicações. Neste capítulo, como é apresentado um formalismo matemático para solução de campos potenciais e outras teorias já trabalhadas nos capítulos anteriores, não são apresentados experimentos.

5.1 A Equação de Poisson

A equação de Poisson provém da primeira equação de Maxwell:

$$\nabla \cdot \vec{D} = \rho.$$

Como $\vec{D} = \varepsilon \vec{E}$ e $\vec{E} = \nabla V$, então:

$$\nabla \cdot \vec{D} = \nabla \cdot (-\varepsilon \nabla V) = -\varepsilon \nabla \cdot \nabla V = \rho$$

$$\nabla \cdot \nabla V = -\frac{\rho}{\varepsilon}$$

que é a equação de Poisson. Observando o termo $\nabla\cdot\nabla$ em coordenadas cartesianas, encontra-se:

$$\nabla\cdot\nabla=\left(\frac{\partial}{\partial x}\vec{a}_x+\frac{\partial}{\partial y}\vec{a}_y+\frac{\partial}{\partial z}\vec{a}_z\right)\cdot\left(\frac{\partial}{\partial x}\vec{a}_x+\frac{\partial}{\partial y}\vec{a}_y+\frac{\partial}{\partial z}\vec{a}_z\right)=\frac{\partial^2}{\partial x^2}+\frac{\partial^2}{\partial y^2}+\frac{\partial^2}{\partial z^2}=\nabla^2$$

ou seja, é a soma das segundas derivadas, denominado Laplaciano. Este, quando aplicado ao campo potencial *V*, que é um escalar, tem como resultado um escalar. Assim, a equação de Poisson em termos do Laplaciano é, em coordenadas cartesianas:

$$\nabla^2 V=\frac{\partial^2 V}{\partial x^2}+\frac{\partial^2 V}{\partial y^2}+\frac{\partial^2 V}{\partial z^2}=-\frac{\rho}{\varepsilon}$$

Em termos de coordenadas cilíndricas e esféricas, respectivamente, encontra-se:

$$\nabla^2 V=\frac{1}{r}\frac{\partial}{\partial r}\left(\frac{r\partial V}{\partial r}\right)+\frac{1}{r^2}\frac{\partial^2 V}{\partial\phi^2}+\frac{\partial^2 V}{\partial z^2}=-\frac{\rho}{\varepsilon}\text{ (cilíndricas)}$$

$$\nabla^2 V=\frac{1}{r^2}\frac{\partial}{\partial r}\left(\frac{r^2\partial V}{\partial r}\right)+\frac{1}{r^2\,\text{sen}\theta}\frac{\partial}{\partial\theta}\left(\text{sen}\theta\,\frac{\partial V}{\partial\theta}\right)+\frac{1}{r^2\,\text{sen}^2\theta}\frac{\partial^2 V}{\partial\phi^2}=-\frac{\rho}{\varepsilon}\text{ (esféricas)}$$

Exemplo 5.1: Dado o potencial *V*, sendo $\varepsilon=\varepsilon_0$, calcule a carga total no volume dado:

a) $V=3xy^2-2yz^3$ num cubo de lado $l=4$ *dm*, centrado na origem;
b) $V=2r\phi+3z\cos^2\phi$ num cilindro de raio $r=3$ *cm* e altura $h=12$ *cm*, centrado na origem;
c) $V=\left(r^2\phi^2-5r\cos\phi\right)\text{sen}\theta$ numa esfera de raio $r=5$ *mm*, centrada na origem.

Naturalmente, este é um problema para se utilizar a equação de Poisson, desde que se necessita saber o valor total da carga na região em que o potencial está definido. Assim, tem-se:

a) Para o potencial $V = 3xy^2 - 2yz^3$ num cubo de lado l = 4 *dm* = 0,4 *m*, centrado na origem, tem-se a equação de Poisson em coordenadas cartesianas, que dá:

$$\nabla^2 V = \frac{\partial^2}{\partial x^2}\left(3xy^2 - 2yz^3\right) + \frac{\partial^2}{\partial y^2}\left(3xy^2 - 2yz^3\right) + \frac{\partial^2}{\partial z^2}\left(3xy^2 - 2yz^3\right) = -\frac{\rho}{\varepsilon_0}$$

$$0 + 3x + (-12yz) = 3x - 12yz = -\frac{\rho}{\varepsilon_0}$$

$$\rho = -\varepsilon_0 (3x - 12yz)$$

Ou seja, a partir da equação de Poisson, encontra-se a densidade volumétrica de cargas. Com esta, integrando no volume definido, encontra-se a carga a ser calculada, que é:

$$Q = \int_{vol} \rho dv = \int_{-0,2}^{0,2} \int_{-0,2}^{0,2} \int_{-0,2}^{0,2} -\varepsilon_0 (3x - 12yz) dxdydz$$

$$Q = -\varepsilon_0 \left(3\left(\frac{x^2}{2} \Bigg|_{-0,2}^{0,2} \right) (y|_{-0,2}^{0,2} (z|_{-0,2}^{0,2} - 12(x|_{-0,2}^{0,2} \left(\frac{y^2}{2} \Bigg|_{-0,2}^{0,2} \right) \left(\frac{z^2}{2} \Bigg|_{-0,2}^{0,2} \right) \right)$$

$$Q = -\varepsilon_0 (0) = 0\,C$$

A carga total neste caso é zero, devido ao fato de haver simetria de cargas no cubo.

b) Para o potencial $V = 2r\phi + 3z\cos^2\phi$ num cilindro de raio r = 3 *cm* = 0,03 *m* e altura h = 12 *cm* = 0,12 *m*, centrado na origem, o que indica que metade da altura está acima do plano z = 0, e metade, abaixo, então:

$$\nabla^2 V = \frac{1}{r}\frac{\partial}{\partial r}\left(r \frac{\partial}{\partial r}\left(2r\phi + 3z\cos^2\phi\right)\right) + \frac{1}{r^2}\frac{\partial^2}{\partial \phi^2}\left(2r\phi + 3z\cos^2\phi\right) + \frac{\partial^2}{\partial z^2}\left(2r\phi + 3z\cos^2\phi\right) = -\frac{\rho}{\varepsilon_0}$$

$$\frac{2\phi}{r} - \frac{6z}{r^2}\left(\cos^2\phi - \text{sen}^2\phi\right) + 0 = -\frac{\rho}{\varepsilon_0}$$

$$\rho = -\varepsilon_0 \left(\frac{2\phi}{r} - \frac{6z}{r^2}\left(\cos^2\phi - \text{sen}^2\phi\right)\right)$$

Tendo encontrado a equação que descreve a densidade volumétrica de cargas, calcula-se a carga total na região definida:

$$Q = \int_{vol} \rho dv = \int_{-0,06}^{0,06} \int_{0}^{0,03} \int_{0}^{2\pi} -\varepsilon_0 \left(\frac{2\phi}{r} - \frac{6z}{r^2}\left(\cos^2\phi - \text{sen}^2\phi\right)\right) r d\phi dr dz$$

Observe que é colocada a integral em z primeiramente, para eliminar o segundo termo de ρ, pois este termo terá uma indefinição caso a integral seja resolvida primeiro em r. Também, a integral em ϕ é mais complicada de resolver neste termo, uma vez que os elementos em seno e cosseno estão elevados ao quadrado, o que devem ser substituídos em termos de arcos duplos. Entretanto, a integral em z neste termo é zero, pois há simetria:

$$Q=\int_{vol}\rho dv=\int_0^{2\pi}\int_0^{0,03}\int_{-0,06}^{0,06}-\varepsilon_0\left(\frac{2\phi}{r}-\frac{6z}{r^2}\left(\cos^2\phi-\operatorname{sen}^2\phi\right)\right)rdzd\phi dr$$

$$Q=-\varepsilon_0\left(2\left(z\right|_{-0,06}^{0,06}\left(\frac{\phi^2}{2}\right|_0^{2\pi}\left(r\right|_0^{0,03}-0\right)$$

$$Q=-\varepsilon_0(0{,}142122)=-1{,}258351\times10^{-12}\ C$$

c) Para o potencial em coordenadas esféricas $V=\left(r^2\phi^2-5r\cos\phi\right)\operatorname{sen}\theta$ numa esfera de $r = 0{,}005\ m$ centrada na origem, tem-se:

$$\nabla^2V=\frac{1}{r^2}\frac{\partial}{\partial r}\left(r^2\frac{\partial}{\partial r}\left(\left(r^2\phi^2-5r\cos\phi\right)\operatorname{sen}\theta\right)\right)+$$
$$+\frac{1}{r^2\operatorname{sen}\theta}\frac{\partial}{\partial\theta}\left(\operatorname{sen}\theta\frac{\partial}{\partial\theta}\left(\left(r^2\phi^2-5r\cos\phi\right)\operatorname{sen}\theta\right)\right)+$$
$$+\frac{1}{r^2\operatorname{sen}^2\theta}\frac{\partial^2}{\partial\phi^2}\left(\left(r^2\phi^2-5r\cos\phi\right)\operatorname{sen}\theta\right)=-\frac{\rho}{\varepsilon_0}$$

$$\frac{1}{r^2}\left(\left(6r^2\phi^2-10r\cos\phi\right)\operatorname{sen}\theta\right)+\frac{\left(r^2\phi^2-5r\cos\phi\right)}{r^2\operatorname{sen}\theta}\left(\cos^2\theta-\operatorname{sen}^2\theta\right)+\frac{1}{r^2\operatorname{sen}^2\theta}\left(r^2+5r\cos\phi\right)\operatorname{sen}\theta=-\frac{\rho}{\varepsilon_0}$$

$$\rho=-\frac{\varepsilon_0}{r}\left(\left(\left(6r\phi^2-10\cos\phi\right)\operatorname{sen}\theta\right)+\frac{\left(r\phi^2-5\cos\phi\right)\left(\cos^2\theta-\operatorname{sen}^2\theta\right)}{\operatorname{sen}\theta}+\frac{\left(r+5\cos\phi\right)}{\operatorname{sen}\theta}\right)$$

$$\rho=-\frac{\varepsilon_0}{r}\left(\left(\left(6r\phi^2-10\cos\phi\right)\operatorname{sen}\theta\right)+\frac{\left(r\phi^2-5\cos\phi\right)\cos2\theta}{\operatorname{sen}\theta}+\frac{\left(r+5\cos\phi\right)}{\operatorname{sen}\theta}\right)$$

e, assim,

$$Q=\int_{vol}\rho dv=\int_0^{\pi}\int_0^{0,005}\int_0^{2\pi}-\frac{\varepsilon_0}{r}\left(\left(\left(6r\phi^2-10\cos\phi\right)\operatorname{sen}\theta\right)+\frac{\left(r\phi^2-5\cos\phi\right)\cos2\theta}{\operatorname{sen}\theta}+\frac{\left(r+5\cos\phi\right)}{\operatorname{sen}\theta}\right)r^2\operatorname{sen}\theta d\phi drd\theta$$

$$Q=-\varepsilon_0\left(6\left(\frac{\phi^3}{3}\right|_0^{2\pi}\left(\frac{r^3}{3}\right|_0^{0,005}\frac{1}{2}\left(\theta-\frac{\operatorname{sen}2\theta}{2}\right|_0^{\pi}-0+\left(\frac{\phi^3}{3}\right|_0^{2\pi}\left(\frac{r^3}{3}\right|_0^{0,005}\left(\frac{\operatorname{sen}2\theta}{2}\right|_0^{\pi}-0+\left(\phi\right|_0^{2\pi}\left(\frac{r^3}{3}\right|_0^{0,005}\left(\theta\right|_0^{\pi}-0\right)$$

$$Q=-\varepsilon_0\left(3{,}32922\times10^{-5}\right)=-2{,}9467882\times10^{-16}\ C$$

5.2 A Equação de Laplace

No caso da equação de Laplace, como é uma aplicação para regiões onde a carga está localizada em posições fixas e a região entre estas cargas não apresenta nenhuma distribuição de cargas, então $\rho = 0$, e, conseqüentemente,

$$\nabla^2 V = 0 \, ,$$

em que o Laplaciano é operador apresentado anteriormente, nas devidas coordenadas. Aqui é apresentado o problema de solução da equação de Laplace para casos unidimensionais.

Exemplo 5.2: Para os potenciais definidos, calcule V, $\vec{E}$ e C:

a) Seja um capacitor de placas planas paralelas, cujas placas se encontram paralelas ao plano $z = 0$, sendo a placa com potencial $V_0 = 0$ em $z = 0$, e a placa com potencial $V_1 = 50\ V$ em $z = 1\ mm$. Considere que o dielétrico entre as placas é mica, e que a área destas é $S = 0{,}5\ cm^2$.

b) Seja um capacitor cilíndrico (cabo coaxial) com raio interno $a = 1\ mm$ e raio externo $b = 1{,}02\ mm$, estando o condutor do raio interno em um potencial $V_a = 10\ V$ e o do raio externo no potencial $V_b = 40\ V$. Considere que o dielétrico entre as placas é baquelite, e que o comprimento total do capacitor é $l = 2\ cm$.

c) Seja um capacitor definido por duas placas planas separadas por um ângulo $\phi = 30°$, estando uma placa em $\phi_1 = 25°$ com o potencial $V_1 = 15\ V$ e a outra placa em $\phi_2 = 55°$ com o potencial $V_2 = 110\ V$. Considere que o dielétrico entre as placas é parafina, e que a distância radial é $r = 1\ cm$ e a altura é $h = 0{,}8\ cm$.

Para solucionar estes problemas, desde que são casos unidimensionais, deve-se determinar qual a variação do campo potencial e utilizar o termo da equação de Laplace referente à coordenada desta variação. Assim, integra-se este termo por duas vezes consecutivas nesta coordenada e determinam-se as constantes de integração através das condições de contorno dadas. Tendo encontrado a equação do potencial, pode-se calcular o campo elétrico por meio do gradiente, e a capacitância utilizando a carga total no capacitor dividida pela diferença de potencial entre as superfícies condutoras. Dessa forma, tem-se:

a) Solucionando este problema genericamente, tem-se que, sendo V função apenas de z (coordenadas cartesianas), com as condições de contorno $V = V_0$ em $z = z_0$ e $V = V_1$ em $z = z_1$, então

$$\frac{\partial^2 V}{\partial z^2} = 0$$

a qual pode ser substituída por uma derivada ordinária, uma vez que V não é função de x e y:

$$\frac{d^2 V}{dz^2} = 0$$

Assim, integrando a primeira vez, encontra-se

$$\frac{dV}{dz} = A$$

e integrando a segunda vez, tem-se

$$V = Az + B$$

em que A e B são as constantes de integração a serem determinadas pelas condições de contorno dadas. Neste caso,

$$V_0 = Az_0 + B$$

e

$$V_1 = Az_1 + B$$

que, solucionando o sistema de equações, encontra-se

$$A = \frac{V_0 - V_1}{z_0 - z_1}$$

e

$$B = \frac{V_1 z_0 - V_0 z_1}{z_0 - z_1}.$$

Assim, a solução do problema é dada pela substituição dos valores de A e B na equação do potencial encontrada. Ou seja,

$$V = \frac{V_0 - V_1}{z_0 - z_1} z + \frac{V_1 z_0 - V_0 z_1}{z_0 - z_1} = \frac{V_0 (z - z_1) - V_1 (z - z_0)}{z_0 - z_1}$$

que é a solução genérica para este caso. Com as condições de contorno dadas, que são: $V_0 = 0$ em $z = 0$ e $V_1 = 50$ V em $z = 1$ *mm*, então,

$$V = \frac{V_1}{d} z = 5 \times 10^4 z$$

em que $A = 5 \times 10^4$ ($A = V_1/d$) e $B = 0$.

Utilizando a equação do potencial encontrada, calcula-se o campo elétrico pelo gradiente, que é:

$$\vec{E} = \nabla V = -\frac{dV}{dz}\vec{a_z} = -5 \times 10^{-4}\vec{a_z}\ V/m$$

que é o esperado, desde que o campo entre placas planas paralelas é constante (resultado de superfícies infinitas com cargas distribuídas). Com este resultado, sabendo que

$$\vec{E} = \frac{\rho_S}{\varepsilon}\vec{a_z}$$

então, em módulo, tem-se

$$\frac{\rho_S}{\varepsilon} = 5 \times 10^{-4}$$

$$\rho_S = 5 \times 10^{-4} \varepsilon$$

Como o dielétrico é mica, então:

$$\rho_S = 5 \times 10^{-4} \times 5{,}4 \times 8{,}854 \times 10^{-12} = 2{,}39058 \times 10^{-14}\ C/m^2$$

e

$$Q = \rho_S S = 1{,}19529 \times 10^{-18}\ C \cdot$$

Daí, como

$$C = \frac{Q}{V} = \frac{1{,}19529 \times 10^{-18}}{5 \times 10^4 z} = \frac{2{,}39058 \times 10^{-23}}{z} = 2{,}39058 \times 10^{-20}\ F$$

desde que $z = 1$ *mm* (distância entre as placas).

b) Para o caso genérico de um capacitor coaxial, o campo potencial varia apenas com r. Tendo como condições de contorno $V = V_a$ em $r = a$ e $V = V_b$ em $r = b$, $b > a$, então

$$\frac{1}{r}\frac{d}{dr}\left(r\frac{dV}{dr}\right) = 0.$$

desde que V não varia com ϕ e z, e a equação de Laplace é substituída por derivadas ordinárias. Para solucionar este problema, exclui-se $r = 0$ da solução e integra-se a primeira vez, que resulta em

$$r\frac{dV}{dr} = A,$$

e integrando a segunda vez,

$$V = \int \frac{A}{r}\,dr = A\ln r + B.$$

Pelas condições de contorno, encontra-se

$$V_a = A\ln a + B$$

e

$$V_b = A\ln b + B,$$

que, resolvendo o sistema, encontra

$$A = \frac{V_a - V_b}{\ln\left(\frac{a}{b}\right)}$$

e

$$B = \frac{V_b \ln r_a - V_a \ln r_b}{\ln\left(\frac{a}{b}\right)}$$

e, conseqüentemente,

$$V = \frac{V_a - V_b}{\ln\left(\frac{a}{b}\right)}\ln r + \frac{V_b \ln a - V_a \ln b}{\ln\left(\frac{a}{b}\right)}$$

que é a solução geral para o potencial de cabos coaxiais. Utilizando as condições de contorno dadas, que são $V_a = 10\ V$ em $r = 0{,}001\ m$ e $V_b = 40\ V$ em $r = 0{,}00102\ m$, encontra-se:

$$A = 1514{,}951$$
$$B = 10474{,}907$$

e

$$V = 1514{,}951 \ln r + 10474{,}907\,.$$

Utilizando este resultado e calculando seu gradiente, encontra-se o campo elétrico, que é:

$$\vec{E} = \nabla V = -\frac{dV}{dr}\vec{a}_r = -\frac{1514{,}951}{r}\vec{a}_r\ V/m$$

Daí, como

$$\vec{E} = \frac{\rho_S a}{\varepsilon r}\vec{a}_r$$

que é obtida pela Lei de Gauss, então, em módulo, tem-se

$$\frac{\rho_S a}{\varepsilon r} = \frac{1514{,}951}{r}$$

$$\rho_S = \frac{1514{,}951 \times 4{,}75 \times 8{,}854 \times 10^{-12}}{10^{-3}} = 6{,}371354 \times 10^{-5}\ C/m^2$$

em que a baquelite tem $\varepsilon_R = 4{,}75$. Logo,

$$Q = \rho_S S = 8{,}0065 \times 10^{-9}\ C$$

sendo $S = 2\pi a l$, pois a carga está sendo calculada na superfície do condutor interno. Assim,

$$C = \frac{Q}{V} = \frac{8{,}0065 \times 10^{-9}}{40 - 10} = 2{,}6683 \times 10^{-10}\ F$$

desde que a diferença de potencial entre os dois cilindros é $V_{ab} = V_a - V_b = 40 - 10 = 30\ V$.

c) No caso de um capacitor com placas planas separadas por um ângulo ϕ, vê-se a variação do potencial com este ângulo. Assim, tem-se como solução genérica:

$$\frac{1}{r^2}\frac{d^2V}{d\phi^2}=0$$

pois V só varia com ϕ, e a equação de Laplace é substituída por derivadas ordinárias. Para resolver esta equação, exclui-se $r = 0$ da solução e integra-se a primeira vez, resultando

$$\frac{dV}{d\phi}=A,$$

e, na segunda integração,

$$V=\int A d\phi = A\phi + B.$$

Conseqüentemente, com as condições de contorno, encontram-se

$$V_1 = A\phi_1 + B$$

e

$$V_2 = A\phi_2 + B,$$

que, resolvendo, dá

$$A=\frac{V_1-V_2}{\phi_1-\phi_2}$$

e

$$B=\frac{V_2\phi_1-V_1\phi_2}{\phi_1-\phi_2}.$$

Assim,

$$V=\frac{V_1-V_2}{\phi_1-\phi_2}\phi+\frac{V_2\phi_1-V_1\phi_2}{\phi_1-\phi_2}$$

que, pelas condições de contorno definidas, em que os ângulos devem necessariamente estar em radianos (não estão em funções circulares):

$$V = -181{,}43664\phi - 64{,}16667\ .$$

Utilizando o gradiente, encontra-se:

$$\vec{E} = -\nabla V = -\frac{1}{r}\frac{dV}{d\phi}\vec{a_\phi} = \frac{181{,}43664}{r}\vec{a_\phi}\ V/m$$

Daí, como

$$\rho_S = D_n = D_\phi = \varepsilon E_\phi = \frac{181{,}43664 \times 2{,}25 \times 8{,}854 \times 10^{-12}}{r} = \frac{3{,}6145 \times 10^{-9}}{r} C/m^2$$

desde que a parafina tem $\varepsilon_R = 2{,}25$, então,

$$Q = \rho_S S = \frac{3{,}6145 \times 10^{-9}}{r} \times rz = 2{,}8916 \times 10^{-11}\ C\ .$$

Logo,

$$C = \frac{Q}{V} = C = \frac{Q}{V} = \frac{2{,}8916 \times 10^{-11}}{95} = 3{,}044 \times 10^{-13}\ F.$$

Exemplo 5.3: Se $V = 15\ (r^{2k} + r^{2p}) \cos 12\phi$, em coordenadas cilíndricas, determine os valores de k e p para que V satisfaça a equação de Laplace.

Para satisfazer a equação de Laplace, a segunda derivada do potencial deve ter zero como resultado. Assim, deve-se derivar duas vezes a equação dada e localizar os valores para k e para p, para que o resultado seja nulo. Ou seja,

$$\nabla^2 V = 0$$

$$\frac{1}{r}\frac{\partial}{\partial r}\left(r\frac{\partial V}{\partial r}\right) + \frac{1}{r^2}\frac{\partial^2 V}{\partial \phi^2} = 0$$

$$\frac{1}{r}\frac{\partial}{\partial r}\left(r\frac{\partial}{\partial r}\left(15\left(r^{2k} + r^{-2p}\right)\cos 12\phi\right)\right) + \frac{1}{r^2}\frac{\partial^2}{\partial \phi^2}\left(15\left(r^{2k} + r^{-2p}\right)\cos 12\phi\right) = 0$$

pois o potencial só depende de r e ϕ. Daí, resolvendo a equação, encontra-se:

$$60\cos 12\phi\left(k^2 r^{2k-2} + p^2 r^{-2p-2}\right) - 2160\left(r^{2k-2} + r^{-2p-2}\right)\cos 12\phi = 0$$
$$\left(k^2 r^{2k-2} + p^2 r^{-2p-2}\right) = 36\left(r^{2k-2} + r^{-2p-2}\right)$$

Para este resultado ser satisfatório, então, os valores de k e p devem ser:

$$k = p = \pm\sqrt{36} = \pm 6$$

desde que as potências de r são iguais nos dois membros.

Deve-se observar que a equação de Laplace tem uma única solução, o que é comprovado pelo Teorema da Unicidade.

5.3 Exercícios

5.1) Para os potenciais a seguir, determinar quais satisfazem a equação de Laplace:

a) $V = 3\left(r^2 - 1\right) - 5\text{sen}\theta + 6\text{sen}\phi\cos\phi$;
b) $V = -30\theta\, r^2 \text{sen}\,\phi$;
c) $V = 15r^2\phi + z + \cos\phi$;
d) $V = 43rz + \phi\, z - \text{sen}\,\phi$;
e) $V = 3x + y^2 + 4z$;
f) $V = -2xy + zy - 5zx$.

5.2) Se $V = 43\,(r^{3k} + r^{3p})\cos 7\phi$, em coordenadas cilíndricas, determine os valores de k e p para que V satisfaça a equação de Laplace. Se este potencial estiver em coordenadas esféricas, obter-se-á resultado coerente?

5.3) Calcule a carga total do sólido definido que está centrado na origem para os potenciais:

a) $V = -7r^2\,\text{sen}2\theta/\varepsilon_0$, para $r \le 2$, $0 \le \theta \le \pi$;

b) $V = \left[\frac{2}{5}r^3 z + \frac{r^2\cos\phi}{3}\right]/\varepsilon_0$, para $r \le 1$, $-1 \le z \le 1$, $0 \le \phi \le 2\pi$;

c) $V = \left[xz^3 + \frac{3x^2 y}{4}\right]/\varepsilon_0$, para $-1 \le x \le 1$, $-1 \le y \le 1$, $-1 \le z \le 1$.

5.4) Encontre a solução da equação de Laplace em um dielétrico homogêneo com $\varepsilon_R = 4$, se $V = f(x)$ e $V = 30\ V$ em $x = 0$ e $E_y = -15\ V/m$ em $x = 0$. Repita os cálculos para $V = 30\ V$ em $x = 1$ e $E_y = -15\ V/m$ em $y = 1$. Para ambos os casos, calcule o campo elétrico e a capacitância, se a área onde as cargas estão distribuídas é $S = 3\ cm^2$.

5.5) Encontre a solução da equação de Laplace, em coordenadas cilíndricas, se $V = V(r)$ e a diferença de potencial entre os pontos $r = 2\ m$ e $r = 5\ m$ é 28 V, enquanto $V = -100\ V$ em $r = 3\ m$. Calcule o campo elétrico e a capacitância, se o dielétrico tem $\varepsilon_R = 80$ e se a altura do cilindro onde as cargas estão distribuídas é $h = 8\ cm$.

5.6) Encontre a solução da equação de Laplace, em coordenadas cilíndricas, se $V = V(\phi)$ e a diferença de potencial entre os pontos $\phi = 30°$ e $\phi = 90°$ é 100 V, enquanto $V = 500$ V em $\phi = 60°$. Encontre o campo elétrico e a capacitância, se a área onde as cargas estão distribuídas é $S = 0{,}5\ cm^2$.

5.7) Encontre a solução da equação de Laplace, em coordenadas cilíndricas, se $V = V(z)$ e a diferença de potencial entre $z = 1\ m$ e $z = 6\ m$ é 32 V, enquanto $V = -322\ V$ em $z = 3\ m$. Calcule o campo elétrico e a capacitância, se a superfície onde as cargas estão distribuídas tem área $S = 1\ mm^2$.

5.8) Encontre V, $\vec{E}$ e C, se $V = V(r)$ (coordenadas cilíndricas) e as superfícies condutoras estão localizadas em $r = 2\ m$ e $r = 7\ m$, com $V = 10\ V$ em $r = 3{,}3\ m$ e $|\vec{E}| = 230\ V/m$ em $r = 4{,}2\ m$.

5.9) Encontre V, $\vec{E}$ e C, se $V = V(\phi)$ (coordenadas cilíndricas) e os planos condutores estão localizados em $\phi = 20°$ e $\phi = 65°$, com $V = 5\ V$ em $\phi = 32°$ e $|\vec{E}| = 340\ V/m$ em $\phi = 45°$, $r = 3\ m$.

5.10) Encontre V, $\vec{E}$ e C, se $V = V(z)$ (coordenadas cilíndricas) e os planos condutores estão localizados em $z = 1$ e $z = 5\ m$, com $V = 4{,}3\ V$ em $z = 2{,}2\ m$ e $|\vec{E}| = 120\ V/m$ em $z = 4{,}6\ m$.

5.11) Se entre dois condutores coaxiais com raios $r_{int} = 0{,}12\ cm$ e $r_{ext} = 3{,}2\ cm$ há um dielétrico $\varepsilon = (10 + 3r)\,\varepsilon_0$, e o condutor interno está a mais 120 V que o externo, calcule:

a) E_r em $r = 2,2\ cm$;
b) E_r em $r = 2,3\ cm$;
c) $V(r)$.

5.12) Se entre dois condutores esféricos com raios $r_{int} = 0,2\ cm$ e $r_{ext} = 0,35\ cm$ há um dielétrico $\varepsilon = (1 + 30r)\ \varepsilon_0$, e o condutor interno está a mais 275 V que o externo, calcule:

a) E_r em $r = 0,3\ cm$;
b) E_r em $r = 0,34\ cm$;
c) $V(r)$.

5.13) Resolva a equação de Laplace para o potencial em uma região homogênea entre duas esferas condutoras concêntricas, com raios a e b, $b > a$, se $V = 0$ em $r = b$ e $V = V_0$ em $r = a$. Determine o campo elétrico e a capacitância.

5.14) Encontre a solução da equação de Laplace em, coordenadas esféricas, se $V = V(r)$ e a diferença de potencial entre os pontos $r = 1,5$ e $r = 3,2\ m$ é 23 V, enquanto $V = 1.320\ V$ em $r = 2,1\ m$.

5.15) Solucione a equação de Laplace, em coordenadas esféricas, se $V = V(\phi)$ e a diferença de potencial entre os pontos $\phi = 23°$ e $\phi = 85°$ é 132 V, enquanto $V = 730\ V$ em $\phi = 65°$.

5.16) Encontre a solução da equação de Laplace, em coordenadas esféricas, se $V = V(\theta)$ e a diferença de potencial entre os pontos $\theta = 35°$ e $\theta = 70°$ é 600 V, enquanto $V = 360\ V$ em $\theta = 56°$.

5.17) Encontre V, $\vec{E}$ e C, se $V = V(r)$ (coordenadas esféricas) e as superfícies condutoras estão localizadas em $r = 2,3\ m$ e $r = 3,5\ m$, com $V = 0,5\ V$ em $r = 2,5\ m$ e = 430 V/m em $r = 3,4\ m$.

5.18) Encontre V, $\vec{E}$ e C, se $V = V(\phi)$ (coordenadas esféricas) e os planos condutores estão localizados em $\phi = 10°$ e $\phi = 30°$, com $V = 0\ V$ em $\phi = 20°$ e = 350 V/m em $\phi = 25°$, $r = 2,3\ m$.

5.19) Encontre V, $\vec{E}$ e C, se $V = V(\theta)$ (coordenadas esféricas) e as superfícies condutoras estão localizadas em $\theta = 32°$ e $\theta = 76°$, com $V = 3\ V$ em $\theta = 38°$ e $= 5\ V/m$ em $\phi = 49°$, $r = 3{,}5\ m$, $\theta = 72°$.

5.20) Resolva a equação de Poisson em coordenadas cartesianas para $0 < x < 2\ m$ se $\rho = -3 \times 10^{-7}\,(3 - \cos 3\pi x/2)\ C/m^3$ e $V = 0$ em $x = 0$ e $x = 2\ m$. Considere $\varepsilon = \varepsilon_0$. Qual o valor de V em $x = 1\ m$?

5.21) A região entre dois condutores cilíndricos concêntricos, com raios 2,5 e 5,5 cm contém uma distribuição volumétrica de cargas $\rho = 5\times10^{-8}\,(3 - 2r)\ C/m^3$. Considerando $\varepsilon = 5\varepsilon_0$, se E_r e V são ambos zero no cilindro interno, encontre V no cilindro externo.

5.22) A região entre dois condutores esféricos concêntricos, com raios 3 e 6 cm, contém uma distribuição volumétrica de cargas $\rho = -6\times10^{-9}\,(5 - 52r)\ C/m^3$. Considerando $\varepsilon = 3\varepsilon_0$, se E_r e V são ambos zero na esfera interna, encontre V na esfera externa.

Capítulo 6

Campo Magnético

Quando há circulação de cargas elétricas, um campo magnético é gerado. Com o campo magnético, são estudadas leis e características similares aos dos campos elétricos. Entretanto, como as cargas neste caso estão em movimento, outros fenômenos são encontrados, como o potencial vetor. A principal característica do campo magnético que é aqui estudado é a não-conservação da energia. Com o campo magnético, várias aplicações à engenharia se apresentam. Neste capítulo, são apresentadas as bases das leis relativas aos campos magnéticos, nas quais se encontram: a Lei de Biot-Savart; a Lei Circuital de Ampère; o rotacional e o Teorema de Stokes; o fluxo e a densidade de fluxo magnético e seus campos potenciais, sempre fazendo analogia com as relações dos campos elétricos. Vários experimentos são apresentados para realização prática, além de vários exemplos resolvidos e exercícios propostos, para se absorver o conteúdo desta teoria.

6.1 A Lei de Biot-Savart

A Lei Experimental de Biot-Savart estabelece que o campo magnético em um ponto qualquer P, produzido por um elemento diferencial de corrente é proporcional ao seno do ângulo que liga o filamento e a linha que conecta o filamento ao ponto P e inversamente proporcional ao quadrado da distância do elemento diferencial de corrente ao ponto P. A direção do campo é normal ao plano da linha onde passa a corrente I e a linha que o liga ao ponto P. A constante de proporcionalidade é dada no sistema MKS por $1/4\pi$. A situação explicada pode ser vista na Figura 6.1, em que se pode entender facilmente, para o que se denomina de regra da mão direita, o que é visto na Figura 6.2.

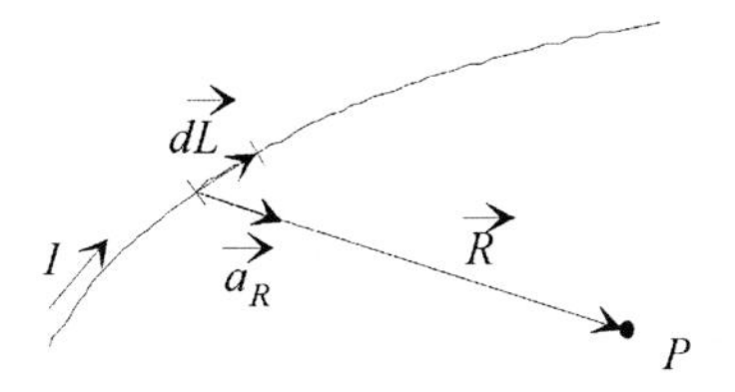

Figura 6.1: Corrente e elemento diferencial de linha: seu produto define o elemento diferencial de corrente para o cálculo do campo magnético em um ponto P qualquer.

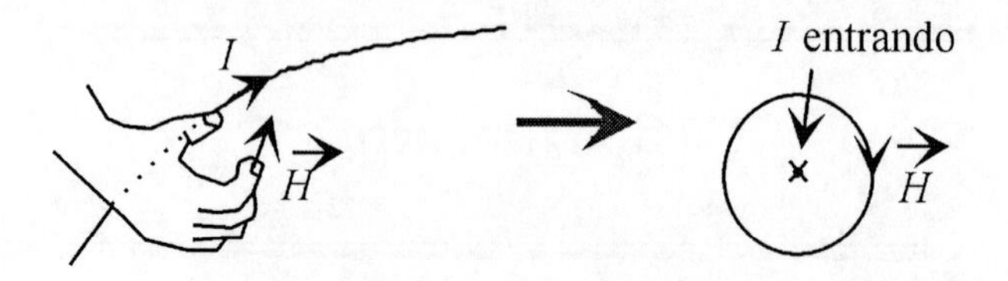

Figura 6.2: Regra da mão direita: o polegar indica a direção da corrente e o giro dos demais dedos indica a direção do campo magnético, que é perpendicular à linha onde circula a corrente I.

Em termos vetoriais, a Lei de Biot-Savart é dada por:

$$d\vec{H} = \frac{Id\vec{L} \times \vec{a_R}}{4\pi R^2}$$

Como a corrente só existe em um circuito fechado, tem-se que o campo magnético gerado em um ponto P devido a uma corrente que circula é:

$$\vec{H} = \oint \frac{Id\vec{L} \times \vec{a_R}}{4\pi R^2}.$$

Considerando que a corrente circula em uma superfície plana, tem-se a densidade superficial de corrente $\vec{K}\,[A/m]$, e se atravessa uma superfície, tem-se a densidade de corrente $\vec{J}\,[A/m^2]$. Assim, encontra-se a relação:

$$Id\vec{L} = \vec{K}dS = \vec{J}dv,$$

e, conseqüentemente, encontram-se os valores do campo magnético em um ponto gerado por estas, como sendo:

$$\vec{H} = \int \frac{\vec{K} \times \vec{a_R}\, dS}{4\pi R^2}$$

e

$$\vec{H} = \int \frac{\vec{J} \times \vec{a_R}\, dv}{4\pi R^2}.$$

Exemplo 6.1: Calcular o campo magnético gerado por uma corrente I que flui no eixo z.

Desde que uma corrente no eixo z inicia em $-\infty$ indo a $+\infty$, utilizando a equação do campo magnético, calcula-se o campo magnético desejado. Para isto, primeiro determina-se uma posição para o elemento d ao longo do fio (eixo z), conforme visto na Figura 6.3.

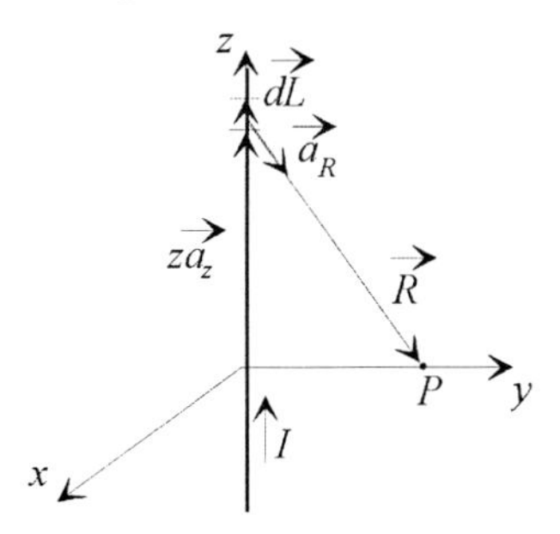

Figura 6.3: Corrente I no eixo z: análise dos vetores para cálculo do campo magnético.

Como este elemento é uma fração infinitesimal do eixo z, e a corrente está subindo este eixo, então:

$$d\vec{L} = dz\,\vec{a_z}$$

e

$$Id\vec{L} = Idz\,\vec{a_z}$$

Com o elemento de corrente definido, necessita-se determinar o vetor que liga este elemento ao ponto P onde se deseja calcular o campo magnético:

$$\vec{R} = r\vec{a_r} - z\vec{a_z}$$

o qual se pode encontrar subtraindo o ponto P do ponto onde se encontra o elemento de corrente. Observe que as coordenadas utilizadas são cilíndricas neste caso, desde que utilizando a regra da mão direita, todo o campo estará fixo circulando ao redor do eixo z onde a corrente circula. Ou seja, mantendo a distância r no plano xy, o módulo de R é sempre o mesmo, o qual é

$$R = \sqrt{r^2 + z^2}$$

Dessa forma, calculando o vetor de direção do campo, tem-se:

$$\vec{a_R} = \frac{r\vec{a_r} - z\vec{a_z}}{\sqrt{r^2 + z^2}}$$

e, substituindo estes termos na equação do campo magnético, encontra-se:

$$\vec{H} = \int_{-\infty}^{\infty} \frac{Idz\vec{a_z} \times \left(r\vec{a_r} - z\vec{a_z}\right)}{4\pi\left(r^2 + z^2\right)^{3/2}}$$

que solucionando, resulta em:

$$\vec{H} = \frac{I}{4\pi} \int_{-\infty}^{\infty} \frac{rdz\vec{a_\phi}}{\left(r^2 + z^2\right)^{3/2}}$$

$$\vec{H} = \frac{Ir\vec{a_\phi}}{4\pi} \int_{-\infty}^{\infty} \frac{dz}{\left(r^2 + z^2\right)^{3/2}}$$

$$\vec{H} = \frac{Ir\vec{a_\phi}}{4\pi} \left(\frac{z}{r^2\sqrt{r^2 + z^2}} \right|_{-\infty}^{\infty}$$

$$\vec{H} = \frac{I}{2\pi r}\vec{a_\phi}.$$

em que a direção $\vec{a_\phi}$ comprova a regra da mão direita (campo magnético circulando ao redor do fio). Deve-se observar que a condição determinada de que uma corrente só flui em um circuito fechado, neste exemplo os limites de integração definem um circuito fechado, desde que se concebe o universo como esférico, onde o $-\infty$ se encontra com o $+\infty$. Este resultado é lógico para fios compridos onde flui uma corrente I e se está calculando o campo magnético próximo ao fio.

Exemplo 6.2: Considere um fio finito no eixo z, por onde circula uma corrente I. Calcule o campo magnético em um ponto P, conforme apresentado na Figura 6.4.

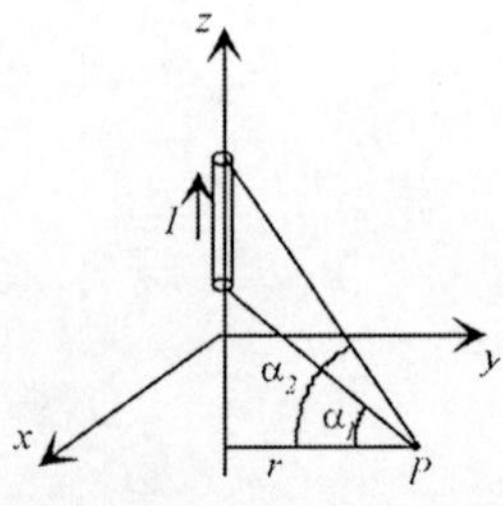

Figura 6.4: Elemento de corrente finito e localização do ponto P para cálculo do campo magnético.

Para este caso, percebe-se que o elemento de corrente e o vetor que liga este ao ponto P são os mesmos que para o caso da corrente ao longo de todo o eixo z. Entretanto, os limites da integral podem ser considerados z_1 e z_2, ficando a integral:

$$\vec{H} = \int_{z_1}^{z_2} \frac{Idz\vec{a_z} \times \left(r\vec{a_r} - z\vec{a_z}\right)}{4\pi\left(r^2 + z^2\right)^{3/2}} = \frac{Ir\vec{a_\phi}}{4\pi}\int_{z_1}^{z_2} \frac{dz}{\left(r^2 + z^2\right)^{3/2}}$$

que tem como resultado:

$$\vec{H} = \frac{Ir\vec{a_\phi}}{4\pi}\left(\frac{z_2}{r^2\sqrt{r^2 + z_2^2}} - \frac{z_1}{r^2\sqrt{r^2 + z_1^2}}\right).$$

Entretanto, pela trigonometria, encontram-se:

$$\left(\frac{z_1}{\sqrt{r^2 + z_1^2}}\right) = \text{sen}\alpha_1$$

e

$$\left(\frac{z_2}{\sqrt{r^2 + z_2^2}}\right) = \text{sen}\alpha_2$$

cujos resultados podem ser substituídos no resultado do campo magnético encontrado, que dá:

$$\vec{H} = \frac{I\vec{a_\phi}}{4\pi r}\left(\text{sen}\alpha_2 - \text{sen}\alpha_1\right).$$

Exemplo 6.3: Calcular o campo magnético num ponto $P(x_0, y_0, z)$, $z > 0$, o qual é gerado por uma superfície de corrente $\vec{K} = K_0\vec{a_y}$ fluindo no plano xy.

No caso deste problema, deve-se utilizar a equação do campo magnético com a densidade superficial de corrente. Considerando o ponto P dado, então, o vetor que liga o elemento de $\vec{K}$ com o ponto P é:

$$\vec{R} = (x_0 - x)\vec{a_x} + (y_0 - y)\vec{a_y} + z\vec{a_z}$$

que, conseqüentemente, encontra-se:

$$R = |\vec{R}| = \sqrt{(x_0 - x)^2 + (y_0 - y)^2 + z^2}$$

e

$$\vec{a_R} = \frac{(x_0 - x)\vec{a_x} + (y_0 - y)\vec{a_y} + z\vec{a_z}}{\sqrt{(x_0 - x)^2 + (y_0 - y)^2 + z^2}}.$$

Assim, tem-se:

$$\vec{H} = \int \frac{\vec{K} \times \vec{a_R} dS}{4\pi R^2} = \int_{-\infty}^{\infty}\int_{-\infty}^{\infty} \frac{K_0\vec{a_y} \times \left[(x_0 - x)\vec{a_x} + (y_0 - y)\vec{a_y} + z\vec{a_z}\right]}{4\pi\left((x_0 - x)^2 + (y_0 - y)^2 + z^2\right)^{3/2}} dxdy$$

ou

$$\vec{H} = \frac{K_0}{4\pi}\int_{-\infty}^{\infty}\int_{-\infty}^{\infty} \frac{(x - x_0)\vec{a_z} + z\vec{a_x}}{\left((x_0 - x)^2 + (y_0 - y)^2 + z^2\right)^{3/2}} dxdy$$

Entretanto, como todo o campo na direção do eixo z é simétrico na integração em x, pode-se eliminar este elemento da integral (observe que dividindo a superfície em filamentos de corrente paralelos ao eixo y, o campo gerado por cada elemento de corrente, pela regra da mão direita, em um lado aponta para z positivo, e do outro lado do filamento aponta para z negativo, eliminando os campos vizinhos nestas direções). Assim, encontra-se:

$$\vec{H} = \frac{K_0}{4\pi}\int_{-\infty}^{\infty}\int_{-\infty}^{\infty} \frac{z\vec{a_x}}{\left((x_0 - x)^2 + (y_0 - y)^2 + z^2\right)^{3/2}} dxdy = \frac{K_0}{2}\vec{a_x}$$

Este resultado pode ser encontrado mais facilmente, utilizando-se a Lei Circuital de Ampère.

6.2 A Lei Circuital de Ampère

Similarmente à Lei de Gauss para os campos elétricos, no caso dos campos magnéticos encontra-se a Lei Circuital de Ampère, ou simplesmente a Lei de Ampère. Esta lei é utilizada para solucionar problemas de campos magnéticos com alta simetria, em que se tem um conhecimento prévio da direção do campo (o que pode ser realizado pela utilização da regra da mão direita).

A Lei de Ampère estabelece que a integral de linha do campo $\vec{H}$ em qualquer percurso fechado é exatamente igual à corrente enlaçada pelo percurso. Ou seja,

$$\oint \vec{H} \cdot d\vec{L} = I.$$

que indica que circular a linha do campo magnético permite definir qual a corrente que o gera.

Com esta formalização, pode-se utilizar a Lei de Ampère para determinar o campo magnético para correntes que circulam em regiões definidas, desde que estas apresentem simetria. E esta formalização, devido ao conhecimento prévio da direção do campo pela regra da mão direita e pela simetria da corrente, torna a solução do problema bem mais simples que com a utilização da Lei de Biot-Savart.

Exemplo 6.4: Calcule o campo magnético de uma corrente fluindo no eixo z, utilizando a Lei de Ampère.

Para utilizar a Lei de Ampère, em princípio, faz-se uma avaliação do problema. O caso de uma corrente no eixo z é um problema de alta simetria, pois os pontos inicial e final estão no infinito. Assim, utilizando a regra da mão direita, vê-se que o campo é gerado ao redor da corrente e, a uma distância fixa, a intensidade do campo é constante, ou seja,

$$\vec{H} = H_\phi \overrightarrow{a_\phi}$$

sendo H_ϕ constante para uma distância r constante. Por outro lado, a trajetória da integração é na linha do campo. Como este se encontra na direção ϕ, então:

$$d\vec{L} = rd\phi \overrightarrow{a_\phi}\ .$$

Colocando na integral da Lei de Ampère estes dados, encontra-se:

$$\oint \vec{H} \cdot d\vec{L} = I$$

$$\int_0^{2\pi} H_\phi \vec{a_\phi} \cdot rd\phi \vec{a_\phi} = I$$

$$\int_0^{2\pi} H_\phi rd\phi = I$$

$$H_\phi r \int_0^{2\pi} d\phi = I$$

$$H_\phi r 2\pi = I$$

$$H_\phi = \frac{I}{2\pi r}$$

$$\vec{H} = H_\phi \vec{a_\phi} = \frac{I}{2\pi r} \vec{a_\phi}$$

que é o mesmo resultado encontrado pela Lei de Biot-Savart. Observe que os limites da integral são de zero a 2π, desde que são os valores que fecham o círculo por onde o campo circula. Também o produto escalar $\vec{a_\phi} \cdot \vec{a_\phi} = 1$, e como a integral é apenas em ϕ, e H_ϕ e r são constantes, eles saem da integral, a qual tem como resultado o próprio ϕ que, em seus limites, resulta em 2π.

Exemplo 6.5: Calcule o campo magnético de um solenóide centrado no eixo z, considerando um comprimento infinito, tendo N espiras por metro e uma corrente I atravessando-o.

Sendo o solenóide um cilindro infinito enrolado com um fio, tal que a corrente ao longo do fio pode ser vista igualmente em cada espira, o valor do total de corrente que atravessa cada comprimento L do solenóide pode ser visto como uma densidade superficial de corrente K, o qual pode ser calculado por

$$K = \frac{NI}{L}.$$

As estruturas dos solenóides vistos por ambas estas formas podem ser vistas na Figura 6.5.

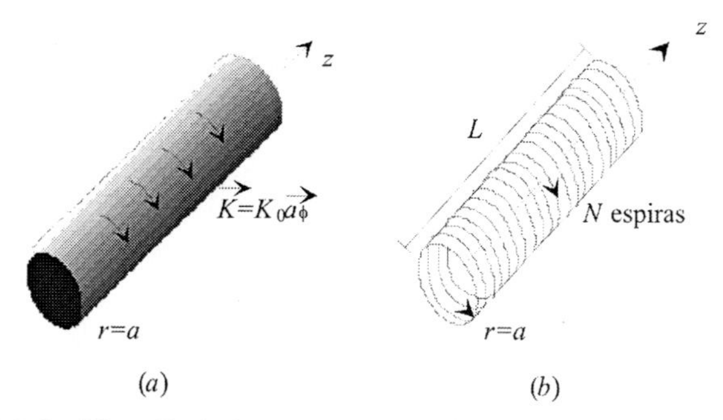

Figura 6.5: Solenóides: cálculo do campo magnético interno e externo: (a) com densidade superficial de corrente K; e (b) com N espiras de fio por unidade de comprimento.

Assim, desde que o solenóide é infinito, há simetria externamente, tal que, pela regra da mão direita, o campo gerado por um lado do solenóide é anulado pelo campo gerado pelo lado oposto. Dessa forma, todo o campo externo é nulo. Por outro lado, o campo interno gerado por um lado de cada espira do solenóide se soma com o campo interno gerado pelo outro lado da mesma espira do solenóide. Assim, o campo interno é a soma total dos campos gerados pelos dois lados. Estas interações entre os campos podem ser vistas na Figura 6.6.

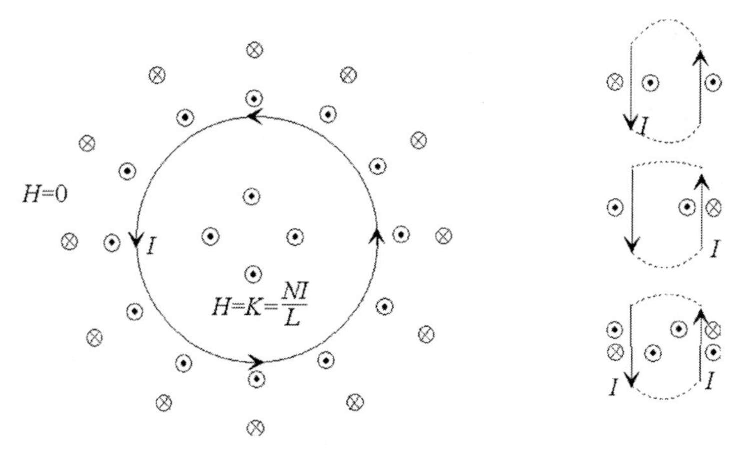

Figura 6.6: Interações interna e externa nos campos do solenóide visto em uma espira: os campos devidos à corrente de um lado da espira são contrários aos campos gerados pela corrente do outro lado da espira, anulando o campo externo e duplicando o campo interno.

Entretanto, como o campo para uma densidade superficial de cargas é $K/2$, conforme calculado pela Lei de Biot-Savart no Exemplo 6.3, então o campo interno ao solenóide é:

$$\vec{H} = 2\frac{K}{2}\vec{a_z} = K\vec{a_z} = \frac{NI}{L}\vec{a_z}$$

no centro do solenóide. Deve-se observar que o resultado, para este caso, é uma aproximação para solenóides com as espiras apresentando um raio pequeno em relação ao seu comprimento, de forma que os campos mais afastados do centro sejam muito próximos em magnitude. Por exemplo, no caso de um solenóide de raio grande, os campos mais próximos de um lado do fio são mais intensos, devido à corrente que nele passa. Entretanto, como a distância para o fio do outro lado da espira é grande, o campo é menos intenso. Da mesma forma, externamente, estes campos não se compensam, o que define a existência de campo externo.

Exemplo 6.6: Calcule o campo de um toróide de raio r_0 no plano xy e centrado na origem, que contém N espiras e está atravessado por uma corrente I.

Um toróide pode ser visto como um solenóide fechando um círculo. Externamente, vê-se que o campo externo é nulo devido à mesma situação explicada no Exemplo 6.5. Internamente, pela Lei de Ampère, tem-se:

$$\oint \vec{H} \cdot d\vec{L} = NI,$$

desde que a corrente vista ao redor do toróide é como a do solenóide: N fios paralelos onde a corrente I passa. Logo, como o campo interno é puramente no centro do toróide e este está centrado no eixo z, este campo circula o toróide como $\vec{H} = H_\phi \vec{a_\phi}$. Daí, seguindo o procedimento, tem-se:

$$\int_0^{2\pi} H_\phi \vec{a_\phi} \cdot r_0 d\phi \vec{a_\phi} = NI$$

$$\int_0^{2\pi} H_\phi r_0 d\phi = NI$$

$$H_\phi r_0 \int_0^{2\pi} d\phi = NI$$

$$H_\phi r_0 2\pi = NI$$

$$H_\phi = \frac{NI}{2\pi r_0}$$

$$\overrightarrow{H} = H_\phi \overrightarrow{a_\phi} = \frac{NI}{2\pi r_0} \overrightarrow{a_\phi}$$

Observe que o valor de r_0 aparece em substituição ao valor de r no elemento diferencial da integral, pois é um valor constante que fecha o círculo.

Exemplo 6.7: Encontre o campo magnético de uma superfície infinita com uma densidade superficial de corrente K_y no plano $z = 0$.

Este problema é similar ao problema visto no Exemplo 6.3, só que será resolvido utilizando a Lei de Ampère. Observe que este problema apresenta alta simetria, desde que a superfície é infinita. Assim, tem-se que, definindo um percurso fechado onde as linhas do campo atravessam, sendo este percurso o trajeto 1 - 1' - 2' - 2 - 1, conforme visto na Figura 6.7, tem-se

$$\oint \overrightarrow{H} \cdot d\overrightarrow{L} = K_y L.$$

em que L é a largura do percurso (1 - 1' ou 2 - 2').

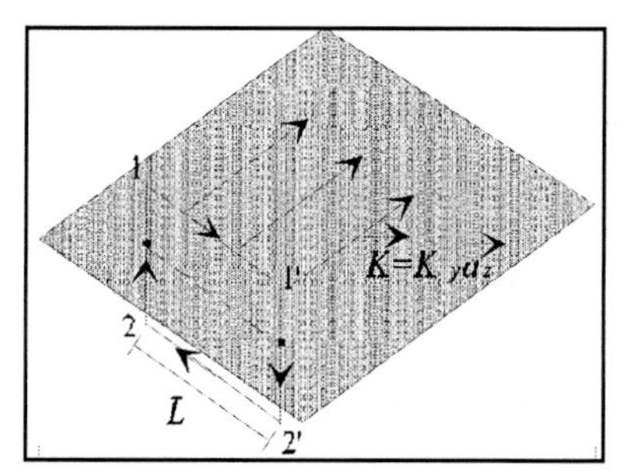

Figura 6.7: Superfície com densidade superficial de corrente e percurso fechado para cálculo do campo magnético.

Pela Lei de Ampère, neste percurso, tem-se:

$$\oint \overrightarrow{H} \cdot d\overrightarrow{L} = \int_1^{1'} \overrightarrow{H} \cdot d\overrightarrow{L} + \int_{1'}^{2'} \overrightarrow{H} \cdot d\overrightarrow{L} + \int_{2'}^{2} \overrightarrow{H} \cdot d\overrightarrow{L} + \int_2^{1} \overrightarrow{H} \cdot d\overrightarrow{L} = K_y L.$$

Mas, pela regra da mão direita, encontra-se que o campo está na direção $\vec{a}_x$ para $z > 0$ e na direção $-\vec{a}_x$ em $z < 0$. Logo, encontra-se:

$$\oint \vec{H} \cdot d\vec{L} = \int_1^{1'} H_x \vec{a}_x \cdot dx\vec{a}_x + \int_{1'}^{2'} H_x \vec{a}_x \cdot (-dz\vec{a}_z) + \int_{2'}^{2} -H_x \vec{a}_x \cdot (-dx\vec{a}_x) + \int_2^1 -H_x \vec{a}_x \cdot (dz\vec{a}_z) = K_y L,$$

$$\oint \vec{H} \cdot d\vec{L} = \int_1^{1'} H_x dx + 0 + \int_{2'}^{2} H_x dx + 0 = K_y L,$$

$$\oint \vec{H} \cdot d\vec{L} = H_x L + H_x L = K_y L \Rightarrow H_x = \frac{K_y}{2}.$$

Observe que o resultado encontrado é o mesmo resultado do *Exemplo 6.3*, sendo um campo constante com valor $K_y/2$ em $z > 0$ e $-K_y/2$ em $z < 0$.

Exemplo 6.8: Calcule $\vec{H}$ para uma densidade de corrente $\vec{J} = 100r\,\vec{a}_z\, A/m^2$, $r \leq 3$ e $\vec{J} = 0$ no resto do espaço.

Da mesma forma que a Lei de Gauss, utiliza-se a Lei de Ampère. Assim, há duas regiões a serem consideradas para este caso: 1) $r \leq 3$ e 2) $r > 3$. Para a primeira região, tem-se:

$$\oint \vec{H} \cdot d\vec{L} = I$$

em que se deve fechar um círculo sobre a linha do campo magnético. Neste caso,

$$I = \int_S \vec{J} \cdot d\vec{S}.$$

E assim, encontra-se para $r \leq 3$:

$$\oint \vec{H} \cdot d\vec{L} = \int_S \vec{J} \cdot d\vec{S}$$

$$\int_0^{2\pi} H_\phi \vec{a}_\phi \cdot r d\phi \vec{a}_\phi = \int_0^{2\pi} \int_0^r 100r\vec{a}_z \cdot r dr d\phi \vec{a}_z$$

$$H_\phi r \int_0^{2\pi} d\phi = 100 \int_0^{2\pi} \int_0^r r^2 dr d\phi$$

$$H_\phi r 2\pi = 100 \frac{r^3}{3} (\phi|_0^{2\pi}$$

$$H_\phi = \frac{100r^2}{3}$$

$$\vec{H} = H_\phi \vec{a}_\phi = \frac{100r^2}{3} \vec{a}_\phi$$

desde que o percurso não circunda toda a corrente (o limite r para o raio da corrente é a região do campo que possui corrente interna a ele).

Resolvendo para $r > 3$, encontra-se:

$$\oint \vec{H} \cdot d\vec{L} = \int_S \vec{J} \cdot d\vec{S}$$

$$\int_0^{2\pi} H_\phi \overrightarrow{a_\phi} \cdot rd\phi \overrightarrow{a_\phi} = \int_0^{2\pi} \int_0^3 100r \overrightarrow{a_z} \cdot rdrd\phi \overrightarrow{a_z}$$

$$H_\phi r \int_0^{2\pi} d\phi = 100 \int_0^{2\pi} \int_0^3 r^2 drd\phi$$

$$H_\phi r 2\pi = 100 \left(\left. \frac{r^3}{3} \right|_0^3 \right) \left(\phi \big|_0^{2\pi} \right)$$

$$H_\phi = 100 \frac{3^3}{3r}$$

$$\vec{H} = H_\phi \overrightarrow{a_\phi} = \frac{900}{r} \overrightarrow{a_\phi}$$

em que o limite do raio para este caso é o limite onde se encontra a corrente.

Exemplo 6.9: Calcule $\vec{H}$ em todas as regiões, se há uma densidade de corrente $\vec{J} = 100r\overrightarrow{a_z}\ A/m^2$ em $1 \leq r \leq 2$, $\vec{K} = -10\overrightarrow{a_z}\ A/m$ em $r = 3$ e $\vec{J} = 0$ no resto do espaço. Como mudará as respostas se for colocado um filamento de corrente no eixo z com $I = 3\ A$ na direção z positivo?

Para este problema, há a região $r < 1$, a região $1 \leq r \leq 2$, a região $2 < r < 3$ e a região $r > 3$. Assim, utilizando o procedimento visto na Lei de Gauss, mas aplicando a Lei de Ampère, encontra-se:

Para $r < 1$, não há corrente. Logo,

$$\oint \vec{H} \cdot d\vec{L} = \int_S \vec{J} \cdot d\vec{S}$$

$$\int_0^{2\pi} H_\phi rd\phi = 0$$

$$H_\phi = 0$$

Para $1 \leq r \leq 2$, há a densidade de corrente $\vec{J} = 100r\overrightarrow{a_z}\ A/m^2$. Assim, tem-se:

$$\oint \vec{H} \cdot d\vec{L} = 0 + \int_S \vec{J} \cdot d\vec{S}$$

$$\int_0^{2\pi} H_\phi \overrightarrow{a_\phi} \cdot rd\phi \overrightarrow{a_\phi} = \int_0^{2\pi} \int_1^r 100r\overrightarrow{a_z} \cdot rdrd\phi \overrightarrow{a_z}$$

$$H_\phi r \int_0^{2\pi} d\phi = 100 \int_0^{2\pi} \int_1^r r^2 drd\phi$$

$$H_\phi r 2\pi = 100 \frac{r^3 - 1}{3} 2\pi$$

$$H_\phi = \frac{100(r^3 - 1)}{3r}$$

$$\vec{H} = H_\phi \overrightarrow{a_\phi} = \frac{100(r^3 - 1)}{3r} \overrightarrow{a_\phi} \ A/m$$

O zero somado indica que o percurso está envolvendo a primeira região, a qual apresenta corrente envolvida nula.

Na região $2 < r < 3$, não há corrente, mas a linha do campo magnético envolve toda a corrente anterior. Dessa forma, tem-se:

$$\oint \vec{H} \cdot d\vec{L} = 0 + \int_S \vec{J} \cdot d\vec{S} + 0$$

$$\int_0^{2\pi} H_\phi \overrightarrow{a_\phi} \cdot rd\phi \overrightarrow{a_\phi} = \int_0^{2\pi} \int_1^3 100r\overrightarrow{a_z} \cdot rdrd\phi \overrightarrow{a_z}$$

$$H_\phi r \int_0^{2\pi} d\phi = 100 \int_0^{2\pi} \int_1^3 r^2 drd\phi$$

$$H_\phi r 2\pi = 100 \frac{3^3 - 1}{3} 2\pi$$

$$H_\phi = \frac{2800}{3r}$$

$$\vec{H} = H_\phi \overrightarrow{a_\phi} = \frac{2800}{3r} \overrightarrow{a_\phi} \ A/m$$

em que o segundo zero indica não haver corrente na região considerada, enquanto o limite da integral da densidade de corrente se torna $r = 3$, pois é onde está o limite da densidade de corrente $\vec{J}$.

Para a região $r > 3$, a linha do campo magnético envolve tanto a densidade de corrente $\vec{J}$, como a densidade superficial $\vec{K}$. Assim, tem-se:

$$\oint \vec{H} \cdot d\vec{L} = 0 + \int_S \vec{J} \cdot d\vec{S} + 0 + \int K dL$$

$$\int_0^{2\pi} H_\phi \overrightarrow{a_\phi} \cdot rd\phi \overrightarrow{a_\phi} = \int_0^{2\pi} \int_1^3 100r\overrightarrow{a_z} \cdot rdrd\phi \overrightarrow{a_z} + \int_0^{2\pi} -10rd\phi \Big|_{r=3}$$

$$H_\phi r \int_0^{2\pi} d\phi = 100 \int_0^{2\pi} \int_1^3 r^2 drd\phi - 30 \int_0^{2\pi} d\phi$$

$$H_\phi r 2\pi = 100 \frac{3^3 - 1}{3} 2\pi - 30 \times 2\pi$$

$$H_\phi = \frac{2710}{3r}$$

$$\vec{H} = H_\phi \overrightarrow{a_\phi} = \frac{2710}{3r} \overrightarrow{a_\phi} \; A/m$$

A integral $\int K dL$ refere-se à linha que é atravessada de forma normal pela densidade superficial. Observe que a unidade de K é $[A/m]$ que, multiplicada pelo comprimento da linha que ela atravessa, tem como resultado a corrente total em Ampères.

Por fim, considerando que exista uma corrente filamentar $I = 3\ A$ no eixo z, então todos os percursos realizados nas regiões anteriormente envolverão esta corrente. Ou seja, todos os resultados serão acrescidos desta corrente:

Para $r < 1$, há a corrente I. Logo,

$$\oint \vec{H} \cdot d\vec{L} = I$$

$$\int_0^{2\pi} H_\phi rd\phi = 3$$

$$H_\phi = \frac{3}{2\pi r}$$

$$\vec{H} = H_\phi \overrightarrow{a_\phi} = \frac{3}{2\pi r} \overrightarrow{a_\phi}$$

Para $1 \leq r \leq 2$, há a corrente filamentar no eixo z e parte da densidade de corrente $\vec{J} = 100r\overrightarrow{a_z}\ A/m^2$. Assim, tem-se:

$$\oint \vec{H} \cdot d\vec{L} = 3 + \int_S \vec{J} \cdot d\vec{S}$$

$$\int_0^{2\pi} H_\phi \overrightarrow{a_\phi} \cdot rd\phi \overrightarrow{a_\phi} = 3 + \int_0^{2\pi} \int_1^r 100r\overrightarrow{a_z} \cdot rdrd\phi \overrightarrow{a_z}$$

$$H_\phi r \int_0^{2\pi} d\phi = 3 + 100 \int_0^{2\pi} \int_1^r r^2 drd\phi$$

$$H_\phi r 2\pi = 3 + 100 \frac{r^3 - 1}{3} 2\pi$$

$$H_\phi = \frac{3}{2\pi r} + \frac{100\left(r^3 - 1\right)}{3r}$$

$$\vec{H} = H_\phi \vec{a_\phi} = \left(\frac{3}{2\pi r} + \frac{100\left(r^3 - 1\right)}{3r}\right)\vec{a_\phi}\ A/m$$

Na região $2 < r < 3$, não há corrente, mas a linha do campo magnético envolve toda a corrente anterior. Dessa forma, tem-se:

$$\oint \vec{H} \cdot d\vec{L} = 3 + \int_S \vec{J} \cdot d\vec{S} + 0$$

$$\int_0^{2\pi} H_\phi \vec{a_\phi} \cdot rd\phi \vec{a_\phi} = 3 + \int_0^{2\pi} \int_1^3 100r\vec{a_z} \cdot rdrd\phi \vec{a_z}$$

$$H_\phi r \int_0^{2\pi} d\phi = 3 + 100 \int_0^{2\pi} \int_1^3 r^2 drd\phi$$

$$H_\phi r 2\pi = 3 + 100 \frac{3^3 - 1}{3} 2\pi$$

$$H_\phi = \frac{3}{2\pi r} + \frac{2800}{3r}$$

$$\vec{H} = H_\phi \vec{a_\phi} = \left(\frac{3}{2\pi r} + \frac{2800}{3r}\right)\vec{a_\phi}\ A/m$$

em que o zero indica não haver corrente na região considerada.

Para a região $r > 3$, a linha do campo magnético envolve tanto a corrente filamentar no eixo z, como a densidade de corrente $\vec{J}$ e a densidade superficial $\vec{K}$. Assim, tem-se:

$$\oint \vec{H} \cdot d\vec{L} = 3 + \int_S \vec{J} \cdot d\vec{S} + 0 + \int KdL$$

$$\int_0^{2\pi} H_\phi \vec{a_\phi} \cdot rd\phi \vec{a_\phi} = 3 + \int_0^{2\pi} \int_1^3 100r\vec{a_z} \cdot rdrd\phi \vec{a_z} + \int_0^{2\pi} -10rd\phi \Big|_{r=3}$$

$$H_\phi r \int_0^{2\pi} d\phi = 3 + 100 \int_0^{2\pi} \int_1^3 r^2 drd\phi - 30 \int_0^{2\pi} d\phi$$

$$H_\phi r 2\pi = 3 + 100 \frac{3^3 - 1}{3} 2\pi - 30 \times 2\pi$$

$$H_\phi = \frac{3}{2\pi r} + \frac{2710}{3r}$$

$$\vec{H} = H_\phi \vec{a_\phi} = \left(\frac{3}{2\pi r} + \frac{2710}{3r}\right)\vec{a_\phi}\ A/m$$

6.3 Rotacional e Teorema de Stokes

O rotacional é uma operação matemática que se aplica a um vetor, resultando em outro vetor que é perpendicular ao primeiro. Sua aplicação aos campos magnéticos permite determinar as densidades de corrente que os geram, sendo uma formalização invertida da equação da Lei de Ampère, da mesma forma que o divergente o é para a Lei de Gauss. O operador rotacional é definido matematicamente como o vetor normal:

$$\left(rot\vec{H}\right)_N = \lim_{\Delta S_N \to 0} \frac{\oint \vec{H} \cdot d\vec{L}}{\Delta S_N}$$

Assim, o rotacional em coordenadas cartesianas é:

$$rot\vec{H} = \left(\frac{\partial H_z}{\partial y} - \frac{\partial H_y}{\partial z}\right)\vec{a_x} + \left(\frac{\partial H_x}{\partial z} - \frac{\partial H_z}{\partial x}\right)\vec{a_y} + \left(\frac{\partial H_y}{\partial x} - \frac{\partial H_x}{\partial y}\right)\vec{a_z}$$

que pode ser formalizado em termos do operador NABLA como:

$$rot\vec{H} = \begin{vmatrix} \vec{a_x} & \vec{a_y} & \vec{a_z} \\ \frac{\partial}{\partial x} & \frac{\partial}{\partial y} & \frac{\partial}{\partial z} \\ H_x & H_y & H_z \end{vmatrix} = \nabla \times \vec{H}.$$

Em coordenadas cilíndricas, o rotacional é:

$$\nabla \times \vec{H} = \left(\frac{1}{r}\frac{\partial H_z}{\partial \phi} - \frac{\partial H_\phi}{\partial z}\right)\vec{a_r} + \left(\frac{\partial H_r}{\partial z} - \frac{\partial H_z}{\partial r}\right)\vec{a_\phi} + \frac{1}{r}\left(\frac{\partial (rH_\phi)}{\partial r} - \frac{\partial H_r}{\partial \phi}\right)\vec{a_z}$$

e, em coordenadas esféricas, é:

$$\nabla \times \vec{H} = \frac{1}{r\text{sen}\theta}\left(\frac{\partial (H_\phi \text{sen}\theta)}{\partial \theta} - \frac{\partial H_\theta}{\partial \phi}\right)\vec{a_r} + \frac{1}{r}\left(\frac{1}{\text{sen}\theta}\frac{\partial H_r}{\partial \phi} - \frac{\partial (rH_\phi)}{\partial r}\right)\vec{a_\theta} + \frac{1}{r}\left(\frac{\partial (rH_\theta)}{\partial r} - \frac{\partial H_r}{\partial \theta}\right)\vec{a_\phi}.$$

Em todos os casos, o rotacional do campo magnético determina a densidade de corrente que o gera, sendo a segunda equação de Maxwell:

$$\nabla \times \vec{H} = \vec{J}$$

ou forma pontual da Lei de Ampère.

Deve-se observar que a aplicação do rotacional ao campo elétrico estático tem como resultado:

$$\nabla \times \vec{E} = 0$$

que é a terceira equação de Maxwell, e também conhecida como a forma pontual da equação:

$$\oint \vec{E} \cdot d\vec{L} = 0.$$

Exemplo 6.10: Calcule o campo $\vec{H}$ para as seguintes densidades de corrente:

a) $\vec{H} = -3x^2 y\overrightarrow{a_x} + 3yz\overrightarrow{a_y} - 2z^2\overrightarrow{a_z}\ A/m$

b) $\vec{H} = 2r^2\overrightarrow{a_r} + z\cos\phi\overrightarrow{a_z}\ A/m$

c) $\vec{H} = 2r^2\overrightarrow{a_r} + \text{sen}\theta\cos\phi\overrightarrow{a_\theta} - 3\phi\overrightarrow{a_\phi}\ A/m$

A solução para este problema é encontrada utilizando diretamente a segunda equação de Maxwell: $\nabla \times \vec{H} = \vec{J}$. Assim, tem-se:

a) Como está em coordenadas cartesianas, então:

$$\vec{J} = \nabla \times \vec{H} = \begin{vmatrix} \overrightarrow{a_x} & \overrightarrow{a_y} & \overrightarrow{a_z} \\ \frac{\partial}{\partial x} & \frac{\partial}{\partial y} & \frac{\partial}{\partial z} \\ H_x & H_y & H_z \end{vmatrix} = \begin{vmatrix} \overrightarrow{a_x} & \overrightarrow{a_y} & \overrightarrow{a_z} \\ \frac{\partial}{\partial x} & \frac{\partial}{\partial y} & \frac{\partial}{\partial z} \\ -3x^2 y & 3yz & -2z^2 \end{vmatrix}$$

$$\vec{J} = \nabla \times \vec{H} = \left(\frac{\partial(-2z^2)}{\partial y} - \frac{\partial(3yz)}{\partial z}\right)\overrightarrow{a_x} + \left(\frac{\partial(-3x^2 y)}{\partial z} - \frac{\partial(-2z^2)}{\partial x}\right)\overrightarrow{a_y} + \left(\frac{\partial(3yz)}{\partial x} - \frac{\partial(-3x^2 y)}{\partial y}\right)\overrightarrow{a_z}$$

$$\vec{J} = (0 - 3y)\overrightarrow{a_x} + (0 - 0)\overrightarrow{a_y} + \left(0 - (-3x^2)\right)\overrightarrow{a_z} = -3y\overrightarrow{a_x} + 3x^2\overrightarrow{a_z}\ A/m^2$$

b) Neste caso, o campo magnético está dado em coordenadas cilíndricas. Logo:

$$\vec{J} = \nabla \times \vec{H} = \left(\frac{1}{r}\frac{\partial H_z}{\partial \phi} - \frac{\partial H_\phi}{\partial z}\right)\overrightarrow{a_r} + \left(\frac{\partial H_r}{\partial z} - \frac{\partial H_z}{\partial r}\right)\overrightarrow{a_\phi} + \frac{1}{r}\left(\frac{\partial(rH_\phi)}{\partial r} - \frac{\partial H_r}{\partial \phi}\right)\overrightarrow{a_z}$$

$$\vec{J} = \left(\frac{1}{r}\frac{\partial(z\cos\phi)}{\partial \phi} - \frac{\partial(0)}{\partial z}\right)\overrightarrow{a_r} + \left(\frac{\partial(2r^2)}{\partial z} - \frac{\partial(z\cos\phi)}{\partial r}\right)\overrightarrow{a_\phi} + \frac{1}{r}\left(\frac{\partial(r(0))}{\partial r} - \frac{\partial(2r^2)}{\partial \phi}\right)\overrightarrow{a_z}$$

$$\vec{J}=\left(\frac{z(-\text{sen}\phi)}{r}-0\right)\vec{a_r}+(0-0)\vec{a_\phi}+\frac{1}{r}(0-0)\vec{a_z}=-\frac{z\text{sen}\phi}{r}\vec{a_r}\ A/m^2$$

c) Para esta densidade de corrente, dada em coordenadas esféricas, tem-se:

$$\vec{J}=\nabla\times\vec{H}=\frac{1}{r\text{sen}\theta}\left(\frac{\partial(H_\phi\text{sen}\theta)}{\partial\theta}-\frac{\partial H_\theta}{\partial\phi}\right)\vec{a_r}+\frac{1}{r}\left(\frac{1}{\text{sen}\theta}\frac{\partial H_r}{\partial\phi}-\frac{\partial(rH_\phi)}{\partial r}\right)\vec{a_\theta}+\frac{1}{r}\left(\frac{\partial(rH_\theta)}{\partial r}-\frac{\partial H_r}{\partial\theta}\right)\vec{a_\phi}$$

$$\vec{J}=\frac{1}{r\text{sen}\theta}\left(\frac{\partial((-3\phi)\text{sen}\theta)}{\partial\theta}-\frac{\partial(\text{sen}\theta\cos\phi)}{\partial\phi}\right)\vec{a_r}+$$

$$+\frac{1}{r}\left(\frac{1}{\text{sen}\theta}\frac{\partial(2r^2)}{\partial\phi}-\frac{\partial(r(-3\phi))}{\partial r}\right)\vec{a_\theta}+$$

$$+\frac{1}{r}\left(\frac{\partial(r(\text{sen}\theta\cos\phi))}{\partial r}-\frac{\partial(2r^2)}{\partial\theta}\right)\vec{a_\phi}$$

$$\vec{J}=\frac{1}{r\text{sen}\theta}(-3\phi\cos\theta+\text{sen}\theta\text{sen}\phi)\vec{a_r}+\frac{1}{r}(0+3\phi)\vec{a_\theta}+\frac{1}{r}(\text{sen}\theta\cos\phi-0)\vec{a_\phi}$$

$$\vec{J}=\frac{\text{sen}\phi\tan\theta-3\phi}{r\tan\theta}\vec{a_r}+\frac{3\phi}{r}\vec{a_\theta}+\frac{\text{sen}\theta\cos\phi}{r}\vec{a_\phi}\ A/m^2$$

Utilizando a equação do rotacional do campo magnético, tem-se:

$$\oint\vec{H}\cdot d\vec{L}=I=\int_S\vec{J}\cdot d\vec{S}.$$

Mas, como $\nabla\times\vec{H}=\vec{J}$, então, encontra-se:

$$\oint\vec{H}\cdot d\vec{L}\equiv\int_S\left(\nabla\times\vec{H}\right)\cdot d\vec{S}$$

que é conhecido como Teorema de Stokes. Observe que, enquanto o Teorema da Divergência relaciona uma integral de superfície fechada com uma integral de volume, o Teorema de Stokes relaciona uma integral de linha fechada com uma integral de superfície aberta. Em ambos os casos, as integrais se relacionam com a região interna e a borda dos limites: no Teorema da Divergência, a superfície fechada é a borda do volume interno e no Teorema de Stokes a linha fechada é a borda da superfície aberta (seu contorno).

Exemplo 6.11: Para os campos a seguir, calcule os dois lados do Teorema de Stokes:

a) $\vec{H}=-3xy\vec{a_x}\ A/m$ para um percurso quadrado em $y=3$, com lado $l=2$, cujo centro é o eixo y;

b) $\vec{H} = 2r^2 \vec{a_\phi}\ A/m$ para um percurso circular com raio $r = 4$, no plano $z = 0$.

É necessário solucionar os dois lados do Teorema de Stokes, cujos resultados devem ser iguais. Assim, tem-se:

a) Para o campo $\vec{H} = -3xy\vec{a_x}\ A/m$ na região definida, tem-se o primeiro membro do Teorema de Stokes dado por:

$$\oint \vec{H} \cdot d\vec{L} = \int_{-1}^{1} -3xy\vec{a_x} \cdot dx\vec{a_x} + \int_{-1}^{1} -3xy\vec{a_x} \cdot dz\vec{a_z} + \int_{-1}^{1} -3xy\vec{a_x} \cdot (-dx\vec{a_x}) + \int_{-1}^{1} -3xy\vec{a_x} \cdot (-dz\vec{a_z})$$

$$\oint \vec{H} \cdot d\vec{L} = -3y\Big|_{y=3} \left(\frac{x^2}{2} \Bigg|_{-1}^{1} \right) + 0 + 3y\Big|_{y=3} \left(\frac{x^2}{2} \Bigg|_{-1}^{1} \right) + 0 = 0$$

Para calcular o segundo membro do Teorema de Stokes, é necessário calcular primeiro o rotacional do campo, que é:

$$\nabla \times \vec{H} = \left(\frac{\partial(0)}{\partial y} - \frac{\partial(0)}{\partial z} \right)\vec{a_x} + \left(\frac{\partial(-3xy)}{\partial z} - \frac{\partial(0)}{\partial x} \right)\vec{a_y} + \left(\frac{\partial(0)}{\partial x} - \frac{\partial(-3xy)}{\partial y} \right)\vec{a_z}$$

$$\nabla \times \vec{H} = (0-0)\vec{a_x} + (0-0)\vec{a_y} + (0-(-3x))\vec{a_z} = 3x\vec{a_z}\ A/m^2$$

Daí, utilizando este resultado na integral de superfície, tem-se:

$$\int_S \left(\nabla \times \vec{H}\right) \cdot d\vec{S} = \int_{-1}^{1} \int_{-1}^{1} 3x dx dz = 0$$

que é o mesmo resultado do primeiro membro.

b) Sendo o campo dado em coordenadas cilíndricas, $\vec{H} = 2r^2 \vec{a_\phi}\ A/m$, então, seguindo o mesmo procedimento, tem-se, para o primeiro membro:

$$\oint \vec{H} \cdot d\vec{L} = \int_0^{2\pi} 2r^2 \vec{a_\phi} \cdot r d\phi \vec{a_\phi} = 2r^3 \Big|_{r=4} 2\pi = 256\pi\ A$$

Para resolver o segundo membro, é necessário o resultado do rotacional do campo, que é:

$$\vec{J} = \nabla \times \vec{H} = \left(\frac{1}{r}\frac{\partial H_z}{\partial \phi} - \frac{\partial H_\phi}{\partial z} \right)\vec{a_r} + \left(\frac{\partial H_r}{\partial z} - \frac{\partial H_z}{\partial r} \right)\vec{a_\phi} + \frac{1}{r}\left(\frac{\partial (rH_\phi)}{\partial r} - \frac{\partial H_r}{\partial \phi} \right)\vec{a_z}$$

$$\vec{J} = \left(\frac{1}{r}\frac{\partial(0)}{\partial \phi} - \frac{\partial(2r^2)}{\partial z} \right)\vec{a_r} + \left(\frac{\partial(0)}{\partial z} - \frac{\partial(0)}{\partial r} \right)\vec{a_\phi} + \frac{1}{r}\left(\frac{\partial\left(r(2r^2)\right)}{\partial r} - \frac{\partial(0)}{\partial \phi} \right)\vec{a_z}$$

$$\vec{J} = (0-0)\overrightarrow{a_r} + (0-0)\overrightarrow{a_\phi} + \frac{1}{r}\left(6r^2 - 0\right)\overrightarrow{a_z} = 6r\overrightarrow{a_z}\ A/m^2$$

Assim, tem-se:

$$\int_S \left(\nabla \times \vec{H}\right) \cdot d\vec{S} = \int_0^4 \int_0^{2\pi} 6r \times r d\phi dr = 256\pi\ A$$

que é o mesmo resultado do primeiro membro, o que mostra o Teorema de Stokes.

Deve-se observar que o Teorema de Stokes tem as mesmas utilizações do Teorema da Divergência. Ou seja, quando é dado um campo que não apresenta simetria e o percurso a ser percorrido se torna muito complexo, pode-se utilizar a integral de superfície do rotacional deste campo para encontrar a solução para a corrente que gera este campo. Por outro lado, se o problema de rotacionar o campo e depois integrar é mais complexo que solucionar a integral de linha (como é o caso de problemas simétricos utilizados na Lei de Ampère), soluciona-se o problema pelo primeiro membro, que é a integral de linha.

6.4 Fluxo Magnético e Densidade de Fluxo Magnético

Da mesma forma que o campo elétrico, o campo magnético apresenta um fluxo e uma densidade de fluxo magnético. Entretanto, o campo magnético se apresenta como linhas fechadas, diferentemente do campo elétrico. Assim, o fluxo magnético só pode ser calculado em uma superfície aberta.

No caso do campo elétrico no espaço livre, a relação entre campo e densidade de fluxo é a permissividade ε_0. No campo magnético, a relação entre o campo e a densidade de fluxo, denotada por $\vec{B}$ e com unidade [Wb/m^2] (em que *Wb* é a unidade do fluxo magnético: Weber), é a permeabilidade $\mu_0 = 4\pi \times 10^{-7}$ *H/m*, em que *H* é a unidade de indutância: Henry. Assim, tem-se a relação entre *H* e *B* definida como:

$$\vec{B} = \mu_0 \vec{H}.$$

O fluxo magnético, denotado por Φ [*Wb*], é o número total de linhas de fluxo que atravessam uma superfície aberta *S* de forma normal, e é formalizado matematicamente por:

$$\Phi = \int_S \vec{B} \cdot d\vec{S}.$$

Se se aplicar a Lei de Gauss à densidade de fluxo magnético, encontra-se:

$$\Phi = \oint_S \vec{B} \cdot d\vec{S} = 0$$

pois todas as linhas do campo que entram por um lado na superfície fechada saem pelo outro lado. Essas duas situações são vistas na Figura 6.8.

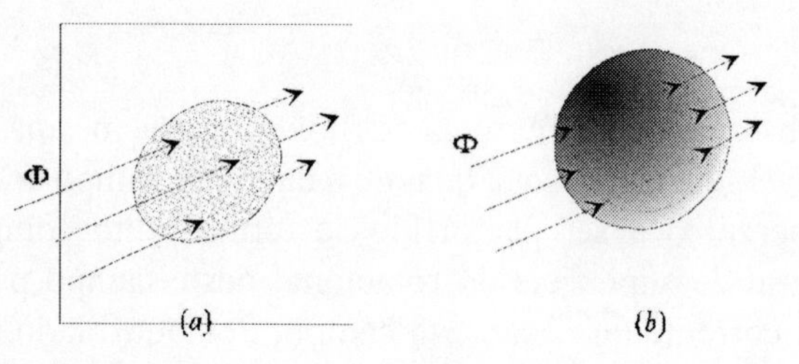

Figura 6.8: Fluxo magnético atravessando uma superfície: (a) aberta e (b) fechada.

Aplicando o Teorema da Divergência à equação do fluxo na superfície fechada (Lei de Gauss), encontra-se a quarta equação de Maxwell para os campos estáticos, que é:

$$\nabla \cdot \vec{B} = 0$$

Exemplo 6.12: Para o campo magnético $\vec{H} = 2\vec{a_x} - 3\vec{a_z}\ A/m$, calcule o fluxo total que atravessa a superfície $x = 4$, $0 \le y \le 2$ e $-1 \le z \le 1$.

Como o cálculo do fluxo depende da densidade de fluxo, tem-se:

$$\vec{B} = \mu_0 \vec{H} = \left(2\vec{a_x} - 3\vec{a_z}\right) \times 4\pi \times 10^{-7}\ Wb/m^2$$

Assim, aplicando a integral de superfície para a região definida, tem-se:

$$\Phi = \int_S \vec{B} \cdot d\vec{S} = \int_0^2 \int_{-1}^1 4\pi \times 10^{-7} \left(2\vec{a_x} - 3\vec{a_z}\right) \cdot dydz\,\vec{a_x}$$

$$\Phi = 4\pi \times 10^{-7} \int_0^2 \int_{-1}^1 2dydz$$

$$\Phi = 8\pi \times 10^{-7} \left(y\Big|_0^2\right)\left(z\Big|_{-1}^1\right)$$

$$\Phi = 32\pi \times 10^{-7} = 1{,}00531 \times 10^{-5}\ Wb$$

Observe que o fluxo que atravessa a superfície definida é apenas o que está na direção do eixo x, pois o fluxo na direção z está paralelo à superfície, não contribuindo com o fluxo total.

Exemplo 6.13: Considere que duas correntes de 5 A e -5 A fluem paralelas ao eixo z, no plano $x = 0$ em $y = \pm 3\ m$, respectivamente, no espaço livre.

a) Encontre $\vec{B}$ na origem.

b) Encontre o fluxo magnético total, por unidade de comprimento, na região entre os filamentos.

c) Encontre o fluxo magnético total, por unidade de comprimento, na região $-3 < y < 3\ m$.

d) Encontre o fluxo magnético total, por unidade de comprimento, na região $-1 < y < 1\ m$.

e) Encontre o fluxo magnético total, por unidade de comprimento, nas regiões $y < -4$ e $y > 4\ m$.

a) Neste problema utiliza-se o resultado obtido para o campo magnético de um filamento no eixo z, deslocando-o para as localizações especificadas, para encontrar o campo resultante na origem. Pela regra da mão direita, vê-se que o campo do filamento em $y = -3\ m$ é invertido em relação ao filamento em $y = +3\ m$, desde que as correntes estão invertidas. Assim, para o filamento com $I = 5\ A$ em $y = -3\ m$, o campo magnético na origem é:

$$\vec{H_1} = \frac{I}{2\pi r}\vec{a_\phi} = \frac{5}{6\pi}\left(-\vec{a_x}\right) = -\frac{5}{6\pi}\vec{a_x}\ A/m$$

desde que a distância r do fio até a origem é $r = |x| = 3\ m$ e, pela regra da mão direita, o campo está em $\vec{a_\phi}$, mas que na origem (que está no mesmo plano do filamento) sua tangente se confunde com $-\vec{a_x}$. No outro filamento de corrente, tem-se:

$$\vec{H_2} = \frac{I}{2\pi r}\left(-\vec{a_\phi}\right) = \frac{-5}{6\pi}\vec{a_x} = -\frac{5}{6\pi}\vec{a_x}\ A/m$$

em que se pode observar a situação inversa ao explicado para o primeiro filamento. Como há uma interação entre os campos na origem, então o campo resultante é a soma dos dois campos, que é:

$$\vec{H} = \vec{H_1} + \vec{H_2} = -\frac{5}{6\pi}\vec{a_x} + \left(-\frac{5}{6\pi}\right)\vec{a_x} = -\frac{5}{3\pi}\vec{a_x}\ A/m$$

Assim, o vetor densidade de fluxo magnético na origem é:

$$\vec{B} = \mu_0\vec{H} = -\frac{5\mu_0}{3\pi}\vec{a_x} = -\frac{2}{3}\times 10^{-6}\vec{a_x}\ Wb/m^2$$

b) Observando o campo, como a região entre os filamentos é o plano em que os filamentos encontram-se (plano *yz*), então todo o fluxo dos campos gerados pelos dois fios atravessa esta região de forma normal, sempre apontando para $-\vec{a_x}$, enquanto na região $y < -3\ m$ e $y > +3\ m$, todo o fluxo aponta para $\vec{a_x}$, o que pode ser visto pela regra da mão direita. Sendo assim, o fluxo total por unidade de comprimento [*Wb/m*] é a integral da densidade de fluxo apenas ao longo do raio. Assim, utilizando o primeiro resultado do campo nas coordenadas cilíndricas, tem-se:

$$\vec{B} = \mu_0\vec{H} = -\frac{5\mu_0}{2\pi r}\vec{a_\phi} = -\frac{10^{-6}}{r}\vec{a_\phi}\ A/m$$

e, conseqüentemente,

$$\Phi/m = \int_0^6 B dr = -10^{-6}\int_0^6 \frac{1}{r}dr = -10^{-6}\left(\ln r\right|_0^6 = +\infty\ Wb/m$$

que é o fluxo do filamento em $y = -3\ m$. O fluxo do outro filamento tem o mesmo resultado, desde que este fluxo aponta na mesma direção nesta região. Observe que o fluxo tende a infinito porque quanto mais próximo do fio, mais a densidade de linhas de fluxo aumenta (a densidade de fluxo é inversamente proporcional à distância do filamento de corrente).

c) A região $-3 < y < 3\ m$ é a mesma região do item *b*. Assim, o resultado para o fluxo por unidade de comprimento é:

$$\Phi/m = +\infty\ Wb/m$$

d) Neste caso, os limites da integral definem uma região onde a densidade de fluxo não é tão intensa. Observando, para o primeiro filamento em $y = -3\ m$, em termos do raio r, os limites $y = -1\ m$ e $y = 1\ m$ são vistos como $r = 2\ m$ e $r = 4\ m$, que são as distâncias relativas ao filamento. Logo, tem-se que, para este primeiro filamento:

$$\Phi/m = \int_2^4 B dr = -10^{-6}\int_2^4 \frac{1}{r}dr = -10^{-6}\left(\ln r\right|_2^4 = -6{,}932\times 10^{-7}\ Wb/m$$

Como o fluxo total é a soma dos fluxos dos dois filamentos, e como há simetria neste problema, então o fluxo total é o dobro do valor calculado para o primeiro filamento. Ou seja,

$$\Phi / m = 2\times\left(-6{,}932\times10^{-7}\right) = 1{,}3863\times10^{-6}\ Wb/m$$

e) Nas regiões $y < -4$ e $y > 4\ m$, devido à simetria do problema, os fluxos são iguais. Observando o comportamento dos campos, utilizando a regra da mão direita, vê-se que este problema se mostra similar ao problema do campo do solenóide, como visto na Figura 6.6. Entretanto, como a distância entre os filamentos é grande, comparada ao raio de um solenóide (na ordem de milímetros), há um fluxo externo. Dessa forma, calculando o fluxo por unidade de comprimento para $y > 4\ m$, tem-se:

$$\Phi / m = \Phi_1 / m + \Phi_2 / m = \int_7^{\infty} B_1 dr + \int_1^{\infty} B_2 dr$$

$$\Phi / m = 10^{-6}\int_7^{\infty}\frac{1}{r}dr - 10^{-6}\int_1^{\infty}\frac{1}{r}dr$$

$$\Phi / m = 10^{-6}\left(\left(\ln r\big|_7^{\infty} - \left(\ln r\big|_1^{\infty}\right)\right)\right.$$

$$\Phi / m = 10^{-6}\left(\lim_{r\to\infty}\ln r - \ln 7 - \lim_{r\to\infty}\ln r - \ln 1\right)$$

$$\Phi / m = -1{,}946\times10^{-6}\ Wb/m$$

Deve-se observar, na solução deste problema, que a expansão dos termos logarítmicos gera um problema de indefinição ($\ln\infty$), no qual se utiliza o limite para eliminar este valor, que cresce igualmente. Também observe que os limites são definidos com relação às distâncias dos filamentos ao ponto definido (valor de r), conforme explicado no item *d*. Resolvendo este problema para $y < -4\ m$, encontra-se o mesmo resultado. Ou seja, para $y < -4\ m$:

$$\Phi / m = -1{,}946\times10^{-6}\ Wb/m$$

6.5 Potencial Escalar e Potencial Vetor Magnéticos

Da mesma forma que o campo elétrico apresenta um potencial escalar, o campo magnético também o possui. Este potencial escalar magnético tem uma relação similar ao do campo elétrico, sendo neste caso, denotado por V_m, cuja unidade é o Ampère [*A*] ou Ampère-espira [*A-esp*]. A relação do potencial escalar magnético com o campo magnético é:

$$\vec{H} = -\nabla V_m \text{, para } \vec{J} = 0$$

o que satisfaz a condição:

$$\nabla \times \vec{H} = \vec{J} = \nabla \times (-\nabla V_m),$$

desde que o rotacional do gradiente para qualquer potencial escalar é sempre zero.

Observa-se que o potencial V_m satisfaz à equação de Laplace, pois:

$$\nabla \cdot \vec{B} = \mu_0 \nabla \cdot \vec{H} = 0$$

e, conseqüentemente,

$$\mu_0 \nabla \cdot (-\nabla V_m) = 0$$

ou

$$\nabla^2 V_m = 0 \text{ para } \vec{J} = 0 .$$

Deve-se observar, também, que o potencial escalar magnético não apresenta um único valor em um dado ponto. Ou seja, diferentemente do potencial elétrico, que apresenta um único valor, o potencial escalar magnético em um ponto apresenta um novo valor cada vez que, através de um percurso fechado, retorna a este ponto. Esta é uma das comprovações de que o campo magnético é não conservativo.

Exemplo 6.14: Considere um cabo coaxial, com raio interno $r = a$ e raio externo $r = b$, tendo este condutor externo uma espessura de $c - b$, conforme a Figura 6.9. Calcule o potencial escalar magnético gerado por este cabo se uma corrente I o atravessa.

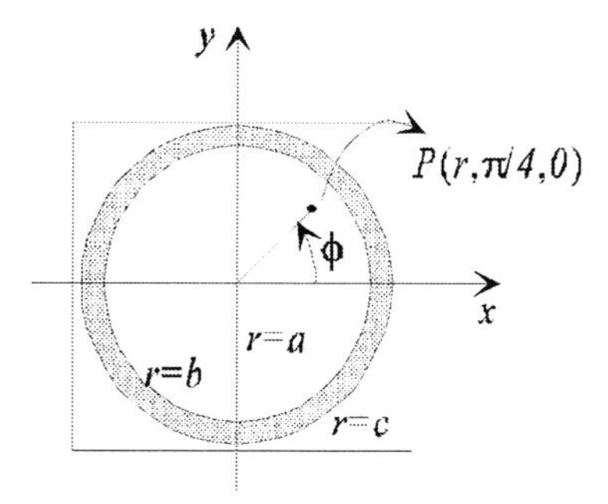

Figura 6.9: Visão da seção reta de um cabo coaxial para análise do potencial escalar magnético.

Observando que na região $a < r < b$, a densidade de corrente é $\vec{J} = 0$, então é possível calcular o potencial escalar magnético V_m. Pela Lei de Ampère, o campo magnético nesta região é:

$$\vec{H} = \frac{I}{2\pi r}\vec{a_\phi}$$

que é um resultado já encontrado anteriormente, em que I é a corrente saindo do condutor $r = a$ (subindo o eixo z). Daí, utilizando a equação do potencial escalar magnético:

$$\vec{H} = -\nabla V_m$$

e, sabendo que o campo está unicamente na direção ϕ, então o gradiente se resume a:

$$\frac{I}{2\pi r} = -\nabla V_m\Big|_\iota = -\frac{1}{r}\frac{\partial V_m}{\partial \phi}$$

que resulta em

$$\frac{\partial V_m}{\partial \phi} = -\frac{I}{2\pi}$$

e integrando em ϕ

$$V_m = -\frac{I}{2\pi}\phi \quad A\text{-}esp.$$

Observe que V_m varia com o ângulo ϕ. Dessa forma, para um ponto $\phi = \pi/4$, tem-se

$$V_m = -\frac{I}{8}\ A\text{-}esp.$$

e, percorrendo um círculo completo a partir deste ponto, isto é, $\phi = \pi/4 + 2\pi$, encontra-se

$$V_m = -\frac{9I}{8}\ A\text{-}esp.$$

A razão desta variação do potencial no mesmo ponto é que o rotacional do campo magnético é nulo, isto é, $\nabla \times \vec{H} = 0$ para a região em que $\vec{J} = 0$. Entretanto, sendo $\oint \vec{H} \cdot d\vec{L} = I$, embora $\vec{J} = 0$ no percurso (região onde passa a linha está em $a < r < b$), a cada vez que o limite de integração é fechado (fecha um círculo), o resultado da integração é acrescido da corrente I. Deve-se ver que, enquanto num campo elétrico se deve andar sobre a linha "aberta" do campo para ser ter uma diferença de potencial (um percurso fechado indica retorno ao mesmo ponto, sem caminho sobre a linha do campo elétrico), no campo magnético um percurso fechado é uma caminhada sobre a linha do campo, o que dá uma diferença de potencial sempre. Dessa forma, tem-se que

$$V_{m,ab} = \int_a^b \vec{H} \cdot d\vec{L}.$$

o que determina que o campo magnético não é um campo conservativo, que é o contrário do campo potencial elétrico. Também, como o resultado da integral $V_{m,ab} = \int_a^b \vec{H} \cdot d\vec{L}$ é o próprio I, a unidade do potencial escalar magnético é o Ampère. No caso em que se consideram N espiras como um toróide, solenóide ou qualquer bobina, como a equação da Lei de Ampère utiliza a corrente total (NI), então a unidade também é conhecida por Ampère-espira [*A-esp*].

Exemplo 6.15: Calcule o campo potencial escalar magnético de um toróide de raio médio r_0, com N espiras, sendo percorrido por uma corrente I.

Utilizando o resultado do campo magnético de um toróide encontrado no

Exemplo 6.6, que é:

$$\vec{H} = H_\phi \vec{a_\phi} = \frac{NI}{2\pi r_0} \vec{a_\phi}$$

tem-se:

$$\vec{H} = -\nabla V_m$$

e como o campo está unicamente na direção ϕ, da mesma forma que o campo do cabo coaxial, então o gradiente se resume a:

$$\frac{NI}{2\pi r_0} = -\nabla V_m \Big|_\iota = -\frac{1}{r_0} \frac{\partial V_m}{\partial \phi}$$

que resulta em

$$\frac{\partial V_m}{\partial \phi} = -\frac{NI}{2\pi}$$

e que, integrando em ϕ

$$V_m = -\frac{NI}{2\pi} \phi \; A\text{-}esp.$$

Exemplo 6.16: Calcule o campo potencial escalar magnético no centro de uma bobina de raio r, com N espiras, sendo percorrido por uma corrente I, centrada na origem.

Para este caso, é necessário encontrar o campo magnético no centro da bobina de N espiras. Utilizando a Lei de Biot-Savart, vê-se que:

$$d\vec{L} = rd\phi \vec{a_\phi}$$

e

$$NId\vec{L} = NIrd\phi \vec{a_\phi}$$

com a distância em $z = 0$ dada por:

$$\vec{R} = -r\vec{a_r}$$

desde que o vetor aponta para o centro da bobina. Dessa forma:

$$\overrightarrow{a_R} = -\overrightarrow{a_r}$$

e, substituindo estes termos na equação do campo magnético, encontra-se:

$$\overrightarrow{H} = \int_0^{2\pi} \frac{NIrd\phi\,\overrightarrow{a_\phi} \times \left(-\overrightarrow{a_r}\right)}{4\pi r^2} = \frac{NI2\pi}{4\pi r}\overrightarrow{a_z} = \frac{NI}{2r}\overrightarrow{a_z}$$

Daí, utilizando a equação do potencial escalar magnético, como o campo está unicamente na direção de z, então:

$$\overrightarrow{H} = -\nabla V_m$$

$$\frac{NI}{2r} = -\nabla V_m\Big|_z = -\frac{\partial V_m}{\partial z}$$

que, integrando em z, resulta em:

$$V_m = -\frac{NI}{2r}z \cdot$$

E como $z = 0$ no centro da bobina, então: $V_m = 0$.

Observe que este resultado é no centro da bobina, pois se for considerado qualquer ponto no eixo $z \neq 0$, o campo magnético é:

$$\overrightarrow{H} = \int_0^{2\pi} \frac{NIrd\phi\,\overrightarrow{a_\phi} \times \left(-r\overrightarrow{a_r} + z\overrightarrow{a_z}\right)}{4\pi\left(r^2 + z^2\right)^{3/2}} = \frac{NIr\left(r\overrightarrow{a_z} + z\overrightarrow{a_r}\right)}{2\left(r^2 + z^2\right)^{3/2}}$$

e daí aparecem duas coordenadas, que, separando-as para solucionar o potencial escalar magnético, resultam em:

$$-\nabla V_m\Big|_r = \frac{NIrz}{2\left(r^2 + z^2\right)^{3/2}}$$

$$-\nabla V_m\Big|_z = \frac{NIr^2}{2\left(r^2 + z^2\right)^{3/2}}$$

que, integrando nas respectivas coordenadas, encontra-se:

$$V_m\Big|_r = -\frac{NIz}{2}\int_0^r \frac{r}{\left(r^2+z^2\right)^{3/2}}dr = \frac{NIz}{2\sqrt{r^2+z^2}}$$

$$V_m\Big|_z = -\frac{NIr^2}{2}\int_0^z \frac{1}{\left(r^2+z^2\right)^{3/2}}dz = -\frac{NIr^2}{2}\frac{z}{r^2\sqrt{r^2+z^2}} = -\frac{NI}{2\sqrt{r^2+z^2}}$$

Daí, o valor de V_m se torna:

$$V_m = \frac{NIz}{2\sqrt{r^2+z^2}} - \frac{NI}{2\sqrt{r^2+z^2}} = \frac{NI}{2\sqrt{r^2+z^2}}(z-1)A\text{-}esp.$$

Além de o campo magnético apresentar o potencial escalar magnético de uma forma similar ao campo elétrico, este campo apresenta um campo potencial denominado potencial vetor magnético. Este potencial vetor é denotado por $\vec{A}$, e sua unidade é $[Wb/m]$, de tal forma que satisfaz a condição:

$$\vec{B} = \nabla \times \vec{A}.$$

Assim, define-se o potencial vetor magnético como sendo:

$$\vec{A} = \oint \frac{\mu_0 I d\vec{L}}{4\pi R} = \int_S \frac{\mu_0 \vec{K} dS}{4\pi R} = \int_{vol} \frac{\mu_0 \vec{J} dv}{4\pi R},$$

em termos de um filamento de corrente I, de uma densidade superficial de corrente $\vec{K}$ ou de uma densidade de corrente $\vec{J}$, respectivamente.

Fazendo

$$\vec{H} = \frac{\vec{B}}{\mu_0} = \frac{1}{\mu_0}\nabla \times \vec{A}$$

e, desde que

$$\nabla \times \vec{H} = \vec{J} = \frac{1}{\mu_0}\nabla \times \nabla \times \vec{A}$$

por meio da identidade vetorial

$$\nabla \times \nabla \times \vec{A} \equiv \nabla\left(\nabla \cdot \vec{A}\right) - \nabla^2 \vec{A}$$

encontra-se, em coordenadas cartesianas:

$$\nabla^2 \vec{A} = \nabla^2 A_x \overrightarrow{a_x} + \nabla^2 A_y \overrightarrow{a_y} + \nabla^2 A_z \overrightarrow{a_z}$$

que é o Laplaciano de um vetor. Este, quando aplicado ao potencial vetor magnético $\vec{A}$, resulta em

$$\nabla^2 A_x = -\mu_0 J_x$$
$$\nabla^2 A_y = -\mu_0 J_y$$
$$\nabla^2 A_z = -\mu_0 J_z$$

que são as formas da equação de Poisson para o campo magnético.

Exemplo 6.17: Considere o campo potencial vetor magnético $\vec{A} = e^{-z}\overrightarrow{a_r} + \ln(r-1)\overrightarrow{a_z}$ no ar. Encontre:

a) $\vec{B}$;

b) $\vec{H}$;

c) $\vec{J}$;

d) A corrente total I que atravessa o plano $z = 0$ na direção $\overrightarrow{a_z}$;

e) A corrente total I que atravessa a superfície $r = 2$ na direção $\overrightarrow{a_r}$;

f) O fluxo magnético total na direção $\overrightarrow{a_\phi}$ entre $z = 0$ e $z = 1$, $0 < r < 2$.

A solução deste problema é a utilização das equações apresentadas neste capítulo. Dessa forma, encontra-se:

a) Como é dado o potencial vetor magnético, a densidade de fluxo magnético é encontrada diretamente pela aplicação do rotacional em coordenadas cilíndricas:

$$\vec{B} = \nabla \times \vec{A}$$

$$\vec{B} = \left(\frac{1}{r}\frac{\partial A_z}{\partial \phi} - \frac{\partial A_\phi}{\partial z}\right)\overrightarrow{a_r} + \left(\frac{\partial A_r}{\partial z} - \frac{\partial A_z}{\partial r}\right)\overrightarrow{a_\phi} + \frac{1}{r}\left(\frac{\partial (rA_\phi)}{\partial r} - \frac{\partial A_r}{\partial \phi}\right)\overrightarrow{a_z}$$

$$\vec{B} = \left(\frac{1}{r}\frac{\partial(\ln(r-1))}{\partial \phi} - \frac{\partial(0)}{\partial z}\right)\overrightarrow{a_r} + \left(\frac{\partial(e^{-z})}{\partial z} - \frac{\partial(\ln(r-1))}{\partial r}\right)\overrightarrow{a_\phi} + \frac{1}{r}\left(\frac{\partial(r(0))}{\partial r} - \frac{\partial(e^{-z})}{\partial \phi}\right)\overrightarrow{a_z}$$

$$\vec{B} = \left(\frac{1}{r}(0) - (0)\right)\overrightarrow{a_r} + \left(-e^{-z} - \frac{1}{r-1}\right)\overrightarrow{a_\phi} + \frac{1}{r}((0)-(0))\overrightarrow{a_z}$$

$$\vec{B} = \left(-e^{-z} - \frac{1}{r-1}\right)\overrightarrow{a_\phi}\ Wb/m^2$$

b) Para encontrar o campo magnético, tendo a solução da densidade de fluxo magnético, apenas divide-se pela permeabilidade do espaço livre:

$$\vec{H} = \frac{\vec{B}}{\mu_0} = \frac{1}{\mu_0}\left(-e^{-z} - \frac{1}{r-1}\right)\vec{a_\phi}\ A/m$$

c) A densidade de corrente é encontrada pelo rotacional do campo magnético encontrado no item *b*:

$$\vec{J} = \nabla \times \vec{H} = \left(\frac{1}{r}\frac{\partial H_z}{\partial \phi} - \frac{\partial H_\phi}{\partial z}\right)\vec{a_r} + \left(\frac{\partial H_r}{\partial z} - \frac{\partial H_z}{\partial r}\right)\vec{a_\phi} + \frac{1}{r}\left(\frac{\partial (rH_\phi)}{\partial r} - \frac{\partial H_r}{\partial \phi}\right)\vec{a_z}$$

$$\vec{J} = \left(\frac{1}{r}\frac{\partial(0)}{\partial\phi} - \frac{\partial}{\partial z}\left[\frac{1}{\mu_0}\left(-e^{-z} - \frac{1}{r-1}\right)\right]\right)\vec{a_r} + \left(\frac{\partial(0)}{\partial z} - \frac{\partial(0)}{\partial r}\right)\vec{a_\phi} + \frac{1}{r}\left(\frac{\partial}{\partial r}\left(r\left[\frac{1}{\mu_0}\left(-e^{-z} - \frac{1}{r-1}\right)\right]\right) - \frac{\partial(0)}{\partial\phi}\right)\vec{a_z}$$

$$\vec{J} = \left(0 - \frac{e^{-z}}{\mu_0}\right)\vec{a_r} + (0-0)\vec{a_\phi} + \frac{1}{r}\left(\left[\frac{1}{\mu_0}\left(-e^{-z} - \frac{r-1-r}{(r-1)^2}\right)\right] - 0\right)\vec{a_z}$$

$$\vec{J} = -\frac{e^{-z}}{\mu_0}\vec{a_r} + \frac{1}{r}\left[\frac{1}{\mu_0}\left(-e^{-z} + \frac{1}{(r-1)^2}\right)\right]\vec{a_z}\ A/m^2$$

d) Para encontrar a corrente total I que atravessa o plano $z = 0$ na direção $\vec{a_z}$, calcula-se:

$$I = \int_S \vec{J} \cdot d\vec{S} = \int_0^{2\pi}\int_0^r \left\{-\frac{e^{-z}}{\mu_0}\vec{a_r} + \frac{1}{r}\left[\frac{1}{\mu_0}\left(-e^{-z} + \frac{1}{(r-1)^2}\right)\right]\vec{a_z}\right\} \cdot rdrd\phi\vec{a_z}$$

$$I = \int_0^{2\pi}\int_0^r \left[\frac{1}{\mu_0}\left(-e^{-z} + \frac{1}{(r-1)^2}\right)\right]drd\phi$$

$$I = \frac{2\pi}{\mu_0}\left(-re^{-z} - \frac{1}{r-1}\right)\Bigg|_{z=0}$$

$$I = \frac{2\pi}{\mu_0}\left(-r - \frac{1}{r-1}\right) = 5\times10^6\left(\frac{-r^2+r-1}{r-1}\right)A$$

e) A corrente total I que atravessa a superfície $r = 2$ na direção $\vec{a_r}$ é determinada da mesma forma, só que com o vetor superfície referente a esta direção:

$$I = \int_S \vec{J} \cdot d\vec{S} = \int_0^{2\pi} \int_0^z \left\{ -\frac{e^{-z}}{\mu_0} \overrightarrow{a_r} + \frac{1}{r} \left[\frac{1}{\mu_0} \left(-e^{-z} + \frac{1}{(r-1)^2} \right) \right] \overrightarrow{a_z} \right\} \cdot rdzd\phi \overrightarrow{a_r}$$

$$I = \int_0^{2\pi} \int_0^z \left[-\frac{re^{-z}}{\mu_0} \right] dzd\phi$$

$$I = \frac{2\pi}{\mu_0} \left(re^{-z} \right) \Big|_{r=2}$$

$$I = 10^7 e^{-z} \; A$$

f) O cálculo do fluxo magnético total na direção $\overrightarrow{a_\phi}$ entre $z = 0$ e $z = 1$, $0 < r < 2$ é feito utilizando a equação:

$$\Phi = \int_S \vec{B} \cdot d\vec{S}$$

$$\Phi = \int_0^2 \int_0^1 \left(-e^{-z} - \frac{1}{r-1} \right) \overrightarrow{a_\phi} \cdot dzdr \overrightarrow{a_\phi}$$

$$\Phi = \int_0^2 \int_0^1 \left(-e^{-z} - \frac{1}{r-1} \right) dzdr$$

$$\Phi = \left(e^{-z} \Big|_0^1 \left(r \Big|_0^2 - \left(z \Big|_0^1 \left(\ln|r-1| \right|_0^2 \right.\right.\right.$$

$$\Phi = (e^{-1} - 1)(2-0) - (1-0)(\ln|2-1| - \ln|0-1|)$$

$$\Phi = -1{,}26424 Wb$$

Observe que as integrais para cálculo da corrente e do fluxo podem se tornar complicadas, mas se perceber que os resultados destas integrais estão nos dados iniciais, muitas delas se tornam simples. Ou seja, para encontrar a densidade de fluxo magnético, foi necessário derivar o potencial vetor magnético. E se for feita uma verificação, os termos do fluxo, ao integrar a densidade de fluxo, apresentam-se como os termos originais do potencial vetor magnético. Por outro lado, a integração da densidade de corrente, a qual provém das derivações no rotacional do campo magnético, apresenta seus resultados como os termos deste campo.

6.6 Experimentos com os Campos Magnéticos 1

Experimento 6.1: Vendo as linhas de fluxo magnético

O primeiro e mais simples experimento a se realizar com o campo magnético é o de utilizar uma estratégia para ver as linhas de fluxo. Esta forma simplificada é baseada na utilização de limalha de ferro, um plástico transparente e alguns ímãs. Colocando um ímã sob o plástico, derrama-se aos poucos a limalha de ferro sobre o plástico, de forma que a limalha vai se magnetizando e seguindo as linhas do fluxo magnético. Repetindo este experimento com dois ímãs próximos, com pólos diferentes (os ímãs estarão se atraindo, o que necessita de um anteparo entre eles para evitar sua junção), pode-se ver como os campos interagem. Se os pólos estiverem iguais (repulsão entre os ímãs) novas formas nas linhas do campo se apresentarão. Assim, pode-se colocar mais de dois ímãs sob o plástico, para ver como a limalha de ferro acompanha as linhas do campo magnético, desenhando-o conforme estiver a interação entre os campos. Deve-se observar que, neste caso, a limalha de ferro desenha as linhas de fluxo, e quanto mais intensas forem as densidades de fluxo destes ímãs, mais a limalha de ferro se concentrará, além de que, quanto mais próximo do ímã, mais forte fica a ligação entre as partículas do ferro. Na Figura 6.10 se pode ver o que é descrito neste experimento.

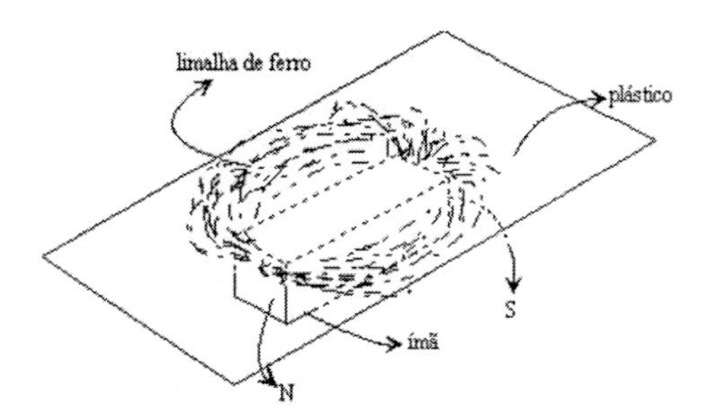

Figura 6.10: Experimentos com simples sensores magnéticos.

Experimento 6.2: Montando um sensor de campo magnético simples

Uma forma de testar a existência de um campo magnético é colocando em um vidro de pouca espessura (ou plástico, como citado no Experimento 6.1), um pouco de limalha de ferro. A aproximação deste vidro em qualquer campo gerará algum movimento das partículas em direção ao campo. De certa forma, o mais simples e antigo sensor de campo magnético é a bússola, que é uma agulha magnetizada que, devido à sua alta sensibilidade por ter pouco atrito com o eixo, acompanha o campo magnético terrestre. Um outro sensor simples de campo magnético pode ser feito com uma pequena placa de latão, presa em uma de suas extremidades (como a dobradiça de uma porta) por uma agulha, de forma que tenha o mínimo de atrito possível e possa se mover facilmente. Se esta placa for uma chave de um circuito, com a presença de um campo magnético, tende a ser atraída e fecha o circuito (no caso da Figura 6.11, em que este procedimento é mostrado, o LED acende na presença de um campo magnético que seja colocado na frente da placa metálica). Naturalmente, para verificar o campo magnético gerado por uma corrente, deve-se ter uma corrente alta. Mas, conforme a Lei de Ampère, para aumentar a intensidade do campo, pode-se fazer uma bobina com várias espiras (200, 300, etc.) para ter um efeito mais observável ao aproximar de qualquer um desses "sensores" descritos neste experimento, o que comprova esta lei.

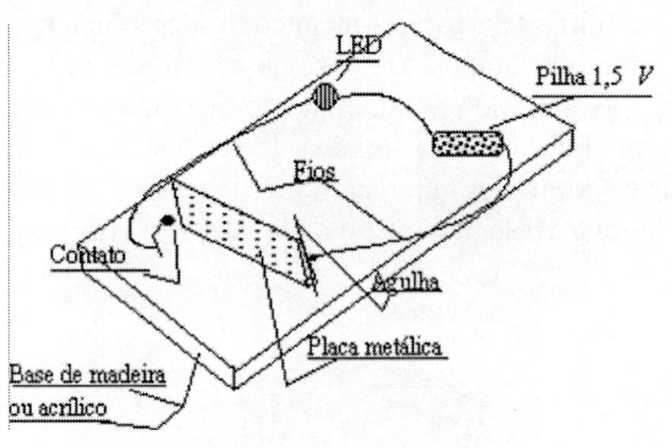

Figura 6.11: Simples circuito com LED que é ligado com a presença de um campo magnético: se for colocada uma bobina na frente e outra atrás da placa, ao ser injetada corrente na bobina da frente, o circuito fecha acendendo o LED, enquanto que, se for injetada uma corrente na bobina de trás, o circuito abre apagando o LED.

Experimento 6.3: Medindo o campo magnético

Uma forma de medir o campo magnético é construindo um sensor prático, do tipo utilizado no microfone de carvão. Este sensor pode ser formado por um pequeno pedaço de latão e um pedaço de cobre em paralelo, como um capacitor, mas que tenha um pouco de mobilidade (serem presos com uma camada de fita adesiva, ficando folgadas, mas que feche as duas com seu conteúdo interno completamente). Entre estas duas placas, onde se coloca um fio saindo de cada uma, sendo colocados pequenos pedaços de grafite (que é o conteúdo interno citado anteriormente), é gerado um resistor variável que diminui a resistência com a pressão entre as placas. Ligando os fios em um ohmímetro, pode-se medir a resistência do sensor sem a presença de campos. Aproximando o lado de cobre de algum campo conhecido, ver-se-á qual o valor da nova resistência, para se ter uma calibração do medidor: sabendo o valor do campo, faz-se uma regra de três para um campo não conhecido com a nova leitura do ohmímetro. Observe que a parte do sensor que deve ser aproximada é a placa de cobre, para que a placa de latão seja atraída para perto do campo, esmagando os pedaços de grafite e diminuindo a resistência do sensor, pois, no caso contrário, não haverá esmagamento do grafite, e a leitura não mudará. Este esquema é visto na Figura 6.12.

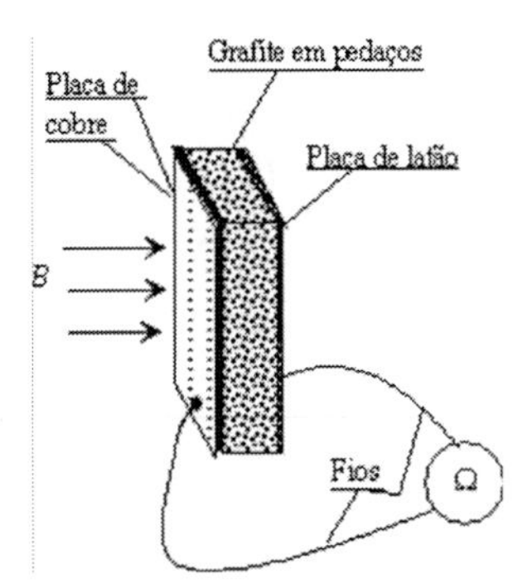

Figura 6.12: Sensor de grafite para medição de campo magnético.

Experimento 6.4: Verificação da geração de campos magnéticos pelas correntes elétricas

Uma forma de comprovar a existência de campo magnético quando há circulação de corrente é utilizando um ímã permanente. Assim, coloca-se um ímã preso a uma plataforma, e sobre este ímã se coloca um fio, por onde circulará uma corrente em um circuito preso às extremidades da plataforma, como a corda de um violão, mas com pouca tensão. Quando a chave do circuito é fechada, há uma circulação de corrente no fio que passa por cima do ímã, e a interação entre os campos fará com que o fio se mexa. Este efeito pode se tornar mais visível se o fio formar uma pequena bobina sobre o ímã, pois de acordo com a teoria estudada, quanto mais espiras, maior a intensidade do campo gerado. Este experimento é visto na Figura 6.13.

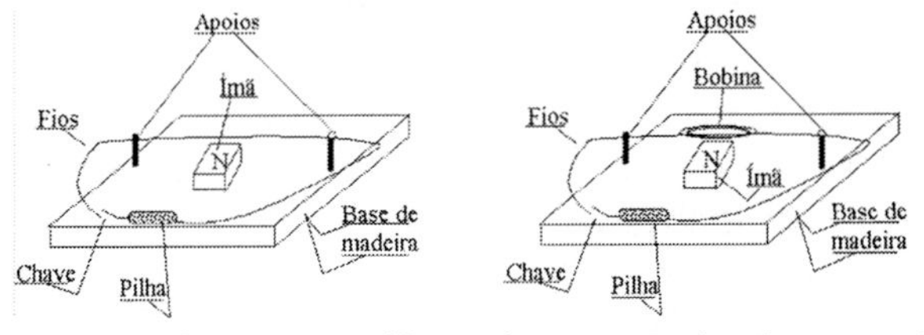

Figura 6.13: Experimento para verificação do campo gerado pela corrente elétrica.

Experimento 6.5: Provando a não-existência dos monopólos magnéticos

A comprovação da não-existência de monopólos magnéticos pode ser vista naturalmente quando se parte um ímã em dois, que gera dois ímãs menores (e não a separação dos pólos). Entretanto, em termos de correntes elétricas, podem-se criar duas bobinas de mesma dimensão e mesmo número de espiras, ligadas por um dos terminais, enquanto os terminais restantes são ligados a uma bateria. Se o conjunto de espiras de uma bobina estiver na mesma direção do outro conjunto, as bobinas se atrairão, e poder-se-á verificar, através de um ímã (mantendo o mesmo pólo) que um lado o atrairá, enquanto o outro o repelirá. Porém, se as bobinas forem conectadas de forma que as espiras de uma estejam contrárias às espiras da outra, todo o campo de uma eliminará o campo da outra, e nenhum dos dois lados da bobina com a corrente circulando atrairá ou repelirá o ímã. Ou seja, se existisse o monopólo, o ímã, mantendo o mesmo pólo, seria atraído (ou repelido) pelos dois lados da bobina. Este procedimento é visto na Figura 6.14. Esta é uma forma de criar resistores de precisão, desde que, pela equação da resistência, pode-se calcular o comprimento de um fio de material determinado (como um fio de cobre esmaltado) para se ter uma resistência específica. Daí, para não gerar um indutor (dispositivo eletrônico que será visto adiante), enrola-se metade do comprimento em uma direção e a outra metade na direção contrária, eliminando a presença do campo magnético e, conseqüentemente, tornando a indutância nula.

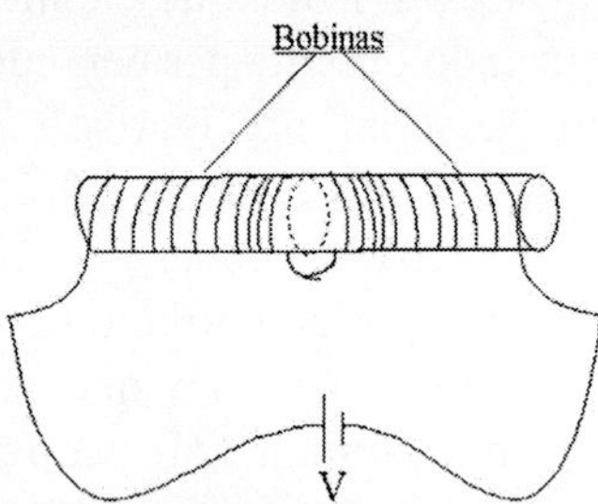

Figura 6.14: Eliminando o campo magnético: não-existência de monopólos magnéticos.

Experimento 6.6: Comprovando a regra da mão direita

Para mostrar que a regra da mão direita funciona experimentalmente, pode-se pegar uma superfície metálica plana, como uma placa de alumínio, ou mesmo uma placa cobreada, como as usadas para montagem de circuitos eletrônicos. Esta placa metálica deve ter comprimento em torno de 20 *cm* e largura em torno de 10 *cm*. Colocando uma bússola sobre a placa, de forma que a agulha apontando para o norte magnético terrestre fique na mesma direção do comprimento da placa, aplica-se uma corrente entre as duas pontas (nas bordas mais distantes) para que a superfície seja percorrida por uma densidade superficial de corrente. Daí, pela regra da mão direita, ver-se-á qual deve ser a direção do campo, o qual, no centro da placa, deverá estar paralelo à sua largura, o que será visto na deflexão da agulha, que deverá apontar para o oeste ou leste. No caso deste experimento, a corrente aplicada na placa é substancial para uma boa execução, desde que, se o valor desta não for suficiente, apenas haverá uma leve deflexão da agulha, como interação entre o campo magnético gerado e o campo magnético terrestre. Este experimento é apresentado na Figura 6.15.

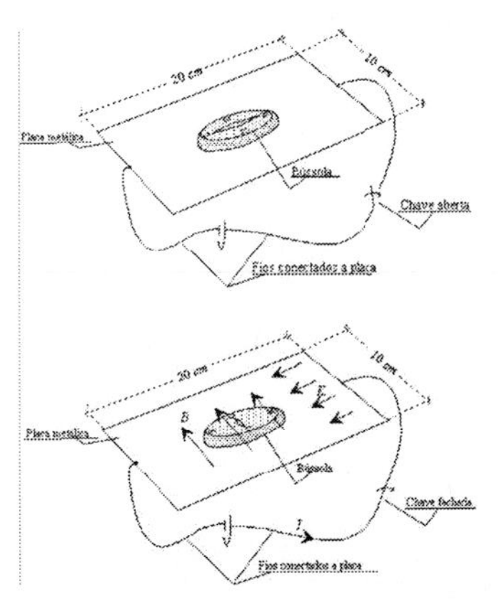

Figura 6.15: Superfície metálica e bússola para verificação da regra da mão direita: a corrente I se distribuindo, gerando K na placa e, pela regra da mão direita, o campo se apresenta perpendicular a esta, girando de 90° a agulha da bússola.

6.7 Exercícios

6.1) Uma corrente filamentar flui no plano $z = 0$, e na direção $x = y$. Encontre $\vec{H}$ pela Lei de Biot-Savart.

6.2) Calcule, utilizando a Lei de Biot-Savart, o campo em um ponto (x, y, z) gerado por dois filamentos finitos de corrente, ambos com corrente I, de comprimento 5 cm, paralelos ao eixo z e iniciados nos pontos $y = \pm 10\ cm$.

6.3) Uma corrente filamentar $I = 4\ A$ percorre um percurso quadrado centrado na origem no plano $x = 0$, com 2 m de lado, sendo os lados paralelos aos eixos y e z. Encontre $\vec{H}$ para um ponto genérico (x, y, z) pela Lei de Biot-Savart, se I flui na direção genérica $\vec{a_\phi}$ (sentido anti-horário). Calcule o valor de $\vec{H}$ em (0, 0, 0), (1, 1, 1) e (1, 1, 2). Repita, para uma espira circular de diâmetro 2 m, nas mesmas condições. Qual o percentual de diferença entre os campos gerados pela espira quadrada e pela espira circular?

6.4) Três filamentos de correntes paralelos ao eixo z estão situados no plano $x = 0$ em $y = -1$ ($I = -3\ A$); $y = 0$ ($I = 4\ A$) e $y = 1$ ($I = 3\ A$). Calcule $\vec{H}$ em $y < -1$; $-1 < y < 0$; $0 < y < 1$; $y > 1$ e $(x, 0, 0)$ para $x \neq 0$.

6.5) Utilize a Lei de Biot-Savart para calcular o campo gerado por uma superfície de corrente $\vec{K} = K_0 \vec{a_x}$, considerando o comprimento infinito e a largura de $-y_0 < y < y_0$, num ponto genérico (x, y, z), $z > 0$.

6.6) O plano $z = -3y$ tem uma densidade superficial de corrente K_0. Calcule o campo gerado por K_0.

6.7) Duas espiras circulares filamentares estão localizadas em $r = 1$ e $z = \pm 0{,}1\ m$. Encontre $\vec{H}$ na origem se a corrente na espira $z = 0{,}1\ m$ for de 2 A na direção $\vec{a_\phi}$ e em $z = -0{,}1\ m$ na direção

a) $\vec{a_\phi}$;
b) $-\vec{a_\phi}$;
c) Se uma terceira espira com o mesmo raio e em $z = 0$ é colocada, onde uma corrente $I = 3\ A$ na direção $\vec{a_\phi}$ for colocada, qual o valor do campo para os dois casos anteriores?

6.8) Considere a densidade superficial de corrente $\vec{K} = -3r^{1/2}\vec{a_\phi}\ A/m$, $0 < r < 3$, $z = 0$ e $\vec{K} = 0$ no resto do espaço. Calcule $\vec{H}$ no ponto $(0, 0, k)$.

6.9) Calcule $\vec{H}$ para uma densidade de corrente $\vec{J} = 100r^2 \text{ sen } \phi\, \vec{a_z}\ A/m^2$, $r \leq 3$, $0 \leq \phi \leq \pi$ e $\vec{J} = 0$ no resto do espaço.

6.10) Use a Lei de Ampère para calcular o campo $\vec{H}$ em todas as regiões, se

$\vec{J} = -50r^2$ sen $(\phi/2)\vec{a_z}$ A/m^2, para $r \leq 3$, $\vec{J} = 10r^{1/2}\ \vec{a_z}$ A/m^2, em $3 < r \leq 5$, $\vec{J} = 0$ em $5 < r < 6$, $\vec{K} = 2r^2 \cos(\phi/3)\ \vec{a_z}$ A/m em $r = 6$, $\vec{J} = 0$ em $6 < r < 7$, $\vec{J} = 8r^3\ \vec{a_z}$ A/m^2, em $7 \leq r \leq 8$ e $\vec{J} = 0$ para $r > 8\ m$.

6.11) Considere um solenóide com 0,5 *cm* de raio, enrolado com 50 espiras por centímetro e uma corrente de 3 *A*.

a) Utilize a Lei de Ampère para calcular $|\vec{H}|$ no centro do solenóide, se seu comprimento é 8 *cm*.
b) Encontre $|\vec{H}|$ se seu comprimento é infinito.
c) Encontre $|\vec{H}|$ se no solenóide flui uma corrente superficial de $K = 0{,}25\ A/m$ e seu comprimento é infinito.

6.12) Um toróide de seção transversal quadrada é limitado pelas superfícies $r = 5$ e $r = 7\ cm$, $z = -0{,}5\ cm$ e $z = 0{,}5\ cm$. Considerando que o toróide é enrolado por uma única camada de 1.250 espiras e nele flui uma corrente de 5 *A* (na direção $\vec{a_z}$ em $r = 5\ cm$):

a) Calcule $\vec{H}$ no centro da seção reta.
b) Qual o novo valor de $\vec{H}$, se a seção quadrada for reduzida à metade?
c) Qual o novo valor de $\vec{H}$, se a seção quadrada for duplicada?

6.13) Uma corrente total de 5 *A* flui para baixo (direção $-\vec{a_z}$) em um cilindro infinito de raio $r = 50\ cm$, como uma superfície uniforme, para um plano condutor $z = 0$ de extensão infinita. Uma corrente de 4,5 *A* flui para cima em um filamento no eixo negativo de *z* do mesmo plano condutor.

a) Encontre $\vec{H}$ em todo o espaço, usando a Lei Circuital de Ampère.
b) Como mudará a resposta, se uma corrente filamentar $I = 5\ A$ estiver subindo o eixo *z*, para $z > 0$?
c) Como mudará nos dois primeiros casos, se uma densidade de corrente $\vec{J} = -7r^{1/2}\vec{a_z}$ A/m^2 fluir para baixo em um cilindro $2 \leq r \leq 3\ cm$, para $z < 0$?
d) Como mudará a resposta para cada caso anterior, se uma corrente filamentar $I = 2{,}5\ A$, $z = -0{,}5\ m$, $r = 1\ m$ estiver circulando o eixo *z*

na direção $\vec{a_\phi}$?

6.14) Uma densidade de corrente está distribuída no espaço livre da seguinte maneira: $\vec{J} = 25r^{2/3}\,\vec{a_z}\ A/m^2$, centrada em $y = -2\ m$, $r = 10\ cm$, $\vec{J} = -25\,r^{2/3}\,\vec{a_z}\ A/m^2$, centrada em $y = 2\ m$, $r = 10\ cm$ e $\vec{J} = 0$ no restante do espaço. Encontre $\vec{H}$ em todo o espaço.

6.15) Para as densidades de corrente em coordenadas cilíndricas a seguir, encontre $\vec{H}$ pela Lei Circuital de Ampère e mostre que $\nabla \times \vec{H} = \vec{J}$:

a) $\vec{J} = -k^2 r^{5/2}\,\vec{a_z}$;
b) $\vec{J} = 6e^{-4r/3}\,\vec{a_z}$;
c) $\vec{J} = 3re^{-5r/2}\,\vec{a_z}$;
d) $\vec{J} = \left(2r^{5/2} - \dfrac{3}{2(r-1)}\right)\vec{a_z}$;
e) $\vec{J} = \left(4r^3 - \dfrac{5r}{3(r+1)}\right)\vec{a_z}$.

6.16) Se $\vec{H} = kz^2 r^{-5/4}\,\vec{a_r}$ em coordenadas cilíndricas, calcule $\vec{J}$.

6.17) Se $\vec{H} = -r^{2/3}\phi^2\,\vec{a_r} + 9\dfrac{\cos^2\theta}{r}\operatorname{sen}\phi\,\vec{a_\theta}$ em coordenadas esféricas, calcule $\vec{J}$.

6.18) Calcule ambos os lados do Teorema de Stokes para:

a) $\vec{F} = r^{3/2}z^2\,\vec{a_\phi}$, $r = 5$; $0 < z < 5$; $0 < \phi < 2\pi$;

b) $\vec{F} = r^2\cos\phi\,\vec{a_\theta}$, $r = 2$; $0 < \theta < \pi/3$; $0 < \phi < 2\pi$;

c) $\vec{F} = x^{2/5}\ln(y+3)\,\vec{a_x}$, $z = 3$; $0 < x < 4$; $0 < y < 2$.

6.19) Correntes de 5 A e – 4 A fluem paralelas ao eixo z, no plano $x = 0$ em $y = \pm 4\ m$, respectivamente, no espaço livre.

a) Encontre $\vec{B}$ na origem.

b) O fluxo magnético total, por unidade de comprimento, na região entre os filamentos.
c) O fluxo magnético total, por unidade de comprimento, na região $-3 < y < 3\ m$.
d) O fluxo magnético total, por unidade de comprimento, na região $-1 < y < 2\ m$.
e) O fluxo magnético total, por unidade de comprimento, nas regiões $y < -5$ e $y > 6\ m$.

6.20) Considere as densidades de correntes de $\vec{J} = 3r^2 z\,\vec{a_z}$ e $\vec{J} = -3r^2 z\,\vec{a_z}\ A/m^2$, no plano $x = 0$, centradas em $y = \pm 4\ m$, com $r = 15\ cm$, respectivamente, no espaço livre.

a) Encontre $\vec{B}$ na origem.
b) O fluxo magnético total, por unidade de comprimento, na região entre elas.
c) O fluxo magnético total, por unidade de comprimento, na região $-3{,}9 < y < 3{,}9\ m$.
d) O fluxo magnético total, por unidade de comprimento, na região $-1 < y < 1\ m$.
e) O fluxo magnético total, por unidade de comprimento, nas regiões $y < -5{,}5$ e $y > 5{,}5\ m$.

6.21) Considere as densidades superficiais de correntes $\vec{K} = 100\,\vec{a_x}$, $\vec{K} = -150\,\vec{a_x}$ e $\vec{K} = 200\,\vec{a_x}\ A/m$, paralelas ao plano $y = 0$, e $y = 3\ m$, $y = 0$ e $y = -3\ m$, respectivamente, no espaço livre.

a) Encontre $\vec{H}$ em todas as regiões.
b) Encontre $\vec{B}$ em todas as regiões.
c) Encontre o fluxo magnético total, por unidade de comprimento, passando em todas as regiões.

6.22) Calcule V_m para um solenóide infinito de raio $r = 0{,}2\ cm$, com $I = 0{,}5\ A$ e 30 espiras por centímetro.

6.23) Uma bobina com 500 espiras, em que flui uma corrente de 15 A na direção a_ϕ, encontra-se no plano $z = 0$, tendo $r = 2\ cm$. Se o potencial escalar magnético for zero na origem, em que ponto ao longo do eixo z ele atinge a metade de seu valor no infinito? E o valor de 1/3? E 25% do valor no infinito?

6.24) Considere que há duas bobinas com 50 espiras e $r = 1\ cm$, situadas em $z = \pm\ 10\ cm$. Calcule o potencial escalar magnético V_m no eixo z, se na bobina que se encontra em $z = 10\ cm$ flui uma corrente $I = 3\ A$ na direção a_ϕ e na bobina situada em $z = -\ 10\ cm$ flui a mesma corrente na direção:

a) $\vec{a_\phi}$;

b) $-\vec{a_\phi}$.

6.25) Calcule o potencial vetor magnético $\vec{A}$ que é produzido por:

a) Um filamento de corrente $I = 5\ A$ no eixo z;
b) Uma espira de $r = 3\ cm$ no plano $z = 0$, centrada no eixo z, em que flui uma corrente de $3\ A$ na direção $\vec{a_\phi}$;
c) Uma espira quadrada de lado $l = 2\ cm$ no plano $z = 0$, centrada no eixo z, cuja corrente de $2\ A$ está na direção genérica $\vec{a_\phi}$.

6.26) Considere o campo potencial vetor magnético $\vec{A} = re^{-2rz}\ \vec{a_z}$ no ar. Encontre:

a) $\vec{H}$;
b) $\vec{B}$;
c) $\vec{J}$;
d) A corrente total I que atravessa o plano $z = 0$ na direção $\vec{a_z}$;
e) O fluxo magnético total envolvendo o eixo z na direção $\vec{a_\phi}$ entre $z = 0$ e $z = 1$.

6.27) Considere o campo potencial vetor magnético $\vec{A} = ze^{-rz}\ \vec{a_r} + \ln(r^2 - 1)\ \vec{a_z}$ no ar. Encontre:

a) $\vec{H}$;
b) $\vec{B}$;
c) $\vec{J}$;

d) A corrente total I que atravessa o plano $z = 0$ na direção $\overrightarrow{a_z}$;

e) A corrente total I que atravessa a superfície $r = 2$ na direção $\overrightarrow{a_r}$;

f) O fluxo magnético total na direção $\overrightarrow{a_\phi}$ entre $z = 0$ e $z = 1$, $0 < r < 2$.

6.28) Considere o campo potencial vetor magnético $\vec{A} = rze^{-rz}\,\overrightarrow{a_r} + \ln(z^2 + 1)\,\overrightarrow{a_z}$ no ar. Encontre:

a) $\vec{H}$;

b) $\vec{B}$;

c) $\vec{J}$;

d) A corrente total I que atravessa o plano $z = -1$ na direção $\overrightarrow{a_z}$;

e) A corrente total I que atravessa a superfície $r = 3$ na direção $\overrightarrow{a_r}$;

f) O fluxo magnético total na direção $\overrightarrow{a_\phi}$ entre $z = 1$ e $z = 2$, $0 < r < 3$.

Capítulo 7

Força e Energia no Campo Magnético

O campo magnético também apresenta forças como o campo elétrico. Entretanto, as forças do campo magnético mostram-se em cargas em movimento, ou em materiais que apresentem características magnéticas, como o ferro. Além do mais, como sendo um campo, há energia nele, a qual pode ser utilizada em várias situações da engenharia. Exemplos dessas utilizações são os alto-falantes, os motores, os indutores, entre outros. Neste capítulo são apresentadas as forças sobre cargas em movimento, o que inclui correntes elétricas em fios, e algumas de suas aplicações, além da energia e dos dispositivos eletrônicos conhecidos como indutores. Assim, experimentos são apresentados para fundamentar a teoria pela prática, além de vários exercícios resolvidos e propostos para a absorção do conhecimento desta teoria.

7.1 Forças nos Campos Magnéticos

Quando uma carga elétrica com velocidade $\vec{U}$ atravessa um campo magnético, tendo sua velocidade uma componente perpendicular à direção da densidade de fluxo magnético $\vec{B}$, esta carga sofre a ação de uma força que é perpendicular ao plano da velocidade da carga e do campo $\vec{B}$. A intensidade desta força é proporcional ao valor da carga, à sua velocidade, à densidade de fluxo $\vec{B}$ e ao seno do ângulo entre a velocidade e a densidade de fluxo $\vec{B}$. Este valor é definido experimentalmente por

$$\vec{F} = Q\vec{U} \times \vec{B}$$

em que Q é a carga e $\vec{U}$, sua velocidade. Dessa forma, se a carga apresenta velocidade nula, não há força sobre ela, assim como se a velocidade da carga tiver a mesma direção do fluxo magnético, o que é diferente do campo elétrico. Além do mais, desde que a força é perpendicular ao plano entre a velocidade e o campo, não há aceleração na carga, o que sugere que não há transferência de energia do campo para a carga. Observe que no campo elétrico a carga é acelerada, mesmo estando parada, o que implica na injeção de energia pelo campo elétrico, mas não pelo campo magnético.

Quando se combinam os dois campos: elétrico e magnético, o lançamento de uma carga na região implica haver uma aceleração da carga na direção do campo elétrico e uma mudança na direção da velocidade da carga devido ao campo magnético. Em outros termos, a combinação dos dois campos implica a soma das duas forças sobre a carga, cuja resultante é conhecida como força de Lorentz:

$$\vec{F} = Q(\vec{E} + \vec{U} \times \vec{B})$$

A solução desta equação é utilizada na determinação de órbitas eletrônicas em magnétrons, órbitas de prótons em cíclotrons, ou simplesmente no movimento de uma partícula carregada sob a ação dos dois campos.

Exemplo 7.1: Uma carga pontual de 20 μC e massa 3 mg é lançada perpendicularmente à direção de um campo magnético com densidade de fluxo magnético $\vec{B}$. Esta carga passa a descrever um círculo de raio $r = 10$ m, paralelo ao plano $y = 0$. Se a velocidade inicial da carga é $\vec{U} = 300\,\vec{a_x}$ m/s calcule $\vec{B}$ e explique sua direção em relação à força inicial aplicada à carga.

Neste problema, como a carga é lançada perpendicularmente ao campo magnético, então é gerada uma força centrípeta, que provoca no movimento da carga um círculo. Dessa forma, em termos escalares, tem-se:

$$F_{cp} = F_{mag}$$

$$\frac{mU^2}{r} = QUB$$

pois como a carga está em movimento perpendicular ao campo, o ângulo é 90º e seu seno é 1. Daí, encontra-se

$$B = \frac{mU}{Qr} = \frac{3\times10^{-6}\times3\times10^{2}}{2\times10^{-5}\times10} = 4{,}5\,Wb/m^2$$

Para encontrar a direção da densidade de fluxo, utilizam-se as regras do produto vetorial: se for considerado que a carga é lançada inicialmente em $z < 0$ e o círculo formado enlaça o eixo y, então a força inicial será na direção $+\vec{a_z}$. Dessa forma, como

$$\vec{F} = Q\vec{U} \times \vec{B}$$

então os vetores de direção, respectivos, serão:

$$\overrightarrow{a_z} = +\overrightarrow{a_x} \times \overrightarrow{a_B}$$

em que $\overrightarrow{a_B}$ é o vetor de direção de *B*, e o sinal positivo na frente de $\overrightarrow{a_x}$ se refere ao sinal da carga. Para este produto vetorial entre $\overrightarrow{a_B}$ e $\overrightarrow{a_x}$ ter como resultado o vetor $+\overrightarrow{a_z}$ (direção da força centrípeta inicial), necessariamente, $\overrightarrow{a_B}$ deve ser $\overrightarrow{a_y}$, pois

$$+\overrightarrow{a_x} \times \overrightarrow{a_y} = +\overrightarrow{a_z}.$$

Logo, $\vec{B} = 4{,}5\overrightarrow{a_y}\ Wb/m^2$. Assim, tem-se que sua direção é *y*, devido à relação do produto vetorial que deve ser satisfeita.

Exemplo 7.2: Uma carga pontual de 1 *nC* na origem tem uma velocidade inicial de $400\overrightarrow{a_x}$ *m/s* em $t = 0$. Está se movendo no espaço livre através de um campo magnético com densidade de fluxo magnético $\vec{B} = 1{,}25\overrightarrow{a_y}$ Wb/m^2. Se a massa da carga é de 10^{-6} *g*, calcule:

a) A força centrípeta;
b) O raio do círculo descrito pela carga;
c) A energia cinética.

Este problema tem uma solução similar ao Exemplo 7.1. Assim, tem-se:
a) A força centrípeta é:

$$F_{cp} = F_{mag}$$

$$F_{cp} = QUB = 10^{-9} \times 400 \times 1{,}25 = 5 \times 10^{-9}\ N$$

desde que a carga está sob a influência do campo magnético.

b) O raio descrito pela carga é calculado com a igualdade entre a força centrípeta e a força magnética:

$$F_{cp} = F_{mag}$$

$$\frac{mU^2}{r} = QUB$$

$$r = \frac{mU}{QB} = \frac{10^{-9} \times 400}{10^{-9} \times 1{,}25} = 320\,m$$

em que a massa foi convertida para *kg*.

c) A energia cinética no movimento da carga é constante, desde que o campo magnético não transfere energia para a carga, acelerando-a. Assim, a energia cinética é dada por:

$$E_c = \frac{mU^2}{2} = \frac{10^{-9} \times 400^2}{2} = 8 \times 10^{-5}\ J\ .$$

Exemplo 7.3: Uma carga pontual $Q = 12\ \mu C$ na origem tem uma velocidade inicial de $\vec{U} = 100\,\overrightarrow{a_x}$ *m/s* em $t = 0$. Esta carga está se movendo no espaço livre através dos campos $\vec{B} = 0{,}25\,\overrightarrow{a_y}$ Wb/m^2 e $\vec{E} = 1200\,\overrightarrow{a_y}$ *V/m*. Qual o comportamento da carga? Qual o raio descrito pela carga, se sua massa é de 1g? Qual a aceleração na direção *y*? Se $\vec{E} = 1.200\,\overrightarrow{a_x}$ *V/m*, o que muda nas respostas? E se $\vec{E} = 1.200\,\overrightarrow{a_z}$ *V/m*?

Este é um problema que utiliza a força de Lorentz, desde que há a influência dos dois campos: magnético e elétrico. Assim, o comportamento da carga é descrito de acordo com a influência dos campos. Em primeiro lugar, devido ao campo magnético perpendicular à velocidade da carga, esta passa a descrever um círculo de raio *r* paralelo ao plano $y = 0$, desde que o produto vetorial entre *U* e *B* definirá a direção *z* inicial para a força. Por outro lado, ao mesmo tempo em que a carga descreve um círculo paralelo a este plano, o campo elétrico empurrará a carga com aceleração na direção do eixo *y* positivo, desde que a carga é positiva (a mesma direção do campo elétrico). Assim, a carga descreverá uma espiral ao longo do eixo *y*, cuja distância em cada volta completa (devido ao campo magnético) aumentará por causa da aceleração gerada na carga pelo campo elétrico. Este comportamento pode ser descrito matematicamente, pelo cálculo do raio (devido ao campo magnético), da aceleração e das posições da carga em cada volta completa (devido ao campo elétrico), e sua trajetória é vista na Figura 7.1.a.

Para calcular o raio que a carga descreve devido ao campo magnético, utiliza-se a igualdade entre a força magnética e a força centrípeta. Assim, tem-se:

$$F_{cp} = F_{mag}$$

$$\frac{mU^2}{r} = QUB$$

$$r = \frac{mU}{QB} = \frac{10^{-3} \times 100}{12 \times 10^{-6} \times 0{,}25} = 33333{,}33\,m$$

No caso da aceleração da carga na direção do eixo y, esta, que é devida ao campo elétrico, tem como resultado:

$$F = ma = QE$$

$$a = \frac{QE}{m} = \frac{12 \times 10^{-6} \times 1200}{10^{-3}} = 14{,}4\,m/s^2$$

Se a direção do campo elétrico está em x, a aceleração será nesta direção, fazendo a trajetória ser em círculos que não fecham, na direção de x, como pode ser visto na Figura 7.1.b. E se a direção do campo elétrico está em z, será a mesma forma da trajetória de x, só que subindo o eixo z, conforme pode ser visto na Figura 7.1.c.

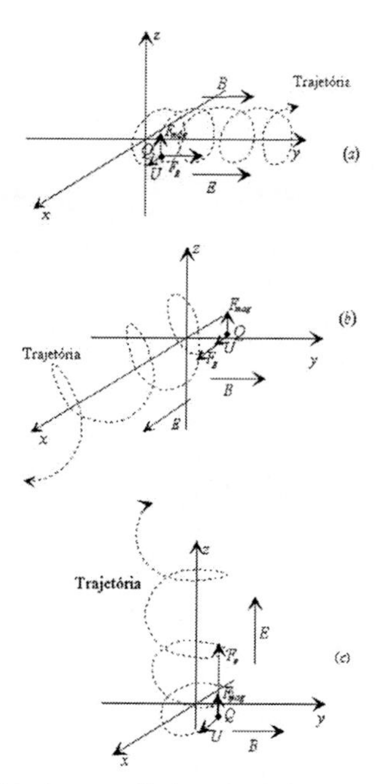

Figura 7.1: Trajetória da carga elétrica sob a influência das forças de Lorentz.

Exemplo 7.4: Uma carga pontual $Q = 1\ nC$ de massa 1 μg na origem tem uma velocidade inicial de $\vec{U} = 10^4 \vec{a_x}\ m/s$ em $t = 0$, passando pela origem. Esta carga está se movendo no espaço livre através dos campos $\vec{B} = 1{,}2\vec{a_y}\ Wb/m^2$ e $\vec{E} = 150\vec{a_y}\ V/m$. Qual a posição da carga em $t = 2\ s$? E em $t = 5\ s$? Qual o raio descrito pela carga? Qual a aceleração centrípeta? Qual a aceleração na direção y?

Da mesma forma que o Exemplo 7.3, enquanto o campo magnético gera um movimento circular na carga, mantendo a velocidade constante, o campo elétrico gera uma aceleração na mesma direção do campo (desde que a carga é positiva). Assim, esta carga terá trajetória igual à apresentada na Figura 7.1.a. Para detectar a posição da carga no tempo, é necessário verificar a posição referente ao movimento circular devido ao campo magnético, e a posição em relação ao movimento acelerado devido ao campo elétrico. Para o movimento circular, tem-se:

$$\varphi = \varphi_0 + \omega t = \varphi_0 + \frac{U}{r}t$$

Como depende do raio da trajetória, então, igualando a força centrípeta com a força magnética, tem-se:

$$F_{cp} = F_{mag}$$

$$\frac{mU^2}{r} = QUB$$

$$r = \frac{mU}{QB} = \frac{10^{-9} \times 10^4}{10^{-9} \times 1{,}2} = 8333{,}33\ m$$

Daí, considerando que o círculo da trajetória é centrado no plano $y = 0$, então, se a carga está passando inicialmente abaixo do plano $z = 0$ (como está centrado na origem, então a carga passa inicialmente em $z = -r = -8333{,}33\ m$ e $x = 0$) então o ângulo formado é $\varphi_0 = 270°$ (ou $3\pi/2$) em relação ao eixo x. Pela equação do movimento circular, tem-se:

$$\varphi = 1{,}5\pi + \frac{10^4}{8333{,}33}t = 1{,}5\pi + 1{,}2t$$

Logo, para $t = 2\ s$, tem-se:

$$\varphi_{2s} = 1{,}5\pi + 1{,}2 \times 2 = 7{,}11238898\,rad$$

$$\varphi_{2s} = 407{,}51^{\circ}$$

Assim, para verificar as posições de x e z, faz-se:

$$x = r\cos\varphi_{2s} = 5628{,}846\,m$$
$$z = r\mathrm{sen}\varphi_{2s} = 6144{,}960\,m$$

Daí, utilizando a equação do movimento uniformemente variado para calcular a posição em y devido ao campo elétrico, tem-se:

$$a = \frac{QE}{m} = \frac{10^{-9} \times 150}{10^{-9}} = 150\,m/s^2$$

$$y = y_0 + U_0 t + \frac{at^2}{2} = 75t^2$$

Daí, para $t = 2\ s$, tem-se:

$$y = 75 \times 2^2 = 300\,m\,.$$

Ou seja, em $t = 2\ s$, a carga se encontrará no ponto (5628,846; 300; 6144,960).

Para $t = 5\ s$, utilizando as mesmas equações desenvolvidas, tem-se:

$$\varphi_{5s} = 1{,}5\pi + 1{,}2 \times 5 = 10{,}71238898\,rad$$

$$\varphi_{5s} = 613{,}775^{\circ}$$

Desse resultado, tem-se:

$$x = r\cos\varphi_{2s} = -2328{,}4624\,m$$
$$z = r\mathrm{sen}\varphi_{2s} = -8001{,}432\,m$$

e

$$y = 75 \times 5^2 = 1875\,m.$$

que resulta no ponto (– 2328,4624; 1875; – 8001,432).

Para solucionar o problema da posição da carga nos tempos definidos, foram calculados a aceleração na direção y e o raio r. Assim, para calcular a aceleração centrípeta, faz-se:

$$a_{cp} = \frac{U^2}{r} = \frac{\left(10^4\right)^2}{8333{,}33} = 12000\, rad/s^2$$

Uma das grandes aplicações das forças do campo magnético nas cargas elétricas em movimento denomina-se efeito Hall. Essa é uma propriedade muito utilizada para determinar se um material semicondutor está dopado com material do tipo n ou tipo p. O efeito Hall é a situação de separação das cargas transversalmente no condutor quando uma corrente o atravessa, estando esse fio submetido a um campo magnético. Esta separação entre as cargas é devida à força magnética, conforme explicado anteriormente. Assim, entre as laterais do condutor, é criada uma diferença de potencial, a qual é conhecida como voltagem (tensão) Hall. Considerando um condutor de seção reta $A = Ld$, percorrido por uma corrente I, tal que $J = \rho U = I/A$, e submetido a um campo magnético com densidade de fluxo magnético B, conforme visto na Figura 7.2, a tensão de Hall é dada por:

$$V_H = E_H d = UBd = \frac{IBd}{\rho A} = \frac{IB}{\rho L},$$

a qual também pode ser escrita em função da mobilidade da carga no material, por: $V_H = d\mu_e B_0 E_0$.

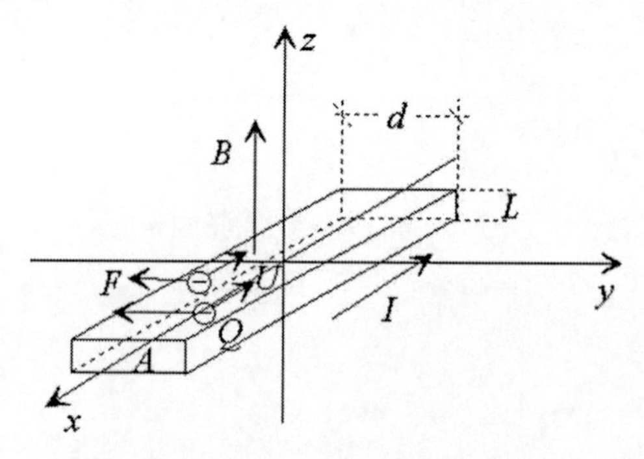

Figura 7.2a: Fita condutora com corrente I submetida a um campo magnético: tensão Hall.

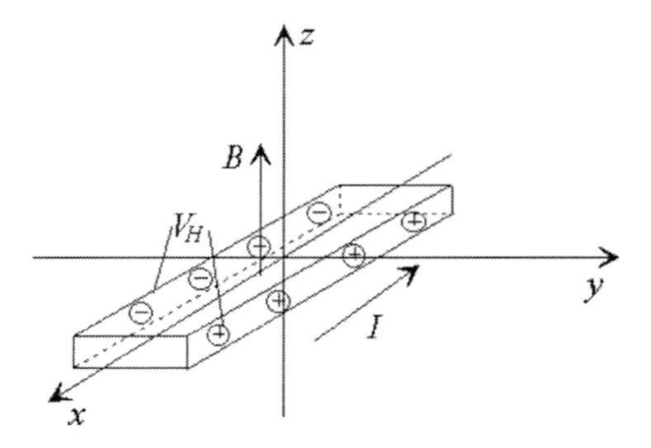

Figura 7.2b: Fita condutora com corrente I submetida a um campo magnético: tensão Hall.

Exemplo 7.5: Considere uma fita de um material condutor, que tem uma seção reta retangular no plano $x = 0$, $0 \leq z \leq 1\ cm$, $0 \leq y \leq 5\ cm$. Uma densidade de fluxo magnético $\vec{B} = 2\times10^{-3}\ \vec{a_z}\ Wb/m^2$ está presente e um campo elétrico $\vec{E} = 10\ \vec{a_x}\ V/m$ é mantido no material por uma fonte externa, de modo que há uma corrente $I = 200\ \mu A$. Se uma densidade de cargas é mantida no material, tal que $\rho = 300\ \mu C/m^3$, calcule a voltagem Hall.

Como a voltagem Hall é dada por:

$$V_H = \frac{IB}{\rho L},$$

então, seu valor é:

$$V_H = \frac{2\times10^{-4}\times2\times10^{-3}}{3\times10^{-4}\times10^{-3}} = 1{,}33\,V$$

Em se tratando de cargas em movimento, como uma carga em um filamento é uma carga em movimento, pode-se utilizar o conceito de um elemento diferencial de corrente para verificar a força que o campo magnético apresenta nos fios (isso já foi objeto de experimentos no capítulo anterior). Assim, pela equação da força em uma carga em movimento num campo magnético, observando que:

$$\vec{J} = \rho\vec{U}$$

e

$$dQ = \rho dv$$

considerando que a carga em movimento é dQ, então a equação da força (no caso, diferencial, devido à carga diferencial) torna-se:

$$d\vec{F} = dQ\vec{U} \times \vec{B} = \rho\, dv\, \vec{U} \times \vec{B} = \vec{J} \times \vec{B}\, dv = \vec{K} \times \vec{B}\, dS\, d\vec{F} = I\, d\vec{L} \times \vec{B},$$

pois

$$\vec{J}\, dv = \vec{K}\, dS = I\, d\vec{L}.$$

Assim, para uma corrente total (ao invés de um elemento diferencial de corrente), tem-se:

$$\vec{F} = \int_{vol} \vec{J} \times \vec{B} dv = \int_{S} \vec{K} \times \vec{B} dS = \oint I d\vec{L} \times \vec{B} = -\oint I \vec{B} \times d\vec{L}.$$

Exemplo 7.6: Calcule a força exercida por uma densidade de fluxo uniforme B, aplicado perpendicularmente a um fio condutor retilíneo percorrido por uma corrente constante I.

Como o fluxo é aplicado ao fio de forma perpendicular, o ângulo é $\theta = 90°$. Então,

$$F = \left|\vec{F}\right| = \left|-\oint I\vec{B} \times d\vec{L}\right| = \left|-I\vec{B} \times \oint d\vec{L}\right| = \left|-I\vec{B} \times \vec{L}\right| = \left|I\vec{L} \times \vec{B}\right| = ILB\text{sen}\theta,$$

e, conseqüentemente,

$$F = BIL,$$

desde que sen 90º = 1.

Exemplo 7.7: Calcule a força em um alto-falante, em que uma bobina cilíndrica de n espiras e raio r, com uma corrente I a atravessando está sujeita a um campo constante radial $\vec{B} = B_r \vec{a_r}$, conforme a Figura 7.3.

Neste caso, como a corrente I passa em uma bobina cilíndrica de n espiras

($\vec{dL} = -rd\phi\vec{a}_{\phi}$) em um campo magnético radial, com densidade de fluxo magnético constante $\vec{B} = B_r\vec{a_r}$, a força total exercida é de

$$\vec{F} = ILB\text{sen}\theta\ \vec{a_z} = 2\pi rnIB_r\vec{a_z}\ N$$

que determina o movimento do cone do alto-falante para cima e para baixo (dependendo da corrente I), formando as ondas sonoras. Observe que o vetor $\vec{a_z}$ provém do produto vetorial na equação da força, o ângulo entre o campo B e a corrente é 90º e o comprimento da bobina é $L = 2\pi\ rn$. •

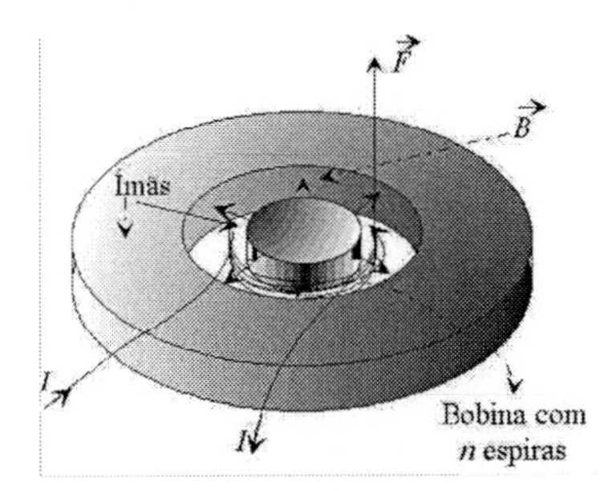

Figura 7.3: Princípio de um alto-falante: densidade de fluxo magnético e corrente I na bobina cilíndrica sujeita a uma densidade de fluxo radial $\vec{B} = B_r\vec{a_r}$.

Desde que um campo magnético exerce uma força sobre um fio onde uma corrente circula, e como uma corrente circulando em um fio gera um campo magnético, então dois fios próximos em que correntes circulam apresentam uma força entre si, desde que um gera o campo que gera a força sobre o outro. Considerando duas correntes filamentares I_1 e I_2, em dois fios paralelos, a força que o fio 1 exerce sobre o fio 2 é:

$$\vec{F}_2 = \mu_0 \frac{I_1 I_2}{4\pi} \oint \left[d\vec{L}_2 \times \oint \frac{\left(d\vec{L}_1 \times \vec{a_{R_{12}}}\right)}{R_{12}^2} \right]$$

ou

$$\vec{F}_2 = \mu_0 \frac{I_1 I_2}{4\pi} \oint \left[\oint \frac{\left(d\vec{L}_1 \times \vec{a_{R_{12}}}\right)}{R_{12}^2} \right] \times d\vec{L}_2$$

Este formalismo é visto na Figura 7.4.

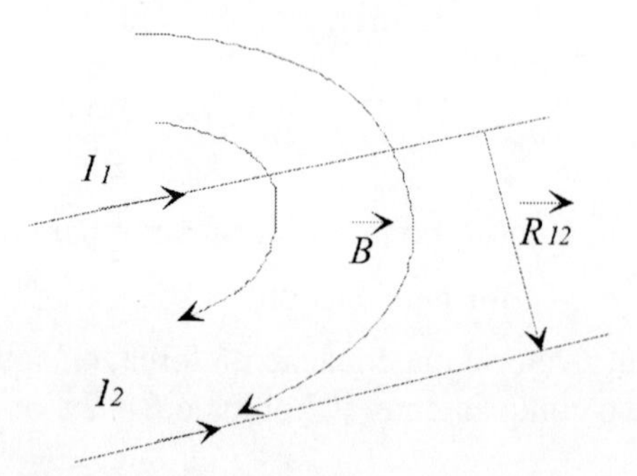

Figura 7.4: Fios paralelos percorridos por correntes I_1 e I_2: cada corrente em um fio gera um fluxo magnético que atravessa o outro fio, gerando uma força.

Exemplo 7.8: Calcule a força entre dois fios paralelos infinitos de correntes contrárias $|I| = 1\ A$, localizados no plano xz em $x = -1\ m$ e $x = 1\ m$, respectivamente.

Utilizando a equação da força entre dois fios, como o campo magnético de um filamento de corrente é:

$$\vec{H} = \frac{I}{2\pi d}\vec{a_\phi}\ A/m$$

em que o d é o raio, então, resolvendo a integral com os limites de $-\infty$ a $+\infty$, encontra-se:

$$F = -\frac{\mu_0 I^2}{2\pi d}\ N$$

que, substituindo os valores dados, encontra-se:

$$F = -\frac{\mu_0\, 1^2}{2\pi \times 2} = -10^{-7}\ N$$

desde que $d = 1 - (-1) = 2\ m$. O sinal negativo indica força de repulsão, pois as correntes são contrárias.

7.2 Torque nos Circuitos Fechados

Quando uma corrente circula em uma espira (circuito fechado) e um campo magnético externo atravessa esta espira, a força sobre o fio é nula, desde que, para cada ponto simétrico, há uma força contrária. Entretanto, como as forças são contrárias, tomando um eixo que divide esta espira, estas forças realizam um torque sobre este eixo, de forma a alinhar o campo magnético da espira com o campo magnético externo, conforme se vê na Figura 7.5.

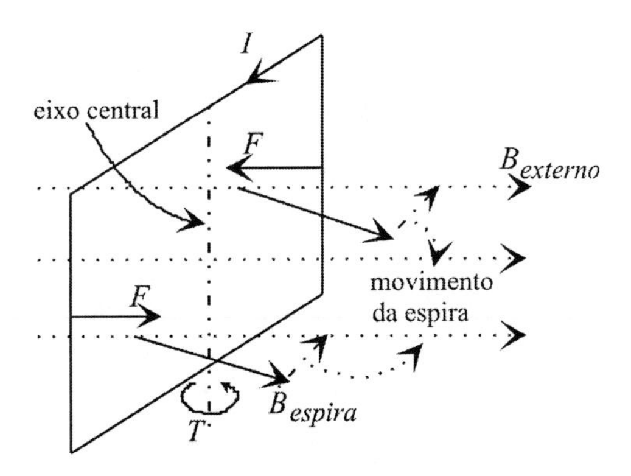

Figura 7.5: Torque sobre uma espira de corrente: alinhamento dos campos magnéticos.

Este torque é dado em uma espira diferencial como sendo:

$$d\vec{T} = Id\vec{S} \times \vec{B}$$

que, em termos de momento magnético diferencial $d\vec{m} = Id\vec{S}$, tem-se:

$$d\vec{T} = d\vec{m} \times \vec{B}.$$

Assim, para uma espira plana de área *S* imersa em uma densidade de fluxo magnético constante, o torque é definido por:

$$\vec{T} = I\vec{S} \times \vec{B} = \vec{m} \times \vec{B}.$$

Observe que, embora no alto-falante haja uma bobina com várias espiras de corrente, o campo magnético não a atravessa na superfície, mas nas laterais (de dentro para fora) desde que o campo é radial. Conseqüentemente, há uma força, ao invés de um torque.

Exemplo 7.9: Calcule o torque em uma bobina circular de 100 espiras com 3 *cm* de raio, centrada no plano $z = 0$, com $I = 5\ A$ no sentido anti-horário, se $\vec{B} = 2\,\vec{a_x}\ Wb/m^2$.

O cálculo do torque necessita que se avalie a direção da superfície da bobina, que é a mesma que o campo gerado terá. Assim, tem-se:

$$\vec{S} = \pi r^2 \vec{a_z} = 2{,}82743 \times 10^{-3} \vec{a_z}\ m^2.$$

Observe que, utilizando a regra da mão direita, como a bobina está no plano $z = 0$ e a corrente circula na direção $\vec{a_\phi}$ (sentido anti-horário), o campo gerado por ela estará apontando na direção $\vec{a_z}$. Como a bobina apresenta 100 espiras, então a corrente é multiplicada por este valor, desde que observando a lateral da bobina, a mesma corrente está percorrendo 100 fios paralelos. Assim, encontra-se o torque, que é:

$$\vec{T} = nI\vec{S} \times \vec{B} = 100 \times 5 \times 2{,}82743 \times 10^{-3} \vec{a_z} \times 2\vec{a_x} = 2{,}82743\vec{a_y}\ Wb/m^2,$$

em que a direção $\vec{a_y}$ do torque se refere ao eixo em que a bobina gira para alinhar os campos magnéticos.

Exemplo 7.10: Uma superfície cilíndrica de raio $r = 6\ cm$, $0 < z < 15\ cm$ contém 1.500 filamentos paralelos ao eixo z e uniformemente espaçados em torno de um cilindro, tendo cada um corrente de 5 A na direção $\vec{a_z}$.

a) Se uma densidade de fluxo magnético $\vec{B} = 0{,}8\,\vec{a_r}\ Wb/m^2$ é aplicada na superfície cilíndrica, calcule o torque total nos filamentos de corrente.
b) Qual o número de rotações por minuto a que o cilindro deve girar para prover uma potência de 10 *kW*?
c) Qual a potência gerada se o número de rotações por minuto a que o cilindro gira é de 2.000?

Este problema pode ser visto como um rotor de um motor. Se os filamentos formam retângulos sobre o plano $z > 0$ e uniformemente espaçados ao redor do eixo z, então eles dividem um círculo em ângulos iguais. Conseqüentemente, o campo de cada uma das espiras tem direção $\vec{a_\phi}$, com área da superfície $\vec{S} = rz\vec{a_\phi} = 0{,}06 \times 0{,}15\vec{a_\phi} = 9 \times 10^{-3}\,\vec{a_\phi}$. Assim,

a) Com a aplicação do fluxo magnético na direção $\overrightarrow{a_r}$, o torque total sobre os filamentos é:

$$\vec{T} = nI\vec{S} \times \vec{B} = 1500 \times 5 \times 9 \times 10^{-3}\overline{a_\phi} \times 0{,}8\overline{a_r} = 54\overline{a_z}\ Nm$$

que indica que o conjunto de filamentos na presença do campo magnético giram ao redor do eixo z.

b) O número de rotações por minuto que o cilindro gira para prover uma potência de 10 kW é determinado através da relação entre a potência e o torque. Através de uma análise dimensional, tem-se:

$$[W] = \left[\frac{J}{s}\right] = \left[\frac{Nm}{s}\right]$$

de onde pode-se retirar que $P = T\omega = 2\pi fT$ (com T sendo o torque e f a freqüência). Dessa forma, encontra-se a freqüência de rotação a partir da potência:

$$f = \frac{10000}{2\pi \times 54} = 29{,}473\,Hz$$

Com este resultado, o número de rotações por minuto é:

$$N = 60f = 1768{,}39\,rpm$$

desde que cada minuto corresponde a 60 segundos, ou 60 vezes a quantidade de ciclos em um segundo (freqüência).

c) Se o número de rotações por minuto é $N = 2000\ rpm$, então:

$$P = T\omega = 54 \times \frac{2000}{60} \times 2\pi = 11309{,}734\,W = 11{,}309743\,kW\ .$$

Exemplo 7.11: Considerando um átomo de hidrogênio na estrutura clássica (um próton no núcleo e um elétron girando em torno deste com velocidade angular do elétron $\omega = 4{,}1 \times 10^{16}\ rad/s$):

a) Calcule o campo magnético e a densidade de fluxo magnético, se o raio da órbita do elétron é $r = 6 \times 10^{-11} m$.
b) Se for aplicado um campo externo $B = 2\ Wb/m^2$ perpendicular à área descrita pela órbita do elétron, calcule o torque sobre o átomo de hidrogênio.

c) Se for aplicado um campo externo B, fazendo um ângulo de 30° com a área descrita pela órbita do elétron, e o torque neste átomo é $T = 3 \times 10^{-21}$ Nm, qual o valor do campo aplicado?

Desde que nesse problema está sendo considerado que o elétron gira ao redor do núcleo em um raio fixo, ele forma uma espira de corrente. Dessa forma, tem-se:

a) A corrente na espira é dada pela carga, dividida pelo tempo que leva para circular a espira:

$$I = \frac{Q}{T} = \frac{Q\omega}{2\pi} = \frac{1{,}6\times 10^{-19} \times 4{,}1\times 10^{16}}{2\pi} = 1{,}0441\times 10^{-3}\ A.$$

O campo magnético gerado pelo elétron na sua órbita é (utilizando o resultado do Exemplo 6.16):

$$H = \frac{I}{2r} = 8{,}7\times 10^{6}\ A/m$$

e

$$B = \mu_0 H = 10{,}93\, Wb/m^2.$$

b) Aplicando uma densidade de fluxo magnético externo perpendicular à superfície descrita pelo movimento do elétron, tem-se:

$$T = ISB = 1{,}0441\times 10^{-3} \times \pi \times (6\times 10^{-11})^2 \times 2 = 2{,}362\times 10^{-23}\ Nm\ .$$

c) Da mesma forma que no item b, tem-se:

$$T = ISB\operatorname{sen}\theta$$
$$3\times 10^{-21} = 1{,}0441\times 10^{-3} \times \pi \times (6\times 10^{-11})^2 \times B \times \operatorname{sen}(30^\circ)$$
$$B = 508{,}109\, Wb/m^2$$

em que o seno do ângulo refere-se ao produto vetorial (no item b, o ângulo é de 90°, cujo seno é 1).

7.3 Energia nos Campos Magnéticos

No campo magnético, a energia acumulada, considerando o espaço livre com permeabilidade μ_0, pode-se comprovar, é similar à equação da energia no campo elétrico. Ou seja,

$$W_H = \frac{1}{2}\int_{vol} \vec{B} \cdot \vec{H} dv = \frac{1}{2}\int_{vol} \mu_0 H^2 dv = \frac{1}{2}\int_{vol} \frac{B^2}{\mu_0} dv.$$

Exemplo 7.12: Num solenóide de raio $r = 0{,}2\ cm$, com 200 espiras por centímetro, e de 10 cm de comprimento, flui uma corrente $I = 2\ A$. Calcule a energia em seu interior.

Sendo um solenóide cilíndrico, seu volume é constante e, conseqüentemente,

$$W_H = \frac{1}{2}\int_{vol} \vec{B} \cdot \vec{H} dv = \frac{1}{2}\int_{vol} \mu_0 H^2 dv = \frac{1}{2}\mu_0 H^2 v = \frac{\mu_0 H^2}{2} \times \pi r^2 l$$

$$W_H = 2\pi \times 10^{-7} \times \left(\frac{NI}{l}\right)^2 \times \pi r^2 l = \frac{2\pi \times 10^{-7} \times (NI)^2 \times \pi r^2}{l}.$$

Como há 200 espiras por centímetro, então, o total e espiras é $N = 2.000$ espiras, pois o solenóide tem $l = 10\ cm$. Dessa forma,

$$W_H = \frac{2\pi \times 10^{-7} \times (2000 \times 2)^2 \times \pi (0{,}002)^2}{0{,}1} = 1{,}26331 \times 10^{-3}\ J.$$

Exemplo 7.13: Qual a densidade de fluxo magnético B no interior de um toróide, se a energia armazenada é 250 J?

Este problema é similar ao Exemplo 7.12, no qual não é dado o volume, nem a forma da seção reta. Dessa forma, considerando um volume genérico v, tem-se:

$$W_H = \frac{1}{2}\int_{vol} \vec{B}\cdot\vec{H}dv = \frac{1}{2}\int_{vol} \frac{B^2}{\mu_0}dv = \frac{1}{2}\frac{B^2}{\mu_0}v = 250$$

$$B = \sqrt{\frac{250\times 2\times 4\pi\times 10^{-7}}{v}} = \frac{0,0250663}{\sqrt{v}}Wb/m^2$$

7.4 Indutâncias

A indutância é uma constante da teoria de circuitos, a qual é definida como sendo dual da capacitância, sendo definida como:

$$L = \frac{N\Phi}{I}$$

em que $N\Phi$ é o fluxo Φ envolvido por N espiras, cujo fluxo é gerado pela corrente I circulante nas N espiras. Esta definição só é aplicável a um meio magnetizável linear, de forma que o fluxo seja proporcional à corrente, como é o caso do espaço livre ou do ar. A unidade de indutância é o Henry (*[H] = [Wb/A]*).

A forma de calcular a indutância é similar ao cálculo da capacitância. Assim, deve-se calcular o fluxo em função das variáveis do problema (incluindo a corrente I) e colocá-lo na equação da indutância, para ter sua equação para o caso desejado.

Exemplo 7.14: Calcule a indutância de um cabo coaxial com comprimento l, que apresenta um condutor interno com raio $r = a$ e um condutor externo $r = b$, separados pelo espaço livre.

Para um cabo coaxial com condutor interno de raio a e condutor externo de raio b, separados pelo ar e com comprimento l, tem-se, diretamente

$$H = \frac{I}{2\pi r}$$

$$B = \mu_0 H = \frac{\mu_0 I}{2\pi r}$$

$$\Phi = \int_S \vec{B} d\vec{S} = \int_0^l \int_a^b \frac{\mu_0 I}{2\pi r} drdz = \frac{\mu_0 Il}{2\pi} \ln \frac{b}{a}$$

e, substituindo o fluxo na equação da indutância, encontra-se:

$$L = \frac{N\Phi}{I} = \frac{N\mu_0 l}{2\pi} \ln \frac{b}{a}.$$

Entretanto, uma vez que em um cabo coaxial não há espiras, então $N = 1$ e, conseqüentemente,

$$L = \frac{\mu_0 l}{2\pi} \ln \frac{b}{a}.$$

Exemplo 7.15: Calcular a indutância de um solenóide de comprimento l, com N espiras e área da seção reta definida por S.

Para um solenóide com comprimento l e área da seção reta S, com N espiras bem juntas, tem-se dentro do solenóide

$$H = \frac{NI}{l}$$

para o caso da área S ser pequena, conforme discutido no Exemplo 6.5. Assim, encontram-se:

$$B = \mu_0 H = \frac{\mu_0 NI}{l}$$

$$\Phi = \int_S \vec{B} d\vec{S} = \frac{\mu_0 NIS}{l}$$

que, utilizando o resultado do fluxo na equação da indutância, encontra-se:

$$L = \frac{N^2 \mu_0 S}{l}$$

Alguns casos específicos de indutâncias são formalizados através de métodos empíricos, mas que se apresentam com muita utilização no dia a dia da engenharia. Estas são vistas na Figura 7.6, onde os valores respectivos das indutâncias e suas respectivas unidades são:

- Toróide de seção reta quadrada:

$$L = \frac{N^2 \mu_0 a}{2\pi} \ln \frac{r_2}{r_1} \text{ (H)}$$

- Condutores paralelos de raios a:

$$L = \frac{\mu_0}{\pi} l \cosh^{-1} \frac{d}{2a}$$

e para $d >> a$,

$$L \approx \frac{\mu_0}{\pi} l \ln \frac{d}{a} \; (H)$$

- Condutores cilíndricos paralelos a um plano de terra:

$$L = \frac{\mu_0}{2\pi} l \cosh^{-1} \frac{d}{2a}$$

e para $d >> a$,

$$L \approx \frac{\mu_0}{2\pi} l \ln \frac{d}{a} \; (H)$$

- Bobina de núcleo de ar com única camada de espiras:

$$L = \frac{39{,}5 N^2 a^2}{9a + 10l} \; (\mu H)$$

- Bobina de núcleo de ar com várias camadas de espiras:

$$L = \frac{31{,}6N^2 r_1^2}{6r_1 + 9l + 10(r_2 - r_1)} \; (\mu H)$$

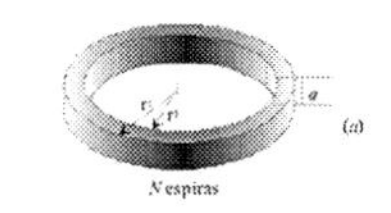

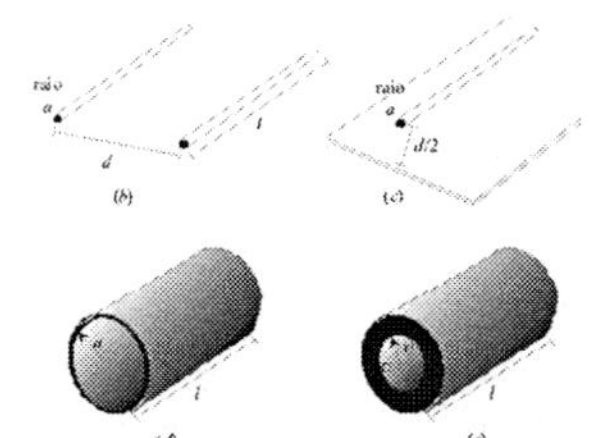

Figura 7.6: Indutâncias variadas com determinação dos valores na forma empírica.

A indutância mútua é gerada por duas indutâncias juntas, em que a aplicação de uma corrente na bobina de N_1 espiras gera um fluxo total Φ_1, mas que parte deste fluxo Φ_1 penetra na bobina de N_2 espiras, como mostrado na Figura 7.7. Devido a este fluxo, denotado por Φ_{12}, é formada a indutância mútua, a qual é definida por:

$$M_{12} = \frac{N_2 \Phi_{12}}{I_1}$$

em que M_{12} é a indutância mútua da bobina 1 para a bobina 2. Além do mais, prova-se que

$$M_{12} = M_{21},$$

com

$$M_{21} = \frac{N_1 \Phi_{21}}{I_2}.$$

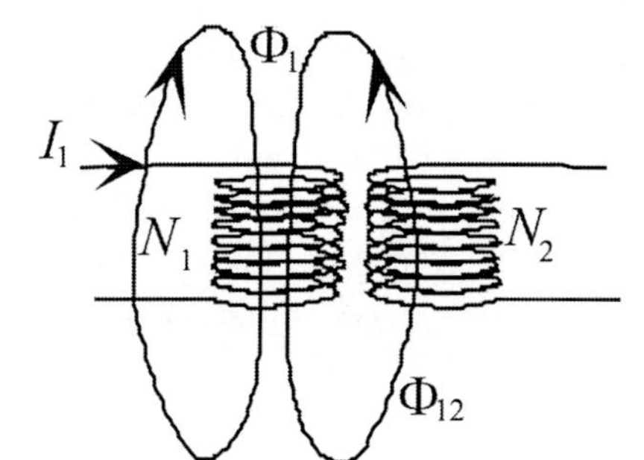

Figura 7.7: Bobinas próximas: Indutância Mútua.

Exemplo 7.16: Sejam dois solenóides com $N_1 = 500$ espiras, $I_1 = 2A$, $r_1 = 1\ cm$, $l_1 = 10\ cm$ e $N_2 = 150$ espiras, $I_2 = 1A$, $r_2 = 0{,}5\ cm$, $l_2 = 8\ cm$. Considerando que o fluxo Φ_{12} que atravessa as espiras do solenóide 2 é 15% do fluxo total no centro do solenóide 1, calcule a indutância mútua M_{12}.

Para calcular a indutância mútua neste problema, é necessário saber qual o valor do fluxo total Φ_1 que, como é gerado por um solenóide, pode-se aproximar para o resultado do Exemplo 7.15, que é:

$$\Phi_1 = \frac{\mu_0 N_1 I_1 S_1}{l_1} = \frac{4\pi \times 10^{-7} \times 500 \times 2 \times \pi \times (0{,}01)^2}{0{,}1} = 3{,}94784 \times 10^{-6}\ Wb$$

Como o fluxo Φ_{12} é 15% do fluxo Φ_1, então:

$$\Phi_{12} = 0{,}15\Phi_1 = 5{,}921763 \times 10^{-7}\ Wb$$

Assim, a indutância mútua é:

$$M_{12} = \frac{N_2 \Phi_{12}}{I_1} = \frac{150 \times 5{,}921763 \times 10^{-7}}{2} = 4{,}441322 H\ .$$

7.5 Experimentos com os Campos Magnéticos 2

Experimento 7.1: Forças nas cargas elétricas

Utilizando um sistema gerador de descargas elétricas, é possível verificar o efeito das forças geradas na carga em movimento pelo campo magnético. Um gerador de descargas pode ser montado utilizando um dispositivo de geração de centelhas para acendimento automático de fogões. Monta-se o dispositivo de modo a que as duas saídas que apresentam entre si a maior descarga sejam ligadas por fios para duas pontas próximas, de forma a serem geradas as centelhas na forma de um raio de uma ponta para a outra. Nas laterais das pontas, dois ímãs com pólos opostos devem ser colocados, tal que o campo magnético esteja perpendicular ao raio elétrico. Estes ímãs devem ser colocados de forma que se possam mover, afastando-os ou aproximando-os, para que a densidade de fluxo diminua ou aumente, respectivamente. Com esta estrutura, em que não se deve tocar nos fios, pontas ou ímãs, quando o dispositivo estiver ligado, pode-se ver o efeito das forças sobre as cargas elétricas. De certa forma, a melhor forma de se ver este efeito é se o espaço estiver em baixa pressão. Isso é possível de se fazer utilizando uma lâmpada queimada, em que os terminais que ligam o filamento incandescente sejam as pontas em que o raio elétrico é gerado. Como não há ar (o bulbo da lâmpada está em baixa pressão), o raio é mais direcional, e o efeito da densidade de fluxo magnético é mais visível (neste caso, os ímãs são colocados externamente ao bulbo). Estes dois procedimentos são apresentados na Figura 7.8.

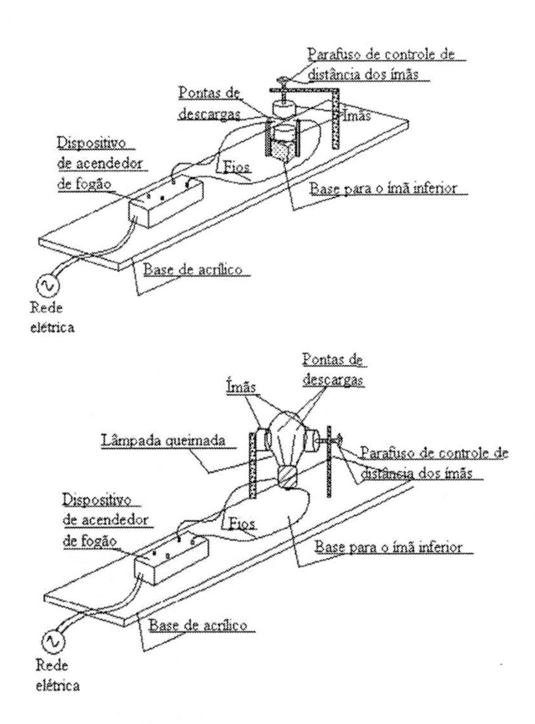

Figura 7.8: Vendo o efeito das forças magnéticas sobre cargas em movimento.

Experimento 7.2: Montando um alto-falante experimental

Para montar um alto-falante, é necessário um ímã na forma de disco perfurado no centro, conforme mostrado na Figura 7.3. Na parte de baixo do ímã, deve ser colado uma placa circular de metal ferromagnético (estes materiais serão explicados no próximo capítulo) como latão, aço, ferro, níquel, etc. Por exemplo, pode-se pegar uma moeda antiga de CR$ 1,00 (um cruzeiro) para colar embaixo do ímã, fechando o furo pela parte de baixo. Internamente ao furo do ímã, pela parte de cima, coloca-se um cilindro de material ferromagnético, como um pequeno cilindro de ferro ou aço, colado o mais centralizado possível na moeda por dentro do furo do ímã. Assim, a região entre o ímã e o cilindro metálico apresenta uma densidade de fluxo na forma radial. Com a formação dessa estrutura, monta-se uma bobina tipo solenóide, em uma fôrma cilíndrica oca que entre na região entre o ímã e o cilindro metálico. Esta bobina deve ser colada em uma cúpula que lhe dê mobilidade , e cuja base deve ser colada no topo do ímã. Sobre esta cúpula, um cone de papel deve ser colado, de forma a deslocar ar com o movimento da bobina para cima e para baixo. Os terminais da bobina devem ficar fora da estrutura para que se possa injetar corrente. Neste experimento, pode-se observar o funcionamento do alto-falante, bem como comprovar a direção da força, quando a corrente que entra está positiva ou negativa. Esta estrutura de construção do alto-falante experimental é vista na Figura 7.9.

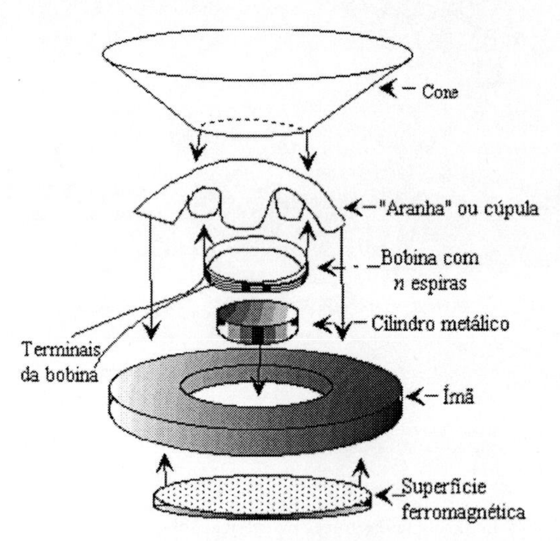

Figura 7.9: Montagem do alto-falante experimental: as setas indicam como se devem colar as partes para seu funcionamento.

Experimento 7.3: Testando as forças entre fios e bobinas

Um experimento que pode ser realizado para fazer a verificação das forças entre os fios é apresentado na Figura 7.10, em que uma base de madeira ou acrílico com um comprimento mínimo de 30 *cm* e dois apoios onde são colocados dois circuitos com baterias para serem percorridos com corrente. Em um circuito, tem-se um valor de corrente fixa, dado por $I = V/R$. No outro circuito, uma chave de duas posições liga uma bateria para gerar corrente na mesma direção do outro circuito ou outra bateria para gerar corrente na direção contrária à do primeiro circuito. A distância entre os fios deve ser pequena (menor que 1 *mm*), pois a depender da corrente circulando nos dois circuitos, o campo é muito pequeno e o efeito pode não ser percebido. Se na localização central dos fios forem feitas bobinas com n espiras, de forma que uma fique de frente para a outra, o efeito é bem maior.

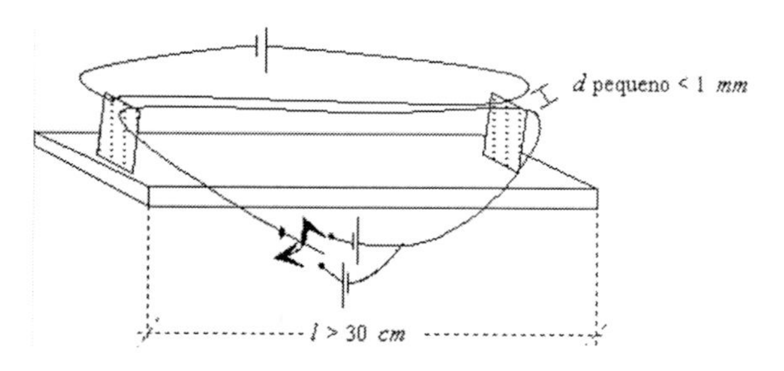

Figura 7.10: Estrutura para teste da força entre fios percorridos por correntes: a chave permite mudar a direção da corrente no fio para mudar a direção da força. Se no centro dos fios forem enroladas bobinas, o efeito da força é mais percebido.

Experimento 7.4: Testando o efeito Hall e montando um simples amperímetro de corrente contínua

Neste experimento, um núcleo de material ferromagnético (ferro, aço, níquel, etc.) na forma de um C terá uma pequena faixa de fenolite (placa cobreada usada para circuitos eletrônicos) colada, conforme se vê na Figura 7.11. Estando o lado cobreado para fora, um pequeno circuito para gerar uma corrente conhecida ($I_1 = V/R$) ao longo do comprimento da placa é colocado, enquanto no centro das laterais é colocado um voltímetro. Colocando neste circuito um fio passando por dentro, em que nele uma corrente I o percorre, pela Lei de Ampère, sabe-se que um campo magnético ao seu redor será gerado, e neste caso, será guiado pelo material ferromagnético do C, indo em direção à placa cobreada onde a corrente I_1 atravessa. Conforme estudado no efeito Hall, uma tensão proporcional à densidade de fluxo B gerada pela corrente I será medida. Dessa forma, por proporcionalidade, pode-se determinar a corrente I. Deve-se observar que este efeito é melhor visto se o raio interno do C for o menor possível, para envolver o fio de forma que a intensidade de fluxo seja maior para o efeito Hall se mostrar mais facilmente.

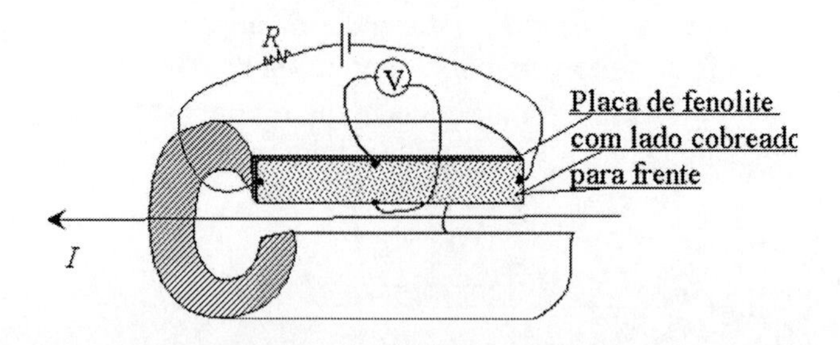

Figura 7.11: Estrutura para um amperímetro de corrente contínua via efeito Hall.

Experimento 7.5: Motor de corrente contínua experimental

A montagem de um motor de corrente contínua, conforme apresentada na Figura 7.12, necessita de um eixo, dois suportes para este eixo, uma base de madeira ou acrílico, algumas bobinas feitas de fio esmaltado com bitola aproximadamente de 28 *AWG*, dois ímãs e uma bateria. As bobinas devem ser fixadas no eixo, tendo cada uma, o mesmo número de espiras, estando enrijecidas por fita adesiva, para mantê-las em suas posições. Quanto mais se deseja torque, maior deve ser o número de bobinas (na Figura é mostrado um motor com três bobinas) e todas devem ser enroladas na mesma direção, de forma que a corrente proveniente da bateria sempre siga um caminho único (por exemplo, entra na bobina pela esquerda e sai pela direita), de forma ao campo delas (quando alimentadas) ser sempre na mesma direção e o alinhamento dos campos (com o campo dos ímãs) não gerar o torque invertido. O deslizamento do eixo nos suportes deve ser bom, o que pode ser feito com a aplicação de grafite em pó. Entretanto, para evitar a saída do eixo dos suportes, devem ser colocadas bordas para prender (evitar mobilidade ao longo do eixo). Os contatos podem ser feitos por fios rígidos descascados, os quais ficarão tocando o eixo, onde se encontram os contatos dos terminais das bobinas. Seu funcionamento é simples, desde que quando há o contato dos fios da bateria com os fios de uma bobina, esta é alimentada gerando um campo perpendicular ao campo dos ímãs (observe que os ímãs se apresentam com os pólos contrários de frente para a bobina), o que leva esta a girar para alinhar os campos. Com este giro, os contatos dela são desconectados da bateria, fazendo com que a próxima bobina que passa para a posição inicial da primeira seja alimentada, gerando um campo perpendicular ao campo dos ímãs, e novo torque se apresenta, fazendo novamente o eixo girar. Assim, o torque sempre se apresenta, cada vez que uma nova bobina é alimentada. Dessa forma, quanto mais bobinas, menor o grau de separação entre elas, e mais veloz a mudança de contatos na alimentação, mantendo o torque maior.

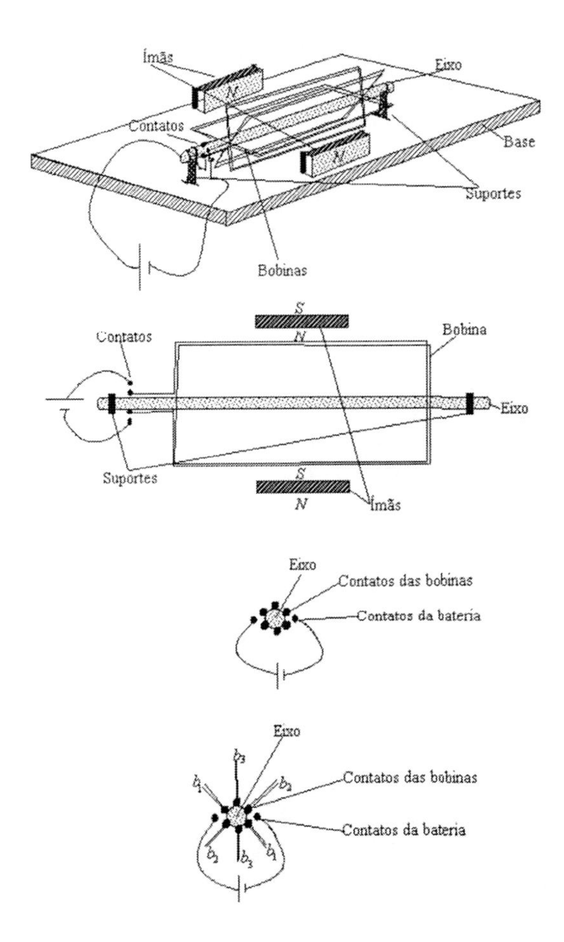

Figura 7.12: Montagem do motor de corrente contínua experimental, respectivamente: Vista geral em perspectiva; Vista da disposição de uma bobina no eixo, bateria e contatos, suportes do eixo e ímãs; Vista frontal do eixo e disposição dos contatos e Vista frontal com disposição das bobinas.

Experimento 7.6: Testando a indutância mútua

Um teste simples que pode ser feito com indutâncias é como o mostrado na Figura 7.13. Com a utilização de um indutímetro, faz-se a medida da indutância de uma bobina, por exemplo, de 100 espiras. Após esta medição, aproxima-se uma outra bobina, em cujos terminais uma bateria é ligada para gerar um fluxo magnético, o qual terá um percentual atravessando o núcleo da bobina ligada ao indutímetro. Dessa forma, se realiza a nova leitura no indutímetro, para verificar esta variação. Este experimento pode ser feito repetidas vezes, com a segunda bobina tendo uma corrente controlada (através de resistores de vários valores em série com a bobina), para identificar o valor do fluxo que atravessa a primeira, bem como invertendo, segundo as equações da indutância mútua, para confirmar a relação $M_{12} = M_{21}$.

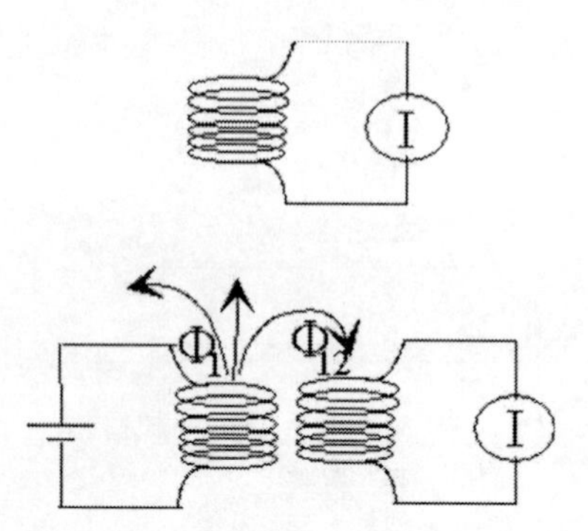

Figura 7.13: Experimento para testar indutâncias mútuas.

Experimento 7.7: Um gaussímetro eletrônico

Na Figura 7.14.a, é visto um circuito de um gaussímetro eletrônico, que utiliza um sistema via efeito Hall, como o indicado na Figura 7.11 do Exemplo 7.4: a placa de fenolite cobreada. Este circuito é simples, desde que é formado apenas por amplificadores operacionais para dar ganho na tensão Hall, o qual deve ser calibrado através de um campo conhecido. Para calibrar este circuito, pode-se utilizar um sistema de duas bobinas com mesmo número de espiras e enroladas num mesmo sentido, como mostrado na Figura 7.14.b, em que, nesta forma (distância entre as bobinas igual ao valor do raio médio das bobinas – a qual é conhecida como bobina de Helmholtz), para uma corrente conhecida (colocando um amperímetro em série com a bateria e a bobina), também será conhecido o campo magnético no ponto central (entre as bobinas), desde que esta bobina tem no seu centro aproximadamente o mesmo campo de um solenóide ($H = NI/L$). Daí pode-se calcular a densidade de fluxo e calibrar o circuito do gaussímetro para se ter uma leitura de tensão correspondente à densidade de fluxo medida (o sensor deve ser colocado no centro das bobinas verticalmente – de forma que a placa cobreada fique paralela à superfície da bobina). Também, este procedimento pode ser realizado através da utilização de um dispositivo eletrônico conhecido como sensor Hall, descrito como o componente A3515, que é alimentado por uma tensão de 5 V e possui uma saída de tensão, cuja referência é metade de sua tensão de alimentação (tensão de offset de 2,5 V) e oferece uma relação entre densidade de fluxo magnético em Gauss e tensão em Volts, tal que a variação de 1 *Gauss* (10^{-4} Wb/m^2 ou 10^{-4}

T – com T sendo a unidade Tesla que é igual a Wb/m^2) é igual a 5 mV.

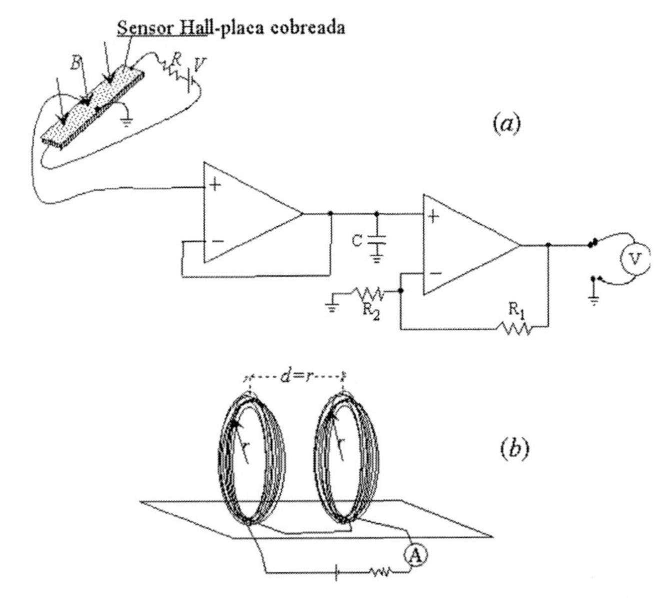

Figura 7.14: (a) Circuito simplificado para um gaussímetro e (b) sistema para geração de campo magnético uniforme – bobina de Helmholtz.

7.6 Exercícios

7.1) Uma carga pontual de 2 nC e massa 2,5 mg é lançada perpendicularmente à direção de um campo magnético com densidade de fluxo magnético $\vec{B}$. Esta carga passa a descrever um círculo de raio $r = 2\ m$, paralelo ao plano $x = 0$. Se a velocidade inicial da carga é $\vec{U} = 30.000\,\vec{a_x}\ m/s$, calcule $\vec{B}$ e explique sua direção em relação à força inicial aplicada à carga.

7.2) Uma carga pontual de 7,5 nC e massa 8μg é lançada perpendicularmente à direção de um campo magnético com densidade de fluxo magnético $\vec{B}$. Esta carga passa a descrever um círculo de raio $r = 800\ cm$, paralelo ao plano $z = 0$. Se a velocidade inicial da carga é $\vec{U} = 4\,\vec{a_y}\ m/s$:

a) Calcule $\vec{B}$;
b) Se $\vec{B}$ for aumentado, o que acontece com a carga?
c) Se $\vec{B}$ for diminuído, o que acontece com a carga?

7.3) Uma carga pontual Q de massa 2 μg é lançada perpendicularmente à direção de um campo magnético com densidade de fluxo magnético $\vec{B} = 1{,}45\,\vec{a_y}\ Wb/m^2$. Esta carga passa a descrever um círculo de raio $r = 200\ mm$, paralelo ao plano $y = 0$. Se a velocidade inicial da carga é $\vec{U} = 2 \times 10^5\,\vec{a_x}\ m/s$ calcule Q.

7.4) Uma carga pontual de 1 nC na origem tem uma velocidade inicial de $\vec{U} = 500\,\vec{a_x}\ m/s$ em $t = 0$. Está se movendo no espaço livre através de um campo magnético com densidade de fluxo magnético $\vec{B} = 3.000\,\vec{a_y}\ Wb/m^2$. Se a massa da carga é de $m = 1\ kg$, utilize a forma vetorial da Lei de Newton, $\vec{F} = m\vec{a} = m\dfrac{d\vec{U}}{dt}$ para mostrar que a energia cinética é constante, determinando seu valor.

7.5) Uma carga pontual de 1 pC na origem tem uma velocidade inicial de $4 \times 10^5\,\vec{a_x}\ m/s$ em $t = 0$. Está se movendo no espaço livre através de um campo magnético com densidade de fluxo magnético $\vec{B} = 0{,}58\,\vec{a_y}\ Wb/m^2$. Se a massa da carga é de $10^{-5}\ g$, calcule:

a) A aceleração centrípeta;
b) O raio do círculo descrito pela carga;
c) A energia cinética.

7.6) Uma carga pontual $Q = 105\ nC$ na origem tem uma velocidade inicial de $\vec{U} = 10^6\,\vec{a_x}\ m/s$ em $t = 0$. Esta carga está se movendo no espaço livre através dos campos $\vec{B} = 0{,}04\,\vec{a_y}\ Wb/m^2$ e $\vec{E} = 12\,\vec{a_y}\ V/m$. Qual o comportamento da carga? Qual o raio descrito pela carga se sua massa é de 200 μg? Qual a aceleração na direção y? Se $\vec{E} = 150\,\vec{a_x}\ V/m$, o que muda nas respostas? E se $\vec{E} = 240\,\vec{a_z}\ V/m$?

7.7) Uma carga pontual $Q = 25\ pC$ de massa 50 ng na origem tem uma velocidade inicial de $\vec{U} = 10^3 \vec{a_x}$ *m/s* em $t = 0$. Esta carga está se movendo no espaço livre através dos campos $\vec{U} = 10^3 \vec{a_x}$ *m/s* e $\vec{E} = 40 \vec{a_y}$ *V/m*. Qual a posição da carga em $t = 2$ *s*? E em $t = 5$ *s*? Qual o raio descrito pela carga? Qual a aceleração centrípeta? Qual a aceleração na direção y?

7.8) Um elétron passa pela origem do sistema de coordenadas em $t = 0$ com uma velocidade $\vec{U}$. Se nesta região há uma densidade de fluxo magnético $\vec{B} = 0{,}035 \vec{a_z}$ Wb/m^2 e o elétron passa a descrever uma órbita circular de raio $r = 15$ *m* paralelo ao plano xy, qual o valor de $\vec{U}$?

7.9) Um elétron desloca-se na direção $\vec{a_y}$ ao longo da porção negativa do eixo y com uma velocidade de 9×10^6 *m/s* e encontra uma densidade de fluxo magnético uniforme $\vec{B} = B_0 \vec{a_x}$ na região entre $y = 0$ e $y = 8$ *cm*. Se considerar que o elétron continua ao longo do eixo y, que campo B_0 causará uma deflexão de 15 *cm* na direção $\vec{a_z}$ no momento em que ele atingir $y = 35$ *cm*?

7.10) Para uma longa fita de germânio tipo n com uma seção reta retangular no plano $x = 0$, $0 \le z \le a$, $0 \le y \le b$, é colocada uma densidade de fluxo magnético $\vec{B} = B_0 \vec{a_z}$ e um campo elétrico $\vec{E} = E_0 \vec{a_x}$ *V/m*. Se a mobilidade dos elétrons é μe, mostre que a voltagem Hall entre os extremos $y = b$ e $y = 0$ é $b\mu_e B_0 E_0$ e calcule esta tensão para $a = 0{,}8$ *mm*, $b = 6$ *cm*, $B_0 = 0{,}2$ Wb/m^2, $\mu e = 0{,}39$ $m^2/V.s$ e $E_0 = 1.500$ *V/m*.

7.11) Comprove a equação da tensão Hall: $V_H = \dfrac{IB}{\rho L}$.

7.12) Dada a densidade de fluxo magnético $\vec{B} = 1{,}5 \times 10^{-3} \vec{a_z}$ Wb/m^2 calcule a força sobre:

a) Um filamento de corrente $I = 6\,A$ sobre o eixo y;
b) Um filamento do corrente $I = 12\,A$ no plano $z = 0$, $r = 10$ *cm*, girando na direção $\vec{a_\phi}$.

7.13) Calcule a força entre dois fios perpendiculares entre si, infinitos e com correntes I_1 e I_2, localizados no plano xz e separados de uma distância d.

7.14) Filamentos de corrente $I_1 \vec{a_x}$ e $I_2 (\vec{a_x} + \vec{a_y})/\sqrt{2}$ estão localizados em $y = 0$, $z = 0$ e $z = 1$, $y = x$, respectivamente, no espaço livre. Calcule o vetor força total em I_2.

7.15) No disco de raio $r = 1\ m$ centrado na origem, apresentado na Figura 7.15, há uma densidade superficial de corrente $K_\phi = 0{,}5\ A/m$. Uma densidade de fluxo magnético $\vec{B} = 0{,}03\,\vec{a_r}\ \ Wb/m^2$ é aplicada. Calcule a força sobre o disco.

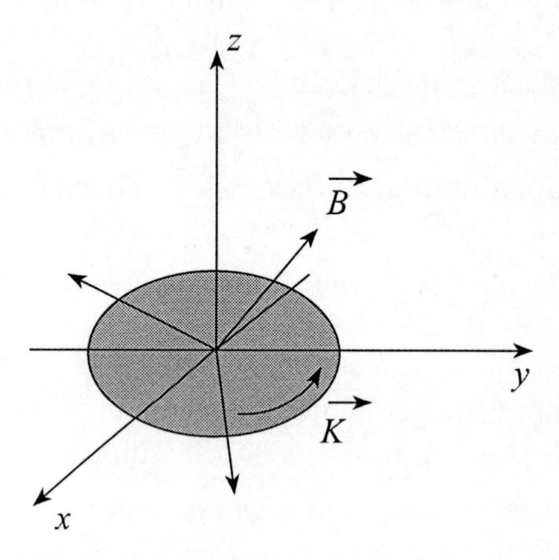

Figura 7.15: Disco com densidade superficial de corrente na direção ϕ.

7.16) Calcule a força entre dois planos paralelos de densidades superficiais de corrente $\vec{K}_1 = 0{,}05\,\vec{a_z}\ \ A/m$ e $\vec{K}_2 = -0{,}05\,\vec{a_z}\ \ A/m$, paralelos ao plano xz em $y = -1\ cm$ e $y = 1\ cm$, respectivamente.

7.17) Calcule a força entre dois planos paralelos de densidades superficiais de corrente $\vec{K}_1$ e $\vec{K}_2$, paralelos ao plano xz com uma largura b e separados de uma distância d.

7.18) Calcule o torque em uma bobina circular de 500 espiras com 25 cm de raio, centrada no plano $z = 0$, com $I = 2\ A$ no sentido anti-horário, se $\vec{B} = 0{,}54\,\vec{a_x}\ \ Wb/m^2$. Refaça os cálculos, se a bobina for quadrada, com o lado $l = 50\ cm$.

7.19) Calcule o torque no disco da Figura 7.15, se $\vec{B} = B_0 \vec{a_z}$ Wb/m^2.

7.20) Uma superfície cilíndrica de raio r = 10 cm, $-10 < z < 10$ cm contém 12.000 filamentos paralelos ao eixo z e uniformemente espaçados em torno de um cilindro, tendo cada um corrente de 2 A na direção $\vec{a_z}$.

a) Se uma densidade de fluxo magnético $\vec{B} = 0{,}4\,\vec{a_r}$ Wb/m^2 é aplicada na superfície cilíndrica, calcule o torque total nos filamentos de corrente.
b) Qual o número de rotações por minuto a que o cilindro deve girar para prover uma potência de 25 kW?
c) Qual a potência gerada se o número de rotações por minuto a que o cilindro gira é de 2.000?
d) Qual a densidade de fluxo a ser aplicada para que a potência seja de 150 kW?

7.21) Considere um elétron movendo-se em uma órbita de raio a em torno de um núcleo positivamente carregado.

a) Selecionando uma corrente e uma área apropriada, mostre que o momento de dipolo orbital equivalente é $ea^2\omega/2$, em que ω é a velocidade angular do elétron;
b) Mostre que o torque produzido por uma densidade de fluxo magnético paralelo ao plano da órbita é $ea^2\omega B/2$;
c) Igualando as forças de Coulomb e centrífuga, mostre que

$$\omega = \frac{1}{\sqrt{4\pi\varepsilon_0 ma^3 / e^2}};$$

d) Encontre os valores para a velocidade angular, torque e momento magnético orbital para o átomo de hidrogênio em que $a \approx 6 \times 10^{-11}$ m (considere $B = 1$ Wb/m^2).

7.22) Para o átomo de hidrogênio descrito no Exercício 7.21, considere que ele está sujeito a uma densidade de fluxo magnético na mesma direção do campo do átomo.

a) Mostre que as forças causadas por B resultam em um decréscimo da velocidade angular de $eB/2m$ e em um decréscimo no momento de órbita de $e^2a^2B/4m$.

b) Em termos de partes por milhão (*ppm*), qual é o decréscimo para o átomo de hidrogênio submetido ao campo de 0,1 Wb/m^2?

7.23) Num solenóide de raio $r = 0{,}25\ cm$, com 50 espiras por centímetro, e de comprimento 5 cm, flui uma corrente $I = 0{,}3\ A$. Calcule a energia em seu interior.

7.24) Num solenóide de raio $r = 0{,}3\ cm$ e 25 cm de comprimento flui uma densidade de corrente $K = 2\ A/m$. Calcule a energia em seu interior.

7.25) Num toróide centrado na origem e limitado pelas superfícies $r = 18\ cm$ e $r = 20\ cm$, com 150 espiras por centímetro, flui uma corrente $I = 0{,}5\ A$. Calcule a energia em seu interior.

7.26) Calcule a densidade de fluxo magnético B e a intensidade do campo magnético H no interior de um toróide, se a energia armazenada é 150 J.

7.27) Calcule a indutância de um toróide se:

a) Ele tem área da seção reta circular com $r = 15\ mm$, raio médio $r_0 = 3{,}5\ cm$, $N = 2.000$ espiras.
b) Ele tem área da seção reta retangular com $a = 15\ mm$ e $b = 3{,}8\ cm$, $l = 12\ cm$, $N = 800$ espiras.

7.28) Sejam dois fios paralelos de raios $r_1 = 0{,}02\ cm$ separados de uma distância $d = 0{,}5\ cm$.

a) Calcule sua indutância.
b) Se $d = 15\ cm$, de quanto muda sua indutância?

7.29) Considere um fio de raio $r_1 = 0{,}6\ cm$ separado de uma distância $d = 1{,}3\ cm$ de um plano de terra.

a) Calcule sua indutância.
b) Se $d = 20\ cm$, qual o percentual de variação na sua indutância?

7.30) Se uma bobina contém $N = 3.500$ espiras distribuídas sobre uma única camada em um cilindro de raio $r = 8$ *cm*, e comprimento $l = 12$ *cm*:

a) Qual sua indutância?
b) Se $r = 13$ *cm* e $l = 18$ *cm* de quanto muda sua indutância?
c) Se as bobinas estão dispostas em várias camadas tal que $r_1 = 7$ *cm*, $r_2 = 7{,}6$ *cm* e $l = 14$ *cm* de quanto muda sua indutância?
d) Se as bobinas estão dispostas em várias camadas tal que $r_1 = 11$ *cm*, $r_2 = 11{,}5$ *cm* e $l = 17$ *cm*, de quanto muda sua indutância?

7.31) Sejam dois solenóides com $N_1 = 550$ espiras, $I_1 = 3{,}5\ A$, $r_1 = 1{,}2$ *cm*, $l_1 =$ 15 *cm* e $N_2 = 1.500$ espiras, $r_2 = 0{,}95$ *cm*, $l_2 = 6{,}8$ *cm*.

a) Considerando que o fluxo Φ_{12} que atravessa as espiras do solenóide 2 é 11,5% do fluxo total no centro do solenóide 1, calcule a indutância mútua M_{12};
b) Considerando a relação $M_{12} = M_{21}$, calcule o percentual do fluxo total do solenóide 1 que atravessa o solenóide 2, se $I_2 = 1{,}2\ A$;
c) Se o percentual do fluxo total do solenóide 1 para o solenóide 2 é 23%, calcule a corrente I_2 para satisfazer a relação $M_{12} = M_{21}$.

Capítulo 8

Materiais Magnéticos, Propriedades e Circuitos Magnéticos

Da mesma forma que os materiais dielétricos, há materiais que apresentam características magnéticas, através de alinhamento de conjuntos de moléculas, denominadas domínios. Dessa forma, esses materiais aumentam a permeabilidade do fluxo magnético e, conseqüentemente, a densidade de fluxo magnético. Além do mais, a presença destes materiais geram variações nas componentes tangenciais e normais destes campos, da mesma forma que os dielétricos com os campos elétricos. Essa característica é muito utilizada na engenharia, desde que é possível direcionar o fluxo para construir dispositivos como transformadores, eletroímãs, entre outros, os quais são denominados circuitos magnéticos. Neste capítulo são estudados estes materiais, suas propriedades e aplicações básicas, onde são apresentados vários exemplos e experimentos que se podem realizar com estes materiais.

8.1 Materiais Magnéticos

A história dos materiais magnéticos é antiga, iniciando muitos anos antes de Cristo, com a utilização da magnetita. Com o passar do tempo, pesquisas a respeito dos campos magnéticos levaram Ampère a propor que os ímãs tinham essa característica magnética devido ao fato de que os átomos (como vistos na estrutura clássica) tinham seus elétrons girando ao redor do núcleo, o que formavam espiras de corrente e, conseqüentemente, quando muitos átomos se alinhavam, geravam um forte campo magnético no material. Atualmente, sabe-se que os campos dos ímãs devem-se a três formas, que são: os elétrons girando em torno do núcleo, que formam espiras atômicas de corrente; o spin do elétron, ou movimento de rotação e o spin nuclear. O spin do elétron é o responsável pela maior concentração e geração de campos nos materiais magnéticos (apresenta alto momento magnético).

De acordo com as formas de alinhamento dos momentos magnéticos, classificam-se os materiais em seis tipos, que são: diamagnético, paramagnético, ferromagnético, antiferromagnético, ferrimagnético e superparamagnético.

Denomina-se vetor de magnetização o campo de um material magnetizado (desde que o campo magnético H é gerado por correntes de cargas livres) gerado pelas correntes orbitais (ou correntes de magnetização, ou correntes de

Ampère), spins dos elétrons e spins nucleares. Este vetor de magnetização tem a mesma unidade de $\vec{H}$.

O vetor de magnetização $\vec{M}$ é definido a partir do momento de dipolo magnético $\vec{m} = Id\vec{S}$, em que, em um volume Δv, onde há n dipolos idênticos, o somatório de todos os dipolos neste volume dá

$$\vec{m}_{total} = \sum_{i=1}^{n\Delta v} \vec{m}_i,$$

onde cada $\vec{m}_i$ pode ser diferente, e o momento magnético de dipolo por unidade de volume (ou vetor de magnetização) é:

$$\vec{M} = \lim_{\Delta v \to 0} \frac{1}{\Delta v} \sum_{i=1}^{n\Delta v} \vec{m}_i.$$

Quando um material magnético é exposto a um campo magnético externo, há uma orientação dos momentos para a linha do campo aplicado.

Da mesma forma que as cargas do dipolo no dielétrico, no material magnético forma-se a corrente orbital satisfazendo:

$$I_b = \oint \vec{M} \cdot d\vec{L}$$

que, expressando I_b em termos de uma densidade de corrente orbital $\vec{J_b}$, encontra-se

$$\oint \vec{M} \cdot d\vec{L} = \int_S \vec{J_b} \cdot d\vec{S}$$

e, por meio da aplicação do Teorema de Stokes

$$\int_S \left(\nabla \times \vec{M}\right) d\vec{S} = \int_S \vec{J_b} \cdot d\vec{S},$$

que, conseqüentemente, encontra-se:

$$\nabla \times \vec{M} = \vec{J_b}$$

que determina a produção de campos de magnetização pelas correntes magnéticas (orbitais) da mesma forma que o movimento de cargas livres (no espaço livre) produz o campo $\vec{H}$ no vácuo. Com esse resultado, relacionam-se os campos $\vec{B}$, $\vec{H}$ e $\vec{M}$, da mesma forma que se relacionam os campos $\vec{D}$, $\vec{E}$ e $\vec{P}$. Assim, para o espaço livre, tem-se que

$$\nabla \times \vec{H} = \vec{J}_{total} = \vec{J} + \vec{J_b}$$

que representa que o rotacional de $\vec{H}$ em qualquer ponto é igual à densidade de corrente total (cargas livres $\vec{J}$ e cargas orbitais $\vec{J_b}$) geradora do campo $\vec{H}$. Daí, substituindo $\vec{H} = \vec{B}/\mu_0$, uma vez que $\vec{H}$ só é gerado no espaço livre, então

$$\nabla \times \frac{\vec{B}}{\mu_0} = \vec{J} + \vec{J}_b = \vec{J} + \nabla \times \vec{M}$$

$$\nabla \times \frac{\vec{B}}{\mu_0} - \nabla \times \vec{M} = \vec{J}$$

$$\nabla \times \left(\frac{\vec{B}}{\mu_0} - \vec{M} \right) = \vec{J} = \nabla \times \vec{H}$$

tal que

$$\vec{H} = \frac{\vec{B}}{\mu_0} - \vec{M} \Rightarrow \vec{B} = \mu_0 \left(\vec{H} + \vec{M} \right)$$

ou seja, somente o movimento de cargas livres gera o campo $\vec{H}$, enquanto a magnetização se soma para aumentar a densidade de fluxo magnético total dentro do material. Deve-se observar que os materiais magnéticos apresentam não-linearidade na curva de magnetização (diferentemente do espaço livre), desde que o vetor de magnetização $\vec{M}$ se opõe ao valor total de $\vec{H}$.

Em termos de materiais magnéticos lineares e isotrópicos, define-se a relação do vetor de magnetização com a suscetibilidade magnética χ_m, como

$$\vec{M} = \chi_m \vec{H}$$

e, conseqüentemente,

$$\vec{B} = \mu_0 (\vec{H} + \chi_m \vec{H}) = \mu_0 \vec{H} \ (1 + \chi_m) = \mu_0 \mu_R \vec{H} = \mu \vec{H}$$

tendo a permeabilidade do material definida por $\mu = \mu_R \mu_0$, com μ_R sendo a permeabilidade relativa do material, definida em termos da suscetibilidade como $\mu_R = 1 + \chi_m$, cujos resultados podem ser comparados com os resultados do campo elétrico.

A suscetibilidade magnética só é linear para os materiais paramagnéticos e diamagnéticos. Nos materiais ferromagnéticos a permeabilidade relativa varia entre 10 e acima de 200.000, enquanto nos materiais superparamagnéticos as permeabilidades relativas variam entre 1 a 10.

Exemplo 8.1: Uma linha de transmissão é um cabo coaxial com raio interno a = 0,8 mm e raio externo b = 2,5 mm, e contém uma camada cilíndrica de material no qual $\mu_{R1} = 4$ entre r = 0,8 mm e r = 1,7 mm e $\mu_{R2} = 2$ entre r = 1,7 mm e r = 2,5 mm. Se a corrente no condutor interno é I = 3 A, encontre $\vec{B}$, $\vec{H}$ e $\vec{M}$ em:

a) r = 1,2 mm;
b) r = 2,1 mm;
c) r = 3 mm;
d) Se o material é substituído por um novo material não homogêneo no qual $\mu_R = 1+3(3-500r)$ com r dado em metros, qual a quantidade de fluxo, por unidade de comprimento, que passa pelo material?

Este é um problema de cálculo de campos simples, desde que o condutor circulado pela corrente gera campo na direção ϕ, onde os materiais magnéticos se encontram (em camadas sobre o condutor interno). Dessa forma, tem-se:

a) Como o campo $\vec{H}$ para um cabo coaxial é conhecido, sendo:

$$\vec{H} = \frac{I}{2\pi r}\vec{a_\phi} = \frac{0{,}4775}{r}\vec{a_\phi},$$

então, para o raio r = 1,2 mm = 0,0012 m, encontra-se:

$$\vec{H} = \frac{0{,}4775}{0{,}0012}\vec{a_\phi} = 397{,}8874\vec{a_\phi}\ A/m.$$

Como $\vec{B} = \mu\vec{H} = \mu_R\mu_0\vec{H}$, então:

$$\vec{B} = 4\times 4\pi\times 10^{-7}\times 397{,}8874\vec{a_\phi} = 2\times 10^{-3}\vec{a_\phi}\ Wb/m^2$$

e, como $\vec{M} = \chi_m\vec{H} = (\mu_R - 1)\vec{H}$, então:

$$\vec{M} = (4-1)\times 397{,}8874\vec{a_\phi} = 1193{,}6622\vec{a_\phi}\ A/m.$$

b) Para o raio $r = 2{,}1\ mm = 0{,}0021\ m$, a região se encontra no segundo material. Logo, os cálculos devem ser feitos com μ_{R2}, ou seja:

$$\vec{H} = \frac{0{,}4775}{0{,}0021}\vec{a_\phi} = 227{,}381\vec{a_\phi}\ A/m$$

$$\vec{B} = 2 \times 4\pi \times 10^{-7} \times 227{,}381\vec{a_\phi} = 5{,}7147 \times 10^{-4}\vec{a_\phi}\ Wb/m^2$$

e,

$$\vec{M} = (2-1) \times 227{,}381\vec{a_\phi} = 227{,}381\vec{a_\phi}\ A/m.$$

c) Para o raio $r = 3\ mm = 0{,}003\ m$, a região se encontra além do segundo condutor (fora do cabo coaxial) e, pela Lei de Ampère, a corrente total envolvida, sendo nulo o campo, é:

$$\vec{H} = 0\ A/m$$

e, conseqüentemente,

$$\vec{B} = 0\ Wb/m^2$$

$$\vec{M} = 0\ A/m$$

d) Neste caso, como o material é não homogêneo, tendo $\mu_R = 1+3(3-500r)$ com r dado em metros, a quantidade de fluxo por unidade de comprimento que passa pelo material deve ser calculada através da densidade de fluxo magnético:

$$\Phi / m = \int_{0{,}0008}^{0{,}003} B dr$$

$$\Phi / m = 6 \times 10^{-7} \int_{0{,}0008}^{0{,}003} \left(\frac{10}{r} - 500 \right) dr$$

$$\Phi / m = 6 \times 10^{-7} \left(10 \ln r - 500r \right|_{0{,}0008}^{0{,}003}$$

$$\Phi / m = 7{,}2711 \times 10^{-6}\ Wb/m$$

Exemplo 8.2: Considere que um pequeno paralelepípedo de aço-silício está colocado em um campo magnético uniforme, em que $\vec{B} = 1{,}4\,\vec{a_z}\ Wb/m^2$. Se o ferro consiste de $8{,}5 \times 10^{28}$ *átomos/m³*, calcule a magnetização $\vec{M}$ e a densidade de corrente magnética média J_b, considerando uma área de 1 cm^2.

Da equação da densidade de fluxo B em função de H, para o ferro-silício, que tem permeabilidade relativa $\mu_R = 7.000$, tem-se:

$$\vec{H} = \frac{\vec{B}}{\mu_R \mu_0} = 159{,}155\vec{a_z} \ A/m.$$

Dessa forma, a magnetização, em módulo (desde que B não é dada como vetor) é:

$$\vec{M} = \chi_m \vec{H} = (7000-1) \times 159{,}155\vec{a_z} = 1{,}11393 \times 10^6 \vec{a_z} \ A/m.$$

e, conseqüentemente, como $n = 8{,}5 \times 10^{28}$ *átomos/m³*, então

$$\vec{m} = \frac{\vec{M}}{n} = 1{,}311 \times 10^{-23} \vec{a_z} \ Am^2$$

$$I_b = \frac{m}{S} = 1{,}311 \times 10^{-19} \ A$$

$$J_b = \frac{I}{S} = 1{,}311 \times 10^{-15} \ A/m^2$$

Exemplo 8.3: Duas correntes superficiais $\vec{K}_1 = 350\,\vec{a_x}$ *A/m* e $\vec{K}_2 = -350\,\vec{a_x}$ *A/m* estão localizadas em $z = 3$ *m* e $z = -3$ *m*, respectivamente. Considere que a região $|z| > 3m$ é o espaço livre, e encontre $\vec{B}$, $\vec{H}$ e $\vec{M}$ na região $|z| < 3$ *m* se, para esta região:

a) $\mu = 1{,}4\mu_0$;
b) $\mu = 1{,}4\mu_0$ para $|z| < 1{,}8$ e $\mu = 2{,}4\mu_0$ para $1{,}8 < |z| < 3$;
c) $\mu = (z + 1{,}1)\mu_0$ para $|z| < 3$ *m*;
d) $\mu = 12\mu_0$ para $x > 0$ e $\mu = 200\mu_0$ para $x < 0$.

Utilizando a regra da mão direita, e pelo resultado do campo magnético de uma superfície de corrente, tem-se:

$$\vec{H} = \left(\frac{|K_1|}{2} + \frac{|K_2|}{2} \right) \vec{a_y} = 350\vec{a_y} \ A/m.$$

Como o campo não varia com a presença de materiais magnéticos, pois ele só depende da corrente das cargas livres, este resultado é válido para todos os quatro itens. Entretanto, para a densidade de fluxo e para o vetor de magnetização, tem-se:

a) Como na região $|z| < 3\ m$ tem-se $\mu = 1{,}4\mu_0$, então:

$$\vec{B} = \mu\vec{H} = 1{,}4\mu_0 \times 350\overrightarrow{a_y} = 6{,}1575 \times 10^{-4}\overrightarrow{a_y}\ Wb/m^2$$

$$\vec{M} = \chi_m\vec{H} = 0{,}4 \times 350\overrightarrow{a_y} = 140\overrightarrow{a_y}\ A/m$$

enquanto na região $|z| > 3\ m$, como é o espaço livre, tem-se:

$$\vec{B} = \mu\vec{H} = 1{,}4\mu_0 \times 350\overrightarrow{a_y} = 6{,}1575 \times 10^{-4}\overrightarrow{a_y}\ Wb/m^2$$

$$\vec{M} = \chi_m\vec{H} = 0{,}4 \times 350\overrightarrow{a_y} = 140\overrightarrow{a_y}\ A/m$$

pois não há magnetização. O resultado da densidade de fluxo e da magnetização para a região do espaço livre é válido para todos os itens.

b) Considerando $\mu = 1{,}4\mu_0$ para $|z| < 1{,}8$ e $\mu = 2{,}4\mu_0$ para $1{,}8 < |z| < 3$, então se tem que, para $|z| < 1{,}8$:

$$\vec{B} = \mu\vec{H} = 1{,}4\mu_0 \times 350\overrightarrow{a_y} = 6{,}1575 \times 10^{-4}\overrightarrow{a_y}\ Wb/m^2$$

$$\vec{M} = \chi_m\vec{H} = 0{,}4 \times 350\overrightarrow{a_y} = 140\overrightarrow{a_y}\ A/m$$

e para $1{,}8 < |z| < 3$:

c) Para $\mu = (z + 1{,}1)\mu_0$ para $|z| < 3\ m$, tem-se:

$$\vec{B} = \mu\vec{H} = (z + 1{,}1)\mu_0 \times 350\overrightarrow{a_y} = 4{,}39823 \times 10^{-4}(z + 1{,}1)\overrightarrow{a_y}\ Wb/m^2$$

$$\vec{M} = \chi_m\vec{H} = (z + 0{,}1) \times 350\overrightarrow{a_y} = 350(z + 0{,}1)\overrightarrow{a_y}\ A/m$$

d) No caso da divisão do eixo x com materiais magnéticos diferentes $\mu = 12\mu_0$ para $x > 0$ e $\mu = 200\mu_0$ para $x < 0$, tem-se, para a primeira região:

$$\vec{B} = \mu\vec{H} = 12\mu_0 \times 350\overrightarrow{a_y} = 5{,}2779 \times 10^{-3}\overrightarrow{a_y}\ Wb/m^2$$

$$\vec{M} = \chi_m\vec{H} = 11 \times 350\overrightarrow{a_y} = 3850\overrightarrow{a_y}\ A/m$$

e para $x < 0$:

$$\vec{B} = \mu\vec{H} = 200\mu_0 \times 350\overrightarrow{a_y} = 0{,}088\overrightarrow{a_y}\ Wb/m^2$$

$$\vec{M} = \chi_m\vec{H} = 199 \times 350\overrightarrow{a_y} = 69650\overrightarrow{a_y}\ A/m$$

Quando há dois materiais homogêneos e isotrópicos e com suscetibilidades lineares, apresentando, respectivamente, permeabilidades μ_1 e μ_2, estão unidos e são atravessados por um campo magnético, utilizam-se as mesmas técnicas que descrevem as condições de contorno para materiais dielétricos. Neste caso, para o campo magnético e para a densidade de fluxo magnético, isto é:

$$\oint \vec{H} \cdot d\vec{L} = I$$

e

$$\oint_S \vec{B} \cdot d\vec{S} = 0$$

Assim, resolvendo para estes casos, encontram-se como condições de contorno para os materiais magnéticos em contato que as componentes tangenciais são:

$$H_{t_1} - H_{t_2} = K$$

Ou, em termos vetoriais

$$\left(\vec{H}_1 - \vec{H}_2\right) \times \overrightarrow{a_{N_{12}}} = \vec{K}$$

em que $\overrightarrow{a_{N_{12}}}$ é o vetor unitário normal dirigido da região 1 para a região 2. Esta condição de contorno é solucionada pela resolução da primeira integral, num percurso fechado, como visto na Figura 8.1.

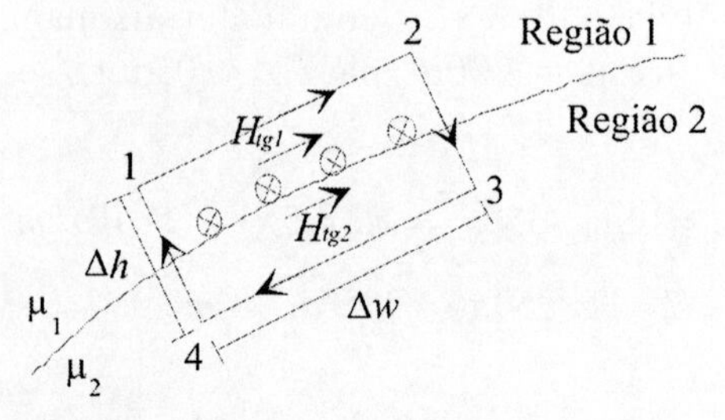

Figura 8.1: Condições de contorno para campo magnético tangencial.

Com a condição de contorno para o campo magnético tangencial $\vec{H}$, como

$$\vec{B} = \mu \vec{H},$$

então

$$\frac{B_{t_1}}{\mu_1} - \frac{B_{t_2}}{\mu_2} = K$$

e, pelas relações entre $\vec{M}$ e $\vec{H}$, encontra-se

$$M_{t_2} = \frac{\chi_{m_2}}{\chi_{m_1}} M_{t_1} - \chi_{m_2} K.$$

Deve-se observar que, para as condições de contorno para o caso tangencial, caso os materiais das respectivas regiões não sejam condutores, a corrente superficial é zero, e estas condições de contorno tornam-se mais simples.

No caso das condições de contorno das componentes normais, utiliza-se a segunda integral apresentada, que é a situação vista na Figura 8.2, e que tem como solução:

$$B_{n2} = B_{n1}$$

$$H_{N_2} = \frac{\mu_1}{\mu_2} H_{N_1}$$

$$M_{N_2} = \frac{\chi_{m_2} \mu_1}{\chi_{m_1} \mu_2} M_{N_1}$$

que são as condições de contorno para as componentes normais dos campos na fronteira entre dois materiais.

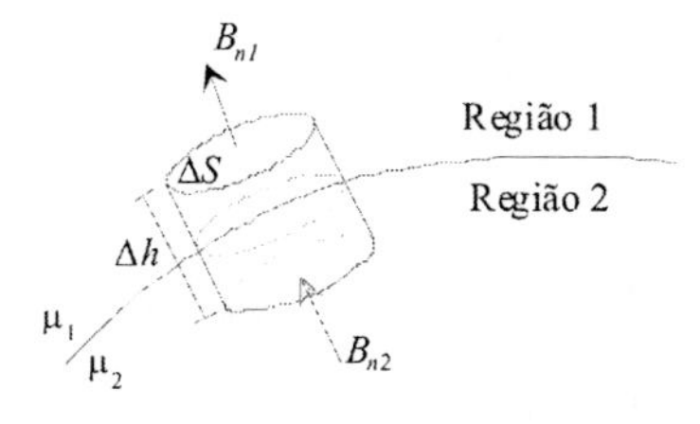

Figura 8.2: Condições de contorno para densidade de fluxo magnético normal.

Observe que os Exemplos de 8.1 a 8.3 não exigem a aplicação das condições de contorno, desde que os campos não atravessam regiões de forma a ter as duas componentes (tangencial e normal).

Exemplo 8.4: Considere um material para o qual $\mu_{R1} = 8$, e que neste material $\vec{H}_1 = 15\,\vec{a_x} - 52\,\vec{a_y} - 23\,\vec{a_z}$ *A/m*. Determine, para este material:

a) χ_{m1};
b) $\vec{B}_1$;
c) $\vec{M}_1$;
d) Se este material está junto com um outro, dividindo o eixo *z*, cujo $\mu_{R2} = 15$, calcule os valores de $\vec{B}_2$, $\vec{H}_2$ e $\vec{M}_2$.

A resolução deste problema é direta pela utilização das equações apresentadas:

a) A suscetibilidade no meio 1 é dada por:

$$\chi_{m_1} = \mu_{R_1} - 1 = 7$$

b) A densidade de fluxo magnético no meio 1 é:

$$\vec{B_1} = \mu_{R_1}\mu_0\vec{H_1} = (90\vec{a_x} - 416\vec{a_y} - 184\vec{a_z})\mu_0\ Wb/m^2$$

c) A magnetização no meio 1 é:

$$\vec{M_1} = \chi_{m_1}\vec{H_1} = 105\vec{a_x} - 364\vec{a_y} - 161\vec{a_z}\ A/m$$

d) Se o material divide o eixo *z* com outro material, então o vetor normal é o que aponta na direção deste eixo. Ou seja,

$$\vec{H_{1N}} = -23\vec{a_z}$$
$$\vec{H_{1t}} = 15\vec{a_x} - 52\vec{a_y}$$

Daí, aplicando as condições de contorno, encontra-se:

$$\overrightarrow{H_{2\,t}} = \overrightarrow{H_{1\,t}} = 15\overrightarrow{a_x} - 52\overrightarrow{a_y}\ A/m$$

$$\overrightarrow{B_{2\,t}} = \mu_{R_2}\mu_0\overrightarrow{H_{2\,t}} = (225\overrightarrow{a_x} - 780\overrightarrow{a_y})\mu_0\ Wb/m^2$$

$$\overrightarrow{B_{2\,N}} = \overrightarrow{B_{1\,N}} = -184\mu_0\overrightarrow{a_z}\ Wb/m^2$$

$$\overrightarrow{H_{2\,N}} = \frac{\overrightarrow{B_{2\,N}}}{\mu_{R_2}\mu_0} = -12{,}2667\overrightarrow{a_z}\ A/m$$

$$\overrightarrow{M_{2\,t}} = \chi_{m_2}\overrightarrow{H_{2\,t}} = 210\overrightarrow{a_x} - 728\overrightarrow{a_y}\ A/m$$

$$\overrightarrow{M_{2\,N}} = \chi_{m_2}\overrightarrow{H_{2\,N}} = -171{,}7333\overrightarrow{a_z}\ A/m$$

Conseqüentemente, encontram-se:

$$\overrightarrow{H_2} = \overrightarrow{H_{2\,t}} + \overrightarrow{H_{2\,N}} = 15\overrightarrow{a_x} - 52\overrightarrow{a_y} - 12{,}2667\overrightarrow{a_z}\ A/m$$

$$\overrightarrow{B_2} = \overrightarrow{B_{2\,t}} + \overrightarrow{B_{2\,N}} = (225\overrightarrow{a_x} - 780\overrightarrow{a_y} - 184\overrightarrow{a_z})\mu_0\ Wb/m^2$$

$$\overrightarrow{M_2} = \overrightarrow{M_{2\,t}} + \overrightarrow{M_{2\,N}} = 210\overrightarrow{a_x} - 728\overrightarrow{a_y} - 171{,}7333\overrightarrow{a_z}\ A/m$$

Exemplo 8.5: A densidade de fluxo magnético em um ponto exterior a um material magnético com $\mu_R = 200$ é $\vec{B} = 0{,}3\,\overrightarrow{a_r} - 0{,}5\,\overrightarrow{a_\phi} + 0{,}8\,\overrightarrow{a_z}\ Wb/m^2$. Encontre a densidade de fluxo magnético $\vec{B}$ na superfície interior deste material, se sua forma é um cilindro de raio $r < 3\ cm$.

Para este problema em coordenadas cilíndricas, se a densidade de fluxo dada está fora do cilindro, então é o espaço livre que é considerado ($\mu_R = 1$). Por outro lado, como são conhecidos (muito utilizados na engenharia) ímãs cilíndricos, então o campo normal está na direção z. Dessa forma,

$$\overrightarrow{B_{1\,N}} = +0{,}8\overrightarrow{a_z}\ Wb/m^2$$

$$\overrightarrow{B_{1\,t}} = 0{,}3\overrightarrow{a_r} - 0{,}5\overrightarrow{a_\phi}\ Wb/m^2$$

e, aplicando as condições de contorno magnéticas, tem-se:

$$\overrightarrow{B_2}_N = \overrightarrow{B_1}_N = +0{,}8\overrightarrow{a_z}\ Wb/m^2$$

$$\overrightarrow{H_2}_t = \overrightarrow{H_1}_t \Rightarrow \frac{\overrightarrow{B_2}_t}{\mu_{R_2}\mu_0} = \frac{\overrightarrow{B_1}_t}{\mu_{R_1}\mu_0}$$

$$\overrightarrow{B_2}_t = \frac{\mu_{R_2}\overrightarrow{B_1}_t}{\mu_{R_1}} = 60\overrightarrow{a_r} - 100\overrightarrow{a_\phi}\ Wb/m^2$$

e, assim,

$$\overrightarrow{B_2} = \overrightarrow{B_2}_t + \overrightarrow{B_2}_N = 60\overrightarrow{a_r} - 100\overrightarrow{a_\phi} + 0{,}8\overrightarrow{a_z}\ Wb/m^2$$

8.2 Circuitos Magnéticos

Denominam-se circuitos magnéticos as aplicações baseadas em materiais ferromagnéticos, como os motores, relés, eletroímãs, transformadores, etc., cujo termo se refere à similaridade existente com os circuitos resistivos elétricos. Esta similaridade pode ser vista nas equações descritas até o presente momento, o que é visto na tabela a seguir:

Circuito Elétrico	Circuito Magnético
$\vec{E} = -\nabla V\ [V/m]$	$\vec{H} = -\nabla V_m\ [A/m]$
$V_{ab} = -\int_b^a \vec{E}\cdot d\vec{L} = \int_a^b \vec{E}\cdot d\vec{L}\ [V]$	$V_m = \oint \vec{H}\cdot d\vec{L} = NI\ [A.esp]$
$\vec{J} = \sigma\vec{E} \Rightarrow I = \int_S \vec{J}\cdot d\vec{S}\ [A/m^2]$	$\vec{B} = \mu\vec{H} \Rightarrow \Phi = \int_S \vec{B}\cdot d\vec{S}\ [Wb/m^2]$
$V = IR\ [V]$	$V_m = \Phi\mathcal{R}\,[A.esp]$
$R = \dfrac{l}{\sigma S}$	$\mathcal{R} = \dfrac{l}{\mu S}$

Nesta tabela, vê-se que a primeira relação é direta entre os dois campos.

Na segunda relação, a diferença de potencial V_{ab} é quem gera a corrente I e a densidade de corrente J no circuito elétrico, a qual flui (corrente) nos fios condutores e resistores, enquanto V_m é o potencial escalar magnético, que é gerado por uma corrente que percorre uma bobina de N espiras (circuito fechado), cujo potencial gera o fluxo Φ e a densidade de fluxo B no circuito magnético, o qual flui (fluxo magnético) nos materiais magnéticos;

Na terceira relação, a densidade de corrente é uma função da condutividade do material e a corrente é calculada através dela, enquanto que no circuito magnético, a densidade de fluxo é uma função da permeabilidade do material e o fluxo que circula no circuito é calculado através dessa densidade de fluxo.

Na quarta relação, a diferença de potencial V tem uma relação linear com a corrente e a resistência, enquanto no circuito magnético o potencial escalar magnético V_m tem uma relação com o fluxo e a relutância do material. Neste caso, a relutância tem unidade de [*A/Wb*] ou [*A.esp/Wb*], sendo a característica do meio de deixar passar mais ou menos fluxo (como a resistência com a corrente elétrica). Além do mais, nos circuitos magnéticos, a relutância em materiais ferromagnéticos (os mais utilizados para este caso) não tem uma linearidade como a resistência, devido à saturação do material, que tem a característica conhecida por histerese.

Por fim, na quinta relação, a resistência elétrica é calculada como uma função do comprimento do condutor, sua condutividade e a área da seção reta, enquanto que no circuito magnético, a relutância é calculada pelos mesmos parâmetros, só que, ao invés da condutividade (que é função da mobilidade dos elétrons e, conseqüentemente, da corrente elétrica), é utilizada a permeabilidade (que está relacionada com o fluxo magnético).

Nos circuitos magnéticos, convenciona-se chamar V_m de força magnetomotriz (*fmm*) para se ter a analogia com a força eletromotriz (*fem*) dos circuitos elétricos.

Nos circuitos magnéticos, duas abordagens podem ser utilizadas:

1. Caso sem dispersão ou ideal, em que nas aberturas de ar entre um núcleo ferromagnético e outro (denominado gap, que tem como exemplo o entreferro entre armadura e rotor de um motor), não se consideram dispersões do fluxo magnético e se aproxima a área da região de ar com a mesma área dos núcleos ferromagnéticos;
2. Caso com dispersão, que é o caso mais real, em que no gap, a região do ar tem uma área considerada maior que a área do núcleo ferromagnético.

Dessa forma, todos os componentes de um circuito magnético apresentam-se análogos aos componentes de um circuito elétrico resistivo, onde se podem aplicar os conceitos diretos das leis das malhas e nós, para solucionar problemas específicos, como se pode ver na Figura 8.3, onde a divisão da corrente no circuito elétrico é igual à divisão do fluxo magnético no circuito magnético.

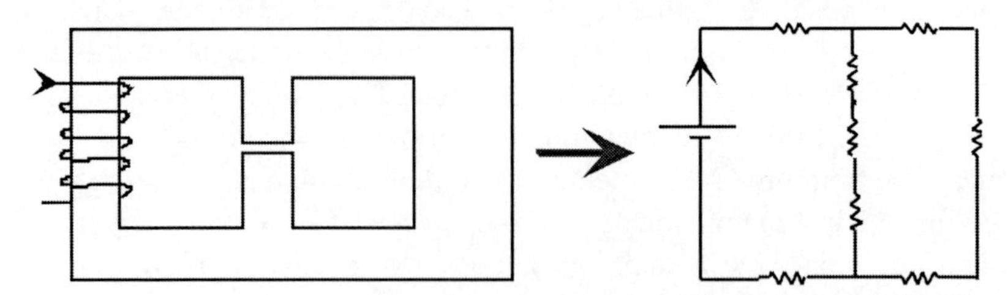

Figura 8.3: Equivalência entre um circuito magnético e um circuito elétrico.

Quando se considera a dispersão num circuito magnético, as regiões do material com abertura de ar têm suas áreas calculadas em termos de áreas aparentes, como:

$$S = (a + l)(b + l)$$

para um núcleo retangular de lados a e b e entreferro de comprimento l, e

$$S = \pi(r + l)^2$$

para uma área circular. Também, circuitos magnéticos com vários enrolamentos (bobinas) apresentam várias *fmm* que contribuem para o fluxo total, da mesma forma que as *fem* em circuitos elétricos. Se uma bobina apresenta um enrolamento invertido em relação à outra, ou sua corrente é invertida em relação à outra, sua contribuição para o fluxo total é negativa, como uma bateria ligada contrária a uma outra, como visto na Figura 8.4.

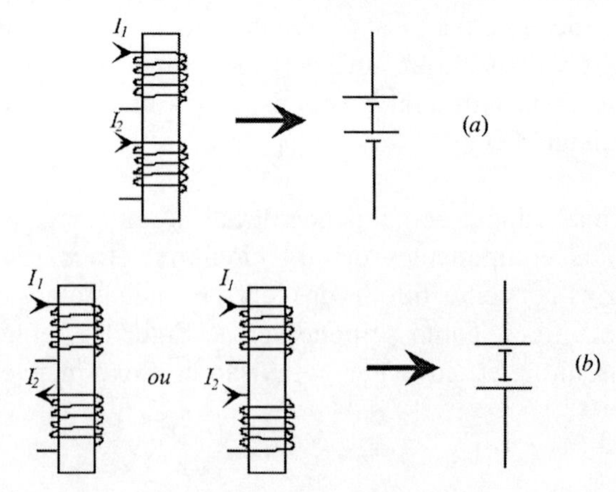

Figura 8.4: Bobinas em circuitos magnéticos e analogia com baterias em circuitos elétricos.

Exemplo 8.6: Calcule o fluxo magnético no circuito magnético visto na Figura 8.5, onde $I = 2\ A$ e $N = 300$ espiras, sendo $S_1 = 2\ cm^2$, $S_2 = 8\ cm^2$, $S_3 = 3\ cm^2$, $\mu_R = 300$.

$$\Phi = \frac{V_m}{\mathcal{R}_T}$$

Considerando que neste circuito não há gap, então não há dispersão do fluxo que atravessa o circuito. Assim:

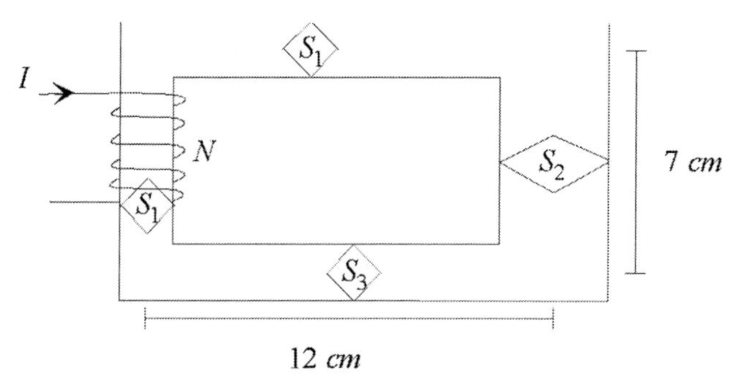

Figura 8.5: Circuito magnético com relutâncias em série.

Como $V_m = NI$, então $V_m = 2 \times 300 = 600\ Aesp$. A relutância total do circuito é

$$\mathcal{R}_T = \mathcal{R}_1 + \mathcal{R}_2 + \mathcal{R}_3,$$

pois estas relutâncias estão em série. A relutância $\mathcal{R}_1$ é calculada utilizando-se todo o comprimento que apresenta área S_1, ou seja,

$$\mathcal{R}_1 = \frac{l_{S_1}}{\mu S_1} = \frac{l_1 + l_2}{\mu S_1} = \frac{0{,}12 + 0{,}07}{300\mu_0 \times 2 \times 10^{-4}} = 2519953{,}266\ A/Wb$$

a relutância $\mathcal{R}_2$ é calculada utilizando o comprimento de área S_2:

$$\mathcal{R}_2 = \frac{l_{S_2}}{\mu S_2} = \frac{0{,}07}{300\mu_0 \times 8 \times 10^{-4}} = 232100{,}9587\ A/Wb.$$

e a relutância $\mathcal{R}_3$ é calculada utilizando o comprimento de área S_3:

$$\mathcal{R}_3 = \frac{l_{S_3}}{\mu S_3} = \frac{0{,}12}{300\mu_0 \times 3 \times 10^{-4}} = 1061032{,}954\ A/Wb.$$

Assim, como as relutâncias estão em série, a relutância total é

$$\mathcal{R}_T = \mathcal{R}_1 + \mathcal{R}_2 + \mathcal{R}_2 = 3813087{,}179 \text{ A/Wb}$$

e, conseqüentemente, o fluxo é

$$\Phi = \frac{600}{3813087{,}179} = 1{,}57353 \times 10^{-4}\ Wb = 157{,}353\ \mu Wb.$$

Exemplo 8.7: Para o circuito magnético visto na Figura 8.6 (a), cuja representação em forma de circuito elétrico resistivo é vista na Figura 8.6 (b), calcule o fluxo no entreferro para os casos: sem dispersão do fluxo magnético e com dispersão deste fluxo, considerando que o número de espiras na bobina é $N = 1.800$ espiras e que esta bobina tem uma corrente $I = 1\ A$. Considere que as áreas das seções retas dos núcleos são circulares e têm respectivamente: $S_1 = 3\ cm^2$, $S_2 = 8\ cm^2$, $S_3 = 4\ cm^2$ e as permeabilidades dos materiais são, respectivamente: $\mu_{R1} = 600$ e $\mu_{R2} = 1.500$.

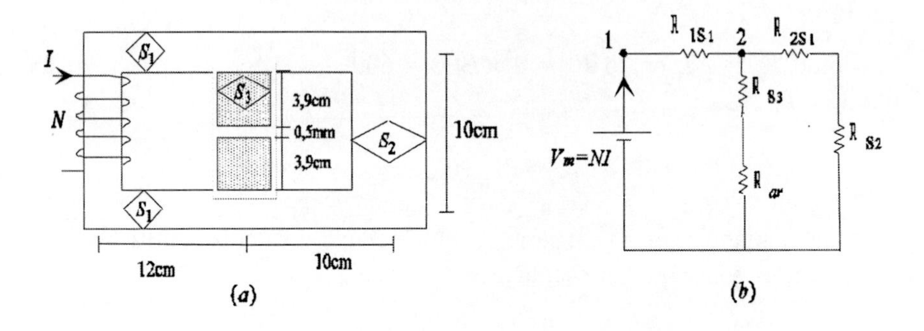

Figura 8.6: (a) Circuito magnético apresentando relutâncias em série e em paralelo, abertura de ar e materiais com diferentes permeabilidades e (b) Circuito elétrico equivalente.

Para este circuito, considerando a não-dispersão do fluxo magnético no entreferro, tem-se:

$$V_m = NI = 1800 \times 1 = 1800 \; Aesp$$

$$\mathcal{R}_{1S_1} = \frac{0{,}12 + 0{,}12 + 0{,}1}{600\,\mu_0 \times 3 \times 10^{-4}} = 1503130{,}018 \; A/Wb$$

$$\mathcal{R}_{2S_1} = \frac{0{,}1 + 0{,}1}{600\,\mu_0 \times 3 \times 10^{-4}} = 884194{,}128 \; A/Wb$$

$$\mathcal{R}_{S_2} = \frac{0{,}1}{600\,\mu_0 \times 8 \times 10^{-4}} = 165786{,}399 \; A/Wb$$

$$\mathcal{R}_{S_3} = \frac{0{,}039 + 0{,}039}{1500\,\mu_0 \times 4 \times 10^{-4}} = 103450{,}713 \; A/Wb$$

$$\mathcal{R}_{ar} = \frac{0{,}0005}{\mu_0 \times 4 \times 10^{-4}} = 994718{,}394 \; A/Wb$$

Com estes resultados, utilizando a teoria de circuitos, a relutância equivalente no circuito magnético é

$$\mathcal{R}_T = \mathcal{R}_{1S1} + (\mathcal{R}_{2S1} + \mathcal{R}_{S2}) \,//\, (\mathcal{R}_{S3} + \mathcal{R}_{ar}) = \mathcal{R}_{1S1} +$$
$$+[(\mathcal{R}_{2S1} + \mathcal{R}_{S2})(\mathcal{R}_{S3} + \mathcal{R}_{ar})]/(\mathcal{R}_{2S1} + \mathcal{R}_{S2} + \mathcal{R}_{S3} + \mathcal{R}_{ar})$$

$$\mathcal{R}_T = 2039897{,}178 \; A/Wb.$$

Assim, o fluxo total no circuito é

$$\Phi = \frac{V_m}{\mathcal{R}_T} = \frac{1800}{2039897{,}178} = 8{,}824 \times 10^{-4} \; Wb = 882{,}4 \; \mu Wb$$

que é o fluxo que atravessa a relutância $\mathcal{R}_{1S1}$ e se distribui entre as relutâncias nos dois ramos a partir do nó 2. Dessa forma, utilizando o divisor de tensão, tem-se

$$V_{m2} = \frac{\mathcal{R}_{eq}}{\mathcal{R}_T} V_m = 473{,}642 \; Aesp,$$

em que $\mathcal{R}_{eq} = (\mathcal{R}_{2S1} + \mathcal{R}_{S2}) // (\mathcal{R}_{S3} + \mathcal{R}_{ar}) = [(\mathcal{R}_{2S1} + \mathcal{R}_{S2})(\mathcal{R}_{S3} + \mathcal{R}_{ar})]/[\mathcal{R}_{2S1} + \mathcal{R}_{S2} + \mathcal{R}_{S3} + \mathcal{R}_{ar}]$. Entretanto, como a V_{m2} é a *fmm* na relutância equivalente, então ela é igual nas duas relutâncias séries $(\mathcal{R}_{2S1} + \mathcal{R}_{S2})$ e $(\mathcal{R}_{S3} + \mathcal{R}_{ar})$ vistas no nó 2. Dessa forma,

$$\Phi_{ar} = \frac{V_{m2}}{\mathcal{R}_{S_3} + \mathcal{R}_{ar}} = 4,313 \times 10^{-4}\ Wb = 431,3\ \mu Wb$$

que é o resultado procurado para o caso de não haver dispersão do fluxo magnético no entreferro.

Para o caso de haver dispersão, a área do entreferro passa a ser considerada como:

$$S_{ar} = \pi(r + l)^2$$

e, como a seção é circular e o valor da área do núcleo é dada, então:

$$S_3 = 4 \times 10^{-4} = \pi r^2$$
$$r = 0,011284\ m$$

e, conseqüentemente,

$$S_{ar} = \pi(0,011284 + 0,0005)^2 = 4,3624 \times 10^{-4}\ m^2$$

Assim, a relutância do ar varia para:

$$\mathcal{R}_{ar} = \frac{0,0005}{\mu_0 \times 4,3624 \times 10^{-4}} = 912083,618\ A/Wb$$

e,

$$\mathcal{R}_T = 2019365,119\ A/Wb.$$

$$\Phi = \frac{V_m}{\mathcal{R}_T} = \frac{1800}{2019365,119} = 8,914 \times 10^{-4}\ Wb = 891,4\ \mu Wb$$

$$V_{m2} = \frac{\mathcal{R}_{eq}}{\mathcal{R}_T} V_m = 460,156\ Aesp,$$

$$\Phi_{ar} = \frac{V_{m2}}{\mathcal{R}_{S_3} + \mathcal{R}_{ar}} = 4,5312 \times 10^{-4}\ Wb = 453,12\ \mu Wb$$

que é uma variação muito pequena, em relação ao resultado sem dispersão. Este resultado é próximo do anterior (sem dispersão), devido à pequena distância *l* do entreferro.

Exemplo 8.8: Para o problema da Figura 8.5, calcule o fluxo magnético se o material apresenta a curva aproximada de saturação apresentada na Figura 8.7.

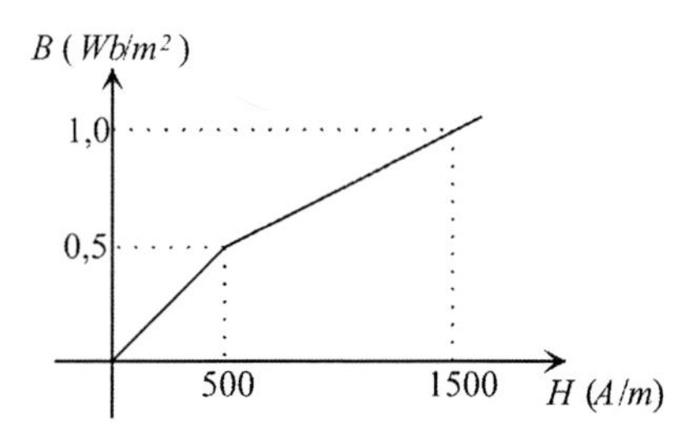

Figura 8.7: Curva de saturação de um material, linearizada para aproximações de cálculo de fluxo em um circuito magnético.

Neste caso, os valores das permeabilidades variam de acordo com a quantidade de corrente que gera H na curva. Assim, tem-se

$$\mu_1 = \frac{0{,}5-0}{500-0} = 10^{-3}\,H/m$$

e

$$\mu_2 = \frac{1-0{,}5}{1500-500} = 5\times10^{-4}\,H/m.$$

Desde que a corrente no circuito é $I = 1\,A$, então, para calcular o fluxo é necessário avaliar se para esta corrente o valor de H está na primeira região ou na segunda (região de saturação). Como o ponto final da reta de não-saturação é $H_1 = 500\,A/m$, então, pela Lei de Ampère, encontra-se

$$H_1 l = NI_1$$

ou

$$I_1 = \frac{H_1 l}{N} = \frac{500\times(0{,}12+0{,}07+0{,}12+0{,}07)}{300} = 0{,}6333\,A$$

que é a corrente que, colocada na bobina, leva o material magnético ao limite da curva de não-saturação. Com esta corrente, calcula-se o fluxo gerado no circuito magnético, que é:

$$\Phi_1 = \frac{V_m}{\mathcal{R}_T} = \frac{300 \times 0{,}6333}{\mathcal{R}_T} = \frac{190}{\mathcal{R}_T}.$$

Entretanto, como o fluxo depende da relutância do circuito, e para esta corrente o material está na região não saturada, ou seja, a permeabilidade do material é $\mu_1 = 10^{-3}\ H/m$, então,

$$\mathcal{R}_1 = \frac{l_{S_1}}{\mu_1 S_1} = \frac{l_1 + l_2}{\mu_1 S_1} = \frac{0{,}12 + 0{,}07}{10^{-3} \times 2 \times 10^{-4}} = 950000\ A/Wb$$

$$\mathcal{R}_2 = \frac{l_{S_2}}{\mu_1 S_2} = \frac{0{,}07}{10^{-3} \times 8 \times 10^{-4}} = 87500\ A/Wb$$

$$\mathcal{R}_3 = \frac{l_{S_3}}{\mu_1 S_3} = \frac{0{,}12}{10^{-3} \times 3 \times 10^{-4}} = 400000\ A/Wb$$

Assim, a relutância total é

$$\mathcal{R}_T = \mathcal{R}_1 + \mathcal{R}_2 + \mathcal{R}_2 = 1437500\ A/Wb$$

e, conseqüentemente, o fluxo para esta região de não-saturação é

$$\Phi_1 = \frac{190}{1437500} = 1{,}32174 \times 10^{-4}\ Wb = 132{,}174\ \mu Wb.$$

Desde que a corrente colocada na bobina é $I = 1\ A$, então toda a corrente que ultrapassa o valor máximo da corrente de não-saturação ($I_1 = 0{,}6333\ A$) encontra-se na região de saturação, onde se considera, para o cálculo das relutâncias, a segunda permeabilidade μ_2. Assim, tem-se

$$I_2 = 1 - 0{,}6333 = 0{,}3667\ A$$

e, conseqüentemente,

$$V_m = NI_2 = 300 \times 0{,}3667 = 110\ Aesp.$$

Neste caso, recalculando as relutâncias para a região de saturação, encontram-se:

$$\mathcal{R}_1 = \frac{l_{S_1}}{\mu_2 S_1} = \frac{l_1 + l_2}{\mu_2 S_1} = \frac{0{,}12 + 0{,}07}{5 \times 10^{-4} \times 2 \times 10^{-4}} = 1900000\ A/Wb$$

$$\mathcal{R}_2 = \frac{l_{S_2}}{\mu_2 S_2} = \frac{0{,}07}{5 \times 10^{-4} \times 8 \times 10^{-4}} = 175000\ A/Wb$$

$$\mathcal{R}_3 = \frac{l_{S_3}}{\mu_1 S_3} = \frac{0{,}12}{5 \times 10^{-4} \times 3 \times 10^{-4}} = 800000\ A/Wb,$$

que dá, como relutância total para a região de saturação:

$$\mathcal{R}_T = \mathcal{R}_1 + \mathcal{R}_2 + \mathcal{R}_{ar} = 2875000\ A/Wb$$

e, conseqüentemente,

$$\Phi_2 = \frac{110}{2875000} = 3{,}8261 \times 10^{-5}\ Wb = 38{,}261 \mu Wb.$$

Assim, o fluxo total no circuito magnético é

$$\Phi_T = \Phi_1 + \Phi_2 = 1{,}7044 \times 10^{-4}\ Wb = 170{,}44\ \mu Wb.$$

Exemplo 8.9: Dados $\mu_{R,cobalto} = 60$ e $\mu_{R,permaloi\ 45} = 2.500$,

a) Calcule o número de Ampères-espiras para gerar uma densidade de fluxo magnético de $B = 1{,}2\ Wb/m^2$ em um circuito magnético série, em que $l_{permaloi\ 45} = 30\ cm$, $l_{cobalto} = 28\ cm$, $l_{ar} = 3\ mm$ e $S = 3\ cm^2$.
b) De quanto deve ser mudado (aumentado ou diminuído) o número de Ampères-espiras para gerar o mesmo fluxo, se $l_{permaloi\ 45} = 48\ cm$, $l_{cobalto} = 10\ cm$, $l_{ar} = 2\ mm$?
c) Neste último caso, qual o valor da abertura de ar para que o fluxo se torne $\Phi = 25\ \mu Wb$?

Este problema é similar ao Exemplo 8.6, só que apresenta materiais distintos em série, além de um entreferro. Assim, tem-se:

a) Para calcular o número de Ampères-espiras (ou V_m) e obter a densidade de fluxo B definida, tem-se:

$$\mathcal{R}_{permaloi\,45} = \frac{l_{permaloi\,45}}{\mu_{R,permaloi\,45}\mu_0 S} = \frac{0{,}30}{2500 \times 4\pi \times 10^{-7} \times 3 \times 10^{-4}} = 318309{,}8862\ A/Wb$$

$$\mathcal{R}_{cobalto} = \frac{l_{cobalto}}{\mu_{R,cobalto}\mu_0 S} = \frac{0{,}28}{60 \times 4\pi \times 10^{-7} \times 3 \times 10^{-4}} = 12378717{,}8\ A/Wb$$

$$\mathcal{R}_{ar} = \frac{l_{ar}}{\mu_0 S} = \frac{0{,}003}{4\pi \times 10^{-7} \times 3 \times 10^{-4}} = 7957747{,}155\ A/Wb$$

Daí a relutância total é

$\mathcal{R}_{total} = 20654774{,}84\ A/Wb$

e, como $\Phi = BS$, desde que a área é uniforme, então

$$V_m = \Phi\mathcal{R}_{total} = BS\mathcal{R}_{total} = 1{,}2 \times 3 \times 10^{-4} \times 20654774{,}84 = 7435{,}72\ Aesp\,.$$

b) Para ver qual a variação no número de Ampères-espiras para gerar o mesmo fluxo, deve-se calcular este valor para as novas dimensões, e subtraí-lo do valor encontrado no item *a*. Assim, tem-se:

$$\mathcal{R}_{permaloi\,45} = \frac{l_{permaloi\,45}}{\mu_{R,permaloi\,45}\mu_0 S} = \frac{0{,}48}{2500 \times 4\pi \times 10^{-7} \times 3 \times 10^{-4}} = 509295{,}818\ A/Wb$$

$$\mathcal{R}_{cobalto} = \frac{l_{cobalto}}{\mu_{R,cobalto}\mu_0 S} = \frac{0{,}10}{60 \times 4\pi \times 10^{-7} \times 3 \times 10^{-4}} = 4420970{,}641\ A/Wb$$

$$\mathcal{R}_{ar} = \frac{l_{ar}}{\mu_0 S} = \frac{0{,}002}{4\pi \times 10^{-7} \times 3 \times 10^{-4}} = 5305164{,}77\ A/Wb$$

Daí tem-se

$$\mathcal{R}_{total} = 10235431{,}23\ A/Wb$$

e

$$V_m = \Phi\mathcal{R}_{total} = BS\mathcal{R}_{total} = 1{,}2 \times 3 \times 10^{-4} \times 10235431{,}23 = 3684{,}76\ Aesp\,.$$

Logo, como o valor de V_m é menor, indica que houve redução no número de Ampères-espiras. Ou seja, subtraindo este valor do resultado do item *a*, encontra-se:

$$V_m(b) - V_m(a) = -3750{,}96\,Aesp,$$

em que o sinal negativo indica que houve uma redução no número de Ampères-espiras.

c) Para que o fluxo seja de 25 μWb, considerando os resultados do item *b*, tem-se:

$$V_m = \Phi \mathcal{R}_{total}$$

$$\mathcal{R}_{total} = \frac{V_m}{\Phi} = \frac{3684{,}76}{25 \times 10^{-6}} = 154990400\,A/Wb.$$

Como o circuito apresenta todas as relutâncias em série, então:

$$\mathcal{R}_{\text{total}} = \mathcal{R}_{\text{permaloi 45}} + \mathcal{R}_{\text{cobalto}} + \mathcal{R}_{\text{ar}}$$

Daí,

$$\mathcal{R}_{\text{ar}} = 150060133{,}5\ A/Wb.$$

Como

$$\mathcal{R}_{ar} = \frac{l_{ar}}{\mu_0 S} = \frac{l_{ar}}{4\pi \times 10^{-7} \times 3 \times 10^{-4}} = 2652582385 \times l_{ar}\ A/Wb$$

Então

$$l_{ar} = \frac{150060133{,}5}{2652582385} = 0{,}0566\,m$$

que é uma abertura grande (> 5 cm) para que a relutância do ar seja alta o suficiente para reduzir o fluxo a este valor (25 μWb), mantendo os mesmos valores dados (ou resultados do item *b*).

8.3 Força e Energia Potencial em Circuitos Magnéticos

Em toda região onde há um campo magnético, há uma energia acumulada. Como visto no capítulo anterior, para o caso do espaço livre, a energia do campo magnético é:

$$W_H = \frac{1}{2}\int_{vol} \vec{B} \cdot \vec{H} dv = \frac{1}{2}\int_{vol} \mu_0 H^2 dv = \frac{1}{2}\int_{vol} \frac{B^2}{\mu_0} dv$$

Com a introdução de um material magnético, mesmo havendo o problema de a permeabilidade do material não ser linear, se for considerado que $\vec{B}$ seja relacionado linearmente com $\vec{H}$, para uma corrente constante na bobina que gera o campo, tem-se:

$$W_H = \frac{1}{2}\int_{vol} \vec{B} \cdot \vec{H} dv = \frac{1}{2}\int_{vol} \mu H^2 dv = \frac{1}{2}\int_{vol} \frac{B^2}{\mu} dv.$$

Dessa forma, como o trabalho realizado para separar 2 núcleos de uma distância dL, conforme visto na Figura 8.8, é

$$dW_H = FdL$$

e como

$$dW_H = \frac{1}{2}\frac{B^2}{\mu} dv$$

em que $dv = SdL$, pois a área S é uniforme e dL é a abertura de ar entre os núcleos na separação provocada pela força, então

$$dW_H = \frac{1}{2}\frac{B^2}{\mu_0} SdL = FdL$$

ou,

$$F = \frac{1}{2}\frac{B^2}{\mu_0} S$$

em que B é a densidade de fluxo magnético no núcleo, determinada pelo valor de H no gráfico BH.

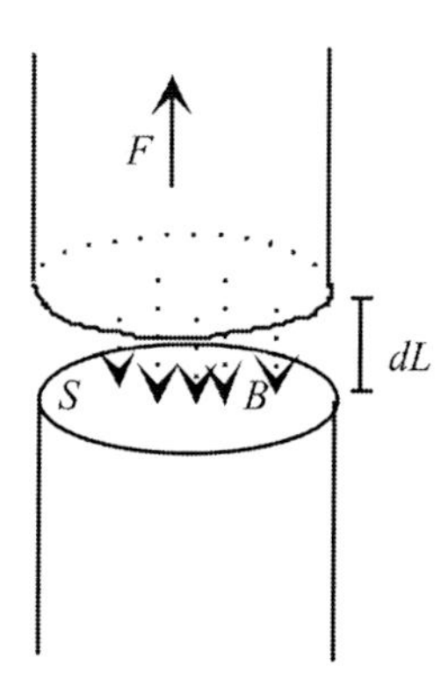

Figura 8.8: Núcleos de materiais magnéticos de área S separados de uma distância dL.

Exemplo 8.10: Para o circuito magnético do Exemplo 8.9, calcule a energia armazenada no entreferro e a força que atrai os núcleos.

Para o caso do Exemplo 8.9, há três casos:

a) A força neste caso é:

$$F = \frac{1}{2}\frac{B^2}{\mu_0}S = \frac{1}{2}\frac{1{,}2^2}{\mu_0}\times 3\times 10^{-4} = 171{,}88734\ N$$

e, conseqüentemente, a energia é:

$$dW_H = FdL = 171{,}88734 \times 3 \times 10^{-3} = 0{,}515662\ J.$$

b) Da mesma forma, encontra-se:

$$F = \frac{1}{2}\frac{B^2}{\mu_0}S = \frac{1}{2}\frac{1{,}2^2}{\mu_0}\times 3\times 10^{-4} = 171{,}88734\ N$$

e

$$dW_H = FdL = 171{,}88734 \times 2 \times 10^{-3} = 0{,}343775\ J.$$

c) Para este caso, tem-se:

$$F = \frac{1}{2}\frac{B^2}{\mu_0}S = \frac{1}{2}\frac{(\Phi/S)^2}{\mu_0}S = \frac{1}{2}\frac{(\Phi)^2}{\mu_0 S} = \frac{1}{2}\frac{\left(25\times10^{-6}\right)^2}{3\times10^{-4}\mu_0} = 0{,}828932\ N$$

e

$$dW_H = FdL = 0{,}828932 \times 0{,}0566 = 0{,}04692\ J.$$

Exemplo 8.11: Calcule a força entre dois cilindros de aço-silício com seção reta, com área $S = 5\ cm^2$, se há um solenóide com 4.500 *espiras/m*, percorrido por uma corrente $I = 66{,}67\ mA$. Considere o gráfico *BH* da Figura 8.9 para determinar o fluxo aproximado na região.

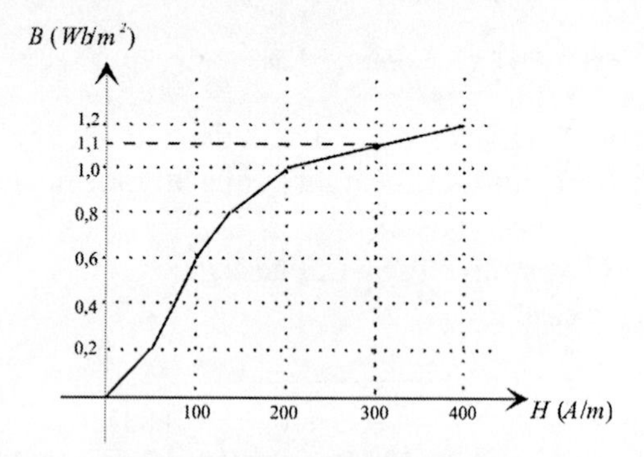

Figura 8.9: Curva BH linearizada por segmentos de reta para o aço-silício.

Utilizando a curva *BH* da Figura 8.9, pode-se determinar que para

$$H = \frac{NI}{l} = 4500 \times 0{,}06667 = 300\ Aesp/m,$$

a densidade de fluxo magnético no núcleo do aço-silício é, aproximadamente

$$B = 1{,}1\ Wb/m^2.$$

Conseqüentemente, a força entre os dois cilindros é de

$$F = \frac{1{,}1^2 \times 5\times10^{-4}}{2\mu_0} = 240{,}7219\ N.$$

Exemplo 8.12: Considere um cubo de material para o qual μ_R = 1.200, com massa m = 120g. Este cubo é colocado em um plano inclinado de $\alpha = 75°$ que apresenta um material que gera uma força de atrito de 30% de seu peso, estando este material (o qual apresenta uma espessura de 0,5 *mm*) cobrindo um ímã permanente, como visto na Figura 8.10. Se o cubo se mantém parado na posição em que ele foi posto, devido à ação do campo magnético do ímã, calcule o valor de B. Considere $g = 10\ m/s^2$ e $S = 1\ cm^2$.

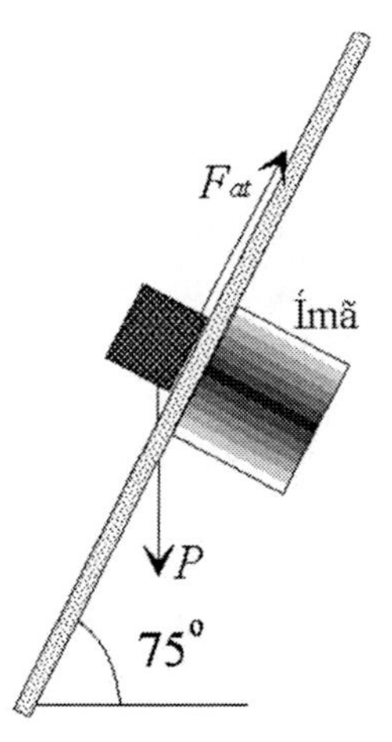

Figura 8.10: Plano inclinado com atrito e força magnética.

Neste problema, claramente, vê-se que para que o cubo ferromagnético fique parado, é necessário que a força de atrito seja igual à força gravitacional no plano inclinado. Como a força de atrito para a superfície é igual a 30% do peso do objeto, e para que o objeto permaneça no local a força magnética está aumentando a sua força normal N, então:

$$F_{at} = k_e N = k_e mg \cos(75°) = 0{,}3mg$$
$$k_e = 1{,}15911$$

em que k_e é o coeficiente de atrito estático. Assim, tem-se:

$$F_{at} = k_e(N + F_{mag}) = P\text{sen}\alpha$$

$$1{,}15911\left(mg\cos\left(75^\circ\right) + \frac{B^2S}{2\mu_0}\right) = mg\text{sen}\left(75^\circ\right)$$

$$\frac{B^2S}{2\mu_0} = 0{,}6894172$$

$$B = 0{,}131632\,Wb/m^2$$

Exemplo 8.13: Um paralelepípedo de lados 1,2 *cm* e 5 *cm*, altura $h = 0{,}5$ *cm* é feito de um material de densidade $\rho = 6{,}3\ g/cm^3$ e $\mu_R = 550$. Este paralelepípedo está, em parte, submerso na água, sofrendo a força do empuxo da água e de um eletroímã feito do mesmo material e com área da seção reta igual a 1,2 cm^2, colocado sobre ele, como mostra a Figura 8.11. Se a distância que separa o eletroímã do paralelepípedo é 1 *mm*, e a altura submersa é de 0,15 *cm*, calcule:

a) A corrente na bobina do eletroímã, se $N = 4.000$.
b) A energia armazenada no entreferro, considerando a não-dispersão do fluxo.

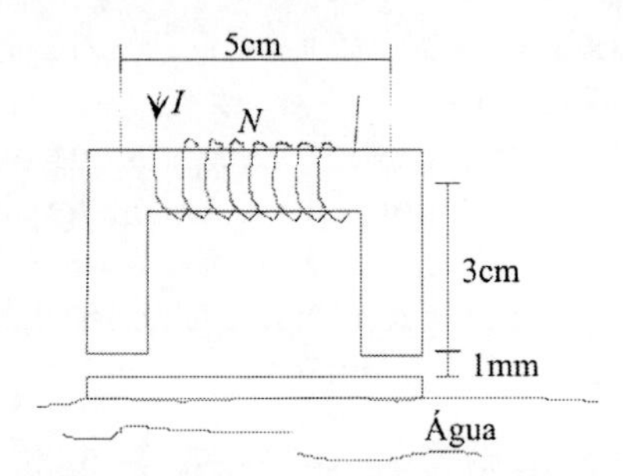

Figura 8.11: Circuito magnético atraindo uma barra dentro da água.

No caso deste problema, o eletroímã gera uma força que, ajudada pelo empuxo da água, mantém a barra suspensa sem afundar. Dessa forma,

a) O empuxo da água é:

$$F = \rho vg = 6300 \times (0{,}012 \times 0{,}05 \times 0{,}0015) \times 10 = 0{,}0567\,N$$

desde que as unidades devem ser convertidas para o *SI* e o volume considerado é o volume submerso. As relutâncias do circuito são:

$$\mathcal{R}_{eletroimã} = \frac{l}{\mu_R \mu_0 S} = \frac{0{,}05 + 0{,}03 + 0{,}03}{550 \times 4\pi \times 10^{-7} \times 1{,}2 \times 10^{-4}} = 1326291{,}192\ A/Wb$$

$$\mathcal{R}_{barra} = \frac{l}{\mu_R \mu_0 S} = \frac{0{,}05}{550 \times 4\pi \times 10^{-7} \times 1{,}2 \times 10^{-2} \times 0{,}5 \times 10^{-2}} = 1205719{,}266\ A/Wb$$

$$\mathcal{R}_{ar} = \frac{l_{ar}}{\mu_0 S} = \frac{2 \times 0{,}001}{4\pi \times 10^{-7} \times 1{,}2 \times 10^{-4}} = 13262911{,}92\ A/Wb$$

E a relutância total do circuito é:

$$\mathcal{R}_{total} = 15794922{,}38\ A/Wb.$$

Como o sistema está em equilíbrio, então, tem-se que:

$$P = F + F_{mag}$$

$$F_{mag} = mg - 0{,}0567$$

$$F_{mag} = \rho v_{total}\, g - 0{,}0567$$

$$\frac{B^2 S}{2\mu_0} = 6300 \times (0{,}012 \times 0{,}05 \times 0{,}005) \times 10 - 0{,}0567$$

$$B = \sqrt{\frac{8\pi \times 10^{-7} \times 0{,}1323}{1{,}2 \times 10^{-4}}} = 0{,}05264\ Wb/m^2$$

Assim, tem-se:

$$\Phi = BS = 0{,}05264 \times 1{,}2 \times 10^{-4} = 6{,}317 \times 10^{-6}\ Wb$$

e, como $V_m = \mathcal{R}\Phi = NI$, então:

$$I = \frac{\mathcal{R}_{total}\,\Phi}{N} = 0{,}024943\ A.$$

b) A energia nos entreferros é calculada diretamente pela força magnética:

$$dW_H = 2F_{mag}\, l = 2 \times 0{,}1323 \times 0{,}001 = 2{,}646 \times 10^{-4}\ J.$$

Exemplo 8.14: Na Figura 8.12 é mostrado um eletroímã com núcleo ferromagnético, com $\mu_R = 7.000$, enrolado com uma bobina de $N = 4.500$ espiras. Este eletroímã atrai uma barra de ferro presa em uma mola que está distendida de 5 *cm* e a distância que separa o eletroímã da barra presa com a mola é de $l = 1$ *mm*. Considerando a área da seção reta do núcleo como 1 cm^2 e a constante da mola de $k = 80$ *N/m*, calcule:

a) A corrente na bobina.
b) O fluxo nos entreferros.
c) A energia no entreferro.
d) A força com que o eletroímã atrai a barra de ferro.

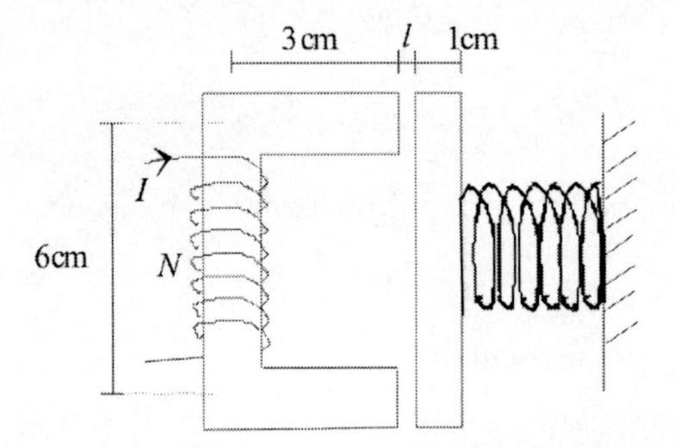

Figura 8.12: Circuito magnético atraindo uma barra presa por uma mola.

Este problema é similar ao Exemplo 8.13, utilizando equilíbrio de forças. Ou seja, o eletroímã gera uma força que, neste caso, distende a mola de um comprimento l, mantendo o equilíbrio. Dessa forma, tem-se:

a) As relutâncias do circuito são:

$$\mathcal{R}_{eletroímã} = \frac{l}{\mu_R \mu_0 S} = \frac{0{,}06 + 0{,}03 + 0{,}03}{7000 \times 4\pi \times 10^{-7} \times 10^{-4}} = 136418{,}523\ A/Wb$$

$$\mathcal{R}_{barra} = \frac{l}{\mu_R \mu_0 S} = \frac{0{,}06}{7000 \times 4\pi \times 10^{-7} \times 10^{-4}} = 68209{,}261\ A/Wb$$

$$\mathcal{R}_{ar} = \frac{l_{ar}}{\mu_0 S} = \frac{2 \times 0{,}001}{4\pi \times 10^{-7} \times 10^{-4}} = 15915494{,}31\ A/Wb$$

E a relutância total do circuito é:

$$\mathcal{R}_{total} = 16120122{,}09\ A/Wb.$$

O equilíbrio de forças no sistema determina que:

$$2F_{mag} = F$$

$$2\frac{B^2 S}{2\mu_0} = kl$$

$$B = \sqrt{\frac{4\pi \times 10^{-7} \times 80 \times 0,05}{10^{-4}}} = 0,2242\ Wb/m^2$$

desde que a força está distribuída em dois entreferros. Assim,

$$\Phi = BS = 2,242 \times 10^{-5}\ Wb$$

que é a resposta do item *b*. E, como $V_m = \mathcal{R}\Phi = NI$, então:

$$I = \frac{\mathcal{R}_{total}\,\Phi}{N} = 0,080314\ A$$

que é o resultado procurado para o item *a*.

b) Conforme já encontrado no item *a*, o fluxo é:

$$\Phi = BS = 2,242 \times 10^{-5}\ Wb.$$

c) A energia nos entreferros é calculada pela força magnética:

$$dW_H = 2F_{mag}l = Fl = kl^2 = 80 \times 0,001^2 = 8 \times 10^{-5}\ J.$$

d) A força com que o eletroímã atrai a barra de ferro foi calculada no equilíbrio de forças, sendo

$$F = kl = 80 \times 0,001 = 0,08\ N.$$

8.3.1 Considerações sobre Indutâncias com Núcleos Ferromagnéticos

Quando há introdução de núcleos ferromagnéticos no interior de bobinas, embora estes materiais sejam não lineares, pode-se calcular sua indutância aproximada através da equação

$$L = \frac{N\Phi}{I},$$

desde que é possível calcular o fluxo magnético (como visto na Seção 8.2) por meio da linearização da curva *BH*.

Exemplo 8.15: Calcule a indutância de um toróide que apresenta um núcleo com um material ferromagnético cuja curva *BH* é vista na Figura 8.13, em que $I = 2\ A$, $N = 300$ espiras, $r_0 = 1\ cm$, e o raio da seção reta é $r = 0{,}2\ cm$.

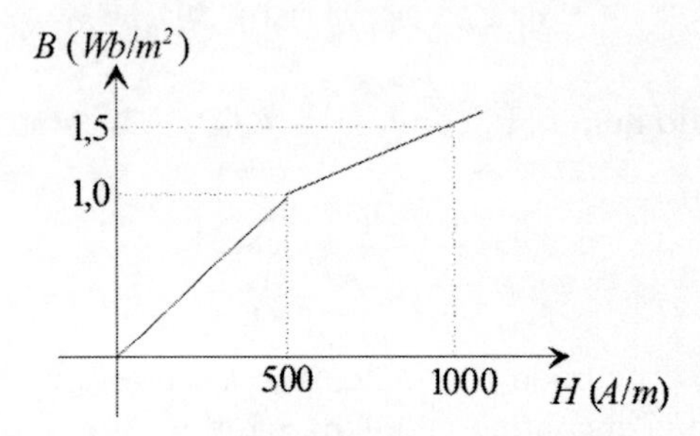

Figura 8.13: Curva *BH* linearizada do material para o exemplo da indutância do toróide.

Desde que o material do núcleo apresenta a curva *BH* da Figura 8.13, encontra-se que

$$\mu_1 = \frac{1-0}{500-0} = 2 \times 10^{-3}\ H/m$$

e

$$\mu_1 = \frac{1-0}{500-0} = 2 \times 10^{-3}\ H/m$$

Como o comprimento total do toróide é

$$l = 2\pi r_0 = 0{,}02\pi = 6{,}28 \times 10^{-2}\ m$$

e a área da seção reta é

$$S = \pi r^2 = \pi \times 0{,}0022 = 1{,}257 \times 10^{-5}\ m^2,$$

utilizando os procedimentos para o cálculo do fluxo magnético neste circuito magnético, tem-se:

A corrente no limiar da saturação ($H = 500\ A/m$):

$$I_{\text{lim}} = \frac{Hl}{N} = \frac{500 \times 6{,}28 \times 10^{-2}}{300} = 0{,}1047\ A,$$

relutância antes da saturação:

$$\mathcal{R}_1 = \frac{l}{\mu_1 S} = 2498011{,}14\ A/Wb,$$

e fluxo antes da saturação:

$$\Phi_1 = \frac{NI_{\text{lim}}}{\mathcal{R}_1} = 1{,}257 \times 10^{-5}\ Wb.$$

Para a região de saturação, tem-se:

Corrente restante para a saturação

$$I_{sat} = I - I_{lim} = 1{,}8953\ A.$$

relutância na saturação:

$$\mathcal{R}_2 = \frac{l}{\mu_2 S} = 4996022{,}28\ A/Wb,$$

e fluxo na saturação:

$$\Phi_2 = \frac{NI_{\text{sat}}}{\mathcal{R}_2} = 1{,}138 \times 10^{-4}\ Wb.$$

Assim, o fluxo total para a corrente $I = 2\ A$ é

$$\Phi_T = \Phi_1 + \Phi_2 = 1{,}26 \times 10^{-4}\ \text{Wb}.$$

Por fim, como a corrente $I = 2\ A$ está na região de saturação, então utiliza-se μ_2 para o cálculo da indutância:

$$L = \frac{N^2 \mu_2 S}{l} = 0{,}018\ H$$

cujo resultado pode ser comparado com

$$L = \frac{N\Phi_T}{I} = 0{,}018\ H.$$

Dessa forma, vê-se que a indutância depende do valor de μ na curva *BH*, em que é necessário verificar a corrente em regime permanente do indutor para poder calcular esta indutância.

8.4 Experimentos com os Materiais Magnéticos

Experimento 8.1: Forças entre materiais magnéticos envolvidos por bobinas

Tomando como base a Figura 8.12, pode-se construir um pequeno eletroímã para verificar a teoria estudada sobre materiais magnéticos, forças, relutâncias e potencial escalar magnético. Neste caso, pode-se montar a estrutura como um guindaste (o eletroímã como um U ao contrário) seguro por um braço e um fio (que pode ser de cobre). Coloca-se embaixo do eletroímã uma barra de material magnético, como aço ou ferro, conforme a Figura 8.12, presa com uma mola com constante elástica conhecida (que pode ser calculada através de experimentos básicos de física). Neste caso, a força magnética deverá estar vencendo a força peso da barra e a força da mola. Além disso, podem-se utilizar correntes conhecidas com um número de espiras na bobina definido, para determinar a permeabilidade do material.

Experimento 8.2: Cigarra magnética

Um experimento que se pode realizar com os materiais magnéticos é a cigarra. Para construí-la, um solenóide com núcleo de material ferromagnético é montado de forma que possa atrair uma haste metálica (de latão). Esta haste fecha o circuito que alimenta o solenóide, estando em sua ponta uma pequena esfera (rolimã) que possa bater em uma lata quando é puxada pelo campo magnético do solenóide. Sendo esta haste a chave que liga o circuito, quando ela está afastada do eletroímã, o circuito está fechado, alimentando a bobina e gerando o campo que a atrai. Quando o campo é gerado e a haste é atraída para o núcleo ferromagnético do solenóide, ela bate na lata gerando barulho, ao mesmo tempo em que abre o circuito. Com a abertura do circuito, o campo reduz, caindo a zero, liberando novamente a haste, que volta à sua posição normal e fecha novamente o circuito, gerando novo campo magnético que a puxa. Assim, essa atividade repetitiva faz a esfera metálica na ponta da haste gerar um ruído de cigarra. Deve-se observar que o número de espiras na bobina deve ser acima de 1.000, para o campo gerado ser suficiente para atrair a haste. Este experimento é visto na Figura 8.14.

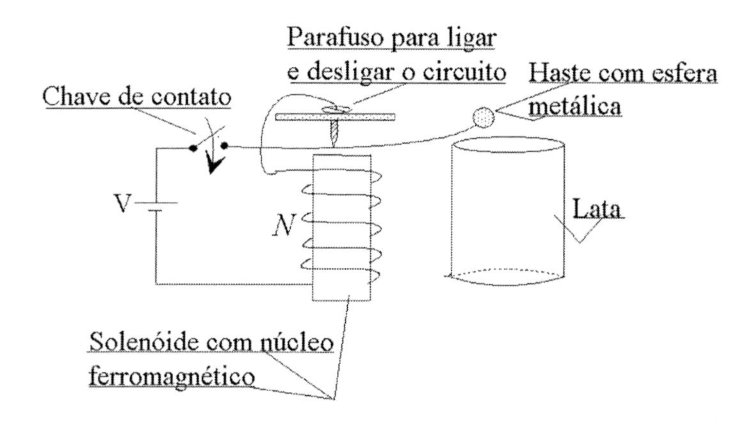

Figura 8.14: Cigarra magnética.

Experimento 8.3: Chave eletrônica

Um outro experimento interessante a ser realizado com materiais magnéticos é um equipamento muito utilizado no mundo atual. É a chave eletrônica, que é baseada em um solenóide oco, que atrai um material ferromagnético para dentro de si. Se este material ferromagnético está servindo como fechadura, a injeção de uma corrente elétrica é quem atrai a trava, abrindo-a (ferrolho eletrônico). Para este experimento ser realizado, pode-se construir um solenóide com 2.000 a 3.000 espiras, sobre um cano de PVC, uniformemente distribuídas, com um comprimento de aproximadamente 10 *cm*. O material que serve como fechadura deve ser um cilindro, preferencialmente de aço, com um comprimento de 6 *cm*, que caiba dentro do tubo de PVC com liberdade de movimento ao longo do tubo. Cola-se na base deste cilindro de aço um outro cilindro, de um material não magnetizável (plástico, madeira, alumínio, etc.), de forma que o comprimento do conjunto seja em torno de 10 *cm*. Na base livre deste conjunto, no lado do material não magnetizável, coloca-se uma mola, que empurre parte deste conjunto (aproximadamente 4 *cm* do aço) para fora do solenóide (esta parte externa é a parte da fechadura eletrônica, quando está fechando algo – porta, etc.). Esta mola não deve ter uma constante elástica muito elevada, para que a força magnética possa atrair o núcleo de aço para dentro do solenóide, quando a chave é ativada (deixa a corrente fluir no circuito). Mas deve ser uma constante elástica suficiente para empurrar o conjunto da fechadura para fora quando a energia no solenóide cessar. Este experimento é apresentado na Figura 8.15.

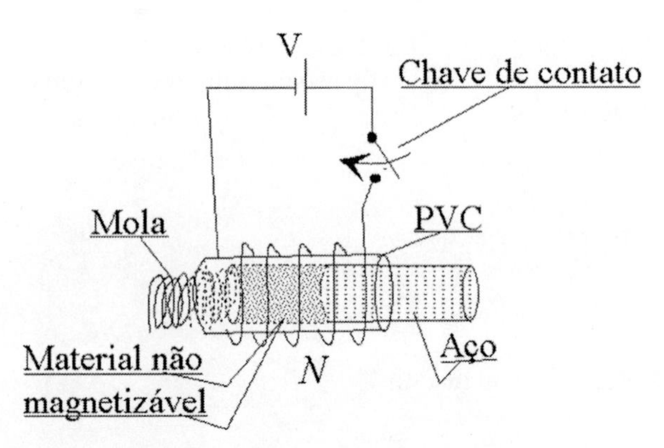

Figura 8.15: Chave magnética ou eletrônica.

Experimento 8.4: Motor de passo

Um outro motor que pode ser construído utilizando os campos magnéticos é o motor de passo. Este motor, diferentemente do motor de corrente contínua, visto no Experimento 7.5, não gira constantemente com a injeção de corrente elétrica, mas através do controle da posição da corrente sobre um conjunto de bobinas alinhadas simetricamente, tem seu eixo guiado para ser alinhado com o conjunto de cada duas bobinas simétricas ativas. Assim, o princípio deste motor é de gerar um torque no eixo dando passos em graus definidos. Por exemplo, para um motor de passo com quatro conjuntos de bobinas o passo é de 360° / 8 = 45°. Assim, cada conjunto de duas bobinas pode ser ativado para que o rotor receba um torque e se alinhe com ele. Geralmente, o controle do motor de passo é feito de forma digital, por meio de um contador e um conversor digital para binário, em que cada saída deste conversor alimenta o conjunto específico de bobinas que se encontram em seqüência (neste caso, para cada incremento do contador, o motor dá um passo para um lado e, para cada decremento, o motor dá um passo para o lado contrário). As bobinas devem conter um núcleo de aço e cada duas bobinas simétricas devem estar enroladas com fio esmaltado na mesma direção, para que o campo tenha a direção saindo de uma para a outra. O rotor pode ser feito com uma plataforma circular em que, em dois pontos ao longo do diâmetro, devem ser colocados ímãs permanentes com pólos contrários (na mesma forma das bobinas), de forma que, quando um conjunto de duas bobinas seja ativado, a densidade de fluxo magnético gerada atraia os pólos nas pontas do rotor. Este experimento para o caso de um motor de passo com passos de 45º é apresentado na Figura 8.16.

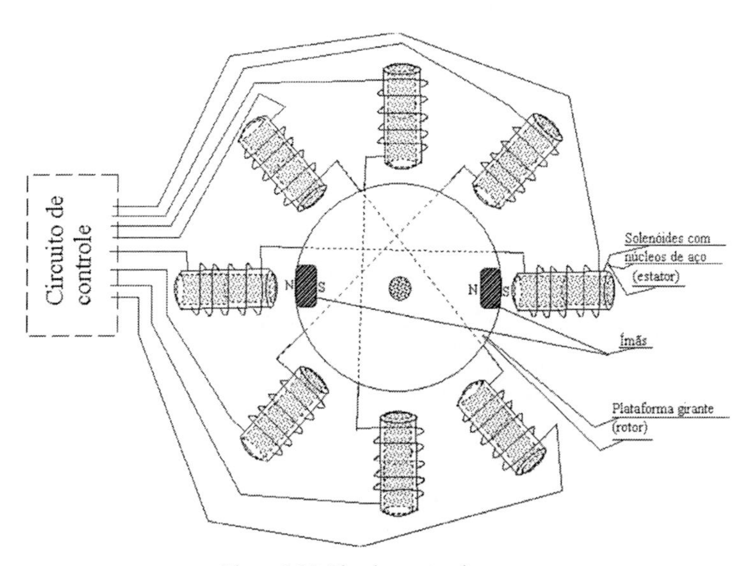

Figura 8.16: Simples motor de passo.

8.5 Exercícios

8.1) Sendo duas correntes superficiais $\vec{K}_1 = 500\,\vec{a_x}$ A/m em $z = 3$ m e $\vec{K}_2 = -500\,\vec{a_x}$ A/m em $z = -3$ m, calcule $\vec{B}$, $\vec{H}$ e $\vec{M}$ em todo o espaço, se para $|z| > 3$ m for espaço livre, e em $|z| < 3$ m for um material para o qual $\mu_R = 125$.

8.2) Considerando que na região $-4 < x < 4$ mm há uma densidade de corrente $\vec{K}_2 = -500\,\vec{a_x}$ A/m, calcule $\vec{B}$, $\vec{H}$ e $\vec{M}$ em todo o espaço se:

a) Para $|x| < 4$ mm for espaço livre e para $|x| > 4$ mm for um material para o qual $\mu_R = 0{,}1$.
b) Para $|x| < 4$ mm for espaço livre e para $|x| > 4$ mm for um material para o qual $\mu_R = 0{,}9$.
c) Para $|x| < 4$ mm for espaço livre e para $|x| > 4$ mm for um material para o qual $\mu_R = 1{,}1$.

d) Para $|x| < 4\ mm$ for espaço livre e para $|x| > 4\ mm$ for um material para o qual $\mu_R = 1.000$.

8.3) Se em $x = 5\ cm$ há uma densidade superficial de corrente $\vec{K} = 38\,\overrightarrow{a_y}\ A/m$ e em $-5{,}5\ cm < x < -4{,}5\ cm$ há uma densidade de corrente $\vec{J} = -27\,\overrightarrow{a_y}\ A/m^2$,

a) Calcule $\vec{B}$, $\vec{H}$ e $\vec{M}$ em todo o espaço se para $-5{,}5\ cm < x < 5\ cm$ for espaço livre e no restante do espaço for um material com permeabilidade $\mu_R = 7.000$.
b) Refaça os cálculos, considerando que em $x < -4{,}5\ cm$ e $x > 5\ cm$ é espaço livre e para o restante do espaço $\mu_R = 500$.

8.4) Considere que um pequeno paralelepípedo de aço-silício está colocado em um campo magnético uniforme, em que $\vec{B} = 0{,}84\,\overrightarrow{a_y}\ Wb/m^2$. Se o ferro consiste de $8{,}5 \times 10^{28}$ *átomos/m³*, calcule a magnetização $\vec{M}$ e a densidade de corrente magnética média J_b.

8.5) Considere um toróide para o qual o raio médio é $r_0 = 8{,}5\ cm$, o raio da seção reta é $r = 0{,}3\ cm$, o número de espiras é $N = 7.600$ e a corrente atravessando as espiras é $I = 35\ \mu_A$. Calcule B e H dentro do toróide e a diferença em V_m para pontos da circunferência média separados por 45°, se seu núcleo é de:

a) Ferrite (considerando linearidade para $\mu_R = 200$);
b) Aço (considerando linearidade para $\mu_R = 300$);
c) Ferro-Silício (considerando linearidade para $\mu_R = 7.000$);
d) Sendust (considerando linearidade para $\mu_R = 20.000$).

8.6) Considere um material para o qual $\mu_{R1} = 7$, e que neste material $\vec{H}_1 = 5{,}5\,\overrightarrow{a_x} + 10{,}2\,\overrightarrow{a_y} - 130\,\overrightarrow{a_z}\ A/m$. Determine para este material:

a) χ_{m1};
b) $\vec{B}_1$;
c) $\vec{M}_1$;
d) W_H;
e) Se este material está junto com um outro, dividindo o eixo z, cujo

$\mu_{R2} = 270$, calcule os valores de $\vec{H}_2$, $\vec{B}_2$ e $\vec{M}_2$;

f) Se este material está junto com um outro, dividindo o eixo y, cujo $\mu_{R2} = 1.680$, calcule os valores de $\vec{H}_2$, $\vec{B}_2$ e $\vec{M}_2$.

8.7) Seja um material para o qual $\mu_R = 3.203$. Se neste material $\vec{B} = -6x^2 \vec{a_y}$, calcule:

a) χ_m;
b) $\vec{H}$;
c) $\vec{M}$;
d) W_H;
e) $\vec{J}_b$;
f) Se este material está junto com um outro, dividindo o eixo y, cujo $\mu_{R2} = 16$, calcule os valores de $\vec{H}_2$, $\vec{B}_2$ e $\vec{M}_2$.

8.8) Se a densidade de fluxo magnético em um ponto exterior a um material magnético com $\mu_R = 215$ é $\vec{B} = -3,4\vec{a_r} + 6,7\vec{a_\phi}$ Wb/m^2, encontre a densidade de fluxo magnético $\vec{B}$ na superfície interior deste material se sua forma é um cilindro de raio $r = 2$ cm. Refaça os cálculos, se sua forma for uma esfera de raio $r = 3$ cm.

8.9) Na fronteira entre dois materiais magnéticos de permeabilidades $\mu_{R1} = 3,8$ e $\mu_{R2} = 68,2$, tem-se $\vec{H}_1 \cdot \vec{a}_{N1} = 0,62H_1$, em que $\vec{a}_{N1}$ é o vetor unitário normal à superfície de fronteira dirigido para a região do material 2. Encontre o ângulo que $\vec{H}_2$ faz com $\vec{a}_{N1}$.

8.10) Se $\mu_{R1} = 68.760$ para a região 1 ($0 < \phi < \pi$) e $\mu_{R2} = 370$ para a região 2 ($\pi < \phi < 2\pi$) e $\vec{B}_2 = 0,23\vec{a_r} + 5,15\vec{a_\phi} - 73,8\vec{a_z}$ Wb/m^2, calcule:

a) $\vec{B}_1$;
b) $\vec{M}_1$;
c) A densidade de energia para as duas regiões.

8.11) Dados $\mu_{R,cobalto} = 60$ e $\mu_{R,\ permaloi\ 45} = 2.500$:

a) Calcule o número de Ampères-espiras para gerar uma densidade de fluxo magnético de $|\vec{B}| = 28\ mWb/m^2$ em um circuito magnético série em que $l_{permaloi\ 45} = 7{,}5\ cm$, $l_{cobalto} = 38\ cm$, $l_{ar} = 1\ mm$ e $S = 2\ cm^2$.

b) De quanto deve ser mudado (aumentado ou diminuído) o número de Ampères-espiras para gerar o mesmo fluxo, se $l_{permaloi\ 45} = 17\ cm$, $l_{cobalto} = 29\ cm$, $l_{ar} = 3\ mm$?

c) Neste último caso, qual o valor da abertura de ar para que o fluxo se torne $\Phi = 2{,}5\ mWb$? E $\Phi = 130\ mWb$?

d) Considerando a seção reta circular, refaça os cálculos para o caso de haver dispersão do fluxo magnético no entreferro;

e) Qual a energia acumulada no entreferro em todos os casos?

8.12) Considere o circuito magnético visto na Figura 8.17, em que a distância média ao centro dos núcleos S_2 e S_3 é: de S_1 para S_2, $l = 0{,}35\ cm$ e de S_1 para S_3, $l = 1{,}3\ cm$. Se $\mu_{R1} = 3570$, $\mu_{R2} = 600$, $I_1 = 1{,}3\ A$, $I_2 = 2{,}2\ A$, $N_1 = 3.600$ espiras, $N_2 = 1.700$ espiras, $S_1 = 12\ cm^2$, $S_2 = 6\ cm^2$, $S_3 = 3\ cm^2$ e $S_4 = 5\ cm^2$, e considerando a área da seção reta circular:

a) Calcule o fluxo no entreferro.

b) Calcule a energia armazenada no entreferro.

c) Se for considerada a dispersão, qual o valor do fluxo?

d) Calcule a energia armazenada no entreferro quando se considera a dispersão.

e) Considerando que todo o material apresenta a característica *BH* apresentada na Figura 8.7, refaça todos os itens anteriores.

f) Considerando que todo o material apresenta a característica *BH* apresentada na Figura 8.18, refaça todos os itens anteriores.

g) Refaça todos os itens anteriores considerando a área da seção reta quadrada.

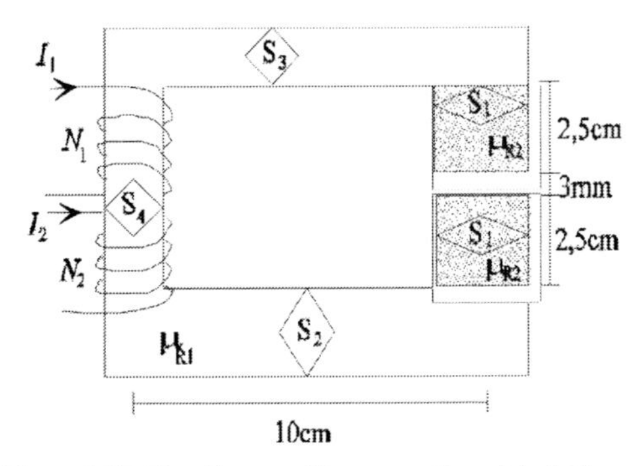

Figura 8.17: Circuito magnético para o Exercício 8.12.

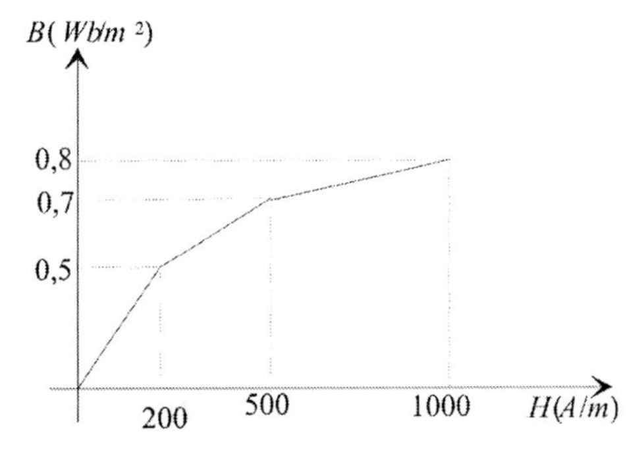

Figura 8.18: Curva de um material magnético linearizada.

8.13) Se no circuito magnético visto na Figura 8.19, μ_{R1} = 450, μ_{R2} = 7.000, I_1 = 1,4 A, I_2 = 3,7 A, N_1 = 3.500 espiras, N_2 = 2.200 espiras, S_1 = 4,5 cm^2 e S_2 = 8 cm^2, e a área da seção reta for circular:

a) Calcule o fluxo nos dois entreferros.
b) Calcule a energia armazenada em cada um dos entreferros.
c) Se for considerada a dispersão, qual o valor do fluxo?
d) Calcule a energia armazenada em cada um dos entreferros quando se considera a dispersão.
e) Considerando que todo o material apresenta a característica *BH* apresentada na Figura 8.7, refaça todos os itens anteriores.
f) Refaça todos os itens anteriores considerando a área da seção reta quadrada.

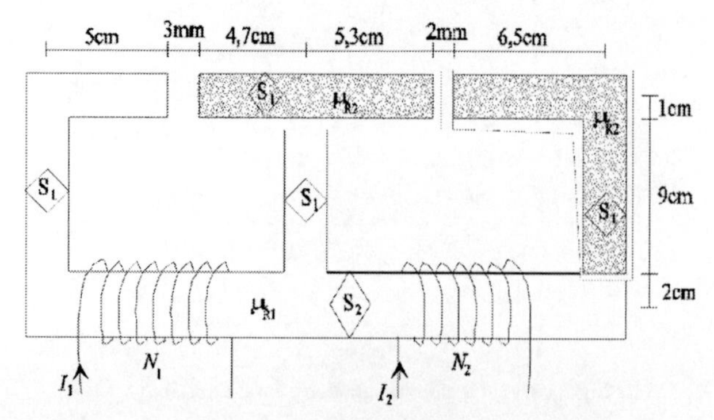

Figura 8.19: Circuito magnético para o Exercício 8.13.

8.14) Se a curva do material do circuito magnético visto na Figura 8.20 (a), em que $S_1 = 2{,}4\ cm^2$ e $S_2 = 5{,}2\ cm^2$, é como apresentada na Figura 8.20 (b), e a corrente na bobina 1, que tem $N_1 = 5.400$ espiras, é $I_1 = 3{,}1\ A$, e a corrente na bobina 2 que tem $N_2 = 3.200$ espiras é $I_2 = 1{,}6\ A$, calcule (considere primeiramente a área da seção reta circular):

a) O fluxo magnético no entreferro, sem considerar a dispersão.
b) A energia armazenada no entreferro para este caso.
c) O fluxo magnético no entreferro, considerando a dispersão.
d) A energia armazenada no entreferro para este segundo caso.
e) Refaça os cálculos, considerando a área da seção reta quadrada.

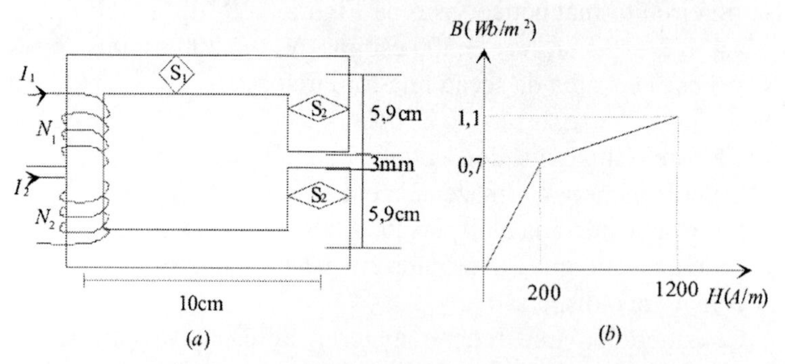

Figura 8.20: Exercício 8.14: (a) Circuito magnético e (b) Curva BH do material.

8.15) Calcule a força que atua entre as seções retas dos materiais nos entreferros dos Exercícios anteriores.

8.16) Para o circuito magnético da Figura 8.12, considere que $\mu_R = 900$ e $N = 8.500$ espiras, a distância que separa este eletroímã da barra de ferro presa com a mola é de $l = 1{,}2$ *mm*, a área da seção reta do núcleo é 1,5 cm^2 e a mola tem constante elástica $k = 76$ *N/m*, estando distendida de 3,6 *cm*. Utilizando estes dados, refaça os cálculos do Exemplo 8.14.

8.17) Considerando que o circuito magnético da Figura 8.12 tem sua permeabilidade descrita de acordo com a curva *BH* vista na Figura 8.18, e tendo uma corrente circulante na bobina de $I = 3{,}2$ *A*, calcule a distensão da mola.

8.18) Se no entreferro do Exercício 8.14 for lançada uma carga $Q = 1{,}8$ *nC* com massa $m = 10^{-5}$ *g* e velocidade $\vec{U} = 12 \times 10^5\ \vec{a}_x$ *m/s*, calcule:

a) O raio descrito pela carga.
b) Se a área da seção reta no entreferro é um círculo centrado no plano $z = 0$ e a carga descreve um círculo de raio $r = 6$ *cm* no sentido anti-horário, calcule o fluxo no entreferro, a densidade de fluxo no entreferro, a energia armazenada no entreferro e a corrente na bobina.

8.19) Para o Exemplo 8.13, refaça os cálculos se for considerado que a permeabilidade do material apresenta a curva característica *BH* vista na Figura 8.20.b.

8.20) Um sistema de vasos comunicantes tem $S_1 = 2$ cm^2 e $S_2 = 30$ cm^2, o qual é visto na Figura 8.21. Neste sistema, sobre S_2 é colocado um êmbolo feito com um ímã cilíndrico que gera na sua interface com o ar $B = 1{,}23$ Wb/m^2, e sobre este ímã é colocado um solenóide de comprimento $l = 14$ *cm* e $N = 2.300$ espiras, com núcleo de aço-silício, com a bobina disposta de tal forma que os pólos deste eletroímã e do ímã no êmbolo sejam os mesmos na sua junção. Se a força que atua sobre a plataforma S_1 é $F_1 = 150$ *N*, sendo a área do núcleo do solenóide e do ímã $S = 1{,}46$ cm^2, qual a corrente aplicada no eletroímã?

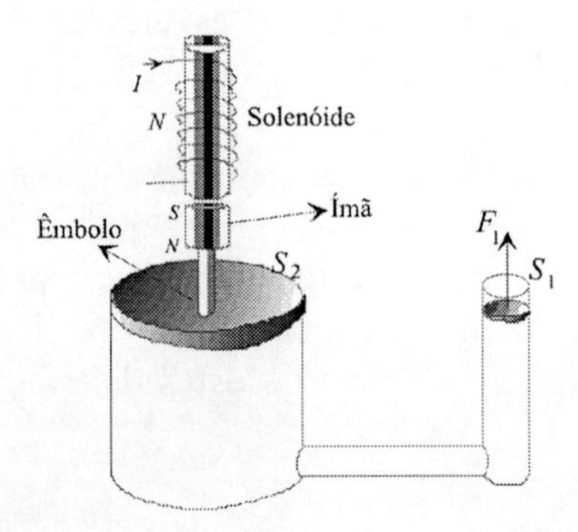

Figura 8.21: Sistema de vasos comunicantes: pressão gerada por solenóide.

8.21) Um cubo de material para o qual $\mu_R = 1.230$, com massa $m = 180g$ é colocado em um plano inclinado com $\alpha = 60°$, como se pode ver na Figura 8.22. Se este plano inclinado apresenta um coeficiente de atrito estático $k_e = 0,32$ e o cubo se mantém parado na posição em que ele foi posto, devido à ação de um campo magnético uniforme de densidade B que o atrai para cima, calcule o valor de B. Considere $g = 9,8\ m/s^2$ e que a área de contato do bloco é $S = 1,5\ cm^2$. Refaça os cálculos se a superfície for considerada sem atrito.

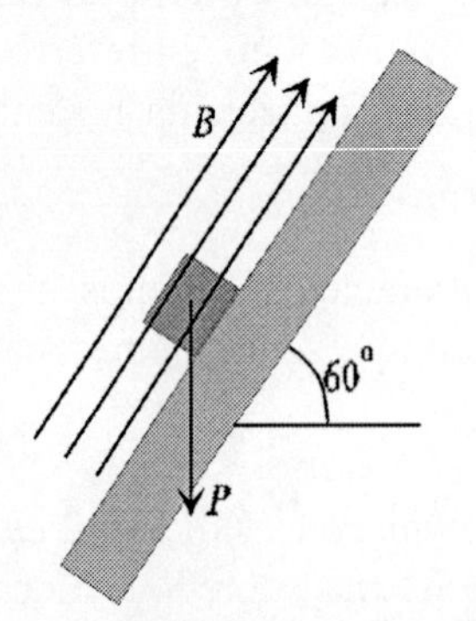

Figura 8.22: Plano inclinado: bloco ferromagnético parado sob efeito da força magnética.

8.22) Se o toróide do Exemplo 8.15 apresenta uma curva BH igual à Figura 8.18, calcule sua indutância para a corrente $I = 2,3\ A$.

8.23) Calcule a indutância encontrada nos circuitos magnéticos das Figuras: 8.5; 8.6; 8.11 e 8.12.

8.24) Calcule a indutância de um toróide de raio médio $r_0 = 3{,}5\ cm$, seção reta $S = 3\ cm^2$ e $N = 1.500$ espiras, se o núcleo é de:

a) Ar;
b) Sendust ($\mu_R = 20.000$) considerando linear;
c) Permaloi 45 ($\mu_R = 2.500$) considerando linear;
d) Um material com a curva *BH* mostrada na Figura 8.18, para uma corrente $I = 3{,}53\ A$.

Capítulo 9

Equações de Maxwell e os Campos Variantes no Tempo

Até o presente momento, foram vistas as teorias relativas aos campos elétricos e magnéticos separadamente, em sua forma estática. Com estas teorias, várias aplicações foram mostradas através de exercícios resolvidos e experimentos práticos para comprovar as teorias e entender como utilizar estes campos na engenharia. Entretanto, quando há variações em qualquer um dos campos (elétrico ou magnético), há a geração do outro. Isto é comprovado pelas próprias equações de Maxwell, das quais duas se apresentam com uma pequena variação, para explicar estes fenômenos, que são responsáveis por grande parte das aplicações ao mundo atual. Entre estas aplicações, encontram-se as telecomunicações, as antenas, os geradores elétricos, alicates amperímetros para corrente alternada, entre outras. Neste capítulo, são vistas estas equações na forma completa, que abrangem as formas já vistas para os campos estáticos. Como os demais capítulos, vários exemplos resolvidos são apresentados e experimentos que comprovam a teoria são propostos no final deste capítulo, de forma que a compreensão da teoria seja melhorada e visualizada em aplicações práticas.

9.1 A Lei de Faraday

Em 1831, Faraday realizou um experimento que se tratava de um toróide com duas bobinas não conectadas, em que uma delas recebia a energia de uma bateria e a outra tinha um galvanômetro conectado. Quando a energia era aplicada à primeira, o galvanômetro apresentava uma deflexão momentânea da agulha, assim como também, quando a energia era desconectada da primeira. Com este experimento, Faraday concluiu que uma *fem* era induzida na segunda bobina a partir do momento que havia uma variação do fluxo no circuito magnético (toróide), e essa *fem* era dada por:

$$fem = -\frac{d\Phi}{dt}\,[V],$$

em que o sinal negativo determina que a tensão induzida nos terminais do fio está gerando uma corrente na direção contrária, de forma a reduzir a variação do fluxo original, o que provém da Lei de Lenz. Dessa forma, Faraday percebeu que uma *fem* existirá se: houver um fluxo variável envolvendo um trajeto fechado estacionado, como um ímã passando perto de uma bobina; existir um movimento relativo entre um fluxo e um trajeto fechado, como uma bobina se movendo perto de um ímã fixo ou a combinação desses dois casos.

Além do mais, se a bobina apresentar n espiras, então a Lei de Faraday pode ser escrita como:

$$fem = -n\frac{d\Phi}{dt}.$$

Fazendo:

$$fem = \oint \vec{E} \cdot d\vec{L} = -\frac{d\Phi}{dt} = -\frac{d}{dt}\int_S \vec{B} \cdot d\vec{S} = \int_S \frac{\partial \vec{B}}{\partial t} \cdot d\vec{S},$$

desde que o fluxo é:

$$\Phi = \int_S \vec{B} \cdot d\vec{S},$$

e a área da espira seja mantida constante, enquanto o fluxo magnético varia no tempo; então, aplicando o Teorema de Stokes, encontra-se

$$\oint \vec{E} \cdot d\vec{L} = \int_S \left(\nabla \times \vec{E}\right) d\vec{S},$$

ou

$$\nabla \times \vec{E} = -\frac{\partial \vec{B}}{\partial t}$$

que é a equação de Maxwell para o campo magnético variante, escrita na forma pontual. Observe que se $\vec{B}$ não varia no tempo ($\frac{\partial \vec{B}}{\partial t} = 0$), volta-se às formas da eletrostática:

$$\oint \vec{E} \cdot d\vec{L} = 0$$

e

$$\nabla \times \vec{E} = 0$$

Exemplo 9.1: Considere dois trilhos condutores separados de uma distância l, em que uma densidade de fluxo magnético B uniforme atravessa o plano descrito por estes trilhos na direção normal, conforme se pode ver na Figura 9.1. Se uma barra metálica que curto-circuita estes dois trilhos caminha a uma velocidade U, calcule a diferença de potencial gerada entre os trilhos.

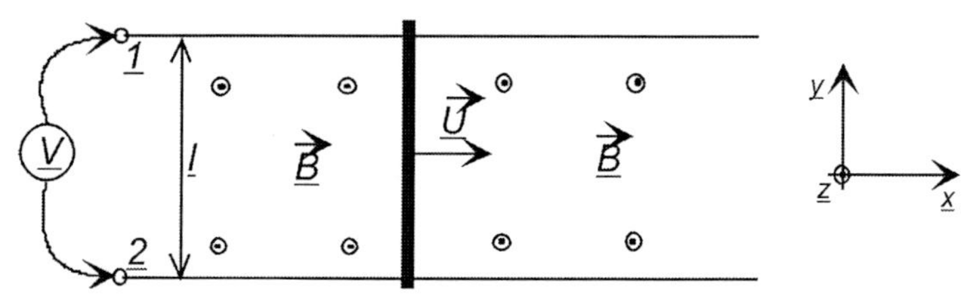

Figura 9.1: Barra de curto-circuito sobre trilhos perpendicular a uma densidade de fluxo magnético: geração de *fem* entre os trilhos, com intensidade proporcional à sua velocidade.

Neste exemplo, observa-se que a área descrita entre os trilhos e a barra de curto-circuito aumenta a cada instante, devido à sua velocidade. Assim, a quantidade de linhas de fluxo aumenta proporcionalmente. Ou seja, o fluxo está variando entre os trilhos. A área do circuito fechado entre a barra de curto-circuito e o voltímetro é

$$S = lx,$$

e, utilizando a equação da variação de fluxo, encontra-se

$$fem = -\frac{d\Phi}{dt} = -\frac{d(BS)}{dt}.$$

Entretanto, sendo B constante, então

$$fem = -B\frac{dS}{dt} = -B\frac{d(lx)}{dt} = -Bl\frac{dx}{dt},$$

e como

$$\frac{dx}{dt} = U,$$

então

$$fem = -BlU,$$

que é a diferença de potencial registrada no voltímetro.

Exemplo 9.2: A barra da Figura 9.1 oscila para frente e para trás entre $x = 0$ e $x = 0{,}8\ m$, senoidalmente, 80 vezes por segundo. Considere que ela está no terminal da esquerda em $t = 0$, e que no terminal da direita há um resistor $R = 0{,}8\ \Omega$ ligando os trilhos que se encontram separados de uma distância $l = 20\ cm$. Determine a corrente I que circular no resistor em função do tempo, se $B_z = 1{,}25\ Wb/m^2$.

Neste problema, deve-se observar a curva referente ao espaço (posição em relação ao eixo x) da barra. Como a barra inicia seu movimento em $x = 0$ descrevendo uma senóide que tem valor máximo $x = 0{,}8\ m$, então a função que descreve a posição da barra em relação ao eixo x é

$$x = 0{,}4 - 0{,}4\cos(2\pi ft),$$

pois, de acordo com o gráfico visto na Figura 9.2, é uma cossenóide invertida (negativa) com valor máximo igual a 0,4 e com um valor médio igual a 0,4. Observe que em $t = 0$, o valor de $x = 0$ e quanto $t = T/2 = \pi\ s$ (metade do período) tem-se $x = 0{,}8\ m$. Ao final de um período completo ($t = T = 1/f = 2\pi\ s$), a barra volta à posição inicial $x = 0$.

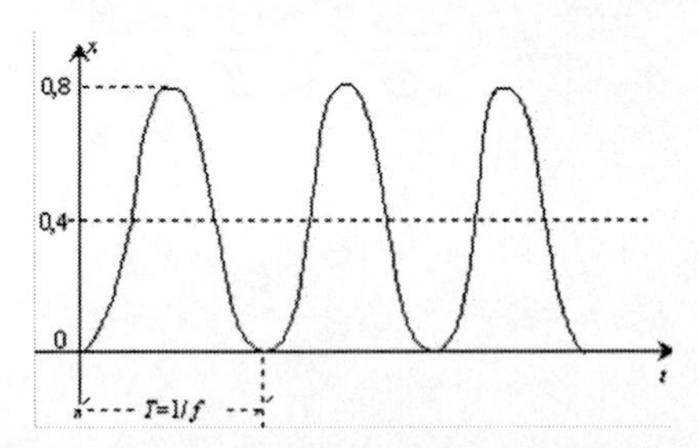

Figura 9.2: Gráfico de posição de uma barra que curto-circuita dois trilhos com movimento senoidal, iniciando em $x = 0$.

Como a barra oscila 80 vezes por segundo, então sua freqüência é $f = 80\ Hz$, então, para calcular a corrente I no resistor R, deve-se calcular a diferença de potencial gerada nos trilhos pela barra de curto-circuito oscilante. Ou seja,

$$fem = -\frac{d\Phi}{dt} = -\frac{d(BS)}{dt} = -Bl\frac{dx}{dt}$$

desde que a separação entre as barras é l, que é constante, e B também é constante. Assim, encontra-se:

$$fem = -1{,}25 \times 0{,}2 \times \frac{d}{dt}\left(0{,}4 - 0{,}4\cos(80\pi t)\right)$$
$$fem = -0{,}25 \times 0{,}4 \times 80\pi \times \text{sen}(80\pi t)$$
$$fem = -25{,}133\,\text{sen}(80\pi t)\,V$$

Conseqüentemente, a corrente no resistor é:

$$I = \frac{V}{R} = \frac{-25{,}133\,\text{sen}(80\pi t)}{0{,}8} = -31{,}416\,\text{sen}(80\pi t)\,A.$$

Exemplo 9.3: Considerando uma bobina circular de raio r = 12 cm e n = 500 espiras, fixa e paralela ao plano xz, e havendo um ímã posicionado de tal forma que deixa o fluxo magnético passar perpendicular à sua área, com um valor máximo de densidade de fluxo magnético dado por: B = 0,92 Wb/m^2, como visto na Figura 9.3, se o ímã está girando em uma velocidade angular ω, calcule a fem gerada nos terminais da bobina em função de ω. Se f = 60 Hz, qual o valor desta fem? E se f = 1.200 Hz?

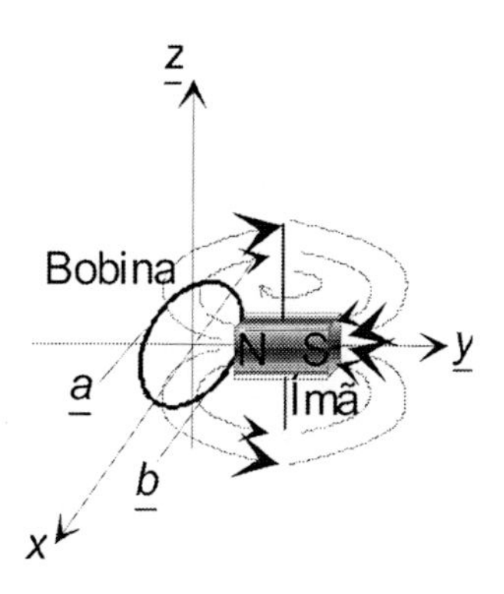

Figura 9.3: Gerador com ímã girante e bobina com n espiras.

Para este problema, naturalmente, observa-se que inicialmente o ímã apresenta a máxima densidade de fluxo magnético dirigida a 90º da superfície da bobina. À medida que o ímã gira, a direção do fluxo magnético vai diminuindo este ângulo. Quando o ímã gira de 90º, o fluxo está apontando para frente (+*x*), que está paralela à superfície da bobina (ou seja, não há mais fluxo atravessando sua superfície). Quando o ímã continua sua rotação, passa a apontar o pólo norte para +*y* e, conseqüentemente, vai aumentando o fluxo do pólo contrário (sul) para a superfície da bobina, e assim por diante, até realizar uma rotação completa. Em outros termos, pode-se ver que o fluxo inicia com valor máximo e vai reduzindo para zero à medida que seu ângulo tende a 90º; depois vai se tornando negativo, desde que o pólo contrário vai se aproximando da superfície da bobina; continua a trajetória aumentando do valor máximo negativo até zero e volta ao valor máximo quando completa uma volta, em que o pólo norte volta a apontar, em um ângulo de 90º, para a superfície da bobina. Este comportamento é de um cosseno, isto é, a densidade de fluxo que atravessa a bobina é definida como sendo:

$$B = 0{,}92\cos(2\pi f t)\, Wb/m^2$$

Como a bobina apresenta 500 espiras e seu raio é $r = 12\ cm = 0{,}12\ m$, então sua área é:

$$S = n \times \pi r^2 = 22{,}62\, m^2$$

Dessa forma, da equação da *fem*, tem-se:

$$fem = -\frac{d\Phi}{dt} = -\frac{d(BS)}{dt}$$

$$fem = -22{,}62\frac{d}{dt}(0{,}92\cos(\omega t))$$

$$fem = 20{,}81\omega \mathrm{sen}(\omega t)\, V$$

em que $\omega = 2\pi f$. Assim, utilizando o valor de $f = 60\ Hz$, encontra-se a *fem*:

$$fem = 20{,}81 \times 376{,}99112 \times \mathrm{sen}(376{,}99112t)$$

$$fem = 7845{,}1852\mathrm{sen}(376{,}99112t)\, V$$

e para $f = 1.200\ Hz$, encontra-se:

$$fem = 20{,}81 \times 7539{,}82237 \times \text{sen}(7539{,}82237t)$$
$$fem = 156903{,}7035\text{sen}(7539{,}82237t)\,V$$

Exemplo 9.4: Uma espira quadrada de 20 *cm* de lado tem uma resistência total de 4 Ω. A espira está no plano $y = 0$ em $t = 0$, centrada no eixo y e com um canto em (10, 0, 10) *cm*. Considere um campo magnético uniforme $\vec{B} = 0{,}7\vec{a_y}$ Wb/m^2. Encontre a corrente I na direção $\vec{a_z}$, onde a espira corta o eixo $+x$, se a espira está rodando em torno do eixo z na direção $\vec{a_\phi}$, com $\omega = 60\pi$ *rad/s*.

Conforme se pode ver no enunciado deste problema, a espira gira com $\omega = 60\pi$ *rad/s* ou $f = \omega/2\pi = 30$ *Hz* na direção $\vec{a_\phi}$. Como a densidade de fluxo é uniforme, então a área efetiva da espira vista pelo campo reduz até zero (quando esta atinge 90º), depois aumenta negativamente (até atingir 180º), pois sua posição relativa está contrária à posição inicial, depois volta a crescer até atingir zero (em direção à 270º) e retorna ao valor máximo (inicial) quando atinge 360º. Ou seja, a área efetiva da espira pode ser descrita por:

$$S = l^2 \cos(\omega t) = 0{,}04\cos(\omega t) = 0{,}04\cos(60\pi t)\,m^2.$$

Utilizando a equação da *fem*, encontra-se:

$$fem = -\frac{d\Phi}{dt} = -\frac{d(BS)}{dt} = -B\frac{dS}{dt}$$
$$fem = -0{,}7\frac{d}{dt}(0{,}04\cos(60\pi t))$$
$$fem = 0{,}7 \times 0{,}04 \times 60\pi \times \text{sen}(60\pi t)$$
$$fem = 5{,}2779\text{sen}(188{,}496t)\,V$$

Desde que é uma única espira, então esta *fem* se encontra entre as duas pontas no lado paralelo ao eixo z. Dessa forma, a corrente neste lado é:

$$I = \frac{V}{R} = \frac{5{,}2779\text{sen}(188{,}496t)}{4} = 1{,}32\text{sen}(188{,}496t)\,A.$$

Entretanto, como a freqüência é 30 Hz, então o período é:

$$T = \frac{1}{f} = 0{,}0333\ s$$

e, em cada período, a espira tem o mesmo lado cortando o eixo x, ou alternadamente nos lados, a cada meio período. De toda forma, como $\text{sen}(k\pi) = 0,\ k = 0, 1, 2, \ldots$, então a tensão no lado desejado, quando a espira corta o eixo x, será

$$fem = 5{,}2779\text{sen}(188{,}496 \times k \times 0{,}0333) = 0\,V.$$

Ou seja, será sempre zero. Conseqüentemente, a corrente também será sempre zero, ou $I = 0\ A$.

O problema da variação do campo magnético variante gerar uma *fem* pode ser visto como uma força que age sobre as cargas, como se pode ver na Figura 9.4. Assim, dado que um condutor se mova em um campo magnético, então as cargas sofrem a ação de uma força

$$\vec{F} = Q\vec{U} \times \vec{B},$$

e tendem a se mover na direção de uma ponta do condutor, o que define uma diferença de potencial crescente entre os dois pontos e, conseqüentemente, um campo elétrico, que é denominado campo elétrico de movimento:

$$\vec{E_m} = \frac{\vec{F}}{Q} = \vec{U} \times \vec{B},$$

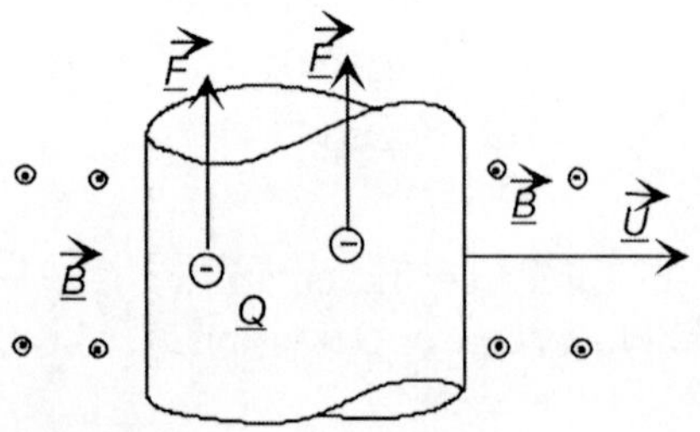

Figura 9.4: Condutor com velocidade U perpendicular a um campo magnético: geração de uma diferença de potencial e de um campo elétrico de movimento.

Exemplo 9.5: Para o Exemplo 9.1: solucione-o, utilizando o campo elétrico de movimento.

Para solucionar o mesmo problema por meio do campo elétrico de movimento $\overrightarrow{E_m}$, primeiro observe que este campo, pela Figura 9.1, tem a direção $-\overrightarrow{a_y}$, o que pode ser visto matematicamente por:

$$\overrightarrow{E_m} = \vec{U} \times \vec{B} = U_x \overrightarrow{a_x} \times B_z \overrightarrow{a_z}$$
$$\overrightarrow{E_m} = -E_{m_y} \overrightarrow{a_y} = U_x B_z \overrightarrow{a_y}$$

que implica dizer que:

$$E_{m_y} = -U_x B_z .$$

Utilizando este resultado no cálculo do potencial elétrico entre as pontas da barra de curto-circuito que tem comprimento l, encontra-se:

$$V = -\int \overrightarrow{E_m} \cdot d\vec{L} = -\int -E_{m_y} \overrightarrow{a_y} \cdot dy\overrightarrow{a_y} = E_{m_y} \int_0^l dy = E_{m_y} l = -U_x B_z l.$$

Porém, conforme foi definido no problema que $U = U_x$ e $B = B_z$, então:

$$V = -BlU .$$

que é o mesmo resultado encontrado.

Exemplo 9.6: Solucione o problema do Exemplo 9.1 por meio do campo elétrico de movimento.

Naturalmente, seguindo a mesma seqüência do Exemplo 9.5, com o resultado encontrado da posição da barra em relação ao tempo, encontra-se:

$$E_{m_y} = -U_x B_z$$

e

$$x = 0{,}4 - 0{,}4\cos(2\pi f t)\ m,$$

que implica em:

$$U_x = \frac{dx}{dt} = \frac{d}{dt}\left(0{,}4 - 0{,}4\cos(80\pi t)\right) = 0{,}4 \times 80\pi \times \text{sen}(80\pi t) = 100{,}531\text{sen}(80\pi t)\, m/s$$

Daí,

$$V = -\int \overrightarrow{E_m} \cdot d\vec{L} = -\int -E_{m_y}\,\overrightarrow{a_y} \cdot dy\overrightarrow{a_y} = E_{m_y} \int_0^l dy = E_{m_y}\, l = -U_x B_z l.$$

ou

$$V = -BlU = -Bl \times 100{,}531\text{sen}(80\pi t)$$
$$V = -1{,}25 \times 0{,}2 \times 100{,}531\text{sen}(80\pi t)$$
$$V = -25{,}133\text{sen}(80\pi t)\, V$$

Dessa forma, a corrente I no resistor é:

$$I = \frac{V}{R} = \frac{-25{,}133\text{sen}(80\pi t)}{0{,}8} = -31{,}416\text{sen}(80\pi t)\, A,$$

que é o mesmo resultado encontrado.

A terceira condição prevista por Faraday, conforme visto no início desta seção, é a combinação dos dois casos anteriores: variação da superfície em relação ao campo, e variação do campo magnético no tempo. Neste caso, a *fem* resultante é dada por:

$$fem = \oint \vec{E} \cdot d\vec{L} = -\int_S \frac{\partial \vec{B}}{\partial t} \cdot d\vec{S} + \oint \left(\vec{U} \times \vec{B}\right) d\vec{L},$$

cuja equação é equivalente a

$$fem = -\frac{d\Phi}{dt}.$$

Exemplo 9.7: Considerando que a densidade de fluxo magnético no Exemplo 9.1 é variável, qual o resultado para a *fem*?

Neste caso, desde que o fluxo magnético varia com o tempo, além da posição da barra, pode-se encontrar o resultado calculando pela integral:

$$fem = \oint \vec{E} \cdot d\vec{L} = -\int_S \frac{\partial \vec{B}}{\partial t} \cdot d\vec{S} + \oint \left(\vec{U} \times \vec{B}\right) d\vec{L},$$

ou diretamente por

$$fem = -\frac{d\Phi}{dt} = -\frac{d(BS)}{dt}.$$

Seguindo por este segundo caminho, como tanto B como S variam com o tempo, então utiliza-se a regra da cadeia (derivada de uma multiplicação) e encontra-se:

$$fem = -\frac{dBS}{dt} = -l\,\frac{d(Bx)}{dt}$$

$$fem = -l\left(x\,\frac{dB}{dt} + B\,\frac{dx}{dt}\right)$$

$$fem = -l\left(x\,\frac{dB}{dt} + BU\right)$$

$$fem = -lx\,\frac{dB}{dt} - BlU,$$

em que se observa que, no segundo membro, os dois resultados se referem a

$$-\int_S \frac{\partial \vec{B}}{\partial t} \cdot d\vec{S} = -lx\,\frac{dB}{dt}$$

que se refere à parcela da variação de B no tempo e

$$\oint \left(\vec{U} \times \vec{B}\right) d\vec{L} = -BlU$$

que é o resultado encontrado no Exemplo 9.5, referente à parcela do movimento da barra de curto-circuito.

Exemplo 9.8: Suponha que o campo magnético da Figura 9.1 é $B_z = 10\cos(100t)\ Wb/m^2$, enquanto que a posição da barra é dada por $x = 0,25(1 + \text{sen}\ (40t))\ m$. Sendo $l = 20\ cm$, encontre a diferença de potencial entre os trilhos em função do tempo.

Utilizando o resultado do Exemplo 9.7, calcula-se:

$$U = \frac{dx}{dt} = \frac{d}{dt}\left(0,25\left(1 + \text{sen}(40t)\right)\right) = 0,25 \times 40 \times \cos(40t) = 10\cos(40t)\ m/s$$

e assim,

$$fem = -lx\frac{dB}{dt} - BlU$$

$$fem = -0,2\left(0,25\left(1 + \text{sen}(40t)\right)\right)\frac{d}{dt}\left(10\cos(100t)\right) - 10\cos(100t) \times 0,2 \times 10\cos(40t)$$

$$fem = 50\left(1 + \text{sen}(40t)\right)\text{sen}(100t) - 20\cos(40t)\cos(100t)\ V$$

9.2 Corrente de Deslocamento

Da mesma forma que a variação do campo magnético no tempo gera um campo elétrico variante, a variação do campo elétrico no tempo também gera um campo magnético variante. Esta formalização provém de que

$$\nabla \times \vec{H} = \vec{J},$$

mas, calculando a divergência, encontra-se:

$$\nabla \cdot \nabla \times \vec{H} = 0 = \nabla \cdot \vec{J}.$$

Entretanto, como

$$\nabla \cdot \vec{J} = -\frac{\partial \rho}{\partial t},$$

e se a carga estiver variando (ou seja, o que gera o campo elétrico variante) a relação do divergente encontrada não tem sentido. Ou seja, se for colocado um vetor $\vec{G}$ na Lei Circuital de Ampère, na forma

$$\nabla \times \vec{H} = \vec{J} + \vec{G}$$

então, pela divergência, encontra-se

$$\nabla \cdot \vec{J} + \nabla \cdot \vec{G} = 0$$

que implica

$$\nabla \cdot \vec{G} = -\nabla \cdot \vec{J} = \frac{\partial \rho}{\partial t}$$

Porém, desde que

$$\nabla \cdot \vec{D} = \rho,$$

então

$$\nabla \cdot \vec{G} = \frac{\partial}{\partial t}\left(\nabla \cdot \vec{D}\right) = \nabla \cdot \frac{\partial \vec{D}}{\partial t},$$

e, conseqüentemente, o vetor inserido é

$$\vec{G} = \frac{\partial \vec{D}}{\partial t}.$$

Assim, para o caso dos campos variantes, a Lei de Ampère é

$$\nabla \times \vec{H} = \vec{J} + \frac{\partial \vec{D}}{\partial t}$$

que é a forma mais geral, desde que, se o campo elétrico não variar, o valor

$$\frac{\partial \vec{D}}{\partial t} = 0,$$

o que faz a Lei de Ampère retornar à forma conhecida para os campos estáticos.

Deve-se observar que o vetor inserido

$$\vec{G} = \frac{\partial \vec{D}}{\partial t},$$

tem as mesmas unidades de $\vec{J}$, ou seja, $[A/m^2]$, o que gera a denominação deste vetor $\vec{G}$ de densidade de corrente de deslocamento, e ao invés de utilizá-lo nesta notação, utiliza-se $\overrightarrow{J_d}$, ou

$$\overrightarrow{J_d} = \vec{G} = \frac{\partial \vec{D}}{\partial t}.$$

Assim, tem-se a Lei Circuital de Ampère dada por:

$$\nabla \times \vec{H} = \vec{J} + \overrightarrow{J_d}.$$

Desta definição, formaliza-se o terceiro tipo de densidade de corrente:

- Densidade de corrente de condução: $\vec{J} = \sigma \vec{E}$;
- Densidade de corrente de convecção: $\vec{J} = \rho \vec{U}$;
- Densidade de corrente de deslocamento: $\overrightarrow{J_d} = \frac{\partial \vec{D}}{\partial t}$.

A densidade de corrente de deslocamento apresenta-se mesmo em meios não condutores ou materiais, como o espaço livre. Assim, considerando este último meio (espaço livre), não havendo corrente de condução ou de convecção, ou seja, $\vec{J} = 0$, então:

$$\nabla \times \vec{H} = \overrightarrow{J_d} = \frac{\partial \vec{D}}{\partial t},$$

que tem uma simetria com a equação do campo magnético variante encontrada na seção anterior:

$$\nabla \times \vec{E} = -\frac{\partial \vec{B}}{\partial t}.$$

Além do mais, da mesma forma que se relaciona a corrente de condução ou de convecção com as respectivas densidades de corrente $\vec{J}$, também se define a corrente de deslocamento I_d como sendo

$$I_d = \int_S \overrightarrow{J_d} \cdot d\vec{S} = \int_S \frac{\partial \vec{D}}{\partial t} \cdot d\vec{S}$$

a qual existe em todos os condutores em que flui uma corrente de condução com campo elétrico variável, como as correntes alternadas. No caso das correntes alternadas, observa-se, em um capacitor, que o que passa é a corrente de deslocamento, pois não ocorre passagem de corrente contínua (deslocamento de cargas livres) desde que as placas condutoras estão separadas por um meio dielétrico (isolante), conforme visto no Capítulo 4.

Exemplo 9.9: A densidade de fluxo magnético $\vec{B} = 10^{-4}\cos\left(2\times10^{5}t\right)\cos(4z)\overrightarrow{a_y}$ Wb/m^2 existe em um meio linear homogêneo e anisotrópico, caracterizado por ε e μ. Encontre a densidade de corrente de deslocamento e o valor do produto με.

A corrente de deslocamento pode ser encontrada diretamente através do rotacional do campo magnético:

$$\nabla\times\overline{H} = \frac{\partial\overrightarrow{D}}{\partial t} = \overline{J_d}$$

Calculando o rotacional do campo magnético em coordenadas cartesianas e sabendo que $H = B/\mu$, tem-se:

$$\nabla\times\overrightarrow{H} = \overrightarrow{J_d} = \begin{vmatrix} \overrightarrow{a_x} & \overrightarrow{a_y} & \overrightarrow{a_z} \\ \frac{\partial}{\partial x} & \frac{\partial}{\partial y} & \frac{\partial}{\partial z} \\ H_x & H_y & H_z \end{vmatrix} = \begin{vmatrix} \overrightarrow{a_x} & \overrightarrow{a_y} & \overrightarrow{a_z} \\ \frac{\partial}{\partial x} & \frac{\partial}{\partial y} & \frac{\partial}{\partial z} \\ 0 & H_y & 0 \end{vmatrix} = -\frac{\partial H_y}{\partial z}\overrightarrow{a_x} + \frac{\partial H_y}{\partial x}\overrightarrow{a_z} = -\frac{\partial H_y}{\partial z}\overrightarrow{a_x}$$

$$\overrightarrow{J_d} = -\frac{10^{-4}\cos\left(2\times10^{-5}t\right)}{\mu}\frac{\partial}{\partial z}(\cos(4z))\overrightarrow{a_x}$$

$$\overrightarrow{J_d} = \frac{4\times10^{-4}\cos\left(2\times10^{-5}t\right)\operatorname{sen}(4z)}{\mu}\overrightarrow{a_x}\ A/m^2$$

Para encontrar o produto με, deve-se encontrar o campo elétrico através da densidade de fluxo dada, e com este resultado, encontrar novamente esta densidade de fluxo, para comparar o resultado com o valor dado. Assim, utilizando a equação da variação do campo elétrico em coordenadas cartesianas, encontra-se:

$$\nabla\times\overline{H} = \frac{\partial\overrightarrow{D}}{\partial t} = \varepsilon\frac{\partial\overrightarrow{E}}{\partial t} = \overline{J_d}$$

desde que ε é constante e o rotacional do campo *H* é a densidade de corrente de deslocamento encontrada anteriormente. Assim, tem-se que:

$$\overline{J_d} = \varepsilon\frac{\partial\overrightarrow{E}}{\partial t} \quad \text{e} \quad \frac{4\times10^{-4}\cos\left(2\times10^{-5}t\right)\operatorname{sen}(4z)}{\mu}\overrightarrow{a_x} = \varepsilon\frac{\partial\overrightarrow{E}}{\partial t}$$

e, conseqüentemente,

$$\vec{E} = \int \frac{4\times10^{-4}\cos\left(2\times10^{-5}t\right)\text{sen}(4z)}{\mu\varepsilon}\vec{a_x}dt = \frac{4\times10^{-4}\,\text{sen}(4z)}{\mu\varepsilon}\vec{a_x}\int\cos\left(2\times10^{-5}t\right)dt$$

$$\vec{E} = \frac{4\times10^{-4}\,\text{sen}\left(2\times10^{-5}t\right)\text{sen}(4z)}{2\times10^{-5}\times\mu\varepsilon}\vec{a_x} = \frac{20\text{sen}\left(2\times10^{-5}t\right)\text{sen}(4z)}{\mu\varepsilon}\vec{a_x}\ V/m$$

Com este resultado do campo elétrico, utilizando a equação do campo magnético variante, encontra-se:

$$\nabla\times\vec{E} = -\frac{\partial\vec{B}}{\partial t}$$

em que o rotacional do campo elétrico é:

$$\nabla\times\vec{E} = \begin{vmatrix}\vec{a_x} & \vec{a_y} & \vec{a_z}\\ \frac{\partial}{\partial x} & \frac{\partial}{\partial y} & \frac{\partial}{\partial z}\\ E_x & E_y & E_z\end{vmatrix} = \begin{vmatrix}\vec{a_x} & \vec{a_y} & \vec{a_z}\\ \frac{\partial}{\partial x} & \frac{\partial}{\partial y} & \frac{\partial}{\partial z}\\ E_x & 0 & 0\end{vmatrix} = \frac{\partial E_x}{\partial z}\vec{a_y} - \frac{\partial E_x}{\partial y}\vec{a_z} = \frac{\partial E_x}{\partial z}\vec{a_y}$$

$$\nabla\times\vec{E} = \frac{20\text{sen}\left(2\times10^{-5}t\right)}{\mu\varepsilon}\frac{\partial}{\partial z}\left(\text{sen}(4z)\right)\vec{a_y} = \frac{80\text{sen}\left(2\times10^{-5}t\right)\cos(4z)}{\mu\varepsilon}\vec{a_y}\ V/m^2$$

que, conseqüentemente, encontra-se:

$$-\frac{\partial\vec{B}}{\partial t} = \frac{80\text{sen}\left(2\times10^{-5}t\right)\cos(4z)}{\mu\varepsilon}\vec{a_y}$$

e integrando no tempo:

$$\vec{B} = \int\frac{-80\text{sen}\left(2\times10^{-5}t\right)\cos(4z)}{\mu\varepsilon}\vec{a_y}dt = -\frac{80\cos(4z)}{\mu\varepsilon}\vec{a_y}\int\text{sen}\left(2\times10^{-5}t\right)dt$$

$$\vec{B} = \frac{80\cos\left(2\times10^{-5}t\right)\cos(4z)}{2\times10^{-5}\times\mu\varepsilon}\vec{a_y} = \frac{4\times10^{6}\cos\left(2\times10^{-5}t\right)\cos(4z)}{\mu\varepsilon}\vec{a_y}\ Wb/m^2$$

cujo resultado pode ser igualado ao valor de B dado (observe que a direção é a mesma em ambos os casos), para encontrar

$$\frac{4\times10^{6}\cos\left(2\times10^{-5}t\right)\cos(4z)}{\mu\varepsilon} = 10^{-4}\cos\left(2\times10^{5}t\right)\cos(4z)$$

ou

$$\frac{4\times 10^{6}}{\mu\varepsilon} = 10^{-4}$$

$$\mu\varepsilon = 4\times 10^{10}\ HF/m^{2}$$

que é o produto procurado.

Tendo visto o efeito que causa a variação dos campos, deve-se observar que as demais equações de Maxwell não variam, pois em uma superfície fechada, as linhas do campo magnético (que são fechadas) continuam nulas em sua soma total, e as linhas de fluxo elétrico que atravessam uma superfície fechada continuam sendo a carga envolvida. Assim, em síntese, têm-se as equações de Maxwell nas formas pontuais, dadas por:

$$\oint_S \vec{D}\cdot d\vec{S} = Q = \int_{vol} \rho\, dv$$

$$\oint \vec{E}\cdot d\vec{L} = -\int_S \frac{\partial \vec{B}}{\partial t}\cdot d\vec{S}$$

$$\oint_S \vec{B}\cdot d\vec{S} = 0$$

$$\oint \vec{H}\cdot d\vec{L} = I + \int_S \frac{\partial \vec{D}}{\partial t}\cdot d\vec{S}.$$

Além do mais, dados dois meios físicos reais, observa-se que as condições de contorno necessárias para solucionar as Equações de Maxwell são invariáveis, de forma que se obtém:

$$E_{t_1} = E_{t_2}$$

$$H_{t_1} = H_{t_2}$$

$$D_{n_1} - D_{n_2} = \rho_S$$

$$B_{n_1} = B_{n_2}.$$

Neste caso, considerando que um dos meios é condutor perfeito ($\sigma = \infty$), mas $\vec{J}$ sendo finita, tem-se que $\vec{E} = 0$ e, conseqüentemente, pela Lei de Faraday encontra-se que $\vec{H} = 0$. Como $\vec{J}$ é considerada finita, determina-se que $\vec{J} = 0$, o que mostra que a corrente flui no condutor por sua superfície.

Assim, encontra-se que $E_{t_1} = 0$; $H_{t_1} = K$; $D_{n_1} = \rho_S$ e $B_{n_1} = 0$, o que comprova que K só existe em condutores perfeitos, pois caso contrário, cargas livres distribuídas dentro do condutor podem se mover, o que explica o efeito Joule em condutores não perfeitos. Este formalismo, embora apresentado aqui, será mais utilizado no próximo capítulo, quando forem apresentadas as ondas eletromagnéticas.

9.3 Variações nos Campos Potenciais

As variações nos campos elétrico e magnético geram variações nos seus respectivos campos potenciais, os quais são denominados potenciais retardados.

Este problema ocorre devido ao fato de que, no campo estático, $\vec{E} = -\nabla V$. Entretanto, isso é válido para a situação $\nabla \times \vec{E} = -\nabla \times \nabla V = 0$. Como no campo dinâmico

$$\nabla \times \vec{E} = -\frac{\partial \vec{B}}{\partial t}$$

então se observa que um novo termo para o campo elétrico deve ser introduzido. Fazendo $\vec{E} = -\nabla V + \vec{N}$, e aplicando o rotacional, encontra-se que

$$\nabla \times \vec{E} = 0 + \nabla \times \vec{N} = -\frac{\partial \vec{B}}{\partial t} = -\frac{\partial}{\partial t}\left(\nabla \times \vec{A}\right) = -\nabla \times \frac{\partial \vec{A}}{\partial t}$$

que tem como resultado, para este novo vetor introduzido:

$$\vec{N} = -\frac{\partial \vec{A}}{\partial t}.$$

Assim, o campo elétrico é formalizado por

$$\vec{E} = -\nabla V - \frac{\partial \vec{A}}{\partial t}.$$

Utilizando esta formalização nas equações de Poisson, encontram-se:

$$\nabla \cdot \vec{A} = -\mu\varepsilon \frac{\partial V}{\partial t},$$

$$\nabla^2 \vec{A} = -\mu \vec{J} + \mu\varepsilon \frac{\partial^2 \vec{A}}{\partial t^2}$$

e

$$\nabla^2 V = -\frac{\rho}{\varepsilon} + \mu\varepsilon \frac{\partial^2 V}{\partial t^2}.$$

Dado que uma informação da variação do campo elétrico ou magnético em um ponto necessita ser transmitida ao ponto de onde se deseja medir o potencial, esta informação deve ser transmitida por uma onda eletromagnética que apresenta velocidade

$$U = \frac{1}{\sqrt{\mu\varepsilon}} [m/s].$$

Porém, pela teoria da relatividade, nada pode ultrapassar a velocidade da luz. Logo, a variação de densidade de carga em um ponto não gera um potencial em um ponto distante instantaneamente, mas após algum tempo, que depende da distância e da velocidade da onda no meio. Assim, este atraso na informação referente às variações dos campos permite escrever as equações dos campos potenciais substituindo os geradores do campo potencial ρ e $\vec{J}$ por $[\rho]$ e $[\vec{J}]$, tornando-se

$$V = \int_{vol} \frac{[\rho]dv}{4\pi\varepsilon R}$$

e

$$\vec{A} = \int_{vol} \frac{\mu[\vec{J}]dv}{4\pi R} = \int_S \frac{\mu[\vec{K}]dS}{4\pi R} = \int \frac{\mu[I]d\vec{L}}{4\pi R}$$

em que os termos entre colchetes ($[\rho]$ e $[\vec{J}]$) determinam o retardo no tempo, tal que em toda expressão que os contenha, o valor de t é substituído por

$$t' = t - \frac{R}{U},$$

sendo R sendo o raio ou distância onde está sendo medido o potencial e U a velocidade da onda no meio.

Exemplo 9.10: Expresse [ρ] e [$\vec{J}$] para $\rho = 3te^{-2t}$ e $\vec{J} = 2t\, e^{5t/(2+t^2)}\, \vec{a_x}$.

Este problema é simples, desde que se deve realizar a substituição de todos os termos t por

$$t' = t - \frac{R}{U}.$$

Assim, tem-se que

$$[\rho] = 3\left(t - \frac{R}{U}\right)e^{-2\left(t-\frac{R}{U}\right)} = 3\left(t - R\sqrt{\mu\varepsilon}\right)e^{-2\left(t-R\sqrt{\mu\varepsilon}\right)}\,C/m^3$$

e

$$[\vec{J}] = 2\left(t - \frac{R}{U}\right)e^{5\left(t-\frac{R}{U}\right)\Big/\left(2+\left(t-\frac{R}{U}\right)^2\right)} = 2\left(t - R\sqrt{\mu\varepsilon}\right)e^{5\left(t-R\sqrt{\mu\varepsilon}\right)\Big/\left(2+\left(t-R\sqrt{\mu\varepsilon}\right)^2\right)}\,A/m^2$$

que são as respectivas densidades nas formas de retardo no tempo medidas num ponto R.

Exemplo 9.11: Seja um filamento de corrente no eixo z, $-3 < z < -1$, em que flui uma corrente $I = t^2/3A$ na direção $\vec{a_z}$. Encontre em (0, 0, 1) no espaço livre.

Para solucionar este problema, como se tem um filamento de corrente I, deve-se utilizar a equação

$$\vec{A} = \int \frac{\mu[I]d\vec{L}}{4\pi R}$$

Assim, transformando a corrente I dada em uma corrente retardada no tempo, tem-se:

$$[I] = \frac{1}{3}\left(t - \frac{R}{U}\right)^2 = \frac{1}{3}\left(t^2 - 2t\frac{R}{U} + \left(\frac{R}{U}\right)^2\right)A$$

e, substituindo na integral do campo potencial vetor magnético $\vec{A}$, encontra-se:

$$\vec{A} = \int_{-3}^{-1} \frac{\mu \frac{1}{3}\left(t^2 - 2t\frac{R}{U} + \left(\frac{R}{U}\right)^2\right) dz\overrightarrow{a_z}}{4\pi R}$$

desde que $d\vec{L} = dz\overrightarrow{a_z}$, onde o filamento de corrente se encontra. Substituindo o valor de $R = 1 - z$, desde que o ponto onde se deseja calcular é $z = 1$, devido ao elemento diferencial de corrente que está em z variando de –3 a –1 (limites da integral), encontra-se.

$$\vec{A} = \frac{\mu}{12\pi}\overrightarrow{a_z}\int_{-3}^{0} \frac{\left(t^2 - 2t\sqrt{\mu\varepsilon}(1-z) + \mu\varepsilon(1-z)^2\right)dz}{1-z}$$

$$\vec{A} = \frac{\mu}{12\pi}\overrightarrow{a_z}\left[t^2\int_{-3}^{0}\frac{dz}{1-z} - 2t\sqrt{\mu\varepsilon}\int_{-3}^{0}\frac{1-z}{1-z}dz + \mu\varepsilon\int_{-3}^{0}\frac{(1-z)^2}{1-z}dz\right]$$

$$\vec{A} = \frac{\mu}{12\pi}\overrightarrow{a_z}\left[-t^2(\ln(1-z)|_{-3}^{0} - 2t\sqrt{\mu\varepsilon}(z|_{-3}^{0} + \mu\varepsilon\left(z - \frac{z^2}{2}\right|_{-3}^{0}\right]$$

$$\vec{A} = \frac{\mu}{12\pi}\overrightarrow{a_z}\left[t^2\ln 4 + 6t\sqrt{\mu\varepsilon} + \mu\varepsilon(3 - 4{,}5)\right]$$

$$\vec{A} = \frac{\mu}{12\pi}\overrightarrow{a_z}\left[1{,}3863t^2 + 6t\sqrt{\mu\varepsilon} - 1{,}5\mu\varepsilon\right]$$

Porém, como está sendo considerado o espaço livre, então $\mu\varepsilon = \mu_0\varepsilon_0$. Dessa forma, tem-se:

$$\vec{A} = \frac{\mu_0}{12\pi}\overrightarrow{a_z}\left[1{,}3863t^2 + 6t\sqrt{\mu_0\varepsilon_0} - 1{,}5\mu_0\varepsilon_0\right]$$

$$\vec{A} = 3{,}333\times10^{-8}\overrightarrow{a_z}\left[1{,}3863t^2 + 2{,}0014\times10^{-8}t - 1{,}669\times10^{-17}\right]$$

$$\vec{A} = \left[4{,}621t^2 + 6{,}67\times10^{-8}t - 5{,}563\times10^{-17}\right]\times10^{-8}\overrightarrow{a_z}\ Wb/m$$

que é o valor do potencial procurado no ponto (0, 0, 1).

Exemplo 9.12: Se o potencial vetor $\vec{A}$ for $\vec{A} = A_0 \cos(\omega t)\cos(kz)\,\overrightarrow{a_y}$, encontre $\vec{H}$, $\vec{E}$ e V. Considere tantas componentes iguais a zero quantas for possível. Especifique k em termos de A_0, ω e as constantes do meio sem perdas ε e μ.

Para encontrar o campo magnético, determina-se a densidade de fluxo magnético através do rotacional do potencial vetor magnético em coordenadas cartesianas (que é o sistema determinado) e divide-se por μ:

$$\vec{H} = \frac{\vec{B}}{\mu} = \frac{\nabla \times \vec{A}}{\mu} = \frac{1}{\mu}\begin{vmatrix} \overrightarrow{a_x} & \overrightarrow{a_y} & \overrightarrow{a_z} \\ \frac{\partial}{\partial x} & \frac{\partial}{\partial y} & \frac{\partial}{\partial z} \\ A_x & A_y & A_z \end{vmatrix} = \frac{1}{\mu}\begin{vmatrix} \overrightarrow{a_x} & \overrightarrow{a_y} & \overrightarrow{a_z} \\ \frac{\partial}{\partial x} & \frac{\partial}{\partial y} & \frac{\partial}{\partial z} \\ 0 & A_y & 0 \end{vmatrix}$$

$$\vec{H} = \frac{1}{\mu}\left(-\frac{\partial A_y}{\partial z}\overrightarrow{a_x} + \frac{\partial A_y}{\partial x}\overrightarrow{a_z}\right) = -\frac{1}{\mu}\frac{\partial A_y}{\partial z}\overrightarrow{a_x}$$

$$\vec{H} = -\frac{A_0\cos(\omega t)}{\mu}\frac{\partial}{\partial z}(\cos(kz))\overrightarrow{a_x}$$

$$\vec{H} = \frac{A_0 k\cos(\omega t)\,\mathrm{sen}(kz)}{\mu}\overrightarrow{a_x}\ A/m$$

Com este valor do campo magnético, encontra-se o campo elétrico como sendo:

$$\nabla \times \vec{H} = \frac{\partial \vec{D}}{\partial t} = \varepsilon\frac{\partial \vec{E}}{\partial t}$$

$$\vec{E} = \frac{1}{\varepsilon}\int \nabla \times \vec{H}dt$$

que resolvendo, encontra-se:

$$\nabla \times \vec{H} = \begin{vmatrix} \vec{a_x} & \vec{a_y} & \vec{a_z} \\ \frac{\partial}{\partial x} & \frac{\partial}{\partial y} & \frac{\partial}{\partial z} \\ H_x & H_y & H_z \end{vmatrix} = \begin{vmatrix} \vec{a_x} & \vec{a_y} & \vec{a_z} \\ \frac{\partial}{\partial x} & \frac{\partial}{\partial y} & \frac{\partial}{\partial z} \\ H_x & 0 & 0 \end{vmatrix} = \frac{\partial H_x}{\partial z}\vec{a_y} - \frac{\partial H_x}{\partial y}\vec{a_z} = \frac{\partial H_x}{\partial z}\vec{a_y}$$

$$\nabla \times \vec{H} = -\frac{A_0 k \cos(\omega t)}{\mu}\frac{\partial}{\partial z}(\mathrm{sen}(kz))\vec{a_y}$$

$$\nabla \times \vec{H} = \frac{A_0 k^2 \cos(\omega t)\cos(kz)}{\mu}\vec{a_y}\ A/m^2$$

Assim, com este resultado, calculando o campo elétrico, tem-se:

$$\vec{E} = \frac{1}{\varepsilon}\int \nabla \times \vec{H} dt$$

$$\vec{E} = \frac{1}{\varepsilon}\int \frac{A_0 k^2 \cos(\omega t)\cos(kz)}{\mu}\vec{a_y} dt$$

$$\vec{E} = \frac{A_0 k^2 \cos(kz)}{\varepsilon\mu}\frac{\mathrm{sen}(\omega t)}{\omega}\vec{a_y}$$

$$\vec{E} = \frac{A_0 k^2 \cos(kz)\,\mathrm{sen}(\omega t)}{\varepsilon\mu\omega}\vec{a_y}\ V/m$$

Para o campo potencial V que está em atraso, tem-se:

$$\vec{E} = -\nabla V - \frac{\partial \vec{A}}{\partial t}$$

$$V = -\int\left(\vec{E} + \frac{\partial \vec{A}}{\partial t}\right)\cdot d\vec{L}$$

como o campo elétrico e o potencial vetor magnético estão na direção y, então $d\vec{L} = dy\vec{a_z}$, e:

$$V = -\int \left(\frac{A_0 k^2 \cos(kz) \operatorname{sen}(\omega t)}{\varepsilon\mu\omega} \vec{a_y} + \frac{\partial}{\partial t} \left(A_0 \cos(\omega t) \cos(kz) \right) \vec{a_y} \right) \cdot dy\vec{a_y}$$

$$V = -\int \left(\frac{A_0 k^2 \cos(kz) \operatorname{sen}(\omega t)}{\varepsilon\mu\omega} + A_0 \omega \cos(\omega t) \cos(kz) \right) dy$$

$$V = -y \left(\frac{A_0 k^2 \cos(kz) \operatorname{sen}(\omega t)}{\varepsilon\mu\omega} + A_0 \omega \cos(\omega t) \cos(kz) \right) V$$

Para encontrar o valor de k, utiliza-se o campo elétrico calculado para novamente encontrar o campo magnético e compará-lo com o valor encontrado com o rotacional do potencial magnético. Assim, tem-se:

$$\nabla \times \vec{E} = -\frac{\partial \vec{B}}{\partial t} = -\mu \frac{\partial \vec{H}}{\partial t}$$

$$\vec{H} = -\frac{1}{\mu} \int \nabla \times \vec{E} dt$$

Calculando o rotacional do campo elétrico, encontra-se:

$$\nabla \times \vec{E} = \begin{vmatrix} \vec{a_x} & \vec{a_y} & \vec{a_z} \\ \frac{\partial}{\partial x} & \frac{\partial}{\partial y} & \frac{\partial}{\partial z} \\ E_x & E_y & E_z \end{vmatrix} = \begin{vmatrix} \vec{a_x} & \vec{a_y} & \vec{a_z} \\ \frac{\partial}{\partial x} & \frac{\partial}{\partial y} & \frac{\partial}{\partial z} \\ 0 & E_y & 0 \end{vmatrix} = \frac{\partial E_y}{\partial x} \vec{a_z} - \frac{\partial E_y}{\partial z} \vec{a_x} = -\frac{\partial E_y}{\partial z} \vec{a_x}$$

$$\nabla \times \vec{E} = -\frac{A_0 k^2 \operatorname{sen}(\omega t)}{\varepsilon\mu\omega} \frac{\partial}{\partial z} \left(\cos(kz) \right) \vec{a_x}$$

$$\nabla \times \vec{E} = \frac{A_0 k^3 \operatorname{sen}(\omega t) \operatorname{sen}(kz)}{\varepsilon\mu\omega} \vec{a_x} \; V/m^2$$

e, integrando no tempo e dividindo pela permissividade, encontra-se:

$$\vec{H} = -\frac{1}{\mu}\int \nabla \times \vec{E}dt$$

$$\vec{H} = -\frac{1}{\mu}\int \frac{A_0 k^3 \text{sen}(\omega t)\text{sen}(kz)}{\varepsilon\mu\omega}\vec{a_x}dt$$

$$\vec{H} = -\frac{A_0 k^3 \text{sen}(kz)}{\varepsilon\mu^2\omega}\vec{a_x}\int \text{sen}(\omega t)dt$$

$$\vec{H} = \frac{A_0 k^3 \text{sen}(kz)\cos(\omega t)}{\varepsilon\mu^2\omega^2}\vec{a_x}\ A/m$$

Utilizando este resultado para igualar com o resultado encontrado anteriormente, tem-se:

$$\frac{A_0 k \cos(\omega t)\text{sen}(kz)}{\mu} = \frac{A_0 k^3 \text{sen}(kz)\cos(\omega t)}{\varepsilon\mu^2\omega^2}$$

$$1 = \frac{k^2}{\varepsilon\mu\omega^2}$$

$$k = \sqrt{\varepsilon\mu\omega^2} = \omega\sqrt{\varepsilon\mu}\ rad/m$$

que era o desejado.

9.4 Experimentos com os Campos Variantes

Experimento 9.1: Experimento de Faraday

Um experimento com variação no campo elétrico, que pode ser realizado para comprovar a geração de campo magnético e transferência de energia, é o experimento de Faraday. Para realizá-lo, deve-se construir um circuito magnético fechado, como um vergalhão na forma circular, onde se enrolam duas bobinas separadas (em lados opostos). Na primeira, há a ligação a uma bateria com uma chave, enquanto na segunda bobina coloca-se um voltímetro, ou se possível, um galvanômetro (ou um *VU*). Quando se fecha a chave que liga a bateria à primeira bobina, uma corrente elétrica é gerada na forma de uma exponencial (é um circuito *RL*) e, conseqüentemente, um fluxo magnético variante no tempo é gerado no circuito magnético, levando o fluxo a atravessar a segunda bobina. Com o voltímetro ligado na segunda bobina, haverá a indicação de uma tensão contrária, que depende do número de espiras das duas bobinas e do circuito magnético (funciona como um transformador). Quando a corrente pára de variar (tornando-se contínua), o fluxo pára de variar e a tensão medida no voltímetro cai a zero. Quando se abre a chave do circuito, a corrente começa a decair na primeira bobina, devido à energia acumulada no campo magnético dela, e esta variação (redução do campo) é percebida na outra bobina, devido ao circuito magnético. Dessa forma, uma tensão invertida à primeira é observada no voltímetro. Este foi o experimento de Faraday, que o fez descobrir a lei que tem seu nome. Este experimento é visto na Figura 9.5, e comprova também a Lei de Lenz.

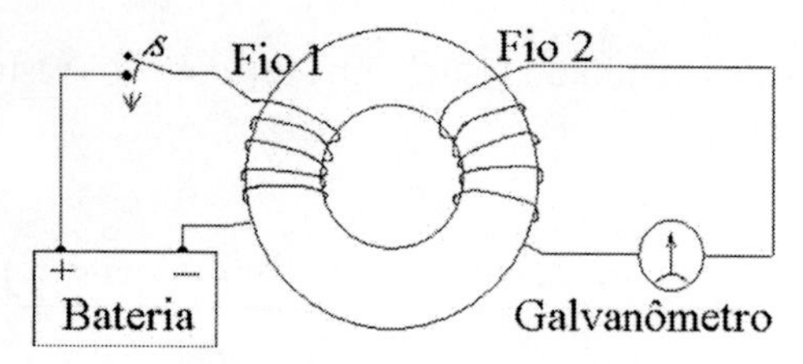

Figura 9.5: Experimento de Faraday.

Experimento 9.2: Variação de campos magnéticos

Um experimento simples, que pode ser realizado para verificar a variação dos campos magnéticos na geração de campos elétricos, baseia-se apenas na utilização de um transformador, em que na entrada (por exemplo, de 220 *V*) seus terminais são conectados a um voltímetro, deixando os terminais da saída em aberto. Tendo isso feito, utiliza-se um ímã potente para arranhar o circuito magnético (a parte ferromagnética do transformador) e verificar a leitura gerada no voltímetro. Observa-se, aí, que quanto mais veloz se passa o ímã, maior a tensão registrada, enquanto que, mantendo o ímã parado (pregado ao núcleo do transformador) a tensão registrada é zero, o que comprova a Lei de Faraday. Da mesma forma, pode-se comprovar que a variação da área da espira com um campo magnético fixo gera campo elétrico, se mantiver o ímã fixo e ligar uma bobina (sem núcleo) com várias espiras (em torno de 300 a 500) a um voltímetro. Neste caso, ao variar a posição da bobina sobre o ímã, o fluxo perpendicular que a atravessa varia e, conseqüentemente, haverá uma leitura de pequena tensão no voltímetro.

Experimento 9.3: Gerador elétrico

Utilizando o princípio da variação do campo magnético, um simples sistema gerador de eletricidade pode ser montado. Para estruturar isto, devem-se acoplar em uma plataforma circular, vários ímãs potentes, todos com o mesmo pólo em um lado da superfície. Esta plataforma deve ter uma estrutura de polias para girar em alta velocidade. Na borda da plataforma, um circuito magnético na forma de um *C* deve ser colocado, de modo que os pólos dos ímãs, no giro da plataforma, passem o mais próximo possível da área da seção reta do circuito magnético na abertura do *C*. Neste circuito magnético, uma bobina com mais de 100 espiras de fio esmaltado de bitola média 28 *AWG* deve ser enrolada (na parte de trás do *C*) tendo seus terminais raspados para verificação da eletricidade gerada. Assim, pode-se calcular qual a tensão gerada (aproximada) pelo gerador, utilizando a Lei de Faraday, desde que o fluxo varia aproximadamente com um seno somado de um valor constante (inicia com zero, sobe ao máximo e depois diminui até zerar novamente, desde que todas as faces dos ímãs estão na mesma direção). Deve-se observar que a distância entre os ímãs deve estar na ordem de $r/3$, sendo r o raio da plataforma onde eles estão pregados. Este experimento é visto na Figura 9.6. Pode-se utilizar, para comprovação da geração elétrica, um voltímetro, um amperímetro, dois LEDs ligados contrariamente, uma lâmpada de baixa potência, entre outros dispositivos.

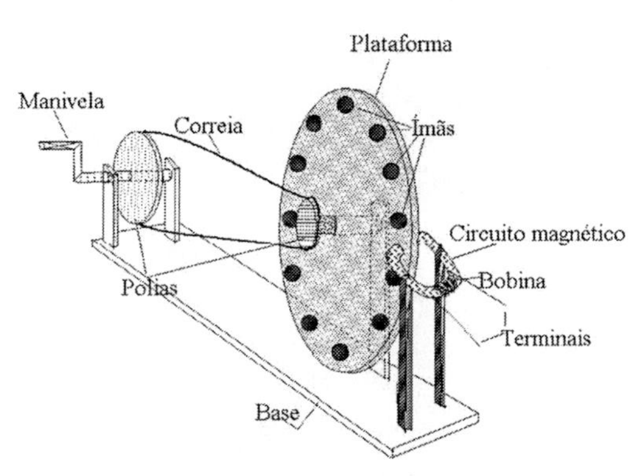

Figura 9.6: Gerador elétrico simplificado.

Experimento 9.4: Bobina de Ruhmkorff

A bobina de Ruhmkorff é um transformador de alta tensão, capaz de gerar tensões de mais de 100.000 *V*. Basicamente, esta bobina é formada por um núcleo aberto, constituído por uma série de fios de aço de comprimento

20 *cm*, envernizados (para isolá-los) e unidos, presos por fita isolante, de forma a criar uma capa de proteção sobre o núcleo, deixando as proximidades das pontas descobertas (1,5 *cm* das pontas dos fios de aço). Este núcleo deve apresentar-se com um diâmetro médio de 1,5 *cm*. Com o núcleo pronto, enrola-se a bobina do primário com fio grosso esmaltado, apresentando duas ou três camadas, estando as espiras bem unidas e apertadas. Após a montagem da bobina do primário, faz-se uma forte isolação sobre esta, através de um tubo de PVC, ou fita isolante para alta tensão, e enrola-se a bobina do secundário, que deve ser feita por fio fino (37 a 44 *AWG*), cujas espiras devem estar bem isoladas (utilizando verniz para enrolamento de motores), devendo ter muitas espiras (quanto mais espiras, maior a tensão. Logo, acima de 50,000 espiras, a bobina gera uma boa tensão). Este circuito completo é colocado numa base isolante, presa em suas extremidades, de forma a uma das pontas da bobina ficar visível para ser utilizada como chave. O material para esta base pode ser acrílico, ou madeira bem envernizada. Uma bateria deve ter um pólo ligado a um terminal da bobina primária, enquanto o outro pólo deve ser ligado à chave de comutação, que é formada por uma placa de metal fino e condutor (como uma gilete) que toca a ponta de um parafuso. A placa de metal é conectada ao segundo terminal da bobina primária. Pode-se utilizar um capacitor de 1 μF x 200 V entre a lâmina de aço e o parafuso (que formam a chave de comutação) para reduzir o faiscamento gerado quando este circuito é aberto. Os terminais do secundário devem ser colocados em um ponto afastado da bobina, com pontas apontando uma para a outra, de forma que, no funcionamento da bobina, a faísca seja gerada entre estes terminais. Esta bobina é vista na Figura 9.7. Deve-se observar que esta bobina utiliza o princípio da Lei de Faraday, em que a variação de tensão (campo elétrico) no primário gera um fluxo magnético variante, que gera uma variação de tensão no secundário. Entretanto, como é um transformador, a relação entre o número de espiras do primário e do secundário determina a tensão de saída, em relação à tensão de entrada.

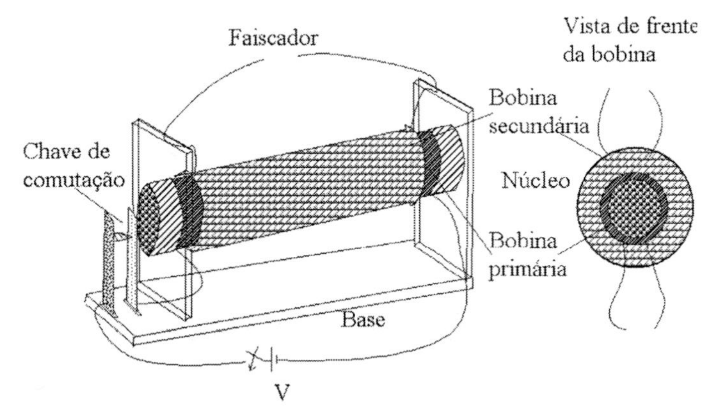

Figura 9.7: Bobina de Ruhmkorff.

Experimento 9.5: Levitação magnética

Este experimento é simples de realizar, pois é baseado na Lei de Lenz, utilizando um transformador com núcleo aberto, conforme se pode ver na Figura 9.8. O núcleo é uma barra de ferro de seção reta quadrada, em que se coloca uma bobina com 300 a 400 espiras de fio esmaltado com bitola de 22 *AWG*. Utilizando um anel fechado de alumínio (que tem menor densidade e, conseqüentemente, menos peso), colocado solto sobre a bobina, ao ligar a bobina na rede elétrica, no anel é gerada uma tensão proporcional e contrária (Lei de Lenz). Mas, como este anel está em curto-circuito (é um anel fechado), uma corrente alta com direção contrária à da bobina passa a circular nele, gerando um fluxo magnético contrário ao fluxo gerado pela bobina. Conseqüentemente, o anel tende a se afastar da bobina, flutuando. Este experimento pode ser realizado com um anel de cobre, mas o efeito é menos visível, desde que seu peso é maior. Se este anel for aberto (houver uma fenda partindo-o) a levitação não ocorre. Com este mesmo mecanismo podem-se realizar outros experimentos, como a utilização de uma outra bobina com seus terminais ligados a uma lâmpada, para verificar a transferência de energia (transformador), ou mesmo como eletroímã para atrair materiais ferromagnéticos.

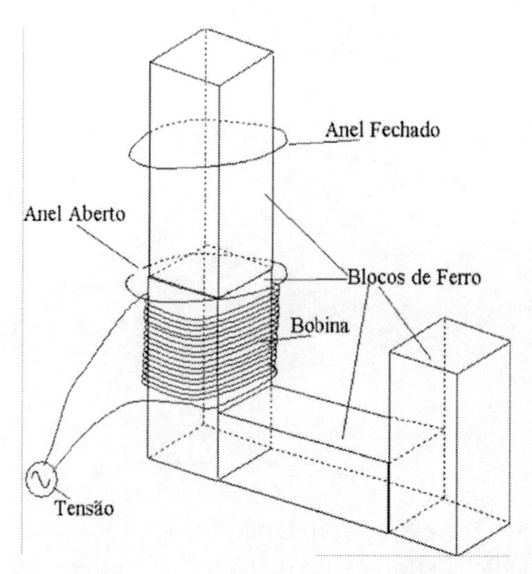

Figura 9.8: Transformador com núcleo aberto: o anel fechado com corrente induzida flutua.

Experimento 9.6: Tubo de Faraday

O tubo de Faraday é gerado com um tubo de PVC comprido (aproximadamente 2 *m*), em que se colocam algumas bobinas separadas ao longo do comprimento. Por exemplo, podem-se colocar 6 bobinas separadas de 30 *cm*, deixando livre 25 *cm* em cada ponta do tubo. Cada bobina deve ter, pelo menos, 1.000 espiras, e seus terminais devem conter dois LEDs ligados em antiparalelo (terminais contrários ligados entre si). Com a utilização de um ímã que passe com pouco atrito dentro do tubo, observa-se que quando este ímã é atirado na parte interna superior do tubo, sua velocidade aumenta com a aceleração da gravidade. Conseqüentemente, os LEDs ligados às bobinas vão acendendo com mais intensidade, quanto mais próxima da base a bobina estiver (a velocidade sendo maior, a variação de fluxo magnético atravessando a superfície das bobinas é mais rápida, e a tensão induzida se torna maior).

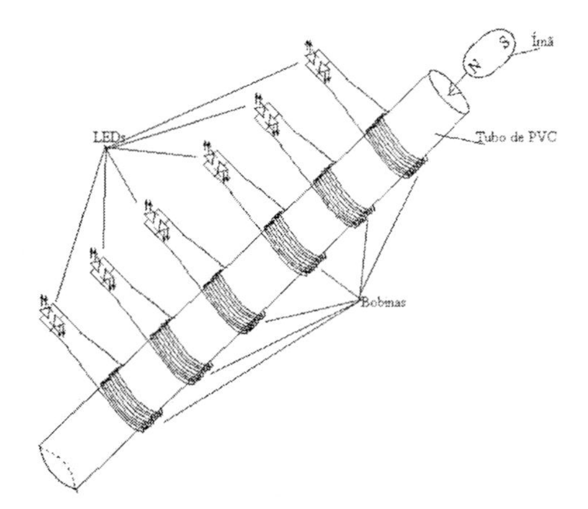

Figura 9.9: Tubo de Faraday: a passagem do ímã no centro das bobinas induz uma tensão proporcional à velocidade – variação do campo magnético.

Experimento 9.7: Amperímetro de Corrente Alternada

Utilizando a Lei de Faraday e o princípio dos circuitos magnéticos, pode-se fazer um amperímetro para corrente alternada experimentalmente. Um amperímetro deste tipo é formado por um toróide com um núcleo ferromagnético. Este toróide deve ser feito por dois semi-anéis de um material com uma permeabilidade alta, como o ferro-silício (μ_R = 7.000). A lógica de se utilizarem dois semi-anéis é que estes possam formar uma garra que abre e fecha para que se possa abarcar o fio com a corrente que se deseja medir. Feita esta garra, reveste-se a mesma com um material isolante, como fita isolante, e depois se enrola um fio esmaltado com bitola acima de 26 *AWG*, com as espiras bem distribuídas (o mais uniformemente possível) ao longo do toróide, com 1.000 a 2.000 espiras. Os terminais da bobina devem ser ligados a um circuito simplificado de amplificador operacional, como os já apresentados para medição de campo elétrico, carga e amperímetro de corrente contínua, necessitando que, inicialmente, utilize-se uma corrente conhecida (medida em um amperímetro calibrado) para calibrar o ganho no circuito do amperímetro experimental, como 1 *V* para 1 *A*, ou 1 *mV* para 1 *A*. Este amperímetro utiliza em primeiro lugar a Lei de Biot-Savart, que determina que o fluxo de um fio circula ao seu redor (regra da mão direita), que tem maior concentração devido ao material ferromagnético. E como esta corrente é variante no tempo (é uma corrente alternada) este fluxo intenso devido ao circuito magnético variará e induzirá uma tensão na bobina que o circunda (a bobina do toróide). Como esta tensão induzida é proporcional à corrente que o gera, o circuito de amplificação (com o amplificador operacional) gerará a proporcionalidade para determinar a relação da leitura da corrente do fio (que é em Ampères) em Volts na saída do circuito.

9.5 Exercícios

9.1) A barra deslizante da Figura 9.1 está se movendo com uma velocidade constante de $300\,\overrightarrow{a_x}\ m/s$ através de um campo uniforme $\vec{B} = 1{,}2\overrightarrow{a_z}\ Wb/m^2$. Conseiderando $R = 6{,}5\ \Omega$:

a) Encontre a diferença de potencial nas duas extremidades;
b) Encontre as correntes que fluem para cada extremidade;
c) Que força é necessária para mover a barra?
d) Mostre que o trabalho realizado para mover a barra de uma extremidade à outra é igual à energia fornecida a R.

9.2) Considere que a barra da Figura 9.1 oscila para frente e para trás entre $x = 0$ e $x = 1\ m$, senoidalmente, 150 vezes por segundo. Considere que ela está no terminal da direita em $t = 0$ e determine I em função do tempo, se $R = 0{,}85\ \Omega$, e $B_z = 1{,}25\ Wb/m^2$.

9.3) Suponha que o campo magnético da Figura 9.1 é $B_z = 1{,}1\cos(100t)\ Wb/m^2$, enquanto que a posição da barra é dada por $x = 0{,}62(3 + \text{sen}(34t))\ m$. Encontre V em função do tempo.

9.4) Para os Exercícios 9.2 e 9.3, considere que B está inclinado em relação à superfície dos trilhos de um ângulo de 35°. Refaça os cálculos.

9.5) Para os Exercícios anteriores calcule V se:

a) $U = 5e^{2t}\ m/s$;
b) $U = 3e^{-3t}\ m/s$;
c) $U = 4\cos(250t + \pi/3)\ m/s$;
d) $U = 23\text{sen}(3.350t - \pi/5)\ m/s$.

9.6) Considerando a bobina circular da Figura 9.3 tendo raio $r = 3{,}5$ *cm* e $n = 1.200$ espiras, estando fixa e paralela ao plano *xz*, se um ímã passa seu fluxo magnético de forma perpendicular à sua área (seção reta), com um valor máximo de densidade de fluxo magnético dado por $B = 0{,}86$ Wb/m^2, girando em uma velocidade angular ω, calcule a *fem* gerada nos terminais da bobina se:

a) $f = 60$ *Hz*;
b) $f = 1200$ *Hz*;
c) Se inicialmente, para o item *a*, o ímã está a 30º com relação a superfície da bobina;
d) Se inicialmente, para o item *b*, o ímã está a 70º com relação a superfície da bobina;
e) Se a bobina estiver inclinada de 25º em relação ao plano *xz*, quais os resultados para os itens anteriores?

9.7) Se no Exercício 9.6 o ímã estiver fixo na posição da bobina e a bobina estiver na posição do ímã e girando, recalcule a *fem* gerada em seus terminais.

9.8) Se nos Exercícios 9.6 e 9.7 o ímã girar em torno do eixo *y*, qual o valor da *fem* gerada? Por quê?

9.9) Uma espira quadrada de 52 *cm* de lado tem uma resistência total de 23,5 Ω. A espira está no plano $x = 0$ em $t = 0$, centrada no eixo *x*. Considerando um campo magnético uniforme $\vec{B} = 1{,}16\vec{a_y}$ Wb/m^2, encontre a corrente *I* na direção $\vec{a_z}$, onde a espira corta o eixo $+x$, se a espira está rodando em torno do eixo *z* na direção $\vec{a_\phi}$, com $\omega = 120\pi$ *rad/s*. Recalcule a corrente *I*, considerando a posição em que a espira corta o eixo *y*, se a espira está com $\omega = 110{,}32\ \pi$ *rad/s*. Refaça os cálculos, considerando que a densidade de fluxo é $\vec{B} = 0{,}83\vec{a_x} + 0{,}56\vec{a_y}$ Wb/m^2.

9.10) O disco de cobre da Figura 9.10 tem um raio de 50 *cm* e está rodando a 25.000 *rpm* em um campo uniforme de 1,2 Wb/m^2. Encontre V_{12}. Refaça os cálculos, se $B = 2{,}5\cos(3.500\ t + 15°)$ Wb/m^2. Repita os dois casos, se *B* estiver inclinado de 30º em relação à superfície do disco.

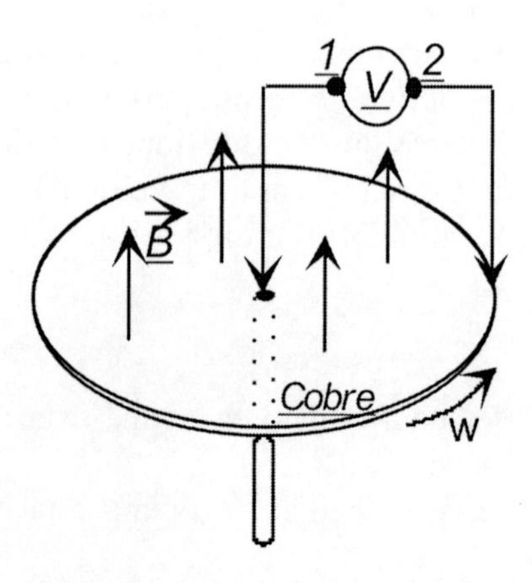

Figura 9.10: Disco girante para o Exercício 9.10.

9.11) Para os Exercícios 9.1, 9.2, 9.3, 9.4, 9.5 e 9.10, calcule o percentual na *fem* gerada referente à *fem* de movimento. Calcule o valor referente à *fem*, devido às variações de B. Calcule a *fem* total pela equação da Lei de Faraday, e compare com os resultados obtidos separadamente.

9.12) A densidade de fluxo magnético $\vec{B} = 5 \times 10^{-8} \text{sen}\left(10^5 t\right) \cos(-4z)\,\overrightarrow{a_x}\ Wb/m^2$ existe em um meio linear homogêneo e anisotrópico, caracterizado por ε e μ. Encontre a densidade de corrente de deslocamento e o produto εμ.

9.13) Se $\vec{B} = 4e^{2x-at}\,\overrightarrow{a_z}\ Wb/m^2$ no espaço livre, use as equações de Maxwell para determinar $\vec{E}$, sabendo que todos os campos variam com e^{-at}. É possível encontrar o valor de a? Se sim, determine-o.

9.14) Se $\vec{E} = (10/r^2)\cos(2az)\,\text{sen}(2 \times 10^8 t)\,\overrightarrow{a_r}\ V/m$ no espaço livre, encontre $\vec{H}$. Se for possível determinar, encontre o valor de a.

9.15) Calcule $\vec{H}$ para os campos $\vec{E}$ dados a seguir:

a) $\vec{E} = -56e^{-3\pi t}\,\overrightarrow{a_x}\ V/m$;
b) $\vec{E} = 5e^{-2t/\pi}\,\text{sen}(10^5 t)\,\overrightarrow{a_x}\ V/m$;
c) $\vec{E} = 125\ \text{sen}(550\pi t)\,\overrightarrow{a_y}\ V/m$;
d) $\vec{E} = [1350\,e^{-2\pi t} - 730\cos(120\pi\,t)]\,\overrightarrow{a_y}\ V/m$.

9.16) No espaço livre, sabe-se que $\vec{E}=(-A/r^2)\cos\theta\,\text{sen}(\omega t - kr)\,\overrightarrow{a_\theta}\ V/m$. Mostre que $\vec{H} = E_\theta\sqrt{\varepsilon_0\mu_0}\,\overrightarrow{a_\phi}\ A/m$.

9.17) Para um meio condutor, no qual $\varepsilon_R = 85$ e $\mu_R = 7.000$, considera-se que $\vec{H} = 3x^2e^{-1500t}\,\overrightarrow{a_y}\ A/m$.

a) Use as equações de Maxwell para determinar as duas diferentes formas de $\vec{E}$.
b) Se o pesquisador estiver analisando um circuito magnético, que $\vec{E}$ estaria sendo usado?

9.18) Calcule $\vec{E}$ para os campos $\vec{H}$ dados a seguir:

a) $\vec{H} = -53e^{-5\pi t}\,\overrightarrow{a_x}\ A/m$;
b) $\vec{H} = 8{,}3e^{-2\pi t}\,\text{sen}(10^5\pi t)\,\overrightarrow{a_y}\ A/m$;
c) $\vec{H} = -2530\cos(1870\,t)\,\overrightarrow{a_y}\ A/m$;
d) $\vec{H} = [-2570\,e^{-3\pi t}\,\text{sen}(500\pi t) + 190\,\text{sen}(800\pi t)]\,\overrightarrow{a_x}\ A/m$.

9.19) Expresse $[\rho]$ e $[\vec{J}]$ para:

a) $\rho = -5te^{-2\pi t}$ e $\vec{J} = 2\pi t\ e^{3t/(5-t^2)}\,\overrightarrow{a_x}$;
b) $\rho = 6t^3\,e^{t/\pi}$ e $\vec{J} = 6t\ e^{-5t/(t^2-2)}\,\overrightarrow{a_y}$;
c) $\rho = 35\text{sen}(300t+60°)\,e^{-3t}$ e $\vec{J} = 25t\text{sen}(2t)\,e^{t/3}\,\overrightarrow{a_x}$;
d) $\rho = -6t^2\cos(250\,te^{-t})$ e $\vec{J} = -8\,\text{sen}(300t)\ e^{25t^2/(2-t^2)}\,\overrightarrow{a_y}$.

9.20) Um filamento de corrente no eixo x, $-5 < x < -1$, em que flui uma corrente $I = t/5\ A$ na direção $\overrightarrow{a_x}$. Encontre $\vec{A}$ em $(1, 0, 0)$ no espaço livre. Repita para $I = 2t^2/3$. Refaça todos os cálculos para o ponto $(5, 0, 0)$.

9.21) Para uma densidade de corrente $\vec{J} = 2r\overrightarrow{a_z}$, $r < 3\ cm$, encontre $\vec{A}$ no espaço livre em $(1, 0, 0)$, ponto este dado em metros.

9.22) Seja o potencial vetor $\vec{A} = A_0\,\text{sen}(\omega t)\cos(kz)\,\overrightarrow{a_y}$, encontre $\vec{H}$, $\vec{E}$ e V. Considere tantas componentes iguais a zero quantas for possível. Especifique k em termos de A_0, ω e as constantes do meio sem perdas ε e μ. Repita os cálculos para $\vec{A} = A_0\cos(\omega t)\,\text{sen}(kz)\,\overrightarrow{a_x}$.

9.23) Calcule o potencial retardado V em um ponto (x, y, z) se:

a) $\rho = -5e^{-3t/2}$;
b) $\rho = 4\text{sen}(120\pi\, t)\, e^{-3t}$;
c) $\rho = -2te^{-5t}$;
d) $\rho = 3(t^2 + 3t)\text{sen}(630\, t)$;
e) $\rho = 3(t - 2)\cos(150\, t)\, e^{-2t}$.

9.24) Para o Experimento 9.7, mostre as equações que levam a proporcionalidade entre uma tensão medida na saída do circuito de amplificador operacional e a corrente no fio circundado pelo amperímetro.

Capítulo 10

Ondas Eletromagnéticas

Foi visto no capítulo anterior que a variação de um campo gera o outro, e formalizaram-se as equações de Maxwell na forma geral. Com esta formalização, pode-se aplicar à engenharia esses conceitos para a construção de vários equipamentos utilizados no cotidiano. Entretanto, é nas variações senoidais que se encontram boa parte dessas aplicações, que estão nas telecomunicações. Com a formulação das variações senoidais dos campos eletromagnéticos, formalismos específicos baseados nos números complexos e nos fasores são estruturados, definindo o contexto das ondas eletromagnéticas. Estas ondas carregam energia em si, devido aos campos que as formam, pois, como já visto, a energia está nos próprios campos. Dessa forma, podem-se explicar, através das ondas eletromagnéticas, vários fenômenos de transmissão de potência, seja em linha mecânicas (fios) ou no espaço livre (ondas como as de rádio), bem como comportamentos específicos baseados nas teorias vistas nos capítulos anteriores, de mudanças de permissividade, permeabilidade, reflexão de ondas, potência e densidade de potência, entre outros. Para isso, é necessário conhecer a matemática e a física dessas variações senoidais dos campos. Isso é visto aqui, em que vários exercícios são apresentados para um melhor entendimento da teoria, além de experimentos que são apresentados ao final do capítulo para a compreensão das aplicações práticas e comprovações das teorias referentes às ondas.

10.1 Ondas Eletromagnéticas

Tendo visto as equações de Maxwell com a variação dos campos, aplicam-se estas ao caso das variações senoidais. Para isto, escrevem-se estas equações no espaço livre, dependentes apenas dos campos elétricos e dos campos magnéticos, como:

$$\nabla \cdot \vec{E} = 0$$

$$\nabla \times \vec{E} = -\mu_0 \frac{\partial \vec{H}}{\partial t}$$

$$\nabla \cdot \vec{H} = 0$$

$$\nabla \times \vec{H} = \varepsilon_0 \frac{\partial \vec{E}}{\partial t}$$

Assim, desde que seja considerada a variação dos campos como um cosseno, pode-se utilizar a identidade de Euler para descrever estes campos como fasores. Inicialmente, considerando o campo elétrico na forma

$$\vec{E} = E_x \overline{a_x} = E_{xyz} \cos(\omega t + \phi)\overline{a_x}$$

sendo E_{xyz} uma função das variáveis x, y e z, também podendo ser função de ω (mas não de t), e ϕ sendo o ângulo de fase que também pode ser função das mesmas variáveis de E_{xyz}; então, utilizando a identidade de Euler, encontra-se que:

$$E_x = Re\{E_{xyz} \cos(\omega t + \phi) + j\, E_{xyz}\, sen(\omega t + \phi)\} = Re\{E_{xyz}\, e^{j(\omega t + \phi)}\} = Re\{E_{xyz}\, e^{j\phi} e^{j\omega t}\}$$

que, na forma fasorial é

$$E_{xs} = E_{xyz}\, e^{j\phi},$$

em que o índice s determina a quantidade no domínio da freqüência. O valor da função no domínio do tempo pode ser encontrada multiplicando E_{xs} por $e^{j\omega t}$, e retirando a parte real por meio da função *Re*, isto é:

$$E_x = E_{xyz} \cos(\omega t + \phi) = Re\{E_{xyz}\, e^{j(\omega t + \phi)}\}$$

Se observar a derivada no tempo deste campo elétrico, encontra-se:

$$\frac{\partial E_x}{\partial t} = -\omega E_{xyz} \text{sen}(\omega t + \phi) = \text{Re}\{j\omega E_{xyz} e^{j(\omega t + \phi)}\}$$

cuja última parte desta equação é igual a

$$\begin{aligned}
\frac{\partial E_x}{\partial t} &= \text{Re}\{j\omega E_{xyz} e^{j(\omega t + \phi)}\} \\
&= \text{Re}\{j\omega E_{xyz} (\cos(\omega t + \phi) + j\text{sen}(\omega t + \phi))\} \\
&= \text{Re}\{j\omega E_{xyz} \cos(\omega t + \phi) - \omega E_{xyz} \text{sen}(\omega t + \phi)\} \\
&= -\omega E_{xyz} \text{sen}(\omega t + \phi)
\end{aligned}$$

Daí, em forma fasorial, encontra-se que

$$\frac{\partial E_{xs}}{\partial t} = \frac{\partial (E_{xyz} e^{j\phi})}{\partial t} = \frac{\partial (E_{xyz} e^{j\phi} e^{j\omega t})}{\partial t} = j\omega E_{xyz} e^{j\phi} e^{j\omega t} = j\omega E_{xyz} e^{j\phi} = j\omega E_{xs},$$

no que se percebe que a derivada no tempo de uma função circular é igual a multiplicação de $j\omega$ no domínio da freqüência. Assim, pode-se representar as equações de Maxwell para este caso, na forma de fasores, como:

$$\nabla \cdot \vec{E}_s = 0$$
$$\nabla \times \vec{E}_s = -j\omega\mu_0 \vec{H}_s$$
$$\nabla \cdot \vec{H}_s = 0$$
$$\nabla \times \vec{H}_s = j\omega\varepsilon_0 \vec{E}_s$$

A solução para as equações de Maxwell pode ser obtida utilizando-se a equação de ondas. Esta equação de ondas é encontrada rotacionando a segunda equação descrita (rotacional do campo elétrico):

$$\nabla \times \nabla \times \vec{E}_s = -j\omega\mu_0 \nabla \times \vec{H}_s,$$

de forma que se encontra a equação de onda ou equação vetorial de Helmholtz:

$$\nabla^2 \vec{E}_s = -\omega^2 \mu_0 \varepsilon_0 \vec{E}_s$$

Considerando que o campo elétrico tenha apenas componente na direção x e varie apenas em z, então:

$$\nabla^2 E_{xs} = -\omega^2 \mu_0 \varepsilon_0 E_{xs}$$
$$\frac{\partial^2 E_{xs}}{\partial x^2} + \frac{\partial^2 E_{xs}}{\partial y^2} + \frac{\partial^2 E_{xs}}{\partial z^2} = -\omega^2 \mu_0 \varepsilon_0 E_{xs}$$
$$\frac{d^2 E_{xs}}{dz^2} = -\omega^2 \mu_0 \varepsilon_0 E_{xs}$$

desde que as derivadas de E_{xs} em relação às variáveis y e z são zero. Esta equação tem como solução:

$$E_{xs} = E_{x0} e^{-j\omega\sqrt{\mu_0\varepsilon_0}\, z}$$

que, no domínio do tempo, é dada por:

$$E_x = \mathrm{Re}\left\{E_{x0} e^{-j\omega\sqrt{\mu_0\varepsilon_0}\, z} e^{j\omega t}\right\} = E_{x0}\cos\left(\omega\left(t - z\sqrt{\mu_0\varepsilon_0}\right)\right) = E_{x0}\cos(\omega t - \beta z),$$

em que E_{x0} é o valor máximo da magnitude de E_x em $z = 0$ e $t = 0$, e $\beta = \omega\sqrt{\mu_0\varepsilon_0}$ é definida como a constante de fase ou número de onda, cuja unidade é o *rad/m*. Veja neste resultado o valor

$$\sqrt{\mu_0\varepsilon_0} = \sqrt{4\pi \times 10^{-7} \times 8{,}854 \times 10^{-12}} \cong \frac{1}{3 \times 10^8} = \frac{1}{c}$$

$$c \cong 3 \times 10^8\, m/s = \frac{1}{\sqrt{\mu_0\varepsilon_0}} = \text{velocidade da luz no espaço livre}$$

o que dá, conseqüentemente, que o termo

$$z\sqrt{\mu_0\varepsilon_0} = \frac{z}{c}$$

tem unidades de tempo, indicando o atraso no tempo que uma onda apresenta para ir de um ponto inicial e ir a um ponto final a z metros de distância. Além do mais, também se encontra que:

$$\beta = \frac{\omega}{c}$$

e, para $t = 0$, encontra-se o termo do cosseno como sendo

$$-\omega z\sqrt{\mu_0\varepsilon_0} = -\frac{\omega z}{c},$$

tal que se determina o comprimento de onda, que é dado por:

$$\lambda = \frac{c}{f}$$

e também a relação:

$$\beta = \frac{2\pi}{\lambda}.$$

Dessa forma, sendo a propagação da onda na direção $+z$, pode-se observar que para um ponto P onde E_x é constante, é necessário que

$$\omega t - \beta z = k,$$

onde k é uma constante, que, pela condição de que o tempo cresce linearmente e z também, o valor da fase não muda. Assim, pela derivação, encontra-se:

$$\frac{dz}{dt} = \frac{\omega}{\beta} = c\ ,$$

que determina que a onda está caminhando, definindo sua denominação de onda caminhante ou onda progressiva.

Utilizando o resultado obtido para o campo elétrico, soluciona-se para o campo magnético, encontrando:

$$H_{ys} = \frac{\beta E_{x0}}{\omega\mu} e^{-j\beta z} = \frac{\omega\sqrt{\mu_0\varepsilon_0}}{\omega\mu_0} E_{x0} e^{-j\beta z} = E_{x0}\sqrt{\frac{\varepsilon_0}{\mu_0}} e^{-j\beta z}$$

que, no domínio do tempo é

$$H_y = \mathrm{Re}\left\{E_{x0}\sqrt{\frac{\varepsilon_0}{\mu_0}}\left[\cos(\omega t - \beta z) + j\,\mathrm{sen}(\omega t - \beta z)\right]\right\}$$

$$H_y = E_{x0}\sqrt{\frac{\varepsilon_0}{\mu_0}}\cos(\omega t - \beta z)$$

$$H_y = E_{x0}\sqrt{\frac{\varepsilon_0}{\mu_0}}\cos\left(\omega\left(t - \frac{z}{c}\right)\right)$$

em que se observa que a componente do campo elétrico se movimenta na direção z com um campo magnético perpendicular. Por outro lado, dividindo o campo elétrico pelo campo magnético, encontra-se:

$$\frac{E_x}{H_y} = \sqrt{\frac{\mu_0}{\varepsilon_0}}$$

que é constante e determina que os campos estão em fase. Este valor é denominado impedância intrínseca:

$$\eta = \sqrt{\frac{\mu}{\varepsilon}}$$

a qual tem unidade de Ω. Para o espaço livre, encontra-se:

$$\eta_0 = \sqrt{\frac{\mu_0}{\varepsilon_0}} = 377\Omega \cong 120\pi\Omega .$$

Esta onda é denominada onda plana uniforme, devido ao seu valor ser uniforme ao longo do plano z = constante, o que representa um fluxo de energia na direção $+z$. Além do mais, como os campos são perpendiculares à direção da propagação da onda, esta onda recebe a denominação de onda transversal eletromagnética (ou onda TEM). Embora fisicamente esta onda não exista, desde que ela se estende ao infinito em duas dimensões, o que representa uma quantidade infinita de energia, em alguns casos, como o campo distante de uma antena transmissora, pode ser considerada uma onda plana para uma região limitada. Entretanto, este caso tratado não limita os resultados das ondas, pois todo sinal periódico pode ser convertido para uma soma de infinitas senóides via Série de Fourier.

Exemplo 10.1: Se $E_x = E_{xyz}\text{sen}(\omega t + \phi)$ *V/m*, como se representa este campo em forma de fasor? Qual o valor de H_y para este caso, na forma de fasor e no domínio do tempo?

Para representar um vetor dado no domínio do tempo em forma de fasor, deve-se observar qual a função circular utilizada. Se for um cosseno, apenas coloca-se seu valor máximo com o ângulo de fase que é somado ao ωt. Se for um seno, coloca-se seu valor máximo subtraído de 90º, que é a defasagem entre seno e cosseno. Assim,

$$E_{xS} = E_{xyzS}\angle\left(\phi - 90^{\circ}\right).$$

Entretanto, como

$$\angle\left(\phi - 90^{\circ}\right) = \frac{\angle\phi}{\angle 90^{\circ}}$$

e

$$\angle 90^{\circ} = j$$

então

$$E_{xS} = E_{xyzS}\,\frac{\angle\phi}{\angle 90^{\circ}} = E_{xyzS}\,\frac{\angle\phi}{j} = -jE_{xyzS}\angle\phi\; V/m$$

que é a forma fasorial procurada para o campo E_x. Em outros termos, pode-se observar que, quando se tem o cosseno, coloca-se apenas o valor máximo do campo e o ângulo de fase, enquanto que, quando se tem o seno, coloca-se o $-j$ multiplicando este valor máximo seguido do seu ângulo de fase. Para encontrar o valor de H_y, tem-se, diretamente:

$$H_y = \frac{E_x}{\eta_0} = \frac{E_{xyz}\,\text{sen}(\omega t + \phi)}{\eta_0} = 2{,}65252\times 10^{-3}\,E_{xyz}\text{sen}(\omega t + \phi)\,A/m,$$

que é o valor do campo magnético no domínio do tempo. Utilizando a informação encontrada para conversão de um campo para a forma de um fasor, tem-se:

$$H_{yS} = -j2{,}65252\times 10^{-3}\,E_{xyzS}\angle\phi\; A/m.$$

Exemplo 10.2: Para uma onda eletromagnética no espaço livre, com freqüência 900 *MHz*, determine:

a) ω;
b) λ;
c) β;

Utilizando as equações descritas nesta seção, tem-se:
a) O valor de ω é determinado diretamente pela freqüência:

$$\omega = 2\pi f = 5{,}65487 \times 10^9 \ rad/s \ ;$$

b) O comprimento de onda, como é no espaço livre, é dado por:

$$\lambda = \frac{c}{f} = \frac{3 \times 10^8}{9 \times 10^8} = 0{,}3333 \ m \ ;$$

c) A constante de fase é:

$$\beta = \frac{\omega}{c} = \frac{5{,}65487 \times 10^9}{3 \times 10^8} = 18{,}85 \ rad/m \ .$$

Exemplo 10.3: Para uma onda plana uniforme com

$$\vec{E}_s = (25 - j50)\, e^{-j6z}\, \overrightarrow{a_x} + (30 + j20)\, e^{-j6z}\, \overrightarrow{a_y} \ \ V/m,$$

determine $\vec{E}$ e $\vec{H}_s$.

Para este problema, para encontrar $\vec{E}$, utiliza-se na identidade de Euler as duas componentes do $\vec{E}_s$. Ou seja,

$$\vec{E} = \text{Re}\left\{ \overrightarrow{E_s} e^{j\omega t} \right\}$$

$$\vec{E} = \text{Re}\left\{ \left((25 - j50)\, e^{-j6z}\, \overrightarrow{a_x} + (30 + j20)\, e^{-j6z}\, \overrightarrow{a_y} \right) e^{j\omega t} \right\}$$

$$\vec{E} = \text{Re}\left\{ (25 - j50)\, e^{j(\omega t - 6z)}\, \overrightarrow{a_x} + (30 + j20)\, e^{j(\omega t - 6z)}\, \overrightarrow{a_y} \right\}$$

$$\vec{E} = \text{Re}\left\{ (25 - j50)(\cos(\omega t - 6z) + j\text{sen}(\omega t - 6z))\, \overrightarrow{a_x} + \right.$$
$$\left. + (30 + j20)(\cos(\omega t - 6z) + j\text{sen}(\omega t - 6z))\, \overrightarrow{a_y} \right\}$$

$$\vec{E} = \text{Re}\left\{ (25\cos(\omega t - 6z) + j25\text{sen}(\omega t - 6z) - j50\cos(\omega t - 6z) - j50[j\text{sen}(\omega t - 6z)])\, \overrightarrow{a_x} + \right.$$
$$\left. + (30\cos(\omega t - 6z) + j30\text{sen}(\omega t - 6z) + j20\cos(\omega t - 6z) + j20[j\text{sen}(\omega t - 6z)])\, \overrightarrow{a_y} \right\}$$

$$\vec{E} = \text{Re}\left\{ (25\cos(\omega t - 6z) + j25\text{sen}(\omega t - 6z) - j50\cos(\omega t - 6z) + 50[\text{sen}(\omega t - 6z)])\, \overrightarrow{a_x} + \right.$$
$$\left. + (30\cos(\omega t - 6z) + j30\text{sen}(\omega t - 6z) + j20\cos(\omega t - 6z) - 20[\text{sen}(\omega t - 6z)])\, \overrightarrow{a_y} \right\}$$

$$\vec{E} = (25\cos(\omega t - 6z) + 50\text{sen}(\omega t - 6z))\, \overrightarrow{a_x} + (30\cos(\omega t - 6z) - 20\text{sen}(\omega t - 6z))\, \overrightarrow{a_y} \ V/m$$

que é a forma do campo elétrico no domínio do tempo. Para calcular $\vec{H}_s$, neste caso que o campo elétrico tem duas componentes, não é possível utilizar diretamente a equação vista no Exemplo 10.1. Assim, deve-se utilizar o rotacional:

$$\nabla \times \vec{E}_s = -j\omega\mu_0 \vec{H}_s$$

ou

$$\vec{H}_s = \frac{j}{\omega\mu_0} \nabla \times \vec{E}_s$$

$$\vec{H}_s = \frac{j}{\omega\mu_0} \begin{vmatrix} \vec{a_x} & \vec{a_y} & \vec{a_z} \\ \frac{\partial}{\partial x} & \frac{\partial}{\partial y} & \frac{\partial}{\partial z} \\ E_x & E_y & E_z \end{vmatrix}$$

$$\vec{H}_s = \frac{j}{\omega\mu_0} \begin{vmatrix} \vec{a_x} & \vec{a_y} & \vec{a_z} \\ \frac{\partial}{\partial x} & \frac{\partial}{\partial y} & \frac{\partial}{\partial z} \\ (25 - j50)e^{-j6z} & (30 + j20)e^{-j6z} & 0 \end{vmatrix}$$

$$\vec{H}_s = \frac{j}{\omega\mu_0} \left\{ -\frac{\partial}{\partial z}\left((30 + j20)e^{-j6z}\right)\vec{a_x} + \frac{\partial}{\partial z}\left((25 - j50)e^{-j6z}\right)\vec{a_y} + \right.$$

$$\left. + \left[\frac{\partial}{\partial x}\left((30 + j20)e^{-j6z}\right) - \frac{\partial}{\partial y}\left((25 - j50)e^{-j6z}\right)\right]\vec{a_z} \right\}$$

$$\vec{H}_s = \frac{j}{\omega\mu_0} \left\{ -(-j6)(30 + j20)e^{-j6z}\vec{a_x} + (-j6)(25 - j50)e^{-j6z}\vec{a_y} \right\}$$

$$\vec{H}_s = \frac{j}{\omega\mu_0} \left\{ (j180 - 120)e^{-j6z}\vec{a_x} + (-j150 - 300)e^{-j6z}\vec{a_y} \right\}$$

Como $\beta = 6$ (valor na exponencial), então:

$$\beta = \frac{\omega}{c}$$

$$\omega = \beta c = 6 \times 3 \times 10^8 = 1{,}8 \times 10^9 \ rad/s$$

Assim, encontra-se:

$$\overrightarrow{H_s} = \frac{j}{1{,}8\times 10^9 \times 4\pi \times 10^{-7}} \left\{(j180-120)e^{-j6z}\overrightarrow{a_x} + (-j150-300)e^{-j6z}\overrightarrow{a_y}\right\}$$

$$\overrightarrow{H_s} = j4{,}421\times 10^{-4}\left\{(j180-120)e^{-j6z}\overrightarrow{a_x} + (-j150-300)e^{-j6z}\overrightarrow{a_y}\right\}$$

$$\overrightarrow{H_s} = (-0{,}0796 - j0{,}0531)e^{-j6z}\overrightarrow{a_x} + (0{,}0663 - j0{,}133)e^{-j6z}\overrightarrow{a_y}\ A/m$$

Exemplo 10.4: Para uma onda plana uniforme $\overrightarrow{E_s} = 5e^{-j2{,}3\pi z}\overrightarrow{a_x}$, determine:

a) O comprimento da onda;
b) A freqüência;
c) O valor de $\vec{E}$ em $t = 6\ \mu s$ e $z = 8\ m$;
d) A constante de fase β;
e) H_y.

Para este problema, o raciocínio é similar ao dos exemplos anteriores. Assim, tem-se:

a) O comprimento da onda é:

$$\lambda = \frac{c}{f} = \frac{2\pi c}{\omega} = \frac{2\pi}{\beta} = \frac{2\pi}{2{,}3\pi} = 0{,}8696\ m$$

b) A freqüência é determinada por:

$$\lambda = \frac{c}{f}$$

$$f = \frac{c}{\lambda} = \frac{3\times 10^8}{0{,}8696} = 3{,}45\times 10^8 = 345\,MHz$$

c) O valor do campo elétrico, no dado tempo e posição, necessita de sua conversão para o domínio do tempo. Logo,

$$\vec{E} = \mathrm{Re}\left\{5e^{-j2{,}3\pi z}e^{j\omega t}\overrightarrow{a_x}\right\}$$

$$\vec{E} = \mathrm{Re}\left\{5e^{j\omega t - j2{,}3\pi z}\overrightarrow{a_x}\right\}$$

$$\vec{E} = \mathrm{Re}\left\{[5\cos(\omega t - 2{,}3\pi z) + j5\mathrm{sen}(\omega t - 2{,}3\pi z)]\overrightarrow{a_x}\right\}$$

$$\vec{E} = 5\cos(\omega t - 2{,}3\pi z)\overrightarrow{a_x}$$

Utilizando o valor de $\beta = 2{,}3\pi$ *rad/m* (que está na exponencial do campo na forma de fasor), tem-se:

$$\omega = \beta c = 2{,}168 \times 10^9 \ rad/s$$

Daí,

$$\vec{E} = 5\cos\left(2{,}168 \times 10^9 t - 2{,}3\pi z\right)\vec{a_x}$$

e, conseqüentemente, em $t = 6\ \mu s$ e $z = 8\ m$, encontra-se:

$$\vec{E} = 5\cos\left(2{,}168 \times 10^9 \times 6 \times 10^{-6} - 2{,}3\pi \times 8\right)\vec{a_x}$$
$$\vec{E} = 1{,}5451\vec{a_x}\ V/m$$

Deve-se observar que o valor do ângulo dentro do cosseno é dado em radianos, que é a unidade resultante de $(\omega t - \beta z)$.

d) A constante de fase é retirada diretamente do termo exponencial do campo na forma de fasor (já visto no item anterior):

$$\beta = 2{,}3\pi = 7{,}2257\ rad/m.$$

e) Para encontrar H_y, neste caso, como o campo elétrico só tem uma componente e está na direção x, então:

$$H_y = \frac{E_x}{\eta_0} = \frac{5\cos\left(2{,}168 \times 10^9 t - 2{,}3\pi z\right)}{\eta_0}$$
$$H_y = 2{,}65252 \times 10^{-3} \times 5\cos\left(2{,}168 \times 10^9 t - 2{,}3\pi z\right)$$
$$H_y = 0{,}013263\cos\left(2{,}168 \times 10^9 t - 2{,}3\pi z\right) A/m$$

Quando o meio em que a onda se propaga não é o espaço livre, há duas considerações a serem feitas: dielétrico perfeito (sem perdas) e meios com perdas (que inclui condutividade, permeabilidade relativa $\mu_R \neq 1$ e dielétricos com perdas).

Para o primeiro caso, ou seja, dielétricos sem perdas, a equação de ondas tem como resultado para o campo elétrico:

$$E_x = E_{x0}\, e^{-\alpha z} \cos\,(\omega t - \beta z)$$

com E_{x0} sendo o valor máximo do campo elétrico na direção x e, escrevendo este campo na forma fasorial, tem-se:

$$E_{xs} = E_{x0}\, e^{-\alpha z}\, e^{-j\beta z}$$

em que a exponencial $e^{-\alpha z}$ é o termo referente às perdas que a onda apresenta ao atravessar um meio diferente do espaço livre. Entretanto, como se está considerando que o meio é um dielétrico sem perdas, então $\alpha = 0$, e $e^{-\alpha z} = 1$, o que torna a equação similar à equação para o caso do espaço livre. Como $e^{-\alpha z} e^{-j\beta z} = e^{-(\alpha z + j\beta z)}$, denomina-se $\gamma = \alpha + j\beta$ de constante de propagação complexa, e o campo passa a ser expresso por:

$$E_{xs} = E_{x0}\, e^{-\gamma z},$$

Como não há perdas no dielétrico perfeito, então:

$$\gamma = \pm j\omega\sqrt{\mu\varepsilon} = \pm j\beta,$$

pois $\alpha = 0$ e os sinais indicam a direção de propagação da onda (negativo, na direção $+z$ e positivo, na direção $-z$). Observe que o valor de $\beta = \pm\, \omega\sqrt{\mu\varepsilon}$ mudou apenas no meio. Ou seja, enquanto no espaço livre era $\beta = \pm\, \omega\sqrt{\mu_0\varepsilon_0}$, nos meios dielétricos sem perdas passou a incluir μ_R e ε_R. Isto é, $\beta = \pm\, \omega\sqrt{\mu_R\mu_0\varepsilon_R\varepsilon_0}$.

Considerando a propagação positiva ($\beta = +\, \omega\sqrt{\mu\varepsilon}$), então,

$$E_x = E_{x0}\, cos(\omega t - \beta z)$$

e sua velocidade de propagação torna-se

$$U = \frac{1}{\sqrt{\mu\varepsilon}} = \frac{1}{\sqrt{\mu_0\varepsilon_0}}\frac{1}{\sqrt{\mu_R\varepsilon_R}} = \frac{c}{\sqrt{\mu_R\varepsilon_R}}$$

em que se observa que, em qualquer meio, a onda se propaga mais lentamente que no espaço livre, pois $\sqrt{\mu_R\varepsilon_R}$ é sempre maior que 1. Também, o comprimento de onda torna-se

$$\lambda = \frac{U}{f} = \frac{c}{f\sqrt{\mu_R\varepsilon_R}} = \frac{\lambda_0}{\sqrt{\mu_R\varepsilon_R}}$$

que indica uma redução em relação ao espaço livre. No caso do campo magnético, encontra-se

$$H_y = \frac{E_{x0}}{\eta} \cos(\omega t - \beta z)$$

de forma que a impedância intrínseca torna-se:

$$\eta = \frac{E_x}{H_y} = \sqrt{\frac{\mu}{\varepsilon}} = \sqrt{\frac{\mu_0}{\varepsilon_0}}\sqrt{\frac{\mu_R}{\varepsilon_R}} = \eta_0\sqrt{\frac{\mu_R}{\varepsilon_R}} = 377\sqrt{\frac{\mu_R}{\varepsilon_R}}\ \Omega$$

em que se pode ver que, para meios dielétricos e não magnéticos, a impedância intrínseca é sempre menor que a do espaço livre.

Exemplo 10.5: Calcule os percentuais de variação da velocidade, do comprimento de onda, da impedância intrínseca e da constante de fase para uma onda de 5 *GHz* no espaço livre e num meio dielétrico com $\varepsilon_R = 50$, se $E_{x0} = 6\ V/m$.

Considerando que a onda está no espaço livre, tem-se:

$$U = c = 3 \times 10^8\ m/s$$

$$\lambda = \lambda_0 = \frac{c}{f} = \frac{3 \times 10^8}{5 \times 10^9} = 0{,}06\ m$$

$$\eta = \eta_0 = 377\ \Omega$$

$$\beta = \frac{2\pi}{\lambda} = 10{,}472\ rad/m$$

e, assim,

$$E_x = 6\cos(\pi \times 10^{10} t - 10{,}472z)\ V/m$$

$$H_y = \frac{E_x}{\eta} = 1{,}592 \times 10^{-2} \cos(\pi \times 10^{10} t - 10{,}472z)\ A/m$$

Para o meio dielétrico perfeito, com $\mu_R = 1$ e $\varepsilon_R = 50$, encontra-se

$$U = \frac{c}{\sqrt{\mu_R \varepsilon_R}} = \frac{3\times10^8}{\sqrt{50}} = 4{,}242641 \times 10^7 \ m/s$$

$$\lambda = \frac{\lambda_0}{\sqrt{\mu_R \varepsilon_R}} = \frac{0{,}06}{\sqrt{50}} = 8{,}4853 \times 10^{-3} \ m$$

$$\eta = \eta_0 \sqrt{\frac{\mu_R}{\varepsilon_R}} = 377\sqrt{\frac{1}{50}} = 53{,}316 \ \Omega$$

$$\beta = \frac{2\pi}{\lambda} = 740{,}479 \ rad/m$$

e,

$$E_x = 6\cos(\pi \times 10^{10} t - 740{,}479 \ z) \ V/m$$

$$H_y = \frac{E_x}{\eta} = 0{,}11254 \cos(\pi \times 10^{10} t - 740{,}479 \ z) \ A/m$$

Com estes resultados, calculando as percentagens, encontra-se:

- Para a velocidade:

$$\frac{U}{c} = 0{,}14142 = 14{,}142\%$$

- Para o comprimento da onda:

$$\frac{\lambda}{\lambda_0} = 0{,}14142 = 14{,}142\%$$

- Para a impedância intrínseca:

$$\frac{\eta}{\eta_0} = 0{,}14142 = 14{,}142\%$$

- Para a constante de fase:

$$\frac{\beta}{\beta_0} = 70{,}7104 = 7071{,}04\%$$

Exemplo 10.6: Considerando uma onda plana uniforme se propagando na direção $\vec{a}_z$ numa freqüência de 450 *MHz*, com $\vec{E}$ paralelo ao eixo x que alcança seu valor máximo positivo em (0, 0, 3 *mm*) em $t = 0$ de 370 *mV/m*, dê a expressão para $\vec{E}$ se o meio for um material para o qual $\varepsilon_R = 2.530$.

Em primeira instância, tem-se que a onda está deslocada, devido ao seu valor máximo ocorrer em $z = 3$ *mm*. Dessa forma, o termo z no cosseno, que é multiplicado pela constante de fase, torna-se (z – 0,003). Segundo, como o material é um dielétrico sem perdas, então:

$$\lambda = \frac{c}{f\sqrt{\mu_R \varepsilon_R}} = \frac{3\times10^8}{4{,}5\times10^8\sqrt{2530}} = 0{,}013254\ m$$

$$\beta = \frac{2\pi}{\lambda} = 474{,}0579\ rad/m$$

Como $\omega = 2\pi f = 2{,}8274334 \times 109$ *rad/s*, então a expressão para o campo elétrico é:

$$\vec{E} = 0{,}37\cos(2{,}8274334\times10^9 t - 474{,}0579(z - 0{,}003))V/m.$$

Exemplo 10.7: Considere uma onda plana uniforme em que $\vec{H}_s = 25e^{j0{,}25z}\vec{a}_y$ *A/m* e cuja velocidade no meio é $U = 180 \times 10^6$ *m/s*. Sendo a permeabilidade relativa $\mu_R = 1$, determine:

a) A freqüência f da onda;
b) O comprimento λ da onda;
c) A permissividade relativa do meio ε_R;
d) $\vec{E}_s$.

Para este problema, desde que é dado o campo magnético, então:

a) A freqüência da onda é:

$$\omega = 2\pi f = \beta U$$

$$f = \frac{\beta U}{2\pi} = 7{,}162\ MHz$$

b) O comprimento da onda é:

$$\lambda = \frac{2\pi}{\beta} = \frac{2\pi}{0{,}25} = 25{,}133\, m$$

c) A permissividade relativa pode ser retirada da equação da velocidade:

$$U = \frac{c}{\sqrt{\mu_R \varepsilon_R}}$$

$$\varepsilon_R = \left(\frac{c}{U\sqrt{\mu_R}}\right)^2 = \left(\frac{c}{U}\right)^2 = 2{,}778$$

d) A forma fasorial do campo elétrico é:

$$\vec{E}_s = -\frac{j}{\omega\varepsilon_R\varepsilon_0}\begin{vmatrix} \overrightarrow{a_x} & \overrightarrow{a_y} & \overrightarrow{a_z} \\ \frac{\partial}{\partial x} & \frac{\partial}{\partial y} & \frac{\partial}{\partial z} \\ H_x & H_y & H_z \end{vmatrix} = -\frac{j}{\omega\varepsilon_R\varepsilon_0}\begin{vmatrix} \overrightarrow{a_x} & \overrightarrow{a_y} & \overrightarrow{a_z} \\ \frac{\partial}{\partial x} & \frac{\partial}{\partial y} & \frac{\partial}{\partial z} \\ 0 & 25e^{j0{,}25z} & 0 \end{vmatrix}$$

$$\vec{E}_s = -\frac{j}{\omega\varepsilon_R\varepsilon_0}\left\{-\frac{\partial}{\partial z}\left(25e^{j0{,}25z}\right)\overrightarrow{a_x} + \frac{\partial}{\partial x}\left(25e^{j0{,}25z}\right)\overrightarrow{a_z}\right\}$$

$$\vec{E}_s = -\frac{j}{\omega\varepsilon_R\varepsilon_0}\left\{-(j0{,}25)25e^{j0{,}25z}\overrightarrow{a_x} + 0\overrightarrow{a_y}\right\}$$

$$\vec{E}_s = -\frac{j}{\omega\varepsilon_R\varepsilon_0}\left\{-j6{,}25e^{j0{,}25z}\overrightarrow{a_x}\right\} = -\frac{6{,}25e^{j0{,}25z}}{\omega\varepsilon_R\varepsilon_0}\overrightarrow{a_x} = -5646{,}692e^{j0{,}25z}\overrightarrow{a_x}$$

Deve-se observar que, devido ao termo exponencial estar positivo, esta onda está na direção $-z$. Logo, se utilizar o resultado direto, como:

$$\vec{E}_s = \eta\vec{H}_s = \eta_0\sqrt{\frac{\mu_R}{\varepsilon_R}}\vec{H}_s = 377\sqrt{\frac{1}{2{,}778}} \times 25e^{j0{,}25z}\overrightarrow{a_x} = 5646{,}692e^{j0{,}25z}\overrightarrow{a_x}$$

o valor do campo elétrico será positivo, o que não está correto. Dessa forma, para utilizar este método direto, é necessário utilizar a regra da mão direita para verificar que este campo elétrico será negativo. De certa forma, embora dê mais trabalho calcular pelo rotacional, não há essas possibilidades de erro.

Exemplo 10.8: Um circuito oscilador eletrônico é conectado em uma antena, e uma onda plana uniforme é produzida no espaço com um comprimento $\lambda = 37\ cm$. Quando este mesmo sinal é produzido em um material não magnetizável, o comprimento da onda passa a ser de $\lambda = 13\ cm$. Determine:

a) A freqüência do circuito oscilador;
b) A permissividade do material;
c) O valor de β;

Para resolver este problema, são dados os comprimentos da onda nos dois meios. Assim, tem-se:

a) Para determinar a freqüência de oscilação, necessita-se calcular esta diretamente pelo comprimento de onda no espaço livre, que é:

$$f = \frac{c}{\lambda} = \frac{3 \times 10^8}{0{,}37} = 810{,}8108\, MHz\,.$$

b) A permissividade do material pode ser encontrada a partir da relação entre os comprimentos de onda:

$$\lambda = \frac{\lambda_0}{\sqrt{\mu_R \varepsilon_R}}\,.$$

Como o meio é não magnetizável, então $\mu_R = 1$ e, conseqüentemente:

$$\varepsilon_R = \left(\frac{\lambda_0}{\lambda}\right)^2 = \left(\frac{0{,}37}{0{,}13}\right)^2 = 8{,}1006$$

Assim, encontra-se que a permissividade do meio é:

$$\varepsilon = \varepsilon_R \varepsilon_0 = 7{,}1723 \times 10^{-11}\ F/m$$

c) O valor da constante de fase pode ser encontrado na equação:

$$\beta = \frac{\omega}{U} = \frac{2\pi f}{U}\,.$$

Neste caso, há dois meios para se calcular a constante de fase: o espaço livre e o meio dielétrico. Para o espaço livre, tem-se:

$$\beta_0 = \frac{2\pi f}{c} = 16{,}982\, rad/m$$

e, no caso do meio dielétrico, encontra-se:

$$\beta = \frac{2\pi f}{U} = \frac{2\pi f\sqrt{\mu_R \varepsilon_R}}{c} = \beta_0\sqrt{\mu_R \varepsilon_R} = 48{,}3322\,rad/m\,.$$

Quando a onda se encontra com propagação em materiais com perdas, outras situações se apresentam. Isto é devido ao fato de que, em materiais que apresentam perdas, a condutividade é considerada e, conseqüentemente, perdas ôhmicas ocorrem. Assim, a partir da equação de Maxwell (considerando a corrente de condução):

$$\nabla \times \vec{H}_s = \vec{J}_s + j\omega\varepsilon \vec{E}_s$$

como:

$$\vec{J}_s = \sigma \vec{E}_s,$$

então,

$$\nabla \times \vec{H}_s = (\sigma + j\omega\varepsilon)\vec{E}_s$$

daí, a constante de propagação torna-se

$$\gamma = \sqrt{(\sigma + j\omega\varepsilon)j\omega\mu} = j\omega\sqrt{\mu\varepsilon}\sqrt{1 - j\frac{\sigma}{\omega\varepsilon}} = \alpha + j\beta$$

devido ao efeito da condutividade σ (o sinal da constante de propagação está positivo apenas para considerar a propagação em z positiva).

Para calcular o valor da impedância intrínseca, tem-se:

$$E_{xs} = E_{x0}e^{-\alpha z}e^{-j\beta z}$$

e

$$H_{ys} = \frac{E_{xs}}{\eta} = \frac{E_{x0}}{\eta}e^{-\alpha z}e^{-j\beta z}$$

e, conseqüentemente,

$$\eta = \frac{H_{ys}}{E_{xs}} = \sqrt{\frac{j\omega\mu}{\sigma + j\omega\varepsilon}} = \sqrt{\frac{\mu}{\varepsilon}}\frac{1}{\sqrt{1 - j\frac{\sigma}{\omega\varepsilon}}}$$

em que se vê que os campos não estão em fase no tempo, pois há uma variação complexa entre eles.

Analisando a constante de atenuação α, observa-se que, à medida que a onda se propaga em direção à z, o termo exponencial $e^{-\alpha z}$ define uma redução na amplitude da onda (nos dois campos), como se vê na Figura 10.1 que mostra a atenuação e a defasagem entre os campos.

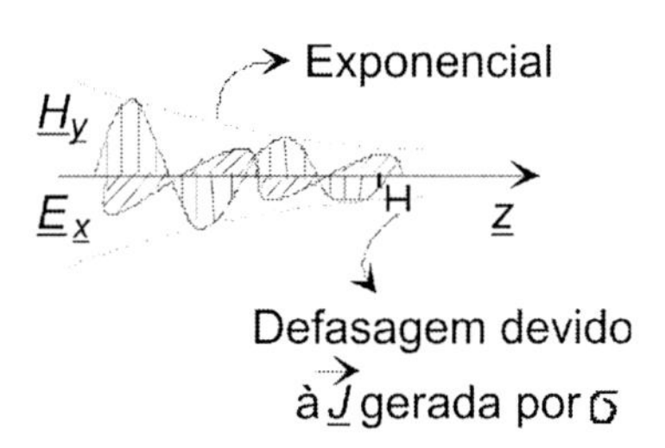

Figura 10.1: Atenuação e defasagem em uma onda eletromagnética.

Exemplo 10.9: Calcule as constantes α, β e η para uma onda com freqüência $f = 3{,}183$ GHz se o meio em que ela se propaga apresenta: $\mu_R = 1$, $\varepsilon_R = 200$ e $\sigma = 50$ ℧/m.

Neste caso, com a freqüência dada, encontra-se:

$$\omega = 2\pi f = 2 \times 10^{10} \; rad/s.$$

Assim, tem-se que:

$$\frac{\sigma}{\omega\varepsilon} = \frac{50}{2\times10^{10}\times200\times8{,}854\times10^{-12}} = \frac{50}{35{,}416} = 1{,}412$$

e assim,

$$\gamma = j2\times10^{10}\sqrt{1\times4\pi\times10^{-7}\times200\times8{,}854\times10^{-12}}\,\sqrt{1-j1{,}412}$$

$$\gamma = j943{,}452\sqrt{1{,}73\angle-54{,}7^{\circ}}$$

$$\gamma = 943{,}452\angle90^{\circ}\times1{,}315\angle-27{,}35^{\circ}$$

$$\gamma = 1240{,}64\angle62{,}65^{\circ}$$

$$\gamma = 569{,}98 + j1101{,}96 \; m^{-1}.$$

Desde que $\gamma = \alpha + j\beta$, então

$$\alpha = 596{,}98 \; Np/m$$

e

$$\beta = 1101{,}96 \; rad/m.$$

Dessa forma, calculando a impedância intrínseca do meio, encontra-se:

$$\eta = 377\sqrt{\frac{1}{200}}\frac{1}{\sqrt{1-j1{,}412}}$$

$$\eta = \frac{377}{\sqrt{200}}\frac{1}{1{,}315\angle-27{,}35^{\circ}} = \frac{26{,}66\angle0^{\circ}}{1{,}315\angle-27{,}35^{\circ}}$$

$$\eta = 20{,}27\angle27{,}35^{\circ} = 18 + j9{,}31\Omega$$

o que determina que os campos estão defasados de 27,35°. Também, devido à constante de atenuação, após a onda percorrer a distância de z = 1,2161 *mm*, a amplitude de seus campos cai a

$$e^{-\alpha z} = e^{-569{,}98\times1{,}2161\times10^{-3}} = 0{,}5$$

que é metade do seu valor inicial.

Com o efeito da condutividade em uma onda eletromagnética, define-se como critério para saber se é necessário utilizar este procedimento, pois a depender de seu valor, ela pode ser considerada desprezível. O principal critério utilizado para isso é a magnitude do termo que foi separado nas equações: $\frac{\sigma}{\omega\varepsilon}$. Este termo é denominado tangente de perdas (ou tan θ), e pode ser comparado com a unidade (observe nas equações em que ele aparece). Como o termo imaginário de uma impedância é quem defasa a tensão da corrente, numa onda eletromagnética, este termo imaginário é quem defasa o campo elétrico do campo magnético. Assim, quanto mais próximo de zero for este termo, mais desprezível é, tornando as equações, como a de η, tendentes a um valor real. Em termos de engenharia, um valor que pode ser considerado desprezível para a tangente de perdas é $\frac{\sigma}{\omega\varepsilon} < 0{,}1$, o que reduz muito os erros de aproximações.

Colocando a constante de propagação complexa γ na forma binomial, especificamente quando a $\tan\theta < 0,1$, encontram-se, para os termos α, β e η as aproximações:

$$\alpha \cong \frac{\sigma}{2}\sqrt{\frac{\mu}{\varepsilon}}$$

$$\beta \cong \omega\sqrt{\mu\varepsilon}$$

$$\eta \cong \sqrt{\frac{\mu}{\varepsilon}}\left[1 + j\frac{\sigma}{2\omega\varepsilon}\right]$$

Exemplo 10.10: Considere uma onda com freqüência de 15,9 *GHz* e um dielétrico em que $\varepsilon_R = 135$ e $\sigma = 8$ ℧/*m*. Calcule a constante de atenuação, a constante de fase e a impedância intrínseca.

Como o meio é condutor, o primeiro cálculo a se realizar é a tangente de perdas, para ver se é possível calcular por meio das aproximações. Assim, tem-se

$$\tan\theta = \frac{\sigma}{\omega\varepsilon} = \frac{8}{2\pi \times 15{,}9 \times 10^{9} \times 135 \times 8{,}854 \times 10^{-12}} = 0{,}067$$

que é um valor menor que 0,1. Dessa forma, podem-se utilizar as aproximações definidas, em que se encontram

$$\alpha = 129{,}79\ Np/m$$

$$\beta = 3869{,}22\ rad/m$$

$$\eta = 32{,}47\ \angle 1{,}92^\circ = 32{,}45 + j1{,}087\ \Omega.$$

Exemplo 10.11: A componente x de uma onda plana uniforme que se propaga na direção $\vec{a}_z$ é dada por $E_x = 385\cos(2{,}4 \times 10^9 t - \beta z)$ *V/m*, no plano $z = 0$. Considerando que o material é caracterizado por $\sigma = 0{,}47$ ℧/*m*, $\varepsilon_R = 280$, $\mu_R = 56$, determine:

a) O valor de α;
b) O valor de β;

c) A constante de propagação γ;
d) O comprimento de onda λ;
e) A velocidade U da onda;
f) A impedância intrínseca do meio η;
g) O valor de H_y em (0, 0, 5) cm e $t = 0$;

Como neste problema há condutividade, calcula-se primeiramente a tangente de perdas, para ver se é possível utilizar as aproximações definidas anteriormente. Assim, tem-se:

$$\tan\theta = \frac{\sigma}{\omega\varepsilon} = \frac{0{,}47}{2{,}4\times10^{9}\times280\times8{,}854\times10^{-12}} = 0{,}079$$

que é um valor menor que 0,1. Logo, podem-se utilizar as aproximações, que resultam em:

a) A constante de atenuação é:

$$\alpha \cong \frac{\sigma}{2}\sqrt{\frac{\mu}{\varepsilon}}$$

$$\alpha = 39{,}621\ Np/m$$

b) A constante de fase é:

$$\beta \cong \omega\sqrt{\mu\varepsilon}$$

$$\beta = 1001{,}76\ rad/m$$

c) A constante de propagação complexa é:

$$\gamma = \alpha + j\beta$$

$$\gamma = 39{,}621 + j1001{,}76\ m^{-1}$$

d) O comprimento da onda é:

$$\lambda = \frac{2\pi}{\beta} = \frac{2\pi}{1001{,}76} = 6{,}272\times10^{-3}\ m$$

e) A velocidade da onda é:

$$U = \frac{\omega}{\beta} = \frac{2{,}4 \times 10^9}{1001{,}76} = 2{,}3958 \times 10^6 \ m/s$$

f) A impedância intrínseca do meio é:

$$\eta \cong \sqrt{\frac{\mu}{\varepsilon}}\left[1 + j\frac{\sigma}{2\omega\varepsilon}\right]$$

$$\eta = 168{,}732 \ \angle 2{,}262^\circ = 168{,}6 + j6{,}67 \ \Omega.$$

g) Para encontrar H_y, como o campo elétrico está na direção x positiva, pode-se utilizar diretamente a equação:

$$H_y = \frac{E_x}{\eta}$$

Entretanto, como η é complexa, então se utiliza a forma fasorial:

$$E_{xs} = 385\angle(1001{,}76z)$$

cujo ângulo está em radianos. E assim, para o ângulo 2,262° convertido para radianos, tem-se 0,03948 *rad*. Utilizando estes valores, tem-se

$$H_{ys} = \frac{385\angle(1001{,}76z)}{168{,}732\angle(0{,}03948)} = 2{,}282\angle(1001{,}76z - 0{,}03948)$$

que, transformando para o domínio do tempo, é:

$$H_y = 2{,}282\cos(2{,}4 \times 10^9 t - 1001{,}76z - 0{,}03948)$$

em que o valor 0,03948 *rad* é a defasagem entre o campo magnético e o campo elétrico. Colocando os dados do problema ($z = 0{,}05\ m$ e $t = 0$), encontra-se o valor do campo magnético:

$$H_y = 2{,}282\cos(2{,}4 \times 10^9(0) - 1001{,}76(0{,}05) - 0{,}03948) = 2{,}2603 \ A/m$$

Exemplo 10.12: Sendo a tangente de perdas de um material $\tan\theta = 2 \times 10^{-4}$, calcule por quantos comprimentos de onda deste material uma onda plana uniforme se propagará antes da amplitude cair à 2/5.

Desde que se deseja saber por quantos comprimentos de onda a onda se propagará até cair sua amplitude a 2/5, é necessário saber qual o valor da constante de atenuação α. Utilizando a equação da tangente de perdas, tem-se:

$$\tan\theta = 2\times10^{-4} = \frac{\sigma}{\omega\varepsilon}$$

$$\sigma = 2\times10^{-4}\,\omega\varepsilon$$

Além do mais, como esta tangente de perdas é muito pequena ($\frac{\sigma}{\omega\varepsilon} <$ 0,1), então se pode utilizar a aproximação para α, que é:

$$\alpha \cong \frac{\sigma}{2}\sqrt{\frac{\mu}{\varepsilon}}$$

que, substituindo o valor encontrado de σ pela tangente de perdas, tem-se:

$$\alpha \cong \frac{2\times10^{-4}\,\omega\varepsilon}{2}\sqrt{\frac{\mu}{\varepsilon}} = 10^{-4}\,\omega\sqrt{\mu\varepsilon}$$

Como $\omega\sqrt{\mu\varepsilon} = \beta$ e $\beta = \frac{2\pi}{\lambda}$, então:

$$\alpha = 10^{-4}\,\frac{2\pi}{\lambda} = \frac{2\pi\times10^{-4}}{\lambda}.$$

Se é desejado saber por quantos comprimentos a onda se propagará antes de cair a 2/5 de sua amplitude máxima, então:

$$e^{-\alpha z} = \frac{2}{5}$$

$$\alpha z = 0{,}916291$$

$$\frac{2\pi\times10^{-4}}{\lambda}z = 0{,}916291$$

$$N = \frac{z}{\lambda} = \frac{0{,}916291}{2\pi\times10^{-4}} = 1458{,}322$$

ou seja, a onda se propagará por 1.458,322 comprimento de onda.

10.2 Vetor de Poynting

Como os campos apresentam energia em si, uma onda eletromagnética carrega em si uma potência em seus campos, a qual é baseada no Teorema de Poynting. Este vetor é definido como

$$\vec{\mathcal{P}} = \vec{E} \times \vec{H}$$

que é a densidade de potência instantânea, cujas unidades de medida são W/m^2. Com este vetor, prova-se que:

$$-\oint_S \left(\vec{E} \times \vec{H}\right) d\vec{S} = \int_{vol} \vec{J} \cdot \vec{E}\, dv + \frac{\partial}{\partial t} \int_{vol} \left(\frac{\varepsilon_0 E^2}{2} + \frac{\mu_0 H^2}{2} \right) dv$$

em que o primeiro membro indica um fluxo de potência que atravessa uma superfície fechada e o segundo membro apresenta os termos com unidades de potência, no qual o primeiro termo é a potência ôhmica total dissipada dentro do volume e o segundo termo é a energia total armazenada nos campos elétrico e magnético por unidade de tempo (isto é, a potência instantânea que incrementa a energia dentro deste volume).

O vetor de Poynting indica a potência saindo de um volume e a direção de propagação da onda eletromagnética. Assim, conforme visto anteriormente, sempre está sendo considerado que uma onda com campo elétrico na direção x e um campo magnético na direção y tem propagação na direção z. Isto é provado pelo vetor de Poynting, pois

$$E_x \overline{a_x} \times H_y \overline{a_y} = \mathcal{P}_z \overline{a_z}.$$

Para se calcular o valor médio da densidade de potência em uma onda, utiliza-se:

$$\mathcal{P}_{med} = \frac{1}{T} \int_0^T \left|\vec{\mathcal{P}}\right| dt = \frac{1}{T} \int_0^T \left|\vec{E} \times \vec{H}\right| dt.$$

Exemplo 10.13: Para uma onda plana uniforme se propagando no espaço livre, com $\overrightarrow{E_s} = 250e^{-j2{,}3\pi z}\, \overrightarrow{a_x}$ V/m, calcule o vetor de Poynting instantâneo:

a) $z = 0$ para $t = 0$ e $t = 15$ ns;
b) $t = 0$ para $z = 0$ e $z = 15$ cm.

Como é dado o campo elétrico na forma de fasor, e este tem direção $\overrightarrow{a_x}$ e a exponencial está com o expoente negativo (propagação em z), então se pode calcular o campo magnético por:

$$H_{ys} = \frac{E_{xs}}{\eta_0} = 0{,}66313e^{-j2{,}3\pi z}\ A/m\,.$$

Com o campo magnético encontrado, calculando-se suas formas no domínio do tempo, têm-se:

$$\vec{E} = 250\cos(\omega t - 2{,}3\pi z)\overrightarrow{a_x}$$
$$\vec{H} = 0{,}66313\cos(\omega t - 2{,}3\pi z)\overrightarrow{a_y}$$

Calculando ω pela constante de fase nos campos, tem-se:

$$\omega = \beta c = 2{,}3\pi \times 3\times 10^8 = 2{,}1677\times 10^9\ rad/s$$

e, conseqüentemente,

$$\vec{E} = 250\cos(2{,}1677\times 10^9\, t - 7{,}2257z)\overrightarrow{a_x}$$
$$\vec{H} = 0{,}66313\cos(2{,}1677\times 10^9\, t - 7{,}2257z)\overrightarrow{a_y}$$

Assim, o vetor de Poynting é:

$$\vec{\mathcal{P}} = \vec{E}\times\vec{H}$$
$$\vec{\mathcal{P}} = 250\cos(2{,}1677\times 10^9 t - 7{,}2257z)\overrightarrow{a_x} \times 0{,}66313\cos(2{,}1677\times 10^9 t - 7{,}2257z)\overrightarrow{a_y}$$
$$\vec{\mathcal{P}} = 165{,}783\cos^2(2{,}1677\times 10^9 t - 7{,}2257z)\overrightarrow{a_z}$$

Dessa forma, encontra-se:

a) Em $z = 0$ para $t = 0$ e $t = 15\ ns$, tem-se, respectivamente:

$$\vec{\mathcal{P}} = 165{,}783\cos^2(2{,}1677\times 10^9(0) - 7{,}2257(0))\overrightarrow{a_z} = 165{,}783\cos^2(0)\overrightarrow{a_z} = 165{,}783\overrightarrow{a_z}\ W/m^2$$

$$\vec{\mathcal{P}} = 165{,}783\cos^2(2{,}1677\times 10^9 \times 15\times 10^{-9} - 7{,}2257(0))\overrightarrow{a_z} = 165{,}783\cos^2(32{,}5155)\overrightarrow{a_z} = 34{,}167\overrightarrow{a_z}\ W/m^2$$

b) Em $t = 0$ para $z = 0$ e $z = 15\ cm$, tem-se, respectivamente:

$$\vec{\mathcal{P}} = 165{,}783\cos^2(2{,}1677\times10^9(0) - 7{,}2257(0))\overrightarrow{a_z} = 165{,}783\cos^2(0)\overrightarrow{a_z} = 165{,}783\overrightarrow{a_z}\ W/m^2$$

$$\vec{\mathcal{P}} = 165{,}783\cos^2(2{,}1677\times10^9(0) - 7{,}2257\times0{,}15)\overrightarrow{a_z} = 165{,}783\cos^2(-1{,}08386)\overrightarrow{a_z} = 36{,}299\overrightarrow{a_z}\ W/m^2$$

Exemplo 10.14: Para o Exemplo 10.3, calcule o vetor de Poynting.

No Exemplo 10.3, o campo elétrico em forma de fasor é:

$$\vec{E}_s = (25 - j50)\,e^{-j6z}\,\overrightarrow{a_x} + (30 + j20)\,e^{-j6z}\,\overrightarrow{a_y}\ \ V/m,$$

cujo valor no domínio do tempo foi encontrado como:

$$\vec{E} = (25\cos(\omega t - 6z) + 50\,\text{sen}(\omega t - 6z))\overrightarrow{a_x} + (30\cos(\omega t - 6z) - 20\,\text{sen}(\omega t - 6z))\,\overrightarrow{a_y}\ V/m$$

em que $\omega = 1{,}8\times10^9\ rad/s$. Também foi calculado o campo magnético, que foi encontrado na forma de fasor:

$$\overrightarrow{H_s} = (-0{,}0796 - j0{,}0531)e^{-j6z}\,\overrightarrow{a_x} + (0{,}0663 - j0{,}133)e^{-j6z}\,\overrightarrow{a_y}\ A/m$$

que, utilizando a identidade de Euler, encontra-se no domínio do tempo o campo magnético:

$$\vec{H} = (-0{,}0796\cos(\omega t - 6z) + 0{,}0531\text{sen}(\omega t - 6z))\,\overrightarrow{a_x} + (0{,}0663\cos(\omega t - 6z) + 0{,}133\text{sen}(\omega t - 6z))\overrightarrow{a_y}\ A/m$$

Assim, calculando o vetor de Poynting, encontra-se:

$$\vec{\mathcal{P}} = \vec{E}\times\vec{H}$$

$$\vec{\mathcal{P}} = \left[4{,}0455\cos^2(\omega t - 6z) - 7{,}712\text{sen}^2(\omega t - 6z) + 6{,}639\cos(\omega t - 6z)\text{sen}(\omega t - 6z)\right]\overrightarrow{a_z}\ W/m^2$$

com $\omega = 1{,}8\times10^9\ rad/s$, o que comprova a direção de propagação da onda como a direção do eixo *z*.

No caso de uma onda atravessar um meio dielétrico qualquer, sua direção continua sendo dada pelo vetor de Poynting, mas outras condições são consideradas: se não houver perdas e se houver perdas.

No primeiro caso, se não houver perdas, como é o caso do dielétrico perfeito em um meio magnético isotrópico, com $\varepsilon = \varepsilon_R\varepsilon_0$ e $\mu = \mu_R\mu_0$, respectivamente, a equação que mostra a potência no vetor de Poynting torna-se:

$$-\oint_S \left(\vec{E}\times\vec{H}\right)d\vec{S} = \int_{vol} \vec{J}\cdot\vec{E}\,dv + \frac{\partial}{\partial t}\int_{vol}\left(\frac{\varepsilon E^2}{2}+\frac{\mu H^2}{2}\right)dv,$$

ou

$$-\oint_S \left(\vec{E}\times\vec{H}\right)d\vec{S} = \int_{vol} \vec{J}\cdot\vec{E}\,dv + \frac{\partial}{\partial t}\int_{vol}\left(\frac{\varepsilon_R\varepsilon_0 E^2}{2}+\frac{\mu_R\mu_0 H^2}{2}\right)dv$$

a qual apresenta os mesmos valores para $\mathcal{P}_{med}$. Isto é:

$$\mathcal{P}_{med} = \frac{E_{x0}^2}{2\eta}$$

em que

$$\eta = \sqrt{\frac{\mu}{\varepsilon}}\,.$$

No segundo caso, se há perdas e os campos não se encontram em fase, então a integral de $\mathcal{P}_{med}$ resulta no valor

$$\mathcal{P}_{z,med} = \frac{E_{x0}^2}{2\eta_m}e^{-2\alpha z}\cos\theta_n$$

em que

$$\eta = \eta_m \angle \theta_n\,.$$

Exemplo 10.15: Calcular a integral de $\mathcal{P}_{med}$ para o Exemplo 10.10, mostrando quais são os valores de η_m e θ_n.

No Exemplo 10.10, com o campo elétrico e o respectivo campo magnético na forma fasorial,

$$E_{xs} = 385\angle(1001{,}76z)$$

$$H_{ys} = \frac{E_{xs}}{\eta} = \frac{385\angle(1001{,}76z)}{168{,}732\angle(0{,}03948)} = 2{,}282\angle(1001{,}76z - 0{,}03948)$$

e cujos valores no domínio do tempo são:

$$E_x = 385\cos(2{,}4\times 10^9 t - 1001{,}76z) = 385\cos(A)$$
$$H_y = 2{,}282\cos(2{,}4\times 10^9 t - 1001{,}76z - 0{,}03948) = 2{,}282\cos(A - B)$$

Fazendo cos $(A - B) = \cos(A)\cos(B) + \text{sen}(A)\text{sen}(B)$, com $A = 2{,}4\times 10^9 t - 1001{,}76z$ e $B = 0{,}03948$, então, o vetor de Poynting é:

$$\mathcal{P}_z \overrightarrow{a_z} = E_x \overrightarrow{a_x} \times H_y \overrightarrow{a_y}$$
$$\mathcal{P}_z \overrightarrow{a_z} = 385\cos(A)\,\overrightarrow{a_x} \times 2{,}282\cos(A - B)\overrightarrow{a_y}$$
$$\mathcal{P}_z = 878{,}57\cos(A)\left[\cos(A)\cos(B) + \text{sen}(A)\,\text{sen}(B)\right]$$
$$\mathcal{P}_z = 878{,}57\left[\cos^2(A)\cos(B) + \cos(A)\text{sen}(A)\text{sen}(B)\right]$$

Assim, com o valor do vetor de Poynting, calcula-se seu valor médio, em que o limite superior da integral é:

$$f = \frac{\omega}{2\pi}$$
$$T = \frac{1}{f} = \frac{2\pi}{\omega} = \frac{2\pi}{2{,}4\times 10^9} = 2{,}618\times 10^{-9}\ s$$

Assim, a integral do vetor de Poynting médio é:

$$\mathcal{P}_{med} = \frac{1}{2{,}618\times 10^{-9}}\int_0^{2{,}618\times 10^{-9}} 878{,}57\left[\cos^2(A)\cos(B) + \cos(A)\text{sen}(A)\text{sen}(B)\right]dt$$
$$\mathcal{P}_{med} = 878{,}57\left(\frac{\cos(B)}{2} + (0)\text{sen}(B)\right)$$
$$\mathcal{P}_{med} = 439{,}285\cos(B)$$
$$\mathcal{P}_{med} = 439{,}285\cos(0{,}03948) = 439{,}285\cos(2{,}262^\circ)\,W/m^2$$

Entretanto, como calculado anteriormente, $\eta = 168{,}732\ \angle 2{,}262°$, então, utilizando a equação:

$$\frac{E_{x0}^2}{2\eta_m} = 439{,}285$$

que implica dizer que $\eta_m = 168{,}732$ e o ângulo no vetor de Poynting é o ângulo da impedância intrínseca, ou seja, $\theta_n = 2{,}262°$.

10.3 Ondas Eletromagnéticas em Bons Condutores e Efeito Pelicular

Anteriormente, quando se falou na propagação das ondas em dielétricos com perdas, verificou-se a tangente de perdas na condição de esta ser considerada desprezível ($\tan\theta = \frac{\sigma}{\omega\varepsilon} < 0{,}1$). Por outro lado, quando a onda se propaga em bons condutores, ela gera grandes correntes de condução e a energia da onda decresce rapidamente ao penetrá-los. Essa situação é descrita pela condição:

$$\tan\theta = \frac{\sigma}{\omega\varepsilon} >> 1,$$

que torna o termo real nas equações (o valor 1) desprezível, e conseqüentemente, podem-se determinar aproximações para os termos α, β e η, neste caso. Assim, a partir do valor de γ, que é

$$\gamma = j\omega\sqrt{\mu\varepsilon}\sqrt{1 - j\frac{\sigma}{\omega\varepsilon}}$$

com a condição descrita para a tangente de perdas, aproxima-se o valor de γ para

$$\gamma = j\omega\sqrt{\mu\varepsilon}\sqrt{-j\frac{\sigma}{\omega\varepsilon}} = j\sqrt{-j\frac{\omega^2\mu\varepsilon\sigma}{\omega\varepsilon}} = j\sqrt{-j\omega\mu\sigma}.$$

Desde que

$$-j\omega\mu\sigma = \omega\mu\sigma\angle -90°$$

então,

$$\gamma = j\sqrt{\omega\mu\sigma\angle -90^\circ} = j\left(\sqrt{\omega\mu\sigma}\angle -45^\circ\right) = j\left(\frac{1}{\sqrt{2}} - j\frac{1}{\sqrt{2}}\right)\sqrt{\omega\mu\sigma}.$$

E, dado que $\omega = 2\pi f$, então se encontra que

$$\gamma = (j1+1)\sqrt{\pi f\mu\sigma} = \sqrt{\pi f\mu\sigma} + j\sqrt{\pi f\mu\sigma}$$

que implica:

$$\alpha = \beta = \sqrt{\pi f\mu\sigma}$$

o que mostra que em um bom condutor a constante de atenuação e a constante de fase são iguais.

Exemplo 10.16: Considere uma onda plana uniforme no espaço livre, tal que $E_x = E_{x0}\cos(\omega t - \beta z)\ V/m$ em $z < 0$. Se $z = 0$ é a fronteira entre o espaço livre e um condutor perfeito, determine a forma da onda na fronteira (z = 0) e ao penetrar o condutor. Calcule a densidade de corrente resultante no condutor, quando a onda o penetra.

Como a onda sai do espaço livre e encontra em $z = 0$ um condutor, então, nesta fronteira, substituindo o valor $z = 0$, encontra-se:

$$E_x = E_{x0}\cos(\omega t) V/m.$$

Ao penetrar o condutor, de acordo com as aproximações vistas, a onda apresenta perdas devido ao efeito Joule, assim como apresenta uma defasagem. Ou seja, $\alpha = \beta = \sqrt{\pi f\mu\sigma}$. Dessa forma, a equação do campo elétrico torna-se:

$$E_x = E_{x0}e^{-z\sqrt{\pi f\mu\sigma}}\cos\left(\omega t - \sqrt{\pi f\mu\sigma}\, z\right) V/m.$$

Quando a onda adentra o condutor, a densidade de corrente de deslocamento torna-se desprezível em relação à densidade de corrente de condução $\vec{J} = \sigma\vec{E}$, de tal forma que esta última apresenta-se como:

$$J_x = \sigma E_x = \sigma E_{x0}e^{-z\sqrt{\pi f\mu\sigma}}\cos\left(\omega t - z\sqrt{\pi f\mu\sigma}\right) A/m^2.$$

Este caso típico pode ser exemplificado por uma antena receptora, em que a onda transmite sua energia ao metal condutor da antena.

Exemplo 10.17: Calcule a atenuação de uma onda plana uniforme na água do mar ($\varepsilon_R = 78$ e $\sigma = 4$ ℧/*m*), se sua freqüência for de:

a) 1 *MHz*;
b) 10 *MHz*;
c) 1 *GHz*;

Como este problema apresenta a condutividade, então é necessário calcular a tangente de perdas, para verificar qual tipo de aproximação se deve utilizar. Assim:

a) Calculando a tangente de perdas, tem-se:

$$\tan\theta = \frac{\sigma}{\omega\varepsilon} = \frac{4}{2\pi\times10^{6}\times78\times8{,}854\times10^{-12}} = 921{,}82$$

Como a tangente de perdas é muito maior que 1, então se podem utilizar as aproximações para bons condutores. Ou seja, $\alpha = \beta = \sqrt{\pi f \mu\sigma}$. Assim, a atenuação é:

$$\alpha = \sqrt{\pi\times10^{6}\times4\pi\times10^{-7}\times4} = 3{,}974\ Np/m.$$

b) Calculando a tangente de perdas para esta freqüência, encontra-se:

$$\tan\theta = \frac{\sigma}{\omega\varepsilon} = \frac{4}{2\pi\times10^{7}\times78\times8.854\times10^{-12}} = 92{,}182$$

que também é muito maior que 1. Logo,

$$\alpha = \sqrt{\pi\times10^{7}\times4\pi\times10^{-7}\times4} = 12{,}5664\ Np/m.$$

c) Calculando a tangente de perdas, tem-se:

$$\tan\theta = \frac{\sigma}{\omega\varepsilon} = \frac{4}{2\pi\times10^{9}\times78\times8.854\times10^{-12}} = 0{,}922$$

Neste caso, como o valor está próximo de 1, não se encontra em nenhuma condição de aproximação. Dessa forma, deve-se calcular o valor da constante de atenuação diretamente pelo cálculo da constante de propagação complexa:

$$\gamma = j2\pi \times 10^9 \sqrt{4\pi \times 10^{-7} \times 78 \times 8.854 \times 10^{-12}}\sqrt{1 - j0{,}922}m^{-1}$$

$$\gamma = j185{,}1\sqrt{1{,}36\angle -42{,}67^\circ}$$

$$\gamma = 185{,}1\angle 90^\circ \times 1{,}17\angle -21{,}33^\circ$$

$$\gamma = 216{,}57\angle 68{,}67^\circ$$

$$\gamma = 227{,}2 + j17{,}6m^{-1}$$

Assim, como $\gamma = \alpha + j\beta$, então $\alpha = 227{,}2\,Np/m$.

Observando agora que a densidade de corrente de condução gerada com a penetração da onda no condutor apresenta um decréscimo exponencial negativo, então em $z = 0$, este fator exponencial apresenta-se com um valor unitário ($e^0 = 1$) e reduz seu valor para $e^{-1} = 0{,}368$ quando

$$-z\sqrt{\pi f \mu \sigma} = -1$$

$$z = \frac{1}{\sqrt{\pi f \mu \sigma}}$$

que determina que a densidade de corrente de condução máxima está na superfície do condutor e cai rapidamente à medida que o penetra. Este valor de z é denominado profundidade de penetração ou profundidade pelicular e, devido à sua especificidade, denota-se por δ, ou

$$\delta = \frac{1}{\sqrt{\pi f \mu \sigma}} = \frac{1}{\alpha} = \frac{1}{\beta}$$

a qual é um importante parâmetro na descrição do comportamento do condutor em campos eletromagnéticos. Isto implica dizer que há uma diferença entre a resistência de um condutor para a corrente contínua e a corrente alternada, pois no caso da corrente contínua, conforme já foi visto na eletrostática, a seção do condutor considerada no seu cálculo é toda a área transversal, enquanto que no caso da corrente alternada, a área considerada no cálculo é apenas a área penetrada pela onda. Ou seja, como

$$R = \frac{l}{\sigma S},$$

cuja equação é válida para calcular a resistência de um condutor em corrente contínua, no caso da corrente alternada (onda eletromagnética) com freqüência *f*, o efeito pelicular existente garante que a área considerada no cálculo seja menor, e dada por

$$S = \pi r^2 - \pi (r - \delta)^2 = \pi \left(r^2 - r^2 + 2r\delta - \delta^2\right) \cong 2\pi r\delta,$$

para o caso de um condutor de área da seção reta circular, desde que o termo $\delta^2 << 2r\delta$ e pode ser desprezado. Se o condutor for retangular, com lados *a* e *b*, então:

$$S = ab - (a - 2\delta)(b - 2\delta) = ab - ab + 2a\delta + 2b\delta - 4\delta^2 \cong 2(a + b)\delta.$$

O caso da área considerada no cálculo de uma resistência em uma freqüência *f* para um condutor com seção reta circular é visto na Figura 10.2. Deve-se observar que, quanto maior a freqüência, menor a profundidade de penetração e, conseqüentemente, menor a área considerada para o cálculo da resistência e maior será a resistência do condutor.

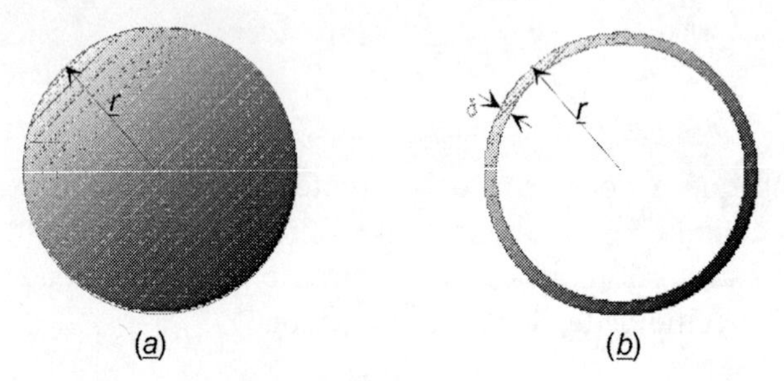

Figura 10.2: (a) Seção reta de um condutor cilíndrico para cálculo de resistência com corrente contínua e (b) efeito da profundidade pelicular.

Exemplo 10.18: Considere um condutor de alumínio com 100 *m* de comprimento e área da seção transversal $S = 0{,}1\ mm^2$. Calcule a resistência deste condutor, considerando uma corrente contínua e uma onda eletromagnética com freqüências de 1 *MHz* e de 1 *GHz*.

Como se está considerando um condutor de alumínio, então $\sigma = 3{,}82 \times 10^7$ ℧/*m* e $\mu_R = 1{,}00000065$. Desta forma, para o caso da corrente contínua, tem-se:

$$R_{DC} = \frac{l}{\sigma S} = \frac{100}{3{,}82 \times 10^7 \times 0{,}1 \times 10^{-6}} = 26{,}18\Omega\,,$$

e para a onda eletromagnética com freqüência de 1*MHz*, tem-se a profundidade pelicular:

$$\delta = \frac{1}{\sqrt{\pi f \mu \sigma}}$$

$$\delta = \frac{1}{\sqrt{\pi f \mu_R \mu_0 \sigma}}$$

$$\delta = \frac{1}{\sqrt{\pi \times 10^6 \times 1{,}00000065 \times 4\pi \times 10^{-7} \times 3{,}82 \times 10^7}}$$

$$\delta = \frac{1}{\sqrt{1508076533}} = \frac{1}{12280{,}377} = 8{,}14 \times 10^{-5}\,m$$

e, sendo o raio da seção reta:

$$r = \sqrt{\frac{S}{\pi}} = \sqrt{\frac{0{,}1 \times 10^{-6}}{\pi}} = 1{,}784 \times 10^{-4} m\,.$$

encontra-se que a resistência para a onda com freqüência de 1 *MHz* é:

$$R_{AC} = \frac{l}{2\pi r \delta \sigma}$$

$$R_{AC} = \frac{100}{2\pi \times 1{,}784 \times 10^{-4} \times 8{,}14 \times 10^{-5} \times 3{,}82 \times 10^7}$$

$$R_{AC} = \frac{100}{3{,}49} = 28{,}7\Omega$$

e, para a freqüência de 1 *GHz*, a profundidade pelicular é

$$\delta = 2{,}58 \times 10^{-6}$$

e, conseqüentemente, a resistência é

$$R_{AC} = \frac{100}{2\pi \times 1,784 \times 10^{-4} \times 2,58 \times 10^{-6} \times 3,82 \times 10^{7}}$$

$$R_{AC} = \frac{100}{0,110} = 909,09\Omega$$

em que se vê que a resistência cresce com a freqüência.

Com a variação nos campos, devida aos bons condutores, as expressões da velocidade, comprimento de onda, constante de fase, impedância intrínseca, bem como seus campos elétricos e magnéticos, vetor de Poynting e potência dissipada no condutor variam de acordo com os valores aproximados definidos. Assim, tomando como base que

$$\beta = \frac{2\pi}{\lambda}$$

como

$$\beta = \frac{1}{\delta} = \sqrt{\pi f \mu \sigma},$$

então

$$\lambda = 2\pi\delta .$$

A velocidade da onda que é dada por

$$U = f\lambda$$

torna-se

$$U = 2\pi f\delta = \omega\delta ;$$

a impedância intrínseca, passa a ser

$$\eta = \sqrt{\frac{j\omega\mu}{\sigma}},$$

pois $\sigma >> \omega\varepsilon$. E como

$$\sqrt{j} = \sqrt{1\angle 90^\circ} = 1\angle 45^\circ,$$

e

$$\delta = \frac{1}{\sqrt{\pi f \mu \sigma}} = \frac{\sqrt{2}}{\sqrt{\omega\mu}\sqrt{\sigma}}$$

pode-se escrever η como

$$\eta = \sqrt{\frac{\omega\mu}{\sigma}}\angle 45^\circ = \frac{\sqrt{2}}{\sigma\delta}\angle 45^\circ = \frac{1}{\sigma\delta} + j\frac{1}{\sigma\delta}$$

e, em termos da profundidade pelicular, os campos tornam-se:

$$E_x = E_{x0} e^{-\frac{z}{\delta}} \cos\left(\omega t - \frac{z}{\delta}\right)$$

e

$$H_y = \frac{E_x}{\eta} = \frac{\sigma\delta E_{x0}}{\sqrt{2}} e^{-\frac{z}{\delta}} \cos\left(\omega t - \frac{z}{\delta} - \frac{\pi}{4}\right),$$

em que o atraso π/4 no cosseno determina que o campo magnético tem uma amplitude máxima ocorrendo a 1/8 do ciclo, depois do campo elétrico, a cada ponto. Com estas variações nos campos, o vetor de Poynting médio se torna:

$$\mathcal{P}_{z,med} = \frac{\sigma\delta E_{x0}^2}{2\sqrt{2}} e^{-\frac{2z}{\delta}} \cos\frac{\pi}{4} = \frac{\sigma\delta E_{x0}^2}{4} e^{-\frac{2z}{\delta}},$$

em que, para a distância de uma profundidade pelicular, a potência é reduzida para $e^{-2} = 0{,}135$, ou 13,5%. Por outro lado, a potência média atravessando a superfície do condutor dentro de uma área $0 < y < b$ e $0 < x < L$ (na direção da corrente) é:

$$P_{L,med} = \int_0^b \int_0^L \frac{\sigma\delta E_{x0}^2}{4} e^{-\frac{2z}{\delta}} \Bigg|_{z=0} dx\,dy = \frac{\sigma\delta b L E_{x0}^2}{4}$$

que, em termos de $J_{x0} = \sigma E_{x0}$ na superfície do condutor, encontra-se

$$P_{L,med} = \frac{\delta b L J_{x0}^2}{4\sigma}.$$

Dessa forma, considerando um condutor de profundidade infinita ($z > 0$), então a perda de potência resultante para a corrente total na largura b distribuída uniformemente em δ pode ser obtida calculando a corrente como:

$$I = \int_0^{\infty}\int_0^{b} J_x dydz = \frac{J_{x0} b\delta}{\sqrt{2}} \cos\left(\omega t - \frac{\pi}{4}\right)$$

ou, em notação complexa

$$I_s = \int_0^{\infty}\int_0^{b} J_{x0} e^{-(1+j1)\frac{z}{\delta}} dydz = \frac{J_{x0} b\delta}{1+j1}.$$

Logo, a perda ôhmica por unidade de volume é $\vec{J} \cdot \vec{E}$ e, sendo a corrente I distribuída uniformemente em $0 < y < b$ e $0 < z < \delta$, então

$$J' = \frac{I}{b\delta} = \frac{J_{x0}}{\sqrt{2}} \cos\left(\omega t - \frac{\pi}{4}\right)$$

e, assim,

$$P_L = \frac{(J')^2 bL\delta}{\sigma} = \frac{J_{x0}^2 bL\delta}{2\sigma} \cos\left(\omega t - \frac{\pi}{4}\right)$$

que tem valor médio:

$$P_L = \frac{J_{x0}^2 bL\delta}{4\sigma}.$$

Exemplo 10.19: Considerando $\mu_R = 1$, qual a porcentagem no aumento da resistência do caso de corrente contínua para a resistência na freqüência da rede elétrica ($f = 60Hz$) para:

a) O cobre ($\sigma = 5{,}8 \times 10^7$ ℧$/m$);
b) O alumínio ($\sigma = 3{,}82 \times 10^7$ ℧$/m$).

a) Calculando a resistência para a corrente contínua, considerando um raio unitário, encontra-se:

$$R_{DC} = \frac{l}{\sigma S} = \frac{l}{5{,}8\times 10^7 \times \pi \times 1^2} = 5{,}4881\times 10^{-9}\, l\,\Omega$$

enquanto que para a resistência na corrente alternada da rede, encontra-se:

$$\delta = \frac{1}{\sqrt{\pi f \mu\sigma}} = \frac{1}{\sqrt{\pi \times 60 \times 4\pi \times 10^{-7} \times 5{,}8\times 10^7}} = 8{,}532\times 10^{-3}\, m$$

e, conseqüentemente,

$$R_{AC} = \frac{l}{2\pi r\delta\sigma} = \frac{l}{2\pi \times 1 \times 8{,}532 \times 10^{-3} \times 5{,}8 \times 10^{7}} = 3{,}21634 \times 10^{-7}\, l\,\Omega$$

Assim, dividindo esta pela resistência para a corrente contínua, tem-se:

$$\frac{R_{AC}}{R_{DC}} = \frac{3{,}21634 \times 10^{-7} l}{5{,}4881 \times 10^{-9} l} = 58{,}61,$$

ou 5.861%.

b) Refazendo os cálculos do item *a*, mas considerando o alumínio, encontra-se:

$$R_{DC} = \frac{l}{\sigma S} = \frac{l}{3{,}82 \times 10^{7} \times \pi \times 1^{2}} = 8{,}33272 \times 10^{-9}\, l\,\Omega$$

$$\delta = \frac{1}{\sqrt{\pi f \mu \sigma}} = \frac{1}{\sqrt{\pi \times 60 \times 4\pi \times 10^{-7} \times 3{,}82 \times 10^{7}}} = 1{,}0513 \times 10^{-2}\, m$$

$$R_{AC} = \frac{l}{2\pi r\delta\sigma} = \frac{l}{2\pi \times 1 \times 1{,}0513 \times 10^{-2} \times 3{,}82 \times 10^{7}} = 3{,}9631 \times 10^{-7}\, l\,\Omega$$

Assim, dividindo esta pela resistência para a corrente contínua, tem-se:

$$\frac{R_{AC}}{R_{DC}} = \frac{3{,}9631 \times 10^{-7} l}{8{,}33272 \times 10^{-9} l} = 47{,}561,$$

ou 4.756,1%.

Exemplo 10.20: Considerando $\mu_R = 1$, qual a resistência, por metro de comprimento na freqüência de 1 *MHz* e 1 *GHz*, de um condutor de seção transversal retangular de 4 por 12 *mm* de:

a) Cobre ($\sigma = 5{,}8 \times 10^{7}$ ℧/*m*);
b) Alumínio ($\sigma = 3{,}82 \times 10^{7}$ ℧/*m*).

Como o condutor tem a seção transversal retangular, então, tem-se:

a) Para o cobre, encontra-se na freqüência de 1 *MHz*:

$$\delta = \frac{1}{\sqrt{\pi f \mu \sigma}} = \frac{1}{\sqrt{\pi \times 10^6 \times 4\pi \times 10^{-7} \times 5{,}8 \times 10^7}} = 6{,}6086 \times 10^{-5}\ m$$

e, conseqüentemente,

$$\frac{R_{AC}}{l} = \frac{1}{2(a+b)\delta\sigma} = \frac{1}{2 \times (4+12) \times 10^{-3} \times 6{,}6086 \times 10^{-5} \times 5{,}8 \times 10^7} = 8{,}153 \times 10^{-3}\ \Omega / m$$

e para a freqüência de 1 *GHz*, tem-se:

$$\delta = \frac{1}{\sqrt{\pi f \mu \sigma}} = \frac{1}{\sqrt{\pi \times 10^9 \times 4\pi \times 10^{-7} \times 5{,}8 \times 10^7}} = 2{,}09 \times 10^{-6}\ m$$

e, conseqüentemente,

$$\frac{R_{AC}}{l} = \frac{1}{2(a+b)\delta\sigma} = \frac{1}{2 \times (4+12) \times 10^{-3} \times 2{,}09 \times 10^{-6} \times 5{,}8 \times 10^7} = 0{,}258\ \Omega / m$$

b) Para o alumínio, encontra-se para a freqüência de 1 *MHz*:

$$\delta = \frac{1}{\sqrt{\pi f \mu \sigma}} = \frac{1}{\sqrt{\pi \times 10^6 \times 4\pi \times 10^{-7} \times 3{,}82 \times 10^7}} = 8{,}1431 \times 10^{-5}\ m$$

e, conseqüentemente,

$$\frac{R_{AC}}{l} = \frac{1}{2(a+b)\delta\sigma} = \frac{1}{2 \times (4+12) \times 10^{-3} \times 8{,}1431 \times 10^{-5} \times 3{,}82 \times 10^7} = 1{,}005 \times 10^{-2}\ \Omega / m$$

e para a freqüência de 1 *GHz*, tem-se:

$$\delta = \frac{1}{\sqrt{\pi f \mu \sigma}} = \frac{1}{\sqrt{\pi \times 10^9 \times 4\pi \times 10^{-7} \times 3{,}82 \times 10^7}} = 2{,}05751 \times 10^{-6}\ m$$

e, conseqüentemente,

$$\frac{R_{AC}}{l} = \frac{1}{2(a+b)\delta\sigma} = \frac{1}{2 \times (4+12) \times 10^{-3} \times 2{,}05751 \times 10^{-6} \times 3{,}82 \times 10^7} = 0{,}3177\ \Omega / m$$

Exemplo 10.21: Através de quantas profundidades peliculares pode se propagar uma onda antes de perder metade de sua potência aquecendo o material condutor?

Para este caso, como a onda perde metade de sua potência, então, deve-se igualar o valor da exponencial da equação da potência média a ½, ou seja:

$$e^{-\frac{2z}{\delta}} = 0{,}5$$

$$\frac{2z}{\delta} = 0{,}6932$$

$$\frac{z}{\delta} = 0{,}34657$$

isto é, 0,34657 profundidades peliculares (penetra menos de uma profundidade pelicular para reduzir sua potência à metade).

10.4 Reflexão e Transmissão de Ondas Eletromagnéticas e Coeficiente de Onda Estacionária

Quando uma onda eletromagnética muda de um meio 1 (definido por ε_1, μ_1 e σ_1) para um meio 2 (definido por ε_2, μ_2 e σ_2), ocorre o fenômeno denominado reflexão. Neste caso, parte da onda é refletida (voltando ao meio 1) e parte é transmitida (passando para o meio 2). Se a onda se propaga na direção $+z$ (em que o meio 1 é a região $z < 0$) e o campo elétrico tem componente E_x, então, no meio 1, o campo elétrico é definido por

$$E_{xs1}^{+} = E_{x10}^{+} e^{-\gamma_1 z},$$

em que o índice 1 determina a região 1, e o sinal + indica a direção positiva de propagação. O campo magnético associado a este campo elétrico, neste meio, é:

$$H_{ys1}^{+} = \frac{1}{\eta_1} E_{x10}^{+} e^{-\gamma_1 z}.$$

Na fronteira entre os dois meios ($z = 0$), esta onda é denominada onda incidente, cuja propagação é perpendicular (normal) ao plano de fronteira (xy). Assim, tanto o campo elétrico como o campo magnético são tangentes ao plano da fronteira e, conseqüentemente, a transferência de energia é formulada diretamente por:

$$E_{xs2}^{+} = E_{x20}^{+} e^{-\gamma_2 z},$$

e

$$H_{ys2}^{+} = \frac{1}{\eta_2} E_{x20}^{+} e^{-\gamma_2 z},$$

que é a onda transmitida, cuja constante de propagação γ_2 e impedância intrínseca η_2 têm valores referentes ao meio 2. Pelas condições de contorno, tem-se que:

$$E_{x10}^{+} = E_{x20}^{+}$$

só se $\eta_1 = \eta_2$, o que não é o caso. Dessa forma, de acordo com o valor de η_2, uma onda retorna ao meio 1 ao se encontrar com a fronteira, como se pode ver na Figura 10.3.

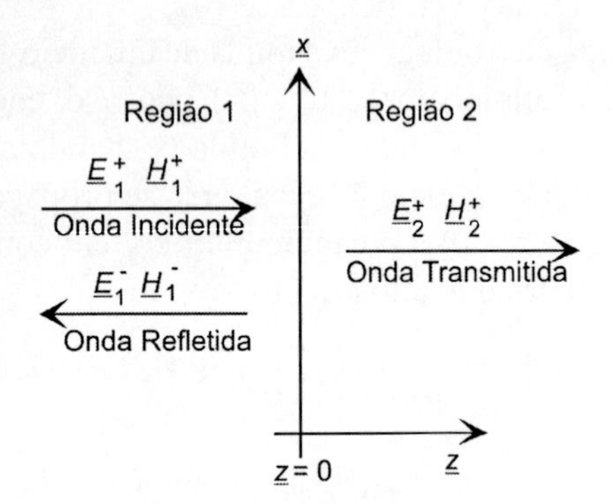

Figura 10.3: Regiões 1 e 2 separadas pela fronteira $z = 0$, e ondas incidente, refletida e transmitida.

Esta onda que retorna na direção negativa de z é a onda refletida, a qual tem seus campos dados por:

$$E_{xs1}^{-} = E_{x10}^{-} e^{\gamma_1 z},$$

e

$$H_{ys1}^{-} = \frac{1}{\eta_1} E_{x10}^{-} e^{\gamma_1 z}.$$

em que E_{x10}^{-} pode ser complexo. Tendo estas definições, as condições de contorno na fronteira são satisfeitas, como:

$$E_{xs1}^{+} = E_{xs2}^{+}$$

$$E_{xs1}^{+} + E_{xs1}^{-} = E_{xs2}^{+}$$

$$E_{x10}^{+} + E_{x10}^{-} = E_{x20}^{+}$$

e

$$H_{ys1}^{+} = H_{ys2}^{+}$$

$$H_{ys1}^{+} + H_{ys1}^{-} = H_{ys2}^{+}$$

$$\frac{E_{x10}^{+}}{\eta_1} - \frac{E_{x10}^{-}}{\eta_1} = \frac{E_{x20}^{+}}{\eta_2}$$

em que, solucionando para o meio 1, encontra-se

$$E_{x10}^{+} + E_{x10}^{-} = \frac{\eta_2}{\eta_1} E_{x10}^{+} - \frac{\eta_2}{\eta_1} E_{x10}^{-}$$

$$E_{x10}^{-} = E_{x10}^{+}\Gamma$$

em que

$$\Gamma = \frac{E_{x10}^{-}}{E_{x10}^{+}} = \frac{\eta_2 - \eta_1}{\eta_2 + \eta_1}$$

é o coeficiente de reflexão, o qual pode ser um número complexo. Se for complexo, define uma defasagem na onda refletida.

Se for calculado E_{x20}^{+} em função de E_{x10}^{+}, encontra-se

$$\frac{E_{x20}^{+}}{E_{x10}^{+}} = \frac{2\eta_2}{\eta_2 + \eta_1}$$

que é o coeficiente de transmissão.

Exemplo 10.22: Em uma região 1 ($\mu_{R1} = 1$, $\varepsilon_{R1} = 14$, $\sigma_1 = 0$), uma onda plana uniforme com freqüência f = 500 *MHz*, dada por $\vec{E}_{xs1}^{+} = 300e^{-j\beta_1 z}\vec{a}_x$, incide normalmente em uma região 2, definida por $\mu_{R2} = 12$, $\varepsilon_{R2} = 25$, $\sigma_2 = 0$. Encontre:

a) $\vec{E}_{s1}^{-}$; b) $\vec{E}_{s2}^{+}$; c) $\vec{H}_{s1}^{-}$; d) $\vec{H}_{s2}^{+}$.

Como neste problema as duas regiões não apresentam condutividade, então, calculando η_1 e η_2, tem-se:

$$\eta_1 = 377\sqrt{\frac{\mu_{R1}}{\varepsilon_{R1}}} = 377\sqrt{\frac{1}{14}} = 100{,}76\,\Omega$$

$$\eta_2 = 377\sqrt{\frac{\mu_{R2}}{\varepsilon_{R2}}} = 377\sqrt{\frac{12}{25}} = 261{,}19\,\Omega$$

e as constantes de fase para os dois meios são:

$$\beta_1 = \frac{\omega\sqrt{\mu_{R1}\varepsilon_{R1}}}{c} = \frac{10\pi\times 10^8\sqrt{1\times 14}}{3\times 10^8} = 39{,}18\,rad/m$$

$$\beta_2 = \frac{\omega\sqrt{\mu_{R2}\varepsilon_{R2}}}{c} = \frac{10\pi\times 10^8\sqrt{12\times 25}}{3\times 10^8} = 181{,}38\,rad/m$$

Daí, calculando o coeficiente de reflexão, encontra-se:

$$\Gamma = \frac{\eta_2 - \eta_1}{\eta_2 + \eta_1} = 0{,}44324$$

e, conseqüentemente,

a) O campo tem a exponencial com sinal invertido ao campo $E^+_{xs_1}$, sendo:

$$E^-_{xs_1} = \Gamma E^+_{x10} e^{j\beta_1 z} = 0{,}44324\times 300 e^{j\beta_1 z} = 132{,}9714 e^{j39{,}18z}\ V/m$$

b) Neste caso, é necessário utilizar o coeficiente de transmissão e a exponencial, embora tenha o mesmo sinal negativo (que indica estar se propagando na direção $+z$); a constante de fase é a da região 2:

$$E^+_{xs_2} = E^+_{x10}\frac{2\eta_2}{\eta_2 + \eta_1} e^{-j\beta_2 z} = 300 e^{-j\beta_2 z}\times 1{,}44324 = 432{,}971 e^{-j181{,}38z}\ V/m$$

c) Para o caso do campo magnético da onda refletida, tem-se:

$$H^-_{ys_1} = \frac{E^-_{x10}}{\eta_1} e^{j\beta_1 z} = 1{,}32 e^{j39{,}18z}\ A/m$$

d) Para o caso do campo magnético da onda transmitida, tem-se:

$$H_{ys_2}^{+} = \frac{E_{x20}^{+}}{\eta_2} e^{j\beta_2 z} = 1,658e^{-j181,38z} \; A/m$$

Exemplo 10.23: Considere que uma onda plana, ao incidir normalmente do espaço livre em uma região com μ_R e ε_R, apresenta um coeficiente de reflexão $\Gamma = -0,235$ e uma redução de velocidade de 40%. Se o material for sem perdas, quais os valores de μ_R e ε_R?

Como é dado o coeficiente de reflexão e a redução da velocidade, então:

$$\Gamma = \frac{\eta_2 - \eta_1}{\eta_2 + \eta_1} = -0,235$$

$$\eta_2 - 377 = -0,235(\eta_2 + 377)$$

$$\eta_2 = 233,53\,\Omega$$

desde que η_1 é a impedância do espaço livre. Pela equação da velocidade, tem-se:

$$U = \frac{c}{\sqrt{\mu_R \varepsilon_R}}$$

$$\sqrt{\mu_R \varepsilon_R} = \frac{c}{0,6c} = \frac{3\times10^8}{1,8\times10^8} = 1,667$$

$$\mu_R \varepsilon_R = 2,778$$

que é a primeira equação com as duas incógnitas que se deseja encontrar. Fazendo,

$$\eta_2 = \eta_1 \sqrt{\frac{\mu_R}{\varepsilon_R}}$$

$$233,53 = 377\sqrt{\frac{\mu_R}{\varepsilon_R}}$$

$$\frac{\mu_R}{\varepsilon_R} = \left(\frac{233,53}{377}\right)^2 = 0,384$$

Assim, encontra-se que $\mu_R = 0{,}384\varepsilon_R$ e, conseqüentemente, substituindo na primeira equação encontrada ($\mu_R\varepsilon_R = 2{,}778$), soluciona-se o valor para ε_R:

$$0{,}384\varepsilon_R^2 = 2{,}778\varepsilon_R$$

$$\varepsilon_R = \sqrt{\frac{2{,}778}{0{,}384}} = 2{,}69$$

e, com este valor de ε_R, calcula-se μ_R substituindo na segunda equação encontrada:

$$\mu_R = 0{,}384\varepsilon_R$$

$$\mu_R = 0{,}384 \times 2{,}69 = 1{,}03$$

Exemplo 10.24: Considere que uma onda plana, ao incidir normalmente do espaço livre em uma região com μ_R e ε_R, apresenta um coeficiente de reflexão $\Gamma = -\ 0{,}642$ e uma redução de velocidade para 80% de seu valor no espaço livre. Se o material for sem perdas, quais os valores de μ_R e ε_R?

Este problema é similar ao anterior, só que é dado que a velocidade reduz para 80%, o que quer dizer que a redução neste caso, é de 20%. Assim, utilizando o mesmo procedimento, tem-se:

$$\Gamma = \frac{\eta_2 - \eta_1}{\eta_2 + \eta_1} = -0{,}642$$

$$\eta_2 - 377 = -0{,}642(\eta_2 + 377)$$

$$\eta_2 = 82{,}196\Omega$$

em que η_1 é a impedância do espaço livre. Pela equação da velocidade, tem-se:

$$U = \frac{c}{\sqrt{\mu_R\varepsilon_R}}$$

$$\sqrt{\mu_R\varepsilon_R} = \frac{c}{0{,}8c} = \frac{3\times10^8}{2{,}4\times10^8} = 1{,}25$$

$$\mu_R\varepsilon_R = 1{,}5625$$

que é a primeira equação com as duas incógnitas que se deseja encontrar. Fazendo,

$$\eta_2 = \eta_1 \sqrt{\frac{\mu_R}{\varepsilon_R}}$$

$$82{,}196 = 377\sqrt{\frac{\mu_R}{\varepsilon_R}}$$

$$\frac{\mu_R}{\varepsilon_R} = \left(\frac{82{,}196}{377}\right)^2 = 0{,}04754$$

Assim, encontra-se que $\mu_R = 0{,}04754\varepsilon_R$ e, conseqüentemente, substituindo na primeira equação encontrada ($\mu_R \varepsilon_R = 1{,}5625$), soluciona-se o valor para ε_R:

$$0{,}04754\varepsilon_R^2 = 1{,}5625\varepsilon_R$$

$$\varepsilon_R = \sqrt{\frac{1{,}5625}{0{,}04754}} = 5{,}733$$

e, com este valor de ε_R, calcula-se μ_R substituindo na segunda equação encontrada:

$$\mu_R = 0{,}04754\varepsilon_R$$

$$\mu_R = 0{,}04754 \times 5{,}733 = 0{,}2726$$

Quando se considera que a onda incide em um condutor perfeito, ou seja, $\sigma_2 = \infty$, então

$$\eta_2 = \sqrt{\frac{j\omega\mu_2}{\sigma_2 + j\omega\varepsilon_2}} = 0$$

e a onda transmitida é nula, o que define que não existem campos variáveis no tempo em um condutor perfeito, pois

$$\Gamma = \frac{\eta_2 - \eta_1}{\eta_2 + \eta_1} = -1$$

e, conseqüentemente, $E_{x10}^{-} = -E_{x10}^{+}$, o que indica que a onda incidente é completamente refletida. Assim, na região 1 encontra-se

$$E_{xs1} = E_{xs1}^{+} + E_{xs1}^{-}$$
$$E_{xs1} = E_{x10}^{+} e^{-j\beta_1 z} - E_{x10}^{+} e^{j\beta_1 z}$$

em que $\alpha_1 = \alpha_2 = 0$ devido ao fato de que as duas regiões são perfeitas e não há perdas. Dessa forma, encontra-se que

$$E_{xs1} = E_{x10}^{+}\left(e^{-j\beta_1 z} - e^{j\beta_1 z}\right)$$
$$E_{xs1} = -j2E_{x10}^{+}\operatorname{sen}(\beta_1 z)$$

ou, no domínio do tempo:

$$E_{x1} = 2E_{x10}^{+}\operatorname{sen}(\beta_1 z)\operatorname{sen}(\omega t).$$

Assim, observa-se que o campo elétrico total na região 1 não é uma onda se propagando, pois não há mais a constante de fase $\beta_1 z$ subtraída do termo ωt, estando estes fatores separados. Logo, $E_{xl} = 0$ para todo $\beta_1 z = n\pi$, bem como para todo $\omega t = n\pi$. Este campo é denominado onda estacionária, a qual tem seus pontos $E_{xl} = 0$ nos planos localizados em

$$\beta_1 z = n\pi,\ n = 0, \pm 1, \pm 2, \ldots$$

e, conseqüentemente

$$\frac{2\pi}{\lambda_1} z = n\pi$$
$$z = n\frac{\lambda_1}{2}$$

em que se vê que $E_{xl} = 0$ em $z = 0$ (na fronteira) e a cada meio comprimento de onda para $z < 0$, o que é visto na Figura 10.4.

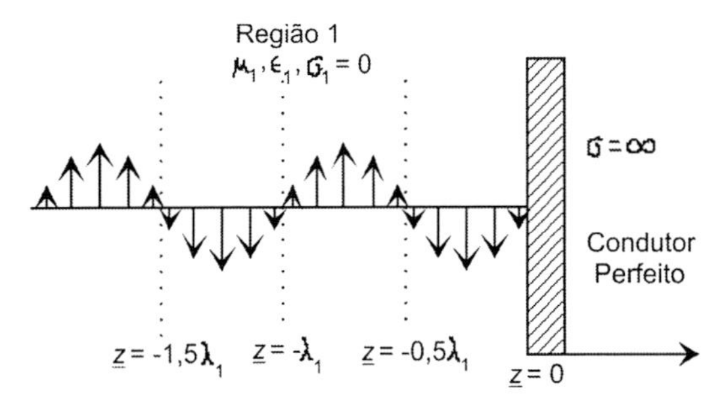

Figura 10.4: Onda Estacionária.

No caso do campo magnético, tem-se

$$H_{ys1}^{+} = \frac{E_{xs1}^{+}}{\eta_1}$$

e

$$H_{ys1}^{-} = -\frac{E_{xs1}^{-}}{\eta_1},$$

que, conseqüentemente, tem resultante na região 1:

$$H_{ys1} = H_{ys1}^{+} + H_{ys1}^{-}$$

$$H_{ys1} = \frac{E_{x10}^{+}}{\eta_1}\left(e^{-j\beta_1 z} + e^{j\beta_1 z}\right)$$

$$H_{ys1} = 2\frac{E_{x10}^{+}}{\eta_1}\cos(\beta_1 z)\cos(\omega t)$$

que também é uma onda estacionária, mas com os valores máximos das amplitudes de H_{y1} nos pontos em que $E_{x1} = 0$. Ou seja, os campos magnéticos se encontram defasados de 90° no tempo em relação aos campos elétricos, o que implica que não há potência média transmitida em qualquer direção.

Exemplo 10.25: Considerando que uma onda plana uniforme de freqüência f = 150 GHz em um material não magnetizável em $z < 0$, com $E_{xs}^{+} = 250e^{-j1,25z}$ V/m incide em um condutor perfeito em $z = 0$, encontre:

a) $\vec{E}(t)$ em $z = -3$ m;
b) $\vec{H}(t)$ em $z = -3$ m;
c) O vetor densidade superficial de corrente $\vec{K}$ no condutor.

a) Neste problema, vê-se que, sendo um condutor perfeito, então $\sigma = \infty$ e, conseqüentemente,

$$E_{xs1} = -j2E_{x10}^{+}\,\text{sen}(\beta_1 z) = -j500\,\text{sen}(1{,}25z)\,V/m$$

que no domínio do tempo é:

$$E_{x1} = 500\,\text{sen}(1{,}25z)\,\text{sen}(\omega t)\,V/m.$$

Como $\omega = 2\pi f = 9{,}42\times10^{11}\ rad/s$ e $z = -3\ m$, então:

$$E_{x1} = 500\,\text{sen}(1{,}25(-3))\,\text{sen}\left(9{,}42\times10^{11}t\right)$$
$$E_{x1} = 285{,}781\,\text{sen}\left(9{,}42\times10^{11}t\right)V/m$$

b) Para o campo magnético, tem-se que:

$$H_{ys1} = 2\frac{E_{x10}^{+}}{\eta_1}\cos(\beta_1 z)\cos(\omega t)$$
$$H_{ys1} = 2\frac{250}{\eta_1}\cos(1{,}25z)\cos(3{,}75\times10^{8}t)$$

e, como o material é não magnetizável, dado β_1 e f, pode-se encontrar a impedância intrínseca do meio, que é:

$$\omega = \beta_1 U = \beta_1\frac{c}{\sqrt{\mu_R\varepsilon_R}} = 1{,}25\frac{3\times10^{8}}{\sqrt{1\times\varepsilon_R}}$$
$$\varepsilon_R = \frac{3{,}75\times10^{8}}{9{,}42\times10^{11}} = 3{,}98\times10^{-4}$$
$$\eta_1 = \eta_0\sqrt{\frac{\mu_R}{\varepsilon_R}} = 377\sqrt{\frac{1}{3{,}98\times10^{-4}}} = 18899{,}98\,\Omega$$

Utilizando este resultado no campo magnético e substituindo $z = -3\ m$, encontra-se:

$$H_{ys1} = 0{,}0265\cos(1{,}25(-3))\cos(3{,}75\times10^{8}t)$$
$$H_{ys1} = -0{,}02171\cos(3{,}75\times10^{8}t)\ A/m$$

c) Para calcular a densidade de corrente superficial aparente no condutor que estaria gerando o campo magnético (nas imediações da superfície condutora), considerando que seja uma superfície com densidade superficial de corrente *K*. Assim, estando o campo magnético na direção *y*, pela regra da mão direita (e pela direção do campo elétrico) esta densidade de corrente tem direção $\overrightarrow{a_x}$. Assim, como o campo magnético para este caso seria:

$$\overrightarrow{K} = 2 \times H_y \overrightarrow{a_x}\Big|_{t=0} = -0{,}04342\, A/m$$

A onda estacionária é formalizada por meio da incidência da onda plana num condutor perfeito ($\sigma = \infty$). Entretanto, caso o condutor não seja perfeito, há uma onda refletida e uma transmitida e, na região 1, há um campo incidente e um refletido, que determina a composição de uma onda propagante com uma onda estacionária, a qual é descrita apenas como uma onda estacionária. Dessa forma, na região 1, tem-se:

$$E_{x1} = E_{x1}^{+} + E_{x1}^{-},$$

em que E_{x1} é uma função senoidal do tempo, podendo ter um ângulo de fase diferente de zero. Se esta região 1 for um dielétrico perfeito, ou seja, $\alpha_1 = 0$, e a região 2 for um material qualquer, tem-se que

$$E_{xs1}^{+} = E_{x10}^{+} e^{-j\beta_1 z}$$

e

$$E_{xs1}^{-} = \Gamma E_{x10}^{+} e^{j\beta_1 z}$$

com

$$\Gamma = \frac{\eta_2 - \eta_1}{\eta_2 + \eta_1}$$

tendo η_1 real e positivo e η_2 podendo ser complexo, de tal forma que Γ pode ser escrito como:

$$\Gamma = |\Gamma| e^{j\phi}$$

e, conseqüentemente, se a região 2 for um condutor perfeito ou tiver $\eta_2 < \eta_1$ com η_2 real, então $\phi = \pi$ e, se a região 2 tiver $\eta_2 > \eta_1$ com η_2 real, então $\phi = 0$. Com isto, calculando o campo total na região 1, encontra-se:

$$E_{xs1} = \left(e^{-j\beta_1 z} + |\Gamma| e^{j(\beta_1 z + \phi)}\right) E_{x10}^+$$

em que o campo elétrico na região 1 apresenta seus valores máximos quando

$$E_{xs1,\max} = \left(1 + |\Gamma|\right) E_{x10}^+$$

ou

$$-\beta_1 z = \beta_1 z + \phi + 2n\pi, \quad n = 0, \pm 1, \pm 2, \ldots$$

$$-\beta_1 z_{\max} = \frac{\phi}{2} + n\pi,$$

e seus valores mínimos ocorrem quando os ângulos de fase dos dois termos de $E_{xs1} = \left(e^{-j\beta_1 z} + |\Gamma| e^{j(\beta_1 z + \phi)}\right) E_{x10}^+$ diferirem de 180°. Isto é:

$$E_{xs1,\min} = \left(1 - |\Gamma|\right) E_{x10}^+$$

ou

$$-\beta_1 z = \beta_1 z + \phi + \pi + 2n\pi, \qquad n = 0, \pm 1, \pm 2, \ldots$$

$$-\beta_1 z_{\min} = \frac{\phi}{2} + n\pi + \frac{\pi}{2}$$

em que se observa que os valores mínimos do campo elétrico são separados por múltiplos de meio comprimento de onda. Assim, utilizando estes valores de máximo e de mínimo, define-se o coeficiente de onda estacionária definido por

$$s = \frac{E_{xs1,\max}}{E_{xs1,\min}} = \frac{1 + |\Gamma|}{1 - |\Gamma|},$$

que permite determinar se há reflexão ou não de uma onda estacionária, pois como $|\Gamma| \leq 1$, s é sempre positivo e maior que a unidade. Observe que para $|\Gamma| = 1$, a amplitude da onda refletida é igual à amplitude da onda incidente, que indica que toda a onda incidente é refletida, pois $s = \infty$ e, se $\eta_2 = \eta_1$, então $\Gamma = 0$ e toda a onda é transmitida, pois $s = 1$ (os máximos e mínimos de amplitudes são iguais). Além do mais, se considerar $\alpha_1 \neq 0$, então a onda incidente é atenuada à medida que avança na direção $+z$, enquanto que a onda refletida também é atenuada ao se propagar para $-z$.

Analisando agora os campos elétrico e magnético a uma distância $z = -L$, estes campos são dados por

$$E_{xs1} = \left(e^{j\beta_1 L} + \Gamma e^{-j\beta_1 L}\right) E^+_{x10}$$

$$H_{ys1} = \left(e^{j\beta_1 L} - \Gamma e^{-j\beta_1 L}\right) \frac{E^+_{x10}}{\eta_1}$$

Com os campos nesta localização, define-se a impedância de entrada no meio como:

$$\eta_{ent} = \left.\frac{E_{xs1}}{H_{ys1}}\right|_{z=-L} = \eta_1 \frac{e^{j\beta_1 L} + \Gamma e^{-j\beta_1 L}}{e^{j\beta_1 L} - \Gamma e^{-j\beta_1 L}},$$

que no domínio do tempo é:

$$\eta_{ent} = \eta_1 \frac{\eta_2 + j\eta_1 \tan(\beta_1 L)}{\eta_1 + j\eta_2 \tan(\beta_1 L)}$$

que é a impedância do meio percebida pela onda a partir da posição $z = -L$. Ou seja, a impedância de entrada é a composição da impedância do meio com uma impedância ao seu final, conforme a similaridade apresentada na Figura 10.5 para o caso de um fio ligado a um circuito (por exemplo, a antena e um aparelho de televisão).

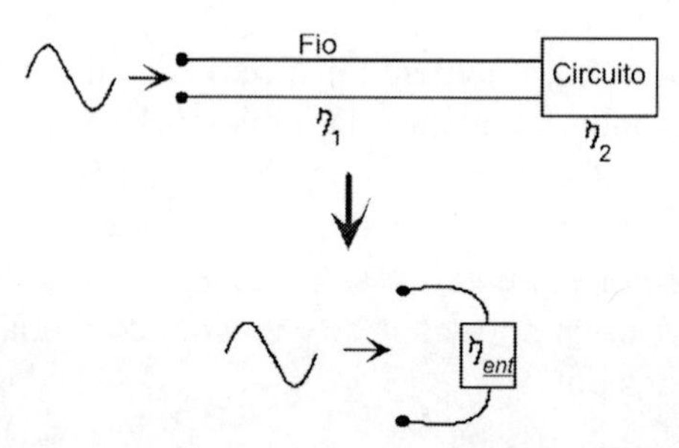

Figura 10.5: Circuito similar de uma impedância de entrada para uma onda que atravessa uma região que muda o meio dielétrico.

Pela equação da impedância de entrada, determina-se que: se $\eta_2 = \eta_1$, então $\eta_{ent} = \eta_1$, não havendo reflexão, o que se denomina sistema casado e, se $\eta_2 = 0$, ou seja, se a região 2 for um condutor perfeito, então $\eta_{ent} = j\eta_1 \tan\beta_1 L$, que é uma impedância puramente complexa, o que faz com que toda a energia seja refletida. Também deve-se observar que se $\beta_1 L = n\pi$, ou quando $E_{xs1} = 0$, então $\eta_{ent} = 0$. Além do mais, $\eta_{ent} = \infty$ nos pontos em que $H_{ys1} = 0$.

Exemplo 10.26: Uma onda eletromagnética é enviada do ar a uma distância de 100 metros, em uma freqüência de 20 *GHz* para comunicação com um mergulhador que se encontra a 50 metros de profundidade na água. Considerando que a amplitude do campo elétrico desta onda no ar é $E_{x10} = 250$ *V/m*, deseja-se determinar a densidade de potência desta onda ao atingir a posição do mergulhador, o tempo gasto para a onda chegar até ele, a densidade de potência média refletida, a impedância de entrada na distância em que a onda é enviada, o coeficiente de onda estacionária e as posições onde há os valores de máximos e mínimos do campo elétrico da onda.

Para solucionar este problema, em primeira instância, tem-se que, como a região 1 é o ar, considerando espaço livre, então $\eta_1 = \eta_0 = 377\ \Omega$ e, conseqüentemente,

$$\lambda_1 = \frac{c}{f} = \frac{3\times10^8}{2\times10^{10}} = 1{,}5\times10^{-2}\ m$$

$$\beta_1 = \frac{2\pi}{\lambda_1} = 418{,}88\,rad\,/\,m.$$

Como $E_{x10} = 250\ V/m$, então

$$E_{xs1} = 250e^{-j\beta 1z} = 250e^{-j418{,}88z}\ V/m$$

$$H_{ys1} = \frac{E_{xs1}}{\eta_1} = \frac{250}{377}e^{-j418{,}88z} = 0{,}66313e^{-j418{,}88z}\ A/m$$

e, conseqüentemente, a densidade de potência média transmitida é

$$\mathcal{P}_{med} = \frac{1}{2}\frac{E_{x10}^2}{\eta_1} = 82{,}89\ W\,/\,m^2$$

que, como sendo o ar, é a mesma densidade de potência que chega à fronteira com a água. Na água, que é a região 2, a impedância intrínseca desconsiderando a condutividade é

$$\eta_2 = \eta_0\sqrt{\frac{\mu_R}{\varepsilon_R}} = 53{,}32\,\Omega$$

pois $\varepsilon_R = 50$ e $\mu_R = 1$. Assim, o coeficiente de reflexão é dado por:

$$\Gamma = \frac{\eta_2 - \eta_1}{\eta_2 + \eta_1} = -0{,}75$$

que implica que a onda refletida tem os campos

$$E_{x10}^- = \Gamma E_{x10}^+ = -187{,}5\,V\,/\,m$$

$$H_{y10}^- = -\frac{E_{x10}^-}{\eta_1} = 0{,}4974\,A/\,m$$

e a onda transmitida é dada por

$$E_{x20}^+ = \frac{2\eta_2}{\eta_2 + \eta_1}E_{x10}^+ = 0{,}25\times 250 = 62{,}5\,V\,/\,m$$

$$H_{y20}^+ = \frac{E_{x20}^+}{\eta_2} = 1{,}1722\,A\,/\,m\,.$$

Desde que se está considerando a água sem perdas (não há condutividade), então a densidade de potência média que chega ao mergulhador será

$$\mathcal{P}^{+}_{L,med_2} = \frac{\left(E^{+}_{x20}\right)^2}{2\eta_2} = 36{,}63 W/m^2,$$

e a refletida é

$$\mathcal{P}^{-}_{L,med_1} = \frac{\left(E^{-}_{x10}\right)^2}{2\eta_1} = 46{,}63 W/m^2.$$

Observe que a soma das duas densidades de potência é igual à densidade de potência média total enviada pelo transmissor. Para encontrar o tempo que a onda gasta para percorrer o espaço no ar (região 1), calcula-se:

$$t_1 = \frac{L_1}{c} = \frac{100}{3\times10^8} = 0{,}33\,\mu s$$

e, ao se chocar com a água, sua velocidade sofre uma redução para

$$U_2 = \frac{c}{\sqrt{\mu_R \varepsilon_R}} = \frac{3\times10^8}{\sqrt{50}} = 4{,}243\times10^7\ m/s$$

que, conseqüentemente, o tempo para esta onda atravessar o espaço entre a fronteira e o mergulhador é:

$$t_2 = \frac{L_2}{U_2} = \frac{50}{4{,}243\times10^7} = 1{,}179\,\mu s.$$

Assim, o tempo total para a onda eletromagnética atingir o mergulhador é

$$t = t_1 + t_2 = 1{,}512\,\mu s.$$

A impedância de entrada é

$$\eta_{ent} = \eta_1 \frac{\eta_2 + j\eta_1 \tan(\beta_1 L)}{\eta_1 + j\eta_2 \tan(\beta_1 L)}$$

$$\eta_{ent} = 377 \frac{53{,}32 + j377 \tan(418{,}88\times100)}{377 + j53{,}32 \tan(418{,}88\times100)}$$

$$\eta_{ent} = 377\frac{53{,}32 + j831{,}56}{377 + j117{,}61}$$

$$\eta_{ent} = 377\frac{833{,}27\angle 86{,}33^\circ}{394{,}92\angle 17{,}33^\circ}$$

$$\eta_{ent} = 795{,}46\angle 69^\circ\ \Omega$$

$$\eta_{ent} = 285{,}07 + j742{,}63\,\Omega$$

O coeficiente de onda estacionária é:

$$s = \frac{1+|\Gamma|}{1-|\Gamma|} = \frac{1{,}75}{0{,}25} = 7,$$

e no ar (região 1) os máximos da onda estacionária são:

$$z_{\max} = -\frac{1}{\beta_1}\left(\frac{\phi}{2} + n\pi\right),$$

com

$$\phi = 69^\circ = 1{,}2043\ rad,$$

e, assim,

$$z_{\max} = -\frac{1}{418{,}88}\left(\frac{1{,}2043}{2} + 3{,}14n\right)$$

$$z_{\max} = -(1{,}438 + 7{,}5n)\times 10^{-3}\ m, \quad n = 0, \pm 1, \pm 2, \ldots$$

enquanto os mínimos são:

$$z_{\min} = -\frac{1}{418{,}88}\left(\frac{1{,}2043 + 3{,}14}{2} + n\pi\right)$$

$$z_{\min} = -(5{,}1875 + 7{,}5n)\times 10^{-3}\ m, \quad n = 0, \pm 1, \pm 2, \ldots$$

ambos, a partir da fronteira até a fonte de transmissão da onda.

Exemplo 10.27: Para $z < 0$ e $\eta = 200\ \Omega$ tem-se $\beta = 0{,}35\ rad/m$. Calcule o coeficiente de onda estacionária s de uma onda plana uniforme incidente normalmente nesta região se:

a) $\eta = 500\ \Omega$ para $z > 0$;
b) $\sigma = \infty$ em $z = 0$;
c) Calcule η_{ent} em $z = -50/3\ m$ com a superfície condutora presente.

Este problema é uma aplicação direta da teoria vista. Assim, tem-se:

a) Para calcular o coeficiente de onda estacionária, deve-se calcular o coeficiente de reflexão. Assim:

$$\Gamma = \frac{500-200}{500+200} = 0{,}4286$$

e o coeficiente de onda estacionária para $\eta = 500\ \Omega$ em $z > 0$ é:

$$s = \frac{1+|\Gamma|}{1-|\Gamma|}$$

$$s = \frac{1+0{,}4286}{1-0{,}4286} = 2{,}5$$

b) Para o caso de um condutor perfeito ($\sigma = \infty$) em $z = 0$, o coeficiente de reflexão é $\Gamma = -1$. Logo, o coeficiente de onda estacionária é:

$$s = \frac{1+1}{1-1} = \infty$$

c) Para calcular a impedância de entrada em $z = -50/3$, dado $\beta = 0{,}35$, encontra-se:

$$\eta_{ent} = 377\frac{200+j377\tan(0{,}35\times(-50/3))}{377+j200\tan(0{,}35\times(-50/3))}$$

$$\eta_{ent} = 377\frac{200+j182{,}04}{377+j96{,}57}$$

$$\eta_{ent} = 377\frac{270{,}44\angle 42{,}21°}{389{,}17\angle 14{,}37°}$$

$$\eta_{ent} = 261{,}98\angle 27{,}84°\ \Omega$$

$$\eta_{ent} = 231{,}65 + j122{,}35\,\Omega$$

10.5 Experimentos com Ondas Eletromagnéticas

Experimento 10.1: Circuito de geração de ondas

Na Figura 10.6 é apresentado um simples circuito de geração de ondas eletromagnéticas de baixa potência (ou um oscilador de rádio-freqüência) que produz ondas na faixa de 100 *MHz* a 150 *MHz*. Este valor é dependente da indutância *L* da bobina, que deve ser montada em uma fôrma de 1 *cm* de diâmetro (ou $r = 0{,}5\ cm$) com fio esmaltado de bitola 22 *AWG*, e sem núcleo, apresentando 3 espiras afastadas de aproximadamente 1 a 2 *mm*. O transistor Q utilizado deve ter a referência BF 494, que é utilizado para aplicações nestas freqüências. O capacitor variável (*CV*) é um capacitor comum dos tipos utilizados para circuitos de sintonia de rádio FM. Os demais componentes são: $R_1 = 27\ k\Omega$, $R_2 = 22\ k\Omega$, $R_3 = 100\ \Omega$, $C_1 = 2{,}2\ nF$, $C_2 = 4{,}7\ pF$, $C_3 = 10\ pF$ e $C_4 = 10\ \mu F$. Estes componentes são utilizados para garantir a estabilidade da onda na saída, estabilizar tensão de entrada, redução de capacitância nos terminais do transistor, polarização, entre outros. O capacitor C_4 é eletrolítico e deve ser polarizado com a alimentação $V = 6\ V$. A antena pode ser um fio de 22 *AWG* com 25 *cm* para uma melhor transmissão de potência. Pode-se testar esse circuito com um rádio FM próximo, em que se deve sintonizar o circuito (via *CV*) ou o rádio, até que o alto-falante silencie (a onda é sem sinal, o que deixará no som do rádio apenas o silêncio, diferentemente do ruído que o alto-falante gera quando não há nenhuma rádio sintonizada). Com uma chave de toque para ligar o circuito, pode-se fazer testes nesta freqüência observando que, toda vez que é ligado, há silêncio, e quando desligado, há ruído. Mesmo afastando-se o rádio até uma pequena distância, percebe-se que o mesmo continua recebendo a onda proveniente do circuito, mas se a antena do circuito ou a antena do rádio forem cobertas por uma superfície metálica (como um cilindro de PVC recoberto com um papel laminado), não haverá sintonia na freqüência definida, pelos motivos estudados (Lei de Gauss, gaiola de Faraday, reflexão de onda, etc.).

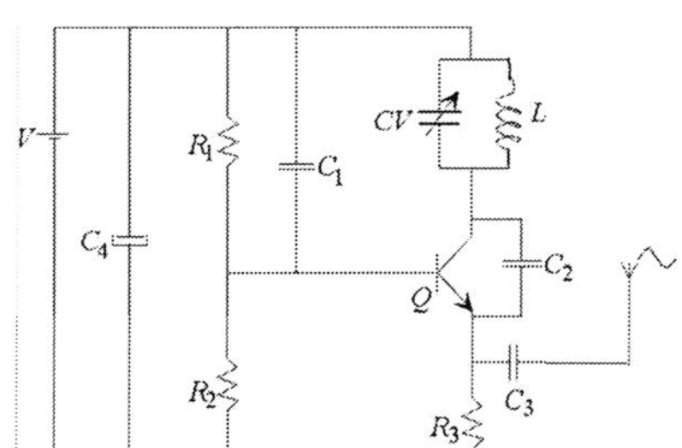

Figura 10.6: Circuito gerador de ondas eletromagnéticas para rádio-freqüência.

Experimento 10.2: Circuito de rádio receptor AM

Um circuito simples para um receptor AM (Amplitude Modulada) é apresentado na Figura 10.7.a. Neste circuito, a sintonia é feita por meio do indutor *L* (bobina) e do capacitor variável *CV*. Com a variação de *CV*, sintoniza-se o receptor na freqüência desejada. A bobina deve ser enrolada em um bastão de ferrite com diâmetro de 1 *cm*, com as espiras de fio 28 *AWG*, bem unidas. Esta bobina é um transformador de RF, tendo um conjunto de duas bobinas: primário (ligado à antena) com 10 espiras e secundário com 90 espiras, tendo um terminal na divisória entre 70 + 20 espiras (conforme Figura 10.7.b.). O diodo *D* é um diodo de uso geral, como 1N60, que serve para retificar a saída da onda sintonizada, enquanto o capacitor $C_1 = 47\ nF$ serve para eliminar o nível DC. O capacitor $C_2 = 470\ pF$ serve para retificar a saída do capacitor C_1. Esta parte do circuito é o circuito de demodulação. Daí em diante, os amplificadores operacionais se encarregam de amplificar o sinal proveniente das ondas de rádio ($R_1 = R_3 = 100\ \Omega$ e $R_2 = R_4 = 10\ \text{k}\Omega$ para um ganho de 10^4 no sinal), que é levado para o conjunto de transistores (PNP e NPN), que podem ser um BC 548 e um BC 549, na saída do último amplificador operacional, cuja função é dar um ganho em corrente, para ter potência suficiente para ativar o som no alto-falante FTE (do tipo de rádio de pilhas: impedância de 8 Ω). O circuito deve ser alimentado com 12 *V* (dividido em duas baterias de 6 *V* conjuntas com os capacitores de estabilização da fonte $C_3 = C_4 = 100\ \mu\text{F}$) para alimentação do conjunto amplificador. Neste circuito, melhorias na qualidade do som são encontradas quando se aumenta o tamanho da antena, a qual deve ser maior que 1 *m*, ou se aumenta o ganho dos amplificadores operacionais.

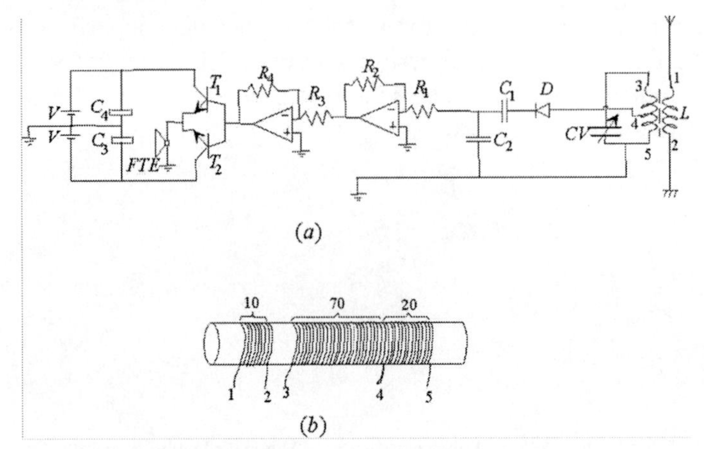

Figura 10.7: Circuito receptor de Amplitude Modulada (AM).

Experimento 10.3: Circuitos de transmissor AM

O circuito da Figura 10.8.a. é um simples transmissor de Amplitude Modulada, que utiliza um único transistor T, do tipo BC 548. A bobina tem o núcleo de ferrite com 100 espiras de fio esmaltado 24 *AWG*, apresentando três terminais (um central, na divisão de 50 x 50 espiras, conforme a Figura 10.8.b.). O microfone M é do tipo de carvão, cuja principal característica é variar sua resistência com a pressão sobre as partículas de grafite que o compõe (quando se fala próximo dele, as ondas mecânicas de som variam a compressão sobre as partículas, variando a resistência), deixando passar mais ou menos corrente para o circuito gerador de freqüência (L-CV). A tensão utilizada é de 9 *V*, e o capacitor variável (trimmer) é de 250-500 *pF*. O capacitor C_1 é de 100 μF e o capacitor C_2 é de 1 *nF*, enquanto o resistor *R* é de 220 $k\Omega$. A antena pode ser um fio de ½ a 1 *m*. Com um rádio AM colocado próximo, pode-se sintonizá-lo em uma freqüência onde só tenha ruído, e por meio do trimmer, sintoniza-se a faixa escolhida no rádio, quando, movimentando o trimmer, o ruído do rádio sumir. Com isso, ao se falar no microfone, ouvir-se-á no rádio. Deve-se observar que, caso o microfone seja substituído por um resistor (por exemplo, de 100 Ω) este transmissor funcionará de forma similar ao Experimento 10.1, mas para uma freqüência mais baixa (o Experimento 10.1 está com freqüência definida para mais de 100 *MHz*, enquanto este está definido para a faixa de pouco mais de 1 *MHz*, o que pode ser verificado pela equação $f = 1/\sqrt{LC}$, com *C* sendo o capacitor variável *CV*.

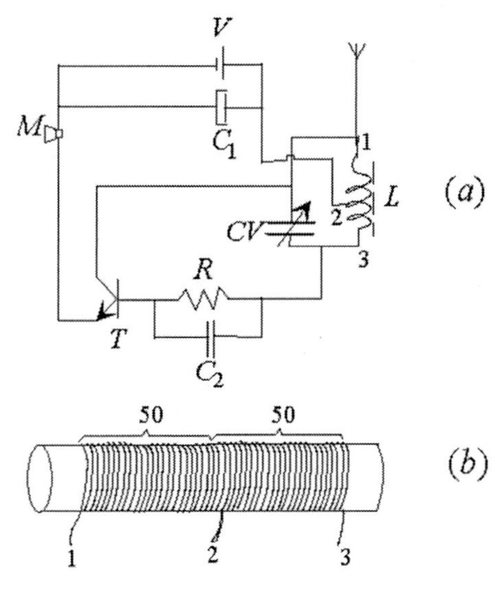

Figura 10.8: Circuito transmissor de Amplitude Modulada (AM).

Experimento 10.4: Verificação de onda refletida

Um teste experimental, a ser feito para verificação da onda estacionária, é utilizando uma linha de dois fios longos (em torno de 1,5 a 3 *m*) presos em uma base, com um lado curto-circuitado e o outro lado tendo os terminais ligados ao circuito do Experimento 10.1. Neste caso, um dos terminais é ligado diretamente à antena, e o outro terminal é ligado ao pólo negativo da bateria que alimenta o gerador de ondas. Com o circuito ligado, a onda irá percorrer a linha até encontrar o curto-circuito, retornando. Dessa forma, haverá na linha uma onda estacionária e, conseqüentemente, utilizando um voltímetro preciso para medição de tensão contínua na ordem de milivolts, pode-se colocar uma das pontas deste aparelho de medição tocando uma linha (um fio) e a outra ponta na mesma distância tocando a outra linha (o outro fio). Assim, pode-se construir uma tabela de tensão para cada centímetro (a base deve ser marcada como uma régua) na linha, e verificar com estes dados em um gráfico, qual a curva formada. Deve-se observar que o gráfico deve ficar mais próximo de uma senóide completa, quanto maior for a freqüência do circuito, pois o comprimento da onda no circuito do Experimento 10.1, no máximo é de $\lambda = c / f = 2m$ (se utilizar a linha com mais de 2 *m*, pode-se conseguir desenhar a senóide da onda completamente).

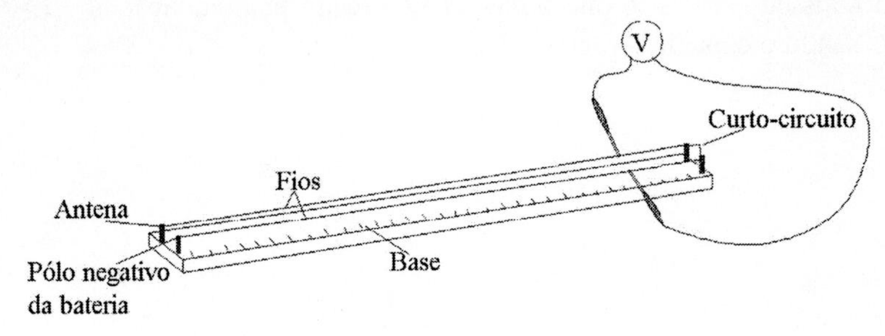

Figura 10.9: Experimento para verificação de onda estacionária.

10.6 Exercícios

10.1) Se $E_x = E_{xyz}\text{sen}(3\omega t + \phi / 2)$, como se representa este campo em forma de fasor? Qual o valor de H_y para este caso, na forma de fasor e no domínio do tempo?

10.2) Para uma onda eletromagnética no espaço livre, com freqüência 8,5 *GHz*, determine:

a) ω;
b) λ;
c) β;
d) Repita os itens *a, b* e *c*, para uma onda de freqüência 24,3 *GHz* e para uma onda de 88,7 *MHz*.

10.3) Para uma onda plana uniforme $\vec{E}_s = -6je^{-j\frac{6,5}{\pi}z}\,\vec{a_x}$, determine:

a) O comprimento da onda;
b) A freqüência;
c) O valor de $\vec{E}$ em $t = 2,3\ \mu s$ e $z = 5\ cm$;
d) A constante de fase β;
e) H_{ys} e H_y.

10.4) Se $\vec{H}_s = (-7 + j15)e^{-j7,3\pi^2 z}\,\vec{a_y}$, determine:

a) O comprimento da onda;
b) A freqüência;
c) O valor de $\vec{H}$ em $t = 3,2\ \mu s$ e $z = 6\ mm$;
d) A constante de fase β;
e) E_{xs} e E_x.

10.5) Mostre que $E_{xs} = A\,e^{\pm j\left(\omega\sqrt{\mu\varepsilon}\,z+\theta\right)}$ é uma solução da equação de ondas, para um θ qualquer.

10.6) Considere uma onda plana uniforme se propagando ao longo do eixo *x* positivo, com comprimento λ = 0,136 *m* e com amplitude máxima positiva de 80 *V/m* atingida em $x = 1,3m$, $t = 0$. Qual a expressão de E_y e E_{ys} para esta onda?

10.7) Se a intensidade de campo elétrico de uma onda plana uniforme no espaço livre é $\vec{E}_s = 25je^{-j6z}\,\vec{a_x} - 87e^{-j6z}\,\vec{a_y}$ *V/m*, calcule o valor de $\vec{H}_s$ e dê sua forma no domínio do tempo $\vec{H}$.

10.8) Se a intensidade de campo elétrico de uma onda plana uniforme no espaço livre é $\vec{E}_s = -35e^{-j5z}\vec{a_x} + 54e^{-j7z}\vec{a_y}$ V/m, calcule o valor de $\vec{H}_s$ e dê sua forma no domínio do tempo $\vec{H}$.

10.9) Se uma onda plana uniforme tem

$$\vec{E}_s = (260 - j125)\, e^{-j7,3z}\vec{a_x} - (-70 + j85)\, e^{-j7,3z}\vec{a_y} \;\; V/m,$$

determine o valor de sua amplitude no espaço livre no ponto (0, 0, 3/5) em $t = 6$ ns. Qual o valor de $\vec{H}$ e $\vec{H}_s$?

10.10) Se uma onda plana uniforme tem

$$\vec{E}_s = (303 - j174)\, e^{-j3z}\vec{a_x} - (68 - j73)\, e^{-j4z}\vec{a_z} \;\; V/m,$$

determine o valor de sua amplitude no espaço livre no ponto (0, 0, 2/7) em $t = 5$ ns. Qual o valor de $\vec{H}$ e $\vec{H}_s$?

10.11) Qual a direção de propagação das ondas dos Exercícios 10.9 e 10.10?

10.12) Para uma onda plana uniforme se propagando no espaço livre na direção $\vec{a_z}$, com freqüência de 875 MHz, $\vec{E}$ paralelo ao eixo y e com valor máximo de 65 V/m alcançado no ponto (0, 0, 3 mm) em $t = 0$, qual a expressão de $\vec{E}$?

10.13) Se uma onda plana uniforme se propagando no espaço livre apresenta $\vec{H_s} = j5e^{j3,427\pi z}\vec{a_x}$ A/m, calcule:

a) A freqüência da onda;
b) O comprimento da onda;
c) $\vec{E}$ e $\vec{E_s}$.

10.14) Para uma onda plana uniforme se propagando no espaço livre, com $\vec{E_s} = j630e^{-j7,2z}\vec{a_x}$ V/m, calcule o vetor de Poynting instantâneo:

a) $z = 0$ para $t = 0$; $t = 3$; $t = 7$ e $t = 12$ ns;
b) $t = 0$ para $z = 0$; $z = 5$; $z = 8$ e $z = 11$ cm.

10.15) Considerando uma onda plana uniforme se propagando na direção $\overrightarrow{a_z}$ numa freqüência de 40 *GHz*, com $\vec{E}$ paralelo ao eixo x que alcança seu valor máximo positivo em (0, 0, 1) em $t = 0$ de 375 *mV/m*, dê a expressão para $\vec{E}$ se o meio for:

a) Um material para o qual $\varepsilon_R = 2{,}5$;
b) Um material para o qual $\varepsilon_R = 85$;
c) Um material para o qual $\varepsilon_R = 3.500$.

10.16) Considere uma onda plana uniforme em que $\overrightarrow{H_s} = j36e^{j0{,}37\pi z}\overrightarrow{a_x}$ *A/m* e cuja velocidade no meio é $U = 230 \times 10^6$ *m/s*. Sendo a permeabilidade relativa $\mu_R = 3{,}3$ determine:

a) A freqüência f da onda;
b) O comprimento λ da onda;
c) A permissividade relativa do meio ε_R;
d) $\vec{E}$ e $\overrightarrow{E_s}$.

10.17) Um circuito oscilador eletrônico é conectado em uma antena, e uma onda plana uniforme é produzida no espaço com um comprimento de $\lambda = 97$ *cm*. Quando este mesmo sinal é produzido em um material não magnetizável, o comprimento da onda passa a ser de $\lambda = 43$ *cm*. Determine:

a) A freqüência do circuito oscilador;
b) A permissividade do material;
c) O valor de β.

10.18) A componente x de uma onda plana uniforme que se propaga na direção $\overrightarrow{a_z}$ é dada por $E_x = -150\cos(2{,}34 \times 10^8 t)$ *V/m*, no plano $z = 0$. Considerando que o material é caracterizado por $\sigma = 0{,}83$ ℧/*m*, $\varepsilon_R = 65$, $\mu_R = 39$, determine:

a) O valor de α;
b) A constante de propagação γ;
c) O valor de β;
d) O comprimento de onda λ;
e) A velocidade U da onda;

f) A impedância intrínseca do meio η;
g) O valor de H_y em (0, 0, 3) *cm* e $t = 0$.

10.19) Sendo a tangente de perdas de um material $\tan\theta = 9{,}8 \times 10^{-3}$, calcule por quantos comprimentos de onda deste material uma onda plana uniforme se propagará antes da amplitude cair à:

a) 2/5;
b) 7/9;
c) 3/8;
d) 1/12.

10.20) Considere que a região $|x| > 1{,}5d$ é o espaço livre e a região $|x| < 1{,}5d$ é um material com condutividade σ. Sendo $\vec{J} = J_0\vec{a_x}$ uma densidade de corrente contínua no condutor, calcule:

a) $\vec{E}$ e $\vec{H}$ no material;
b) $\mathcal{P}$ no material;
c) Mostre que a integral de $\mathcal{P}$ sobre a superfície definida por $x = \pm 1{,}5d$, $y = \pm 1{,}5$ e $z = \pm 1{,}5$ fornece uma potência total perdida nesta região.

10.21) Calcule a atenuação de uma onda plana uniforme na água do mar ($\varepsilon_R = 78$ e $\sigma = 4$ ℧/*m*), se sua freqüência for de:

a) 15 *MHz*;
b) 280 *MHz*;
c) 18 *GHz*.

10.22) Considerando $\mu_R = 1$, qual a porcentagem no aumento da resistência do caso de corrente contínua para a resistência na freqüência $f = 680$ *MHz* para:

a) O cobre ($\sigma = 5{,}8 \times 10^7$ ℧/*m*);
b) O alumínio ($\sigma = 3{,}82 \times 10^7$ ℧/*m*).

10.23) Considerando $\mu_R = 1{,}3$, qual a resistência por metro de comprimento na freqüência de 15 *MHz* e 150 *GHz* de um condutor de seção reta retangular de 3 por 15 *mm* de:

a) Cobre ($\sigma = 5{,}8 \times 10^7\ \mho/m$);
b) Alumínio ($\sigma = 3{,}82 \times 10^7\ \mho/m$).

10.24) Qual o comprimento de onda em 200 *kHz* no alumínio? Qual a porcentagem em relação ao comprimento e à velocidade no cobre?

10.25) Através de quantas profundidades peliculares pode se propagar uma onda antes de perder 1/3 de sua potência?

10.26) Em uma região 1 ($\mu_{R1} = 1, \varepsilon_{R1} = 14, \sigma_1 = 0$), uma onda plana uniforme com freqüência $f = 2{,}3\ GHz$, dada por $\vec{E}^{+}_{xs1} = 360e^{-j\beta_1 z}\,\vec{a_x}$, incide normalmente em uma região 2 definida por $\mu_{R2} = 35$, $\varepsilon_{R2} = 185$, $\sigma_2 = 0$. Encontre:

a) $\vec{E}^{-}_{s1}$;
b) $\vec{E}^{+}_{s2}$;
c) $\vec{H}^{-}_{s1}$;
d) $\vec{H}^{+}_{s2}$.

10.27) Considere que uma onda plana, ao incidir normalmente do espaço livre em uma região com μ_R e ε_R, apresenta um coeficiente de reflexão $\Gamma = -0{,}378$ e uma redução de velocidade de 37%. Se o material for sem perdas, quais os valores de μ_R e ε_R?

10.28) Refaça o Exercício 10.27. para $\Gamma = -0{,}476$ e a redução de velocidade para 55%.

10.29) Considerando que uma onda plana uniforme de freqüência $f = 28\ GHz$ em um material não magnetizável em $z < 0$, com $\vec{E}^{+}_{xs} = j250e^{-j1{,}55z}\,\vec{a_x}\ V/m$ incide em um condutor perfeito em $z = 0$, encontre:

a) $\vec{E}(t)$ em $z = -5\ m$;
b) $\vec{H}(t)$ em $z = -5\ m$;
c) O vetor densidade superficial de corrente $\vec{K}$ no condutor.

10.30) Para $z < 0$ e $\eta = 350\ \Omega$ tem-se $\beta = 8{,}52\ rad/m$. Calcule o coeficiente de onda estacionária *s* de uma onda plana uniforme incidente normalmente nesta região se:

a) $\eta = 300\ \Omega$ para $z > 0$;
b) $\sigma = \infty$ em $z = 0$;
c) Calcule η_{ent} em $z = -80/19\ m$ com a superfície condutora presente.

10.31) Considere que para $z < 0$, tem-se $\varepsilon_R = 1{,}3$; para $0 < z < 5$, $\varepsilon_R = 7{,}8$ e para $z > 5$, $\varepsilon_R = 88$. Considerando também que todas as regiões são não magnetizáveis e sem perdas, para uma freqüência $f = 7{,}6\ GHz$, encontre η_{ent} em:

a) $z = -8\ m$;
b) $z = 0$;
c) Que coeficiente de onda estacionária existe na região $z < 0$?

10.32) Considerando os dielétricos perfeitos ε_{R1} para $z < 0$; ε_{R2} para $0 < z < d$ e ε_{R3} para $z > d$, com $\varepsilon_{R1} \neq \varepsilon_{R3}$, se uma onda plana uniforme de freqüência f na região 1 ($z < 0$) incidir normalmente em uma superfície em $z = 0$:
a) Para quais valores de d e ε_{R2} não haverá coeficiente de reflexão Γ?
b) Se a onda é incidente em $z = d$ vinda da região 3 ($z > d$), que valores de d e ε_{R2} não produzem reflexão?

10.33) Uma onda plana uniforme com freqüência f no espaço livre incide normalmente em um material sem perdas. Quando o campo elétrico é medido em um ponto próximo à superfície de reflexão, encontra-se que o máximo é três vezes maior que o mínimo e que a separação entre os máximos é de 17,5 *cm*.
a) Qual a impedância intrínseca do material?
b) Se a menor largura para o material não produzir reflexão nesta freqüência for de 2,4 *cm*, quais os valores de μ_R e ε_R para o material?

10.34) Para uma onda plana uniforme com freqüência de 670 *MHz* e amplitude de 245 *V/m* incidindo normalmente em um material em que $\mu_R = 688$ e $\varepsilon_R = 152$, encontre o valor máximo da amplitude do campo $\vec{H}$ total no espaço livre, e a menor distância a partir da fronteira em que ela ocorre.

Apêndice

1. Álgebra Vetorial

Sistema Cartesiano de Coordenadas:
Ponto: (x, y, z)
Vetores de direção dos eixos coordenados: $\overrightarrow{a_x}, \overrightarrow{a_y}, \overrightarrow{a_z}$
Diferencial de volume:

$$dv = dxdydz;$$

Diferenciais de superfícies:

$$dS_{xy} = dxdy;$$
$$dS_{yz} = dydz;$$
$$dS_{zx} = dzdx;$$

Diferenciais de superfícies vetoriais:

$$d\vec{S}_{xy} = dxdy\overrightarrow{a_z}$$
$$d\vec{S}_{yz} = dydz\overrightarrow{a_x}$$
$$d\vec{S}_{xz} = dxdz\overrightarrow{a_y}$$

Diferencial de linha:

$$d\vec{L} = dx\overrightarrow{a_x} + dy\overrightarrow{a_y} + dz\overrightarrow{a_z}$$

Representação de um campo vetorial na forma de vetor:

$$\vec{A} = A_x\overrightarrow{a_x} + A_y\overrightarrow{a_y} + A_z\overrightarrow{a_z}$$

A magnitude de um vetor qualquer $\vec{A}$ é dada por

$$\left|\vec{A}\right| = \sqrt{A_x^2 + A_y^2 + A_z^2},$$

Vetor de direção de um vetor $\vec{A}$

$$\vec{a_A} = \frac{\vec{A}}{|\vec{A}|} = \frac{\vec{A}}{\sqrt{A_x^2 + A_y^2 + A_z^2}} = \frac{A_x \vec{a_x}}{\sqrt{A_x^2 + A_y^2 + A_z^2}} + \frac{A_y \vec{a_y}}{\sqrt{A_x^2 + A_y^2 + A_z^2}} + \frac{A_z \vec{a_z}}{\sqrt{A_x^2 + A_y^2 + A_z^2}}$$

Sistema Cilíndrico de Coordenadas:

Ponto: (r, ϕ, z)

Vetores de direção dos eixos coordenados: $\overline{a_r}, \overline{a_\phi}, \overline{a_z}$

Diferencial de volume:

$$dv = rdrd\phi dz;$$

Diferenciais de superfícies:

$$dS_{r\phi} = rdrd\phi;$$
$$dS_{z\phi} = rd\phi dz;$$
$$dS_{rz} = drdz;$$

Diferenciais de superfícies vetoriais:

$$d\vec{S}_{r\phi} = rdrd\phi \vec{a_z}$$
$$d\vec{S}_{z\phi} = rd\phi dz \vec{a_r}$$
$$d\vec{S}_{rz} = drdz \vec{a_\phi}$$

Diferencial de linha:

$$d\vec{L} = dr\vec{a_r} + rd\phi \vec{a_\phi} + dz\vec{a_z}$$

Representação de um campo vetorial na forma de vetor:

$$\vec{A} = A_r \vec{a_r} + A_\phi \vec{a_\phi} + A_z \vec{a_z}$$

A magnitude de um vetor qualquer $\vec{A}$ é dada por

$$|\vec{A}| = \sqrt{A_r^2 + A_\phi^2 + A_z^2}$$

Vetor de direção de um vetor $\vec{A}$

$$\vec{a_A} = \frac{\vec{A}}{|\vec{A}|} = \frac{\vec{A}}{\sqrt{A_r^2 + A_\phi^2 + A_z^2}} = \frac{A_r \vec{a_r}}{\sqrt{A_r^2 + A_\phi^2 + A_z^2}} + \frac{A_\phi \vec{a_\phi}}{\sqrt{A_r^2 + A_\phi^2 + A_z^2}} + \frac{A_z \vec{a_z}}{\sqrt{A_r^2 + A_\phi^2 + A_z^2}}$$

Sistema Esférico de Coordenadas:

Ponto: (r, θ, ϕ)

Vetores de direção dos eixos coordenados: $\overline{a_r}, \overline{a_\theta}, \overline{a_\phi}$

Diferencial de volume:

$$dv = r^2 sen\theta dr d\theta d\phi;$$

Diferenciais de superfícies:

$$dS_{r\phi} = rsen\theta dr d\phi;$$
$$dS_{\theta\phi} = r^2 sen\theta d\theta d\phi;$$
$$dS_{r\theta} = r d\theta dr;$$

Diferenciais de superfícies vetoriais:

$$d\vec{S}_{r\phi} = rsen\theta dr d\phi \vec{a_\theta}$$
$$d\vec{S}_{\theta\phi} = r^2 sen\theta d\theta d\phi \vec{a_r}$$
$$d\vec{S}_{r\theta} = r d\theta dr \vec{a_\phi}$$

Diferencial de linha:

$$d\vec{L} = dr\vec{a_r} + rd\theta \vec{a_\theta} + rsen\theta d\phi \vec{a_\phi}$$

Representação de um campo vetorial na forma de vetor:

$$\vec{A} = A_r \vec{a_r} + A_\theta \vec{a_\theta} + A_\phi \vec{a_\phi}$$

A magnitude de um vetor qualquer $\vec{A}$ é dada por

$$|\vec{A}| = \sqrt{A_r^2 + A_\theta^2 + A_\phi^2}$$

Vetor de direção de um vetor $\vec{A}$

$$\overrightarrow{a_A} = \frac{\vec{A}}{|\vec{A}|} = \frac{\vec{A}}{\sqrt{A_r^2 + A_\theta^2 + A_\phi^2}} = \frac{A_r \overrightarrow{a_r}}{\sqrt{A_r^2 + A_\theta^2 + A_\phi^2}} + \frac{A_\theta \overrightarrow{a_\theta}}{\sqrt{A_r^2 + A_\theta^2 + A_\phi^2}} + \frac{A_\phi \overrightarrow{a_\phi}}{\sqrt{A_r^2 + A_\theta^2 + A_\phi^2}}$$

Propriedades da Álgebra Vetorial:

Da mesma forma que em toda álgebra, as operações na álgebra vetorial são:

- Adição, que obedece a regra do paralelogramo e satisfaz $\forall \vec{A}, \vec{B}, \vec{C}$

$$\vec{A} + \vec{B} = \vec{B} + \vec{A}$$
$$\vec{A} + (\vec{B} + \vec{C}) = (\vec{A} + \vec{B}) + \vec{C}$$

- Subtração, que segue a regra da adição, isto é, $\forall \vec{A}, \vec{B}$

$$\vec{A} - \vec{B} = \vec{A} + (-\vec{B})$$

onde $-\vec{B}$ representa o vetor com sentido invertido.

- Multiplicação por escalares, que varia a magnitude do vetor, invertendo ou não seu sentido. Esta operação satisfaz naturalmente, $\forall a, b$ e $\forall \vec{A}, \vec{B}$.

$$(a + b)(\vec{A} + \vec{B}) = a(\vec{A} + \vec{B}) + b(\vec{A} + \vec{B}) = a\vec{A} + a\vec{B} + b\vec{A} + b\vec{B}$$

- Divisão por escalares, que é realizada pela multiplicação do inverso do escalar, isto é, $\forall a \neq 0$ e $\forall \vec{A}$

$$\frac{\vec{A}}{a} = \frac{1}{a}\vec{A}$$

- Igualdade entre vetores, que obedecem a regra $\vec{A} = \vec{B}$ se $\vec{A} - \vec{B} = 0$
- Multiplicação entre vetores, em que há dois tipos: produto escalar e produto vetorial. Estas operações serão vistas adiante, pois necessitam da definição de outros formalismos.

Sistema cartesiano:

Produto escalar: $\vec{A}\cdot\vec{B}=|\vec{A}||\vec{B}|\cos\theta_{AB}=A_xB_x+A_yB_y+A_zB_z=\vec{B}\cdot\vec{A}$

Produto vetorial: $\vec{A}\times\vec{B}=|\vec{A}||\vec{B}|\text{sen}\theta_{AB}=-\vec{B}\times\vec{A}$

$$\vec{A}\times\vec{B}=\begin{vmatrix}\overrightarrow{a_x} & \overrightarrow{a_y} & \overrightarrow{a_z}\\ A_x & A_y & A_z\\ B_x & B_y & B_z\end{vmatrix}$$

$$\vec{A}\times\vec{B}=(A_yB_z-A_zB_y)\overrightarrow{a_x}+(A_zB_x-A_xB_z)\overrightarrow{a_y}+(A_xB_y-A_yB_x)\overrightarrow{a_z}$$

Sistema cilíndrico:

Produto escalar: $\vec{A}\cdot\vec{B}=|\vec{A}||\vec{B}|\cos\theta_{AB}=A_rB_r+A_\phi B_\phi+A_zB_z=\vec{B}\cdot\vec{A}.$

Produto vetorial: $\vec{A}\times\vec{B}=|\vec{A}||\vec{B}|\text{sen}\theta_{AB}\overrightarrow{a_N}=-\vec{B}\times\vec{A}$

$$\vec{A}\times\vec{B}=\begin{vmatrix}\overrightarrow{a_r} & \overrightarrow{a_\phi} & \overrightarrow{a_z}\\ A_r & A_\phi & A_z\\ B_r & B_\phi & B_z\end{vmatrix}$$

Sistema esférico:

Produto escalar: $\vec{A}\cdot\vec{B}=|\vec{A}||\vec{B}|\cos\theta_{AB}=A_rB_r+A_\theta B_\theta+A_\phi B_\phi=\vec{B}\cdot\vec{A}.$

Produto vetorial: $\vec{A}\times\vec{B}=|\vec{A}||\vec{B}|\text{sen}\theta_{AB}\overrightarrow{a_N}=-\vec{B}\times\vec{A}$

$$\vec{A}\times\vec{B}=\begin{vmatrix}\overrightarrow{a_r} & \overrightarrow{a_\theta} & \overrightarrow{a_\phi}\\ A_r & A_\theta & A_\phi\\ B_r & B_\theta & B_\phi\end{vmatrix}$$

2. Transformações de Sistemas de Coordenadas

Cartesianas para Cilíndricas	Cilíndricas para Cartesianas
$r = \sqrt{x^2 + y^2}$	$x = r \cos \phi$
$\phi = \arctan \frac{y}{x}$	$y = r \operatorname{sen} \phi$
$z = z$	$z = z$
$A_r = A_x \cos \phi + A_y \operatorname{sen} \phi$	$A_x = A_r \frac{x}{\sqrt{x^2 + y^2}} - A_\phi \frac{y}{\sqrt{x^2 + y^2}}$
$A_\phi = -A_x \operatorname{sen} \phi + A_y \cos \phi$	$A_y = A_r \frac{y}{\sqrt{x^2 + y^2}} + A_\phi \frac{x}{\sqrt{x^2 + y^2}}$
$A_z = A_z$	$A_z = A_z$

Esféricas para cartesianas:

$$x = (r \operatorname{sen} \theta) \cos \phi = r \operatorname{sen} \theta \cos \phi$$
$$y = (r \operatorname{sen} \theta) \operatorname{sen} \phi = r \operatorname{sen} \theta \operatorname{sen} \phi;$$
$$z = r\cos\theta$$
$$A_r = A_x \operatorname{sen} \theta \cos \phi + A_y \operatorname{sen} \theta \operatorname{sen} \phi + A_z \cos \theta.$$
$$A_\theta = A_x \cos \theta \cos \phi + A_y \cos \theta \operatorname{sen} \phi - A_z \operatorname{sen} \theta.$$
$$A_\phi = -A_x \operatorname{sen} \phi + A_y \cos \phi.$$

Cartesianas para esféricas:

$$r = \sqrt{x^2 + y^2 + z^2}$$
$$\theta = \arccos \frac{z}{\sqrt{x^2 + y^2 + z^2}}$$
$$\phi = \arctan \frac{y}{x}$$
$$A_x = A_r \frac{x}{\sqrt{x^2 + y^2 + z^2}} + A_\theta \frac{xz}{\sqrt{(x^2 + y^2)(x^2 + y^2 + z^2)}} - A_\phi \frac{y}{\sqrt{(x^2 + y^2)}}$$
$$A_y = A_r \frac{y}{\sqrt{x^2 + y^2 + z^2}} + A_\theta \frac{yz}{\sqrt{(x^2 + y^2)(x^2 + y^2 + z^2)}} + A_\phi \frac{x}{\sqrt{(x^2 + y^2)}}$$
$$A_z = A_r \frac{z}{\sqrt{x^2 + y^2 + z^2}} - A_\theta \frac{\sqrt{(x^2 + y^2)}}{\sqrt{(x^2 + y^2 + z^2)}}$$

3. Regras Básicas de Derivadas

1. Para uma soma de funções:

$$f(x) = f_1(x) + f_2(x) + \ldots + f_n(x);$$

a derivada é a soma das derivadas das funções:

$$\frac{df(x)}{dx} = \frac{df_1(x)}{dx} + \frac{df_2(x)}{dx} + \ldots + \frac{df_n(x)}{dx};$$

2. Para uma multiplicação de funções:

$$f(x) = f_1(x) f_2(x);$$

a derivada é a regra da cadeia:

$$\frac{df(x)}{dx} = f_2(x)\frac{df_1(x)}{dx} + f_1(x)\frac{df_2(x)}{dx} \; ;$$

que se pode estender para n funções;

3. Para a multiplicação por constantes:

$$f(x) = cf_1(x);$$

a derivada é a constante multiplicada pela derivada da função:

$$\frac{df(x)}{dx} = c\frac{df_1(x)}{dx};$$

4. Para a divisão de funções:

$$f(x) = \frac{f_1(x)}{f_2(x)} \; ;$$

a derivada segue a propriedade:

$$\frac{df(x)}{dx} = \frac{f_2(x)\frac{df_1(x)}{dx} - f_1(x)\frac{df_2(x)}{dx}}{(f_2(x))^2} \; ;$$

que se pode estender para n funções;

5. Para a composição de funções:

$$f(x) = f_1(f_2(x));$$

a derivada é:

$$\frac{df(x)}{dx} = \frac{df_1(f_2(x))}{dx} \cdot \frac{df_2(x)}{dx};$$

6. Para a função inversa:

Se $f(x) = y$, então $x = g(y)$

a derivada é:

$$\frac{dg(y)}{dy} = \frac{1}{\frac{df(x)}{dx}}.$$

7. Para polinômios

$$f(x) = x^n$$

a derivada é:

$$\frac{df(x)}{dx} = nx^{n-1}.$$

4. Tabela Básica de Derivadas

Função	Derivada
e^x	e^x
sen x	cos x
cos x	− sen x
tan x	$\sec^2 x = 1 + \tan^2 x$
$\ln x$	$\frac{1}{x}$
arctan x	$\frac{1}{1+x^2}$
arcsen x	$\frac{1}{cosx} = \sec x = \frac{1}{\sqrt{1-x^2}}$
arccos x	$\frac{1}{\text{sen}x} = \text{cossec}\, x = -\frac{1}{\sqrt{1-x^2}}$

5. Regras de Integrais

1. Para soma de funções:

$$\int [f_1(x) + f_2(x) + \ldots + f_n(x)]dx = \int f_1(x)dx + \int f_2(x)dx + \ldots + \int f_n(x)dx$$

2. Técnica da substituição:

$$\int f_1(f_2(x)) \frac{df_2(x)}{dx} dx$$

é solucionada pela substituição

$$u = f_2(x) \text{ se } du = \frac{df_2(x)}{dx}$$

tal que

$$\int f_1(f_2(x)) \frac{df_2(x)}{dx} dx = \int f(u)du \;;$$

3. Técnica de integração por partes:

$$\int f_1(x)\frac{df_2(x)}{dx}dx = f_1(x)f_2(x) - \int f_2(x)\frac{df_1(x)}{dx}dx$$

ou, chamando $u = f_1(x)$ e $v = f_2(x)$, tem-se:

$$\int udv = uv - \int vdu$$

4. Técnica das frações parciais:

$$\int \frac{f(x)}{g(x)}dx$$

com $f(x)$ e $g(x)$ funções polinomiais, com o grau de $f(x)$ superior ao grau de $g(x)$, a solução requer a divisão da função $f(x)$ por $g(x)$, tal que seja encontrada uma soma de funções

$$f_1(x) + \frac{f_2(x)}{g(x)}$$

com o grau de $f_2(x)$ que é o resto da divisão $f(x)/g(x)$, menor que o grau de $g(x)$, e $f_1(x)$ sendo o quociente de $f(x)/g(x)$.

6. Integrais Básicas

1. Para um inteiro $n \neq -1$, então

$$\int x^n dx = \frac{x^{n+1}}{n+1}$$

e, para $n = -1$,

$$\int \frac{1}{x}dx = \ln x$$

2. Para qualquer x:

$$\int \cos x dx = senx$$

$$\int senx dx = -\cos x$$

$$\int e^x dx = e^x$$

$$\int \frac{1}{1+x^2} dx = \arctan x$$

e para $-1 < x < 1$

$$\int \frac{1}{\sqrt{1-x^2}} dx = arcsenx$$

7. Tabela de Permissividade

Material	**Permissividade relativa ε_R**
Titanato de Bário	1200
Água do mar	80
Água destilada	81
Nylon	8
Papel	7
Vidro	5 a 10
Porcelana	6
Quartzo fundido	5
Borracha	3,1
Madeira	2,5 a 8
Poliestireno	2,55
Polipropileno	2,25
Petróleo	2,1

8. Tabela de Condutividade

Material	$\sigma, \mho/m$	Material	$\sigma, \mho/m$
Prata	$6,17 \times 10^7$	Grafita	7×10^4
Cobre	$5,80 \times 10^7$	Silicone	$1,2 \times 10^3$
Ouro	$4,10 \times 10^7$	Água do Mar	4
Alumínio	$3,82 \times 10^7$	Ferrite	10^{-2}
Tungstênio	$1,82 \times 10^7$	Calcário	10^{-2}
Zinco	$1,67 \times 10^7$	Água	10^{-3}
Latão	$1,5 \times 10^7$	Argila	10^{-4}
Níquel	$1,45 \times 10^7$	Água Destilada	2×10^{-4}
Ferro	$1,03 \times 10^7$	Terra, Areia	10^{-5}
Bronze	1×10^7	Granito	10^{-6}
Solda	$0,7 \times 10^7$	Mármore	10^{-8}
Prata Alemã	$0,3 \times 10^7$	Baquelite	10^{-9}
Manganês	$0,227 \times 10^7$	Porcelana	10^{-10}
Constantan	$0,226 \times 10^7$	Diamante	2×10^{-13}
Germânio	$0,22 \times 10^7$	Polistireno	10^{-16}
Aço sem Estanho	$0,11 \times 10^7$	Quartzo	10^{-17}
Nicromo	$0,1 \times 10^7$		

9. Tabela de Permeabilidade

Material	μ_R
Bismuto	0,999833
Mercúrio	0,999968
Prata	0,9999736
Chumbo	0,9999831
Alumínio	1,000021
Platina	1,0003
Manganês	1,001
Níquel	50
Cobalto	60
Aço	300
Ferrite	1.000
Ferro Doce	5.000
Ferro Silício	7.000
Sendust	20.000
Mumetal	60.000 a 240.000
Superliga	100.000

Referências Bibliográficas

E. M. M. Costa. Eletromagnetismo: Eletrostática e Magnetostática. Ed. Alta Books, Rio de Janeiro, 2005.

E. M. M. Costa. Eletromagnetismo: Campos Dinâmicos. Ed. Ciência Moderna, Rio de janeiro, 2006.

M. N. O. Sadiku. Elementos de Eletromagnetismo. 3ª Edição. Bookman Companhia Editora, Rio Grande do Sul, 2004.

W. H. Hayt and J. A. Buck. Eletromagnetismo. LTC Editora, 6ª Edição, 2003.

J. A. Edminister. Eletromagnetismo. Editora McGraw-Hill do Brasil, São Paulo, 1980.

J.P.A. Bastos. Eletromagnetismo e Cálculo de Campos. Editora da UFSC, Florianópolis, 1989.

http://www.feiradeciencias.com.br/

Impressão e acabamento
Gráfica da Editora Ciência Moderna Ltda.
Tel: (21) 2201-6662